LEONHARDI EULERI
OPERA OMNIA

LEONHARDI EULERI
OPERA OMNIA

SUB AUSPICIIS
SOCIETATIS SCIENTIARUM NATURALIUM
HELVETICAE

EDENDA CURAVERUNT

ANDREAS SPEISER
ERNST TROST
CHARLES BLANC

SERIES SECUNDA
OPERA MECHANICA ET ASTRONOMICA
VOLUMEN SEXTUM

AUCTORITATE ET IMPENSIS
SOCIETATIS SCIENTIARUM NATURALIUM HELVETICAE

LAUSANNAE MCMLVII

VENDITIONI EXPONUNT
ORELL FÜSSLI TURICI

LEONHARDI EULERI

COMMENTATIONES MECHANICAE

AD THEORIAM MOTUS PUNCTORUM PERTINENTES

VOLUMEN PRIUS

EDIDIT

CHARLES BLANC

AUCTORITATE ET IMPENSIS
SOCIETATIS SCIENTIARUM NATURALIUM HELVETICAE

LAUSANNAE MCMLVII

VENDITIONI EXPONUNT
ORELL FÜSSLI TURICI

TYPIS EXCUSSIT ORELL FÜSSLI TURICI
Printed in Switzerland

PREFACE DES VOLUMES II/6 ET II/7

Les mémoires de mécanique du point réunis dans ces deux volumes sont de nature assez diverse ; il n'y a à cela rien de surprenant : les uns en effet, en général assez courts, consistent dans la résolution d'un problème isolé ; d'autres, par contre, abordent des questions d'un intérêt plus général et contiennent des contributions importantes au progrès de la mécanique. Il a paru utile d'indiquer ici le contenu de ces mémoires, en les groupant selon leur nature plutôt que par l'ordre chronologique.

I. PROBLEMES DE TAUTOCHRONES DANS LE VIDE

Depuis les travaux de HUYGHENS, de NEWTON, de JEAN BERNOULLI, l'intérêt s'était tout naturellement porté sur le problème des tautochrones ; en effet, s'il était établi que la tautochrone dans le vide, pour le champ de pesanteur, était la cycloïde, il restait possible de poser de nombreux problèmes du même genre ; EULER y trouva l'occasion d'appliquer ses talents.

Le mémoire E 6, vol. II, 6, p. 4:

Dissertatio de novo quodam curvarum tautochronarum genere

a été composé en 1727 ; EULER y étudie d'une manière rigoureuse un système de pendule tautochrone proposé par HENRY SULLY[1]). Après avoir décrit l'horloge de SULLY, EULER étudie complètement la forme à donner à la courbe qui sert de base au pendule ; il détermine la longueur du pendule cycloïdal équivalent (§§ 7 à 19) ; il traite ensuite (§§ 22 et suiv.) des cas un peu différents. Dans ce mémoire, comme dans presque toutes ses études sur les tautochrones, EULER cherche à réaliser la condition de tautochronisme en imposant au mouvement de se faire selon une fonction sinusoïdale du temps, c'est-à-dire avec proportionnalité de l'accélération au chemin parcouru. Il s'agit d'une circonstance particulière, réalisée pour la cycloïde et le mouvement dans le vide, mais qui ne convient pas nécessairement dans tous les cas.

---

1) HENRY SULLY, *Description abrégée d'une horloge d'une nouvelle invention, pour la juste mesure du Temps sur Mer*, Paris 1726; SULLY n'avait pas cherché à exprimer analytiquement la condition de tautochronisme; il avait montré, par des considérations intuitives, que le tautochronisme était réalisable; il écrit (loc. cit., p. 3): „La première de ces propriétés se trouve par l'application d'une certaine courbe, *qui n'est pas encore connue des géomètres, et qui excitera peut-être leur curiosité.*" Il s'agit ici précisément de l'étude de cette courbe.

Le mémoire E 12, vol. II, 6, p. 15:

De innumerabilibus curvis tautochronis in vacuo

fut présenté le 9 septembre 1729 à l'Académie de Saint-Pétersbourg; son contenu sera du reste repris dans la *Mechanica*, volumes II, aux §§ 446–464[1]); le problème qui y est traité, est fort simple, et EULER en donne une solution parfaitement élégante; alors que sous sa forme primitive, le problème de la tautochrone consiste à déterminer une courbe pour laquelle la *descente* (ou la *montée*) a une durée indépendante du point de départ (ou d'arrivée), on cherche ici une courbe telle que la *durée totale* de l'oscillation soit constante; le problème a (dans le cas de la pesanteur, et en l'absence de frottement) une infinité de solutions; mieux que cela, une des branches de la courbe peut être donnée arbitrairement, et il y a encore une infinité de solutions pour l'autre. L'idée de la solution est la suivante: ayant choisi les deux branches de la courbe, on considère une courbe auxiliaire, telle que l'arc y soit égal à la somme des arcs (pour la même altitude) des deux branches; alors la durée d'une demi-oscillation sur la courbe donnée est égale à celle de la descente sur la courbe auxiliaire (§§ 3 à 11); il suffit dès lors que cette courbe auxiliaire soit une branche de cycloïde. EULER traite ensuite quelques cas particuliers (§§ 12 à 16); il cherche s'il existe des solutions „continues", c'est-à-dire représentées par une même expression analytique pour les deux branches, ou des solutions algébriques.

Le mémoire E 21, volume II, 6, p. 51:

Quomodo data quacunque curva invenire oporteat aliam, quae cum data quodammodo iuncta ad tautochronismum producendum sit idonea

présenté le 7 mars 1732 à l'Académie de Saint-Pétersbourg, reprend en fait l'étude de l'horloge de SULLY, considérée dans E 6, mais dans l'esprit du mémoire E 12; ayant posé le problème (§§ 1 à 10), EULER introduit (§ 11) la condition de tautochronisme dans l'intégrale première de la force vive; il traite alors divers problèmes particuliers, entre autres celui de la détermination d'une branche, l'autre étant donnée (§§ 16 et suiv.), celui où les deux branches ont même expression analytique; à noter qu'il obtient ainsi (§ 28) une équation différentielle linéaire dans les deux variables et qu'il intègre selon la méthode de différentiation aujourd'hui classique, suivant en cela les indications de HERMANN[2]).

1) L. EULER, *Mechanica sive motus scientia analytice exposita*, E 15 et 16, Opera omnia, Ser. II, vol. 1 et 2. Plusieurs des résultats publiés par EULER sous forme de notes se retrouvent dans cet ouvrage.

2) J. HERMANN, *De constructione aequationum differentialium primi gradus per viam separationis indeterminatarum*, Comment. acad. scient. Petrop. 2 (1727) 1729, pp. 188–199.

Il existe pour le mémoire E 24, vol. II, 6, p. 65:

Solutio singularis casus circa tautochronismum

présenté le 3 septembre 1731 à l'Académie de Saint-Pétersbourg, une première version, manuscrite, dont seul le premier paragraphe comporte des variantes appréciables par rapport au texte définitif; en voici le début:

„Cum ante annos tres methodum innumeras curvas tautochronas in vacuo inveniendi proponerem, facta est mentio problematis, cuius solutionem hac scheda daturus sum."

Le problème, repris dans la Mechanica, vol. II, §§ 431–445, avait été proposé à EULER par DANIEL BERNOULLI; il est au reste antérieur à E 21, ce qui apparaît bien dans la *Mechanica*. Il s'agit de déterminer un arc de courbe BC, prolongeant un arc donné AB et tel que l'ensemble donne une descente tautochrone; EULER commence par remarquer que cela revient à exiger qu'un mobile partant, sans vitesse initiale, d'un point M de BC parvienne en A en un temps égal à celui qu'il mettrait s'il partait, dans les mêmes conditions, de B; en désignant par a la hauteur de M au-dessus de B, EULER affirme (ce qui est correct, sous les hypothèses convenables de régularité) que la durée de descente sur BA a la forme d'une série entière en $\sqrt{a}$; dès lors, la durée totale ne devant pas dépendre de a, la durée de descente sur MB doit être donnée par les termes variables de la série précédente, changés de signe (§§ 4 et 5). En posant alors, sous forme d'une série en coefficients indéterminés, la relation entre les éléments d'arc et d'abscisse sur BC, on obtient par identification des relations entre ces coefficients et ceux de la première série (qui sont donnés par la donnée de AB) (§§ 7 et 8). La fin du mémoire est consacrée à des applications à des cas particuliers: cas où AB est un segment de droite (§§ 9 à 12), cas où il se réduit à un point (§ 13), et où on retrouve évidemment pour BC un arc de cycloïde, enfin (§ 18) des cas où le résultat peut s'écrire sous forme finie.

II. PROBLEMES DE TAUTOCHRONES AVEC FROTTEMENT

Le problème de la recherche de tautochrones avec frottement introduit des difficultés supplémentaires assez considérables. S'y étant attaqué, EULER crut tout d'abord en avoir trouvé la solution la plus générale; son erreur lui étant apparue dans la suite, il se limita à des cas particuliers, qui peuvent se répartir en deux groupes: les cas où la loi de frottement a une forme particulièrement simple, et ceux où le frottement est assez petit pour que l'on puisse user d'une méthode de perturbation.

Dans le mémoire E 1, vol. II, 6, p. 1:

Constructio linearum isochronarum in medio quocunque resistente

paru en 1726 aux Acta Eruditorum, EULER rappelle tout d'abord que, d'après NEWTON, la cycloïde est encore courbe tautochrone dans le cas d'une résistance proportionelle à la vitesse ; il se propose de donner ce qu'il pense être une solution du problème général. Voici son raisonnement : soit Z l'expression de la résistance en fonction de la vitesse ; soient d'autre part s l'arc compté à partir du point le plus bas et x la hauteur du point mobile au-dessus d'un plan horizontal quelconque. La condition de proportionnalité de l'accélération au chemin parcouru, jointe à l'intégrale de la force vive, donne dans le cas du vide la relation $dx = sds$, d'où l'on tire la cycloïde par intégration ; si l'on veut de plus tenir compte du frottement Z, on a la relation

$$dx = sds + Zds ,$$

qu'il suffirait d'intégrer (EULER propose une sorte d'intégration graphique) pour avoir la tautochrone avec frottement. Il y a en fait ici une erreur, qui sera signalée dans E 13 : le frottement Z dépend non pas de s ou de x, mais de la *vitesse* ; or cette vitesse n'est pas fonction de s seulement, mais aussi du point de départ ; la courbe obtenue dépendrait donc de ce point de départ, ce qui est contradictoire. Il n'est pas possible de poser, comme le fait EULER, que le mouvement se fait avec proportionnalité du chemin parcouru et de l'accélération, exigence qui ne convient plus en général pour les tautochrones avec frottement.

Ce mémoire traite donc en fait une autre question, qui sera reprise dans la Mechanica, vol. II, aux §§ 621 à 662, la question de la construction d'une courbe *isochrone* : il s'agit de construire une courbe sur laquelle le mouvement se fait, avec frottement, selon une même loi que sur une courbe donnée, où le mouvement se ferait sans frottement.

C'est dans le mémoire E 13, vol. II, 6, p. 32:

Curva tautochrona in fluido resistentiam faciente secundum quadrata celeritatum,

présenté en octobre 1729 à l'Académie de Saint-Pétersbourg, que EULER reprend cette question. Il commence (§§ 1 à 5) par rappeler le mémoire E 1, et en critique les conclusions ; s'étant remis au problème, il est parvenu à trouver une solution limitée au cas où le frottement est proportionnel au carré de la vitesse. Il expose tout d'abord (§§ 6 et 7) les raisons pour lesquelles il se limitera à la tautochrone au sens étroit (égale durée de la descente) et non au sens plus large adopté dans E 12 (égale durée des oscillations). Dès lors, il calcule (§§ 8 à 13) la vitesse, en chaque point, de la particule descendant la courbe et arrivant au point inférieur A avec une vitesse donnée b[1]). Il calcule ainsi la durée de parcours T, par une intégrale

$$T = \int_0^b e^{-\frac{ns}{2ma}} \frac{ds}{\sqrt{b - t(s)}} ,$$

1) Il faut noter que dans ce mémoire, comme dans de nombreux autres, EULER mesure la vitesse non par la dérivée du chemin parcouru par rapport au temps, mais par une longueur, celle dont la chute libre donne la même vitesse; cette mesure est donc, à un facteur près, le carré de celle qu'il est d'usage d'adopter aujourd'hui.

où $t(s)$ est une fonction (encore inconnue) de l'abscisse curviligne s, dont la forme dépend de la courbe cherchée. Cette durée devant être indépendante de b (par la condition de tautochronisme), on en déduit que la différentielle doit être de la forme

$$k \frac{dt}{\sqrt{b-t}\sqrt{t}} \;,$$

d'où la condition

$$e^{-\frac{ns}{2ma}} ds = k \frac{dt}{\sqrt{t}}$$

qui permettra de déterminer la courbe ; en attendant on obtient la valeur de T, soit

$$T = k \int_0^b \frac{dt}{\sqrt{bt - t^2}} = k\pi \;,$$

ainsi que la longueur du pendule simple équivalent.

Reste à déterminer la courbe elle-même ; en tenant compte de la relation différentielle entre s et t, il est alors possible de former l'équation différentielle entre l'abscisse curviligne s et la cote x d'un point de la courbe cherchée (§ 15) ; cette équation peut s'intégrer par séparation des variables, ce qui achève en somme la résolution du problème (§ 16).

Après avoir considéré quelques circonstances particulières (§§ 17 et 18), EULER aborde le problème de la remontée, dont il obtient la solution à partir de celle de la descente (§§ 19 à 23).

La fin du mémoire est consacrée à diverses considérations : forme de la courbe, pendule simple équivalent (obtenu par le rayon de courbure au point le plus bas), point de vitesse maximum.

Le mémoire E 299, vol. II, 6, p. 189:

Dilucidationes de tautochronis in medio resistente

présenté en mai 1761 à l'Académie de Saint-Pétersbourg, reprend le problème des tautochrones avec frottement, en appliquant cette fois une méthode imaginée par A. FONTAINE[1]), dont l'idée est la suivante : il s'agit d'étudier le mouvement sur une courbe d'un point matériel pesant, partant du point le plus bas avec une vitesse donnée, et parcourant ainsi jusqu'à l'arrêt un arc S ; on exprime les diverses variables entrant en considération, soit : s (abscisse curviligne), x (hauteur), t (temps), v (vitesse) en fonction de deux variables : l'arc total S et un paramètre arbitraire α, qui est simplement choisi de manière qu'il varie

1) A. FONTAINE DES BERTINS, *Sur les courbes tautochrones*, Mémoires de l'Académie des sciences de Paris (1734), 1736, p. 371–379.

de la valeur *zéro* à la valeur *un* lorsque le point décrit l'arc considéré ; pour une loi de frottement $F(v)$, le mouvement satisfait à une relation

$$g\frac{\partial x}{\partial \alpha} + v\frac{\partial v}{\partial \alpha} + F(v)\frac{\partial s}{\partial \alpha} = 0 \;;$$

posons encore $dx = p\,ds$, d'où

$$gp\frac{\partial s}{\partial \alpha} + v\frac{\partial v}{\partial \alpha} + F(v)\frac{\partial s}{\partial \alpha} = 0 \;;$$

comme $v = \dfrac{ds}{dt}$, la durée de parcours est

$$T = \int_0^1 \frac{1}{v}\frac{\partial s}{\partial \alpha}\,d\alpha$$

et la condition de tautochronisme s'exprime par

$$\frac{\partial}{\partial S}\left(\frac{1}{v}\frac{\partial s}{\partial \alpha}\right) = 0 \;;$$

posons, pour transformer cette relation,

$$\frac{\partial^2 s}{\partial \alpha\,\partial S} = \gamma(\alpha, S)\frac{\partial s}{\partial \alpha}\,, \qquad \frac{\partial p}{\partial \alpha} = q(\alpha, S)\frac{\partial s}{\partial \alpha} \;;$$

il vient alors

$$\frac{\partial v}{\partial S} = \gamma v\,, \qquad \frac{\partial^2 v}{\partial \alpha\,\partial S} = \gamma\frac{\partial v}{\partial \alpha} + v\frac{\partial \gamma}{\partial \alpha} \;;$$

l'équation du mouvement est valable pour tout S ; en dérivant par rapport à S, en substituant les valeurs de $\dfrac{\partial v}{\partial \alpha}$ et $\dfrac{\partial^2 v}{\partial \alpha\,\partial S}$, on obtient facilement

$$g\frac{p\gamma + q\frac{\partial s}{\partial S}}{2\gamma}\frac{\partial s}{d\alpha} + v\frac{\partial v}{\partial \alpha} + \frac{1}{2}\left[\frac{v^2}{\gamma}\frac{\partial \gamma}{\partial \alpha} + (vF' + F)\frac{\partial s}{\partial \alpha}\right] = 0 \;:$$

en comparant avec l'équation du mouvement, on conclut que si l'on a simultanément

$$\frac{p\gamma + q\frac{\partial s}{\partial S}}{2\gamma} = p$$

et

$$\frac{1}{2}\frac{v^2}{\gamma}\frac{\partial \gamma}{\partial \alpha} + \frac{1}{2}(vF' + F)\frac{\partial s}{\partial \alpha} = F\frac{\partial s}{\partial \alpha}\,,$$

le mouvement est tautochrone. Or ces conditions (suffisantes mais non nécessaires) ne sont réalisables que pour certains choix de la loi de frottement $F(v)$; si l'on a $F(v) = \lambda v$

(cas qui contient également celui de l'absence de frottement, avec $\lambda = 0$), il suffit que $\frac{\partial \gamma}{\partial \alpha} = 0$, d'où pour γ une fonction de S seul ; si l'on pose $\frac{\partial s}{\partial S} = \varphi$, on a ainsi

$$\frac{\partial \varphi}{\partial \alpha} = \gamma(S) \frac{\partial s}{\partial \alpha}$$

donc

$$\frac{\partial s}{\partial S} = \varphi = \gamma(S) s + \psi(S) ;$$

or, si $\alpha = 1$, on a $s \equiv S$, et $\frac{\partial s}{\partial S} \equiv 1$, donc

$$1 \equiv \gamma(S) S + \psi(S) ;$$

si $\alpha = 0$, $s \equiv 0$, donc $\psi(S) = 0$, d'où

$$\gamma(S) = \frac{1}{S} \quad \text{et} \quad \frac{\partial s}{\partial S} = \frac{s}{S} ;$$

la première relation de condition donne alors $qs = p$, d'où $s = Cp$, et $\frac{1}{2}s^2 = Cx$, ce qui caractérise bien la cycloïde.

Pour le cas $F(v) = \lambda v^2 + \mu v$, on obtient pour la relation de condition

$$\frac{1}{\gamma} \frac{\partial \gamma}{\partial \alpha} = -\lambda \frac{\partial s}{\partial \alpha} ,$$

d'où la possibilité de déterminer γ et d'achever ainsi la recherche de la tautochrone. Si par contre $F(v)$ a une autre forme, l'élimination de v ne se fait plus, et la méthode de FONTAINE ne fournit plus de résultat.

Dans son mémoire, EULER se propose essentiellement de donner un exposé plus clair (et plus conforme aux notations usuelles) de la méthode de FONTAINE. Après une introduction générale (§§ 1 à 4), il reprend avec des modifications qui sont surtout de forme, les développements de FONTAINE et leur application aux seuls cas où ils permettent d'aboutir (§§ 5 à 16).

La suite du mémoire est tout d'abord consacrée à une étude plus détaillée des courbes obtenues et du mouvement (§§ 17 à 25), après quoi EULER revient à l'examen de la méthode même de FONTAINE (§§ 26 à 30) ; une fois encore, il montre pourquoi le calcul n'aboutit finalement que dans les cas considérés, alors qu'il conduit dans d'autres cas à des complications inextricables.

Il est intéressant de noter qu'à la même époque, LAGRANGE de son côté s'occupe à plusieurs reprises de la même question, et donne également un exposé de la méthode et des résultats de FONTAINE[1]) ; le premier mémoire de LAGRANGE se termine du reste par un „appendice“ où les calculs sont présentés d'une manière particulièrement simple. Aujourd'hui, ces divers développements s'intégreraient tout naturellement dans ce que l'on désigne sous le terme un peu vague mais commode de mécanique non-linéaire.

Dans le mémoire E 436, vol. II, 7:

De vera tautochrona in fluido

présenté le 29 Octobre 1772 à l'Académie de Saint-Pétersbourg, EULER reprend un problème qu'il a déjà abordé dans sa *Mechanica*[2]) ; il s'agit en somme de résoudre, pour le cas d'un mouvement avec frottement proportionnel au carré de la vitesse, le problème analogue à celui qui a été traité dans E 13, c'est-à-dire, une branche de la courbe étant donnée, déterminer l'autre de manière que la durée d'une demi-oscillation soit indépendante de son amplitude. Dans la *Mechanica,* EULER a ramené à des quadratures la résolution du problème dans le cas où on se préoccupe d'une seule demi-oscillation, mais il remarque que les deux branches obtenues n'étant pas symétriques, le mouvement en sens inverse n'est en général plus tautochrone ; pour avoir une courbe donnant une suite d'oscillations de même durée, il faudrait que la courbe soit symétrique ; c'est ce que EULER obtient, pour un petit frottement (ou, ce qui revient au même, pour de petites oscillations), au § 808 de la *Mechanica.*

Ayant repris la même méthode que dans la *Mechanica* (mais avec des notations différentes), EULER exprime tout d'abord la condition imposée à la courbe (§ 9), condition contenant une fonction inconnue, dont il donne la forme dans le cas de petits mouvements (ou du petit frottement) ; il transforme ensuite la condition en introduisant une autre fonction arbitraire, dont il montre qu'elle doit être paire, ce qui le conduit, après diverses transformations, à une équation différentielle dont il obtient la solution sous forme d'une série entière ; le problème se ramène alors à des quadratures.

Le mémoire E 437, vol. II, 7:

De tautochrona in medio rarissimo, quod resistit in ratione multiplicata quacunque celeritatis

présenté le même jour que le précédent, reprend, sous une forme améliorée la solution d'un problème déjà abordé par EULER dans sa *Mechanica*[3]) ; la méthode est celle des pertur-

1) J. L. LAGRANGE, *Sur les courbes tautochrones,* Mém. Acad. de Berlin 21, 1765 = Oeuvres, vol. 2, p. 317–332. FONTAINE revint sur la question dans son mémoire: *Addition au mémoire imprimé en 1734, sur les courbes tautochrones,* Mém. Acad. des sciences de Paris (1768), 1770, p. 460–470, auquel LAGRANGE répondit par un mémoire intitulé: *Nouvelles réflexions sur les tautochrones,* Nouveaux mém. Acad. de Berlin, 1770 = Oeuvres, vol. 3, p. 159–186.

2) Opera omnia, Ser. II, 2, p. 395 et suiv.

3) Opera omnia, ser. II, 2, p. 367 et suiv.

bations, dont l'application apparaît particulièrement élégante dans ce mémoire. La vitesse u (au sens usuel du terme) étant liée à l'arc s et à la hauteur x par la relation

$$2u\,du = -a\,dx + \lambda u^{2n} ds \ ,$$

il s'agit de trouver la relation liant x et s et telle que l'intégrale $\int \frac{ds}{u}$ soit indépendante de la hauteur k du point de départ; pour $\lambda = 0$, la solution est donnée par

$$ds = \sqrt{\frac{b}{x}}\,dx \qquad \text{et} \qquad u^2 = a(k - x) \ ;$$

pour $\lambda \neq 0$, mais assez petit, on cherche dès lors la solution sous la forme

$$u^2 = a(k - x) + P\lambda + Q\lambda^2 + \cdots$$

et

$$ds = \sqrt{\frac{b}{x}}\,dx + p\lambda dx + q\lambda^2 dx + \cdots ;$$

en annulant le terme en λ dans $\int \frac{ds}{u}$, on obtient ainsi une relation entre P et p; d'autre part, P est donné par l'équation du mouvement, on en tire donc p, d'où la solution du problème en première approximation (§ 11). La fin du mémoire est consacrée à des cas particuliers; EULER écrit également le résultat pour le cas où le frottement est donné par une somme de la forme

$$\lambda u^{2n} + \lambda' u^{2n'} + \cdots$$

ce qui résulte facilement (toujours en première approximation) des calculs précédents.

Dans le mémoire E 438, vol. II, 7:

Dilucidationes de tautochronismo

présenté à la même date que les précédents, le problème de la tautochrone est abordé d'une façon inverse: on donne l'horaire du mouvement, et on demande la loi du frottement. La méthode est tout d'abord exposée d'une façon générale (§§ 1 à 3), puis appliquée à des cas particuliers (§§ 4 à 7) qui tous conduisent à une cycloïde, ce qui permet donc de déterminer certaines des lois de frottement pour lesquelles la tautochrone est une cycloïde (on retrouve ainsi les cas classiques); un cas plus général est ensuite étudié (§§ 8 à 11) qui permet de retrouver les résultats connus pour le cas où le frottement s'exprime en fonction de la vitesse par un polynome du second degré. Après quelques tentatives avec des cas plus généraux, mais qui ne donnent pas lieu à des solutions pratiquement intéressantes, EULER reprend (§§ 17 à 19) le problème déjà étudié à plusieurs reprises[1]) de la tautochrone

1) Il fait l'objet du mémoire E 13, Opera omnia II, 6, p. 32; il se retrouve dans la *Mechanica II*, Opera omnia II, 2, p. 357 et suiv.

avec frottement proportionnel au carré de la vitesse. Ce cas rentre en fait dans celui qui a été traité aux §§ 8 à 10 ; il est traité ici avec quelques développements supplémentaires.

Avec ce mémoire se termine la longue série des publications de EULER sur les courbes tautochrones ; sans qu'on ait à se faire des illusions sur la portée pratique de ces recherches, il est cependant certain qu'elles contribuèrent fortement à exercer l'habileté des analystes ; à ce titre déjà, elles méritent d'attirer l'attention des mathématiciens modernes.

III. COURBES SYNCHRONES

Les difficultés diverses rencontrées dans la recherche des tautochrones expliquent que l'on ait tenté d'étudier des problèmes voisins, dont la résolution pouvait faire espérer quelque avantage ; c'est JEAN BERNOULLI[1]) qui semble avoir introduit la notion de courbe synchrone : on donne dans un plan vertical une famille de courbes ; des points matériels pesants parcourant ces courbes, on appelle courbe synchrone le lieu de ces points à un instant donné, étant entendu qu'ils sont partis sans vitesse initiale de points situés sur une courbe donnée.

EULER a de son côté abordé le problème en commençant par un cas particulier, celui où les courbes données sont homothétiques de l'une d'elles, le centre d'homothétie étant situé sur cette courbe et le départ ayant lieu de ce point[2]). Le problème se traite alors assez simplement et l'on peut obtenir dans de nombreux cas la solution complète sous forme finie ; cette solution est du reste reprise dans la *Mechanica*[3]), avec une indication (loc. cit., § 123) sur une généralisation possible.

Dans les mémoires reproduits ici, EULER se propose l'étude du problème inverse, celui de la recherche de la famille de trajectoires, connaissant celle des courbes synchrones.

Dans le mémoire E 765, vol. II, 7:

De problemate curvarum synchronarum eiusque imprimis inverso

présenté en mai 1781 à l'Académie de Saint-Pétersbourg, EULER commence par rappeler l'énoncé du problème direct, et en redonne la solution, semblable quant au fond à celle de la *Mechanica*, mais assez différente dans sa forme (§§ 1 à 10). Il aborde ensuite le problème inverse, dont il commence par résoudre un cas particulier simple, celui où les courbes synchrones sont des droites horizontales (§§ 11 et 12) ; la solution est d'ailleurs évidemment constituée par les translatées (horizontalement) d'une courbe quelconque.

1) JEAN BERNOULLI, *Curvatura radii in diaphanis non uniformibus ... et de curva synchrona seu radiorum unda construenda,* Acta erud. 1697, p. 206 = Opera omnia I, p. 187–193.
2) E 44, Opera omnia I, 22, p. 36–56.
3) Opera omnia II, 2, p. 43 et suiv.

Il aborde ensuite le problème plus difficile dans lequel les courbes synchrones sont des droites verticales ; si l'on choisit des axes rectangulaires Oxy, Oy vertical dirigé vers le bas, le problème revient à déterminer une fonction $y(x)$ telle que, $\Gamma(x)$ étant donnée, on ait

$$\int \sqrt{\frac{1+y'^2}{y}}\, dx = \Gamma(x) \;;$$

si l'on pose $\Gamma'(x) = \sqrt{X}$ et $y' = p$, cela conduit à intégrer l'équation différentielle

$$p\,dx = \frac{2\,p\,dp}{X} - \frac{(1+p^2)\,dx}{X^2} \;,$$

ce qui n'est élémentairement possible que pour des choix très particuliers de $X(x)$, donc de $\Gamma(x)$ (§§ 13 et 14). Un premier choix particulier donne un résultat très simple : si $\Gamma(x) = \alpha x$, les courbes sont les translatées d'une certaine parabole à axe vertical (§ 15).

Le cas où $\Gamma(x) = 2\sqrt{\frac{x}{\alpha}}$ peut également se traiter entièrement (§§ 16 à 27) ; il se ramène en fait simplement à la quadrature

$$\int \frac{p\,dp}{\alpha - p + \alpha p^2} \;,$$

qui exige que l'on distingue trois cas selon que α est inférieur, égal ou supérieur à $\frac{1}{2}$; si $\alpha \geqslant \frac{1}{2}$, il y a une difficulté qui résulte d'un apparent paradoxe dans l'allure des courbes : elles présentent un rebroussement en un point où la vitesse ne peut être nulle ; cette difficulté sera reprise dans un mémoire ultérieur (il faut remarquer que Euler ne voit pas tout de suite qu'elle se présente aussi bien dans le cas $\alpha = \frac{1}{2}$ que pour $\alpha > \frac{1}{2}$). Si $\alpha < \frac{1}{2}$, l'étude des trajectoires ne conduit par contre à aucune circonstance particulière.

Ayant ainsi traité (sous réserve d'une étude plus approfondie de l'allure des trajectoires) le cas où les courbes synchrones sont des droites verticales, Euler passe à celui où ce sont des droites parallèles mais obliques (§§ 28 à 35) ; en introduisant un système de coordonnées obliques convenables, il aboutit à une équation différentielle très semblable à celle du premier problème ; ici encore, le calcul n'est poursuivi que pour deux choix de la fonction (ici X) exprimant le chemin parcouru selon l'axe horizontal. Si X est proportionnelle à x, on obtient une courbe (transcendante) peu différente de la parabole obtenue dans le premier problème ; si X est proportionnelle à $\sqrt{x}$, on est également ramené au calcul d'une quadrature, peu différente de celle du premier problème ; ici encore il y a lieu de distinguer trois cas ; ils sont assez analogues à ce qui a été vu plus haut, aussi Euler renvoie-t-il à plus tard l'étude des deux cas où se présente la circonstance paradoxale mentionnée précédemment, ne poursuivant ici les calculs que pour le cas le plus simple.

Le mémoire E 766, vol. II, 7:

Methodus nova et generalis problema synchronarum inversum aliaque eiusdem generis resolvendi

présenté à la même date que le précédent à l'Academie de Saint-Pétersbourg, reprend sous une forme plus générale le problème inverse des synchrones. Dans le problème restreint, l'intégrale qui reste constante lorsqu'on l'étend à une courbe trajectoire quelconque, mais entre deux synchrones fixes, est (l'axe des y étant ici vertical, dirigé vers le bas)

$$\int \sqrt{\frac{1+y'^2}{y}}\, dx$$

la méthode proposée dans ce mémoire, bien qu'appliquée ici au cas restreint seulement, vaut aussi pour le cas général d'une intégrale de la forme

$$\int F(x, y, y')\, dx \ ;$$

c'est pour cette raison que EULER, modifiant la terminologie, remplace le terme de *trajectoire* par celui de *coupée* (secanda) et celui de *synchrone* par *coupante* (secans) (§§ 1 à 4).

L'équation de la famille de coupantes étant constituée par une relation donnée entre x, y et un paramètre c, les coupées doivent satisfaire à la relation

$$\int \sqrt{\frac{1+y'^2}{y}}\, dx = C(c)$$

or c s'exprimant par x et y, on a $C(c) = V(x,y)$, d'où, en différentiant, $dV = P dx + Q dy$ et

$$\sqrt{\frac{1+y'^2}{y}} = P + Q y' \ ;$$

ce qui constitue l'équation différentielle des coupées (§§ 5 à 8).

Le calcul est ensuite développé dans le cas où les coupantes sont homothétiques par rapport à l'origine, et achevé dans le cas particulier où C est proportionnel à la racine carrée du rapport d'homothétie (§§ 9 et 10).

EULER traite ensuite le cas où les coupées forment un faisceau de droites issues de l'origine, en choisissant pour C une fonction qui permet de séparer les variables dans l'équation différentielle (§§ 12 à 19); enfin il traite (toujours avec un choix de C destiné à simplifier les calculs) le cas où les coupées sont des cercles qui passent par l'origine et y possèdent une tangente horizontale (§§ 21 à 25).

C'est dans le mémoire E 770, vol. II, 7:

Enodatio maximi paradoxi in problemate quodam mechanico occurenti

présenté en même temps que les deux précédents à l'Académie de Saint-Pétersbourg que EULER reprend l'étude précise de certaines courbes synchrones, dont le tracé semblait présenter une circonstance paradoxale. Il s'agit des courbes rencontrées dans E 765, c'est-à-dire de trajectoires qui possèdent des points de rebroussement, là où la vitesse n'est cependant pas nulle, ce qui semble contredire l'opinion généralement reçue; EULER se borne alors à conclure qu'il y a donc des cas où la vitesse peut subitement changer de sens, comme par réflection („quasi per reflexionem") (§ 9); on pourrait du reste tourner la difficulté d'une autre manière, en concluant que le problème n'admet, dans le cas considéré, des solutions qu'entre certaines limites.

Par ailleurs, l'étude des courbes en question ne présente pas de difficulté particulière.

IV. PROBLEMES DIVERS DE DYNAMIQUE DU POINT

La mécanique céleste pose des problèmes dont la résolution a préoccupé les chercheurs dès que NEWTON eut énoncé sa loi de la gravitation universelle; celui des trois corps comporte déjà des difficultés qu'on a cherché à tourner de diverses manières; EULER y est revenu à de nombreuses reprises; quelques résultats de ses recherches dans ce domaine sont repris dans ces volumes de mécanique du point[1]).

Dans le mémoire E 301, vol. II, 6, p. 209:

De motu corporis ad duo centra virium fixa attracti

présenté en décembre 1760 à l'Académie de Saint-Pétersbourg, EULER commence par rappeler à quelles difficultés se heurtent les recherches dans le domaine du problème des trois corps et indique le principe de la méthode des perturbations, dont l'application est pratiquement possible pour les mouvements du système solaire, grâce à une heureuse répartition des distances et des masses (§§ 1 à 7). Le problème traité dans ce mémoire est le suivant: deux corps fixes A et B attirent, selon la loi de NEWTON, un point mobile M; soit à trouver le mouvement de M (§ 8). Tout le mémoire va être consacré à l'étude de ce problème, étude à vrai dire assez mal ordonnée; à la lecture, on ressent l'impression que la rédaction en a été faite à la hâte, ce qui expliquerait qu'il y subsiste plusieurs tentatives abandonnées ensuite pour des raisons diverses.

Après avoir écrit les équations différentielles du mouvement (§ 10), EULER obtient (§ 11) l'intégrale première de la force vive, puis (§ 13) une autre intégrale première qui lui fournit l'équation différentielle de la trajectoire en coordonnées cartésiennes, transformée ensuite par l'introduction de variables angulaires (§§ 14 et 15). La complication extrême de cette équation amène l'auteur à se borner d'abord à un cas particulier très simple, celui où une des masses attirantes est nulle (ce qui devra donc redonner le résultat classique)

1) La plupart des mémoires sur les problèmes de ce genre se trouvent dans les Opera omnia, Ser. II, vol. 23 à 28.

(§§ 16 à 22). Ensuite, il traite le cas de deux masses égales, avec des conditions initiales particulières (§§ 23 à 28) ; la trajectoire est alors une hyperbole (ce qui apparaît déjà au § 24, mais n'est reconnu qu'au § 25) ; la vitesse se calcule par l'intégrale de la force vive, d'où l'on tirerait l'horaire par une intégrale elliptique.

Devant les difficultés qui paraissent s'opposer à l'étude du cas général, EULER entreprend alors de rechercher quels sont les cas où le mouvement se fait selon une ellipse ayant ses foyers en A et B (§§ 29 à 35). Pour cela, il reprend les intégrales premières déterminées au début et calcule les valeurs à donner aux deux constantes pour que la trajectoire soit une ellipse ; il le fait au moyen d'une sorte d'identification, incorrecte ici car les termes qui y figurent ne sont pas indépendants ; en fait, un calcul correct montrerait qu'il n'est possible d'obtenir ainsi qu'une seule relation entre les constantes. Au reste, en faisant (§ 32) $B = 0$, on ne retrouve pas le résultat classique du problème des deux corps, ce qui fait présumer qu'une erreur s'est glissée dans les raisonnements précédents ; EULER l'attribue à l'existence d'une intégrale singulière, ce qui sera repris plus loin. En effet, il va dès lors retourner à l'équation différentielle du mouvement, afin de tenter d'y obtenir la séparation des variables (§§ 36 à 39) ; il y parvient du reste, l'équation finale étant justement de la forme de celles qu'il a étudiées par ailleurs[1]) et qu'on désigne aujourd'hui sous le nom d'équations d'EULER (égalité de deux intégrales elliptiques, dans chacune des deux variables). Avant de rechercher l'intégrale générale de cette équation, EULER l'utilise pour reprendre le problème de la détermination des cas où la trajectoire est une ellipse, problème qu'il a abandonné plus haut (§ 40) après une erreur de raisonnement ; il retrouve également la solution pour le cas $B = 0$ (§ 41).

Il va s'efforcer dès lors d'obtenir, par une méthode de coefficients indéterminés, l'intégrale générale de son équation différentielle, dans des cas où elle correspond à une trajectoire algébrique ; cela n'aboutit du reste que dans les cas déjà connus (§§ 42 à 53) ; la fin du mémoire, assez décousue, n'apporte que quelques compléments à ce qui a été fait précédemment.

Le mémoire E 328, vol. II, 6, p. 247, présenté en décembre 1763 à l'Académie de Saint-Pétersbourg, porte le même titre que le précédent ; il en constitue du reste la suite naturelle : EULER va entreprendre l'étude des cas où la trajectoire n'est plus une courbe plane dans un plan passant par les deux masses attirantes (§§ 1 à 3) ; les équations différentielles du mouvement écrites (§§ 4 et 5), il passe à la recherche d'intégrales premières, soit d'abord celle des aires (§ 6) puis celle de la force vive (§ 7), enfin (§§ 8 à 10) une troisième intégrale première qui lui permet, avec les deux autres, d'éliminer le temps, ce qui lui donne un système de deux équations différentielles entre trois variables spatiales (§§ 11 et 12). La réduction de ce système à une seule équation avec deux variables se fera ensuite au prix

1) Voir E 251, Opera omnia I, 20, p. 58–79 et E 261, ibid., p. 153–200.

d'assez longs calculs, par l'introduction de variables angulaires (§§ 13 à 20) ; une dernière substitution de variables conduit enfin à une équation à variables séparées (§§ 21 à 23), qui consiste (comme dans E 301) en une égalité entre deux intégrales elliptiques. Il reprend ensuite les calculs, par une voie beaucoup plus directe, donnant, outre l'équation à variables séparées, l'expression de la différentielle du temps (§§ 24 à 30).

Ces considérations doivent permettre de traiter entre autres le cas où le mouvement se fait dans un plan ; EULER va maintenant s'attacher tout d'abord à ce cas particulier ; il retrouve ainsi, mais sous une forme plus soignée, ce qu'il a exposé dans E 301 (§§ 31 à 37) ; les variables r et s qui figurent dans l'équation différentielle de la trajectoire sont, à un facteur constant près, la somme et la différence des distances du mobile aux masses attirantes ; l'équation est de la forme

$$\frac{dr}{\sqrt{R(r)}} = \frac{ds}{\sqrt{S(s)}}$$

où R et S contiennent encore deux constantes introduites avec les intégrales premières ; si ces constantes sont telles que $R(r) = 0$ a une racine double $r = n$, on a une trajectoire en forme d'ellipse (avec les foyers aux masses attirantes) ; cette condition détermine les deux constantes, ce qui permet de former l'horaire pour tout choix de n.

Le cas d'une hyperbole se traite de même, en remplaçant r par s.

Passant ensuite au cas de mouvements dans l'espace, mais avec les mêmes variables r et s (en plus d'un angle), EULER n'a pas de peine à examiner les cas où la trajectoire est tracée sur un ellipsoïde ou un hyperboloïde de révolution autour de la droite passant par les masses attirantes (qui sont les foyers des méridiens) (§§ 38 à 42).

La fin du mémoire (§§ 43 à 56) est consacrée à l'étude de cas particuliers où une des masses attirantes est nulle, étude faite à partir des équations établies pour le cas général ; il s'agit donc d'une simple vérification, puisque la solution peut alors être obtenue par des moyens beaucoup plus directs.

Le mémoire E 337, vol. II, 6, p. 274:

Un corps étant attiré en raison réciproque quarrée des distances vers deux points fixes donnés, trouver les cas où la courbe décrite par ce corps sera algébrique

présenté en octobre 1762 à l'Académie des sciences de Berlin (il est donc antérieur, dans sa rédaction, à E 328) reprend le cas où la trajectoire est plane, comme dans E 301, mais sous une forme beaucoup plus achevée.

Ayant écrit les équations différentielles du mouvement (§§ 1 à 3), EULER obtient l'équation différentielle de la trajectoire en formant au préalable deux intégrales premières (§§ 4 à 7) ; divers changements de variables successifs permettent d'écrire finalement l'équation différentielle de la trajectoire sous la forme d'une équation à variables séparées (§§ 8 à 15)

$$\frac{dr}{\sqrt{\alpha r + 2Er^2 + \beta r^3}} = \frac{ds}{\sqrt{\gamma r + 2Er^2 + \delta r^3}} .$$

Par les recherches qu'il a menées à bien dans le domaine des équations que l'on désigne maintenant sous son nom[1]), EULER sait dans quels cas l'équation différentielle de la trajectoire aura des intégrales algébriques ; il y a tout d'abord quelques cas évidents (dont celui où $\alpha = \gamma$ et $\beta = \delta$) qui se présentent lorsqu'une des masses attirantes est nulle, et qui n'apportent donc rien de neuf (§§ 16 et 17) ; pour obtenir des solutions algébriques autres que ces solutions banales, il suffit de supposer $E = 0$, et de faire encore le changement de variables

$$r = x\sqrt{\alpha\delta k} , \qquad s = y\sqrt{\beta\gamma k}$$

d'où l'équation

$$\frac{dx\sqrt[4]{\gamma\delta}}{\sqrt{x + \beta\delta k x^3}} = \frac{dy\sqrt[4]{\alpha\beta}}{\sqrt{y + \beta\delta k y^3}}$$

qui admet une intégrale générale algébrique si le rapport

$$\sqrt[4]{\gamma\delta} : \sqrt[4]{\alpha\beta} = \mu : \nu$$

est rationnel (§§ 18 à 20).

Le calcul est ensuite poursuivi pour divers choix particuliers des entiers μ et ν ; tout d'abord $\mu = \nu = 1$ (§§ 21 à 26), puis $\mu = 2$, $\nu = 1$ (§§ 27 à 29), $\mu = 3$, $\nu = 1$ (§§ 30 et 31), $\mu = 4$, $\nu = 1$ (§ 32) et enfin le cas général (§§ 33 et 34) ; pour le cas $\mu = \nu = 1$, la solution générale est obtenue par identification, ce qui fournit en fait le théorème d'addition (algébrique) de la fonction elliptique correspondante. Ce théorème d'addition obtenu, il n'est pas difficile de passer, de proche en proche, à des valeurs entières quelconques de μ et ν[2]).

Le but du mémoire E 625, vol. II, 7:

De viribus centripetis ad curvas non in eodem plano sitas describendas requisitis

présenté en 1776 à l'Académie de Saint-Pétersbourg, a pour simple but de montrer qu'il existe toujours deux forces centripètes de centres donnés, telles qu'un point suive sous leur action une trajectoire donnée dans l'espace ; NEWTON avait démontré que le problème

---

1) Voir Opera omnia I, 20, les mémoires E 251, 261 et 345, où se trouve l'essentiel de cette théorie.

2) J. L. LAGRANGE s'est occupé à la même époque du problème étudié ici; voir son mémoire: *Recherches sur le mouvement d'un corps qui est attiré vers deux centres fixes*, Misc. Taurin. 4, 1766–1769 = Oeuvres, vol. 2, p. 67 à 121; la question est reprise également dans la *Mécanique analytique*, tome 2 = Oeuvres, vol. 12, p. 101 et suiv.

a toujours une solution avec un seul centre, pour une trajectoire plane. Après avoir donné une solution assez embarassée (§§ 2 à 12), EULER résout fort simplement le problème (§§ 13 à 16), puis applique sa solution à quelques cas particuliers : cas d'une trajectoire tracée sur un cylindre de révolution, les centres étant sur l'axe, cas d'une trajectoire tracée sur une sphère, les centres attractifs étant aux pôles.

Dans le mémoire A (16), vol. II, 6, p. 294 :

Sur le temps de la chute d'un corps attiré vers un centre de forces, en raison réciproque des distances

présenté en 1755 à l'Académie de Berlin, J. A. EULER se propose de déterminer d'une façon complète la durée de chute, dont l'expression s'obtient facilement à partir de l'intégrale

$$\int_0^1 \frac{dz}{\sqrt{-\log z}} ;$$

il calcule cette intégrale par une sorte d'interpolation de la valeur de

$$\int_0^1 (-\log z)^n dz$$

pour $n = -\frac{1}{2}$ à partir des valeurs de cette intégrale pour n entier ; en fait, on retrouve ici le problème de l'interpolation de la factorielle par la fonction Γ, traité également par L. EULER lui-même[1]).

L'interpolation est faite en partant de l'idée (exacte en soi, mais non justifiée ici) que pour trois valeurs de n en progression arithmétique, les valeurs de l'intégrale sont asymptotiquement en progression géométrique lorsque n augmente indéfiniment.

V. PROBLEMES DIVERS SUR LA DYNAMIQUE DES SYSTEMES DE POINTS

Le mémoire E 503, vol. II, 7 :

De motu oscillatorio penduli cuiuscunque dum arcus datae amplitudinis absolvit

présenté en juillet 1776 à l'Académie de Saint-Pétersbourg, traite tout d'abord d'un problème assez élémentaire, celui du mouvement du pendule physique ; par la formation de l'intégrale première de la force vive, on obtient facilement l'expression de la demi-période sous la forme d'une intégrale elliptique (§§ 1 à 8) ; le calcul de cette intégrale peut alors se faire par une série procédant suivant les puissances paires du sinus de la demi-élongation ζ (§§ 9 à 11). EULER, remarquant que la convergence de cette série est lente lorsque ce

1) Voir par exemple les mémoires E 19, Opera omnia I, 14, p. 1–24, E. 421, Opera omnia I, 17, p. 316–357, E 662, Opera omnia I, 19, p. 63–83.

sinus est voisin de l'unité, se propose alors de rechercher une série plus rapidement convergente ; ceci constitue la partie originale du mémoire (§§ 12 à 38). La demi-période est alors donnée par une série formée avec les puissances paires de $\sin \frac{1}{2}(\pi - \zeta)$, multipliée par $\log \cot \frac{1}{2}(\pi - \zeta)$[1] ; la série est alors rapidement convergente pour ζ voisin de π, ce que montrent encore deux exemples numériques.

Deux autres mémoires concernent des mouvements de caractère pendulaire ; il s'agira cette fois de systèmes à plusieurs degrés de liberté.

Le mémoire E 516, vol. II, 7 :

De motu oscillatorio duorum corporum ex filo super trochleas traducto suspensorum

présenté en janvier 1775 à l'Académie de Saint-Pétersbourg, a pour objet l'étude du mouvement du système constitué par deux masses pesantes A et B, reliées par un fil passant sur deux poulies M et N. Il n'est pas difficile d'écrire les équations différentielles du mouvement ; la recherche d'intégrales premières se heurte cependant à des difficultés (§§ 1 à 6) ; c'est pourquoi EULER considère le cas particulier où les masses sont égales ; si le mouvement de chaque point se fait verticalement, il est alors uniforme (§§ 7 et 8) ; si le mouvement est voisin de la verticale, l'angle du fil avec la verticale satisfait à une équation différentielle linéaire du second ordre, voisine de celles que l'on nomme aujourd'hui équation de BESSEL[2]) ; l'intégrale en est donnée sous forme d'une série entière (§§ 9 à 11) ; après une tentative d'abaissement de l'ordre (d'où une équation de RICCATI), EULER propose une expression approchée de l'intégrale de l'équation de BESSEL ; son idée revient en fait à remplacer localement le coefficient variable de l'équation par une valeur moyenne, ce qui peut se justifier, à condition toutefois de remarquer qu'une telle approximation n'est elle-même valable que localement ; la méthode suggérée pour contrôler la précision de cette approximation ne semble pas devoir donner des renseignements utiles.

EULER passe ensuite à des cas où les masses sont différentes ; le mouvement vertical est alors uniformément accéléré (§ 16) ; dans le cas de mouvements voisins, on obtient une équation de LEGENDRE ; EULER détermine les cas où il existe un polynome parmi les intégrales ; ces cas correspondent à certaines valeurs du rapport des masses (§§ 17 à 19) ; le plus simple, celui où $B = 3A$, est alors résolu d'une manière complète (§§ 20 à 24).

1) Par mégarde EULER oublie un facteur π devant l'expression de T au § 29; les résultats suivants portent les conséquences de cette erreur; en particulier les demi-périodes calculées dans les exemples numériques doivent être divisées par π.

2) Son intégration se ferait au moyen de la fonction de BESSEL J_1. Pour l'histoire des premières tentatives d'intégration d'équations de cette nature, voir G. N. WATSON, *A Treatise on the Theory of Bessel Functions*, Cambridge University Press 1922, Chapitre I. EULER donnera dans E 576, Opera omnia II, 11, p. 307–323, la première expression générale d'une fonction de BESSEL d'ordre entier positif.

Le problème traité dans le mémoire E 533, vol. II, 7:

De motu oscillatorio pendulorum ex filo tenso dependentium

présenté en octobre 1774 à l'Académie de Saint-Pétersbourg (il serait donc antérieur aux deux précédents) est également celui d'un pendule à plusieurs degrés de liberté : deux masses pesantes M et N sont suspendues par des fils à deux points E et F d'un fil dont les extrémités sont fixées en deux points A et B ; les mouvements ont lieu dans le plan vertical passant par A et B. Le problème est mis en équation dans le cas général (§§ 1 à 3) puis développé dans le cas des petits mouvements ; les équations différentielles de ces petits mouvements (§ 5) sont réduites à des équations algébriques par la recherche de solutions dans lesquelles toutes les fonctions inconnues sont des fonctions sinusoïdales du temps, de même fréquence et de même phase (§§ 6 à 10) ; la détermination de la fréquence exigerait la détermination explicite de la position d'équilibre stable, suivie de la résolution d'une équation algébrique du troisième degré (§§ 11 à 16) ; EULER se borne à indiquer les étapes du calcul, sans l'effectuer dans le cas général.

Il passe ensuite à un cas particulier, où la symétrie fait prévoir des simplifications (§§ 17 à 19) ; si le système est entièrement symétrique, l'équation caractéristique est même du second degré ; dans les autres cas, elle est du troisième degré ; EULER se borne alors à écrire sous forme littérale l'intégrale générale des équations du mouvement (§§ 20 et 21).

Dans le mémoire E 544, vol. II, 7:

De motu libero plurium corporum filis colligatorum super plano horizontali

présenté en novembre 1774 à l'Académie de Saint-Pétersbourg, EULER traite tout d'abord le problème du mouvement de deux points reliés par un fil et mobiles sur un plan horizontal (§ 1) ; il montre facilement que le barycentre a un mouvement rectiligne uniforme et que le système est en rotation uniforme autour du barycentre. Il aborde ensuite le problème analogue avec trois points ABC, A et B étant liés par un fil, ainsi que B et C (§ 2). Il montre comment les équations différentielles du système s'intègrent par quadratures, puis traite (§ 3) le cas particulier où les masses sont égales et les fils de même longueur. Une allusion est faite ensuite au problème analogue mais comportant plus de trois corps.

EULER a consacré deux mémoires à l'étude des tractrices considérées non au point de vue géométrique (le problème avait été résolu par L'HOSPITAL[1]) mais au point de vue dynamique, en tenant compte de l'inertie de la masse entraînée.

1) De L'HOSPITAL, *Analyse des infiniment petits pour l'intelligence des lignes courbes*, Paris 1696, p. 38.

Dans le mémoire E 614, vol. II, 7:

Commentatio de curvis tractoriis

présenté en juin 1775 à l'Académie de Saint-Pétersbourg, il commence par reprendre le problème géométrique, tout d'abord dans le cas où le point donné décrit une droite (§ 3), puis une courbe quelconque; on obtient alors une équation différentielle de RICCATI, qui ne peut s'intégrer par quadratures (§§ 4 à 7); dans le cas du cercle, le calcul peut toutefois s'achever par des quadratures élémentaires (§§ 8 à 27); on peut donc en déduire un cas d'intégrabilité de l'équation de RICCATI; c'est ce qui est montré dans la suite (§§ 28 à 32), sans toutefois que les calculs, vu leur complexité, soient entièrement achevés.

Du point de vue mécanique, les tractrices géométriques ne constituent qu'un cas limite, correspondant à un mouvement infiniment lent; EULER juge utile d'y insister (§§ 33 à 39). Il entreprend ensuite la recherche de la tractrice ,,vraie", dans le cas où le point donné décrit une droite d'un mouvement uniforme. Le résultat est du reste facile à obtenir dans le cas où le mouvement se fait sans frottement: le point considéré doit être animé d'un mouvement de rotation uniforme autour du point qui l'entraîne; sa trajectoire est donc une cycloïde, éventuellement allongée ou raccourcie (§ 43); dans le cas d'un frottement infini, on retrouvera la tractrice géométrique (§ 44); dans le cas général, le problème est ramené à une équation différentielle du premier ordre, dont l'intégration semble irréalisable par quadratures (§ 46).

Dans le mémoire qui fait suite, E 615, vol. II, 7.

De curvis tractoriis compositis

présenté en août 1775 à l'Académie de Saint-Pétersbourg, EULER envisage le problème des tractrices composées, c'est-à-dire de points liés en chaîne par des fils et tirés par un point dont le mouvement est donné. L'étude est restreinte au problème géométrique, avec deux ou trois points, la trajectoire du point donné étant rectiligne. Les calculs sont relativement élémentaires; ils conduisent cependant à des équations différentielles dont il ne semble pas possible d'obtenir l'intégration par des moyens élémentaires; EULER en reste là.

VI. DYNAMIQUE DE SYSTEMES A UN DEGRE DE LIBERTE

Dans les mémoires E 517, vol. II, 7:

De problemate quodam mechanico satis obvio at solutu difficillimo

et E 518, vol. II, 7:

Solutio gemina problematis quo motu corporis filo alicubi alligati super plano horizontali quaeritur

présentés en août 1780 à l'Académie de St-Pétersbourg, EULER traite un problème très particulier, suggéré par la lecture d'un vers de VIRGILE:

Anchora de prora iacitur, stant littore puppes.

Euler se demande quel sera le mouvement du navire fixé par une ancre jetée de la proue ; en termes généraux, nous dirions : étudier le mouvement d'un segment dans un plan, une des extrémités étant assujettie à parcourir un cercle. Euler commence par rechercher deux équations différentielles régissant le mouvement ; il introduit pour cela la réaction de liaison, qu'il élimine ensuite, ce qui le conduit finalement à deux relations (§ 11) dont l'une, la première, exprime en fait le théorème du barycentre, l'autre constitue l'intégrale première de la force vive. Les tentatives qu'il fait ensuite pour aboutir à une équation de premier ordre l'entraînent à des complications inextricables.

Toutefois, une nouvelle voie, qu'il indiquera dans E 518, lui permet d'en écrire l'intégrale générale (§ 20), dont il se contente d'établir la validité en l'introduisant dans l'équation ; il en déduit ensuite, sous des signes de quadrature, les expressions des fonctions donnant le mouvement.

Le mémoire E 518 est simplement consacré à l'intégration de l'équation différentielle du premier ordre obtenue dans le mémoire précédent. Euler donne deux méthodes pour y parvenir ; il commence par une suite de transformations, qui le conduisent en fin de compte à une équation linéaire du premier ordre (§ 8) et à l'intégrale générale sous forme finie (§ 9).

Le mémoire E 717, vol. II, 7 :

Solutio problematis mechanici

est consacré à un problème fort élémentaire, dont l'énoncé est clairement donné dans le résumé précédant le mémoire lui-même. Le système étant conservatif et ne comportant qu'un seul degré de liberté, l'intégrale première de la force vive (§ 10), suffit pour exprimer, aux prix d'une quadrature, la loi du mouvement ; elle ne suffit cependant pas pour déterminer la valeur de la tension du fil, que l'auteur obtient en revenant aux équations différentielles du mouvement („ex primis motus principiis").

C'est un problème analogue qui est abordé dans le mémoire E 756, vol. II, 7 :

Solutio problematis mechanici non parum curiosi

Il s'agit encore d'un disque se déplaçant sur un plan incliné et fixé à un fil. Ici, l'extrémité fixe du fil est sur le plan lui-même, et il est enroulé par dessus le disque ; il y a encore un seul degré de liberté et, le mouvement étant conservatif, l'intégrale de la force vive suffit pour déterminer, après une quadrature, la loi du mouvement (§ 8) ; pour obtenir la tension du fil, il faut toutefois revenir aux équations différentielles (comme dans le mémoire précédent) ; l'expression de cette tension est donnée sous forme finie en fonction du paramètre du mouvement (§§ 12 à 14) ; or il se trouve qu'elle est négative au début du mouvement, ce qui pouvait du reste facilement se prévoir ; le mouvement réel va donc se faire en deux phases ; tout d'abord comme simple mouvement de glissement, puis, après un choc, selon la loi déterminée plus haut. La détermination du point où a lieu le choc constitue un simple problème de géométrie (§ 16) ; on en déduit facilement l'instant du choc (§ 17) ; la détermination complète de la seconde phase du mouvement exige alors le calcul des valeurs de certaines dérivées après le choc.

Ici EULER commet une erreur qui va fausser toute la suite ; en effet, en désignant par x l'abscisse du barycentre, il postule (fin du § 18) que la dérivée $\frac{dx}{dt}$ ne subit pas de discontinuité au cours du choc, ce qui est erroné. Comme il calcule par ailleurs la valeur de la vitesse angulaire de rotation par la condition de tension du fil, il résulterait de ses calculs un accroissement de force vive au cours du choc. En fait les valeurs correctes seraient (ainsi qu'on peut les obtenir par le théorème de CARNOT)

$$\left(\frac{dx}{dt}\right)^2 = 4ga\alpha \sin\zeta \left(\frac{a^2}{a^2 + b^2 \cos^2\theta}\right)^2$$

puis

$$\frac{d\varphi}{dt} = \frac{\cos\theta}{a} \cdot \frac{dx}{dt} .$$

La valeur de la vitesse, dans la seconde phase, doit être modifiée en tenant compte de la nouvelle valeur initiale (§ 21) ; les remarques finales (§ 24) indiquent bien que EULER fut surpris du résultat de ses calculs[1]).

VII. PROBLEMES DE MOUVEMENT RELATIF DU POINT

EULER a consacré un long mémoire (E 86) à la dynamique du point porté par une courbe mobile. C'est dans ce mémoire, publié en 1746 dans les *Opuscula varii argumenti*, que EULER fait figurer pour la première fois le théorème des aires, sous la forme d'une intégrale première des équations différentielles du mouvement d'un système ; la publication de ce mémoire fut du reste précédée de plusieurs études plus ou moins achevées, restées inédites jusqu'en 1862 ; elles furent alors incorporées dans les *Opera postuma* ; en passant en revue ces divers travaux, il conviendra de considérer tout d'abord les mémoires posthumes, de rédaction antérieure bien que portant un numéro d'ordre plus élevé.

Le mémoire E 826, vol. II, 7:

De motu corporum super superficiebus mobilibus

comporte tout d'abord (§§ 1 à 18) un rappel des principes de la dynamique du point matériel. Le but du mémoire est indiqué ensuite (§ 19) : il s'agit d'étudier le mouvement d'un

1) L'erreur paraît d'autant plus surprenante que EULER était en mesure de traiter correctement ce problème de choc: son mémoire E 82, *De la force de percussion et de sa véritable mesure*, Opera omnia II, 8, contient explicitement la méthode qui permet ici de rechercher l'effet de la percussion.

point matériel astreint à rester dans un tube infiniment mince, rectiligne ou en forme de courbe plane, le tube ayant un mouvement donné.

Le problème 1 (§§ 20 à 24) traite du mouvement du point dans le cas où le tube est immobile et le point soumis à la seule réaction du tube (qui est calculée) ; dans le problème 2 (§§ 25 à 28), le tube est encore immobile, mais des forces extérieures sont appliquées au point ; aux problèmes 3 et 4 (§§ 29 à 38), le tube est animé d'une translation non uniforme (le cas de la translation uniforme rentrant dans le problème 2) ; au § 37, EULER énonce en fait la loi de la dynamique du point en mouvement relatif, avec la notion d'accélération d'entraînement.

Jusqu'ici, le mouvement du tube a été considéré comme donné ; EULER va aborder maintenant l'étude du mouvement du système constitué par le tube et le point, en admettant que le tube est seulement astreint à se déplacer parallèlement à une direction donnée. Le problème 5 (§§ 40 à 43) donne une méthode pour tenir compte de la liaison entre le tube et le point ; l'idée est la suivante : la liaison géométrique peut être remplacée par une force de liaison ; or cette force est telle qu'elle maintient le point sur le tube, alors que les mouvements libres éloigneraient les deux parties ; il s'agit donc de déterminer quelle force est nécessaire pour assurer la coïncidence. Cela étant fait, il n'est plus difficile de résoudre (problème 6, § 44) le problème général du mouvement du système, le point étant soumis à des forces données, le tube étant en translation libre.

Le mémoire E 827, vol. II, 7:

De motu corporum in tubo rectilineo mobili circa axem fixum,
per ipsum tubum transeuntem

est peut-être le début d'un ouvrage plus important, resté par ailleurs à l'état de projet : la première feuille du manuscrit porte en effet (de la main de l'auteur) la mention : Caput 1.

Dans ce mémoire, EULER étudie simplement le mouvement du système constitué par un tube rectiligne, mobile dans un plan autour d'un de ses points, et contenant un point mobile sans frottement ; au début, il établit les relations différentielles du mouvement, en l'absence de forces extérieures, en reprenant le raisonnement fait dans E 826 (§§ 1 à 12). Il en tire deux intégrales premières : l'intégrale de la force vive (§ 13) et, sans la désigner spécialement, celle du moment cinétique (§ 14) ; il est facile dès lors d'en déduire la nature du mouvement avec des constantes d'intégration fixées par les conditions initiales (§§ 15 à 19).

EULER aborde ensuite le cas où le tube et le point sont soumis à des forces données ; la même méthode permet d'écrire les équations différentielles (§§ 20 à 23), puis (dans l'ordre inverse de ce qu'il a fait précédemment), les deux intégrales premières (§§ 24 et 25) ; le théorème du moment cinétique est ensuite explicitement énoncé (§ 26).

La fin du mémoire est consacrée à l'étude d'un cas particulier, celui où le plan est vertical et le point pesant ; les difficultés du calcul incitent EULER à se limiter au cas où le tube est sans masse, ce qui conduit à la solution évidente.

Le mémoire E 828, vol. II, 7:

Dissertation sur le mouvement des corps enfermés dans un tube droit, mobile autour d'un axe fixe

reprend dans l'ensemble la matière du mémoire précédent et date comme lui des années 1742 ou 1743[1]). EULER commence par rappeler les recherches de JEAN BERNOULLI[2]) à propos du mouvement d'un point pesant glissant le long d'une droite oblique qui peut se déplacer horizontalement dans un plan vertical (§§ 1 à 3) ; c'est l'occasion pour lui d'insister sur les deux possibilités qui s'offrent, en gros, pour la résolution d'un problème de dynamique : ou bien partir des relations différentielles, et chercher à les intégrer, ou bien partir de ce qu'il nomme les *principes dérivatifs*, c'est-à-dire en fait d'intégrales premières, dont le nombre est cependant souvent insuffisant pour permettre la résolution complète du problème.

Passant au cas du mouvement d'un tube autour d'un axe, il signale en passant l'intégrale première du moment cinétique, qu'il désigne sous le nom de *principe de conservation du moment du mouvement rotatoire* ; avec le mémoire E 827, où il apparaît au § 26, il semble que ce passage constitue le plus ancien énoncé du théorème ; mais ce n'est qu'en 1746, dans E 86, que EULER le fera figurer dans une publication, en même temps que DANIEL BERNOULLI, qui doit y être parvenu indépendamment ; il écrit en effet[3]) : ,,J'entends par momentum du mouvement circulatoire le produit de la vitesse circulatoire par la masse du Corps et par sa distance au centre de ce mouvement ... Mr EULER s'est servi de ce terme pour exprimer une fort belle propriété commune à toutes ces sortes de mouvement, propriété que nous avons remarquée l'un et l'autre environ dans le même temps, tant il est vrai que ces sortes de problèmes nous développent presque toujours quelque nouvelle loi constante" (loc. cit., p. 56), et plus loin : ,,Cette même propriété a été observée aussi par Mr EULER, et il me l'a marquée dans une de ses lettres. Pour moi, je ne sçaurais prouver de l'avoir trouvée sans lui. Je m'étais servi d'autres termes dans mes calculs" (loc. cit., p. 61).

Tout en admettant l'intérêt que présente la connaissance de telles intégrales premières, EULER insiste sur le fait qu'elles ne suffisent plus si le nombre de degrés de liberté

1) Voir plus loin, p. XXXII.

2) JOH. BERNOULLI, *Solutiones novorum quorundam problematum mechanicorum*, Comment. Acad. scient. Petrop. 5 (1730/1731) 1738, pp. 11–55 = Opera, vol. 3, pp. 365 et suiv.

3) D. BERNOULLI, *Nouveau problème de mécanique*, Mémoires de l'Acad. Roy. des sciences de Berlin [1] (1745) 1746, pp. 54–70.

augmente ; et le but du présent mémoire est justement de traiter un problème qui exige le recours aux équations différentielles (§ 4). Le mouvement étudié sera celui d'un tube horizontal, infiniment mince, dans lequel se meuvent sans frottement des points matériels, et qui tourne autour d'un axe vertical (§ 5). On étudie tout d'abord (§§ 6 à 23) le cas où il n'y a qu'un seul point glissant dans le tube ; la détermination de deux intégrales premières (à partir des équations différentielles) suffit pour ramener l'étude du mouvement à des quadratures ; ces deux intégrales sont évidemment celle de la force vive et celle du moment cinétique.

Dans le cas de plusieurs points glissants, les deux intégrales premières ne suffisent plus. EULER va indiquer (§§ 24 à 49) une méthode convenant dans ce cas, en se bornant à la considération de trois points seulement, ce qui permet toutefois d'exposer la méthode dans toute sa généralité. On obtient en effet, pour les distances des points à l'axe vertical d'une part, pour la vitesse angulaire d'autre part, des équations différentielles de même forme dont chacune ne contient que la vitesse angulaire et la distance d'*un* point (et leurs dérivées) ; on trouve ainsi facilement la solution dans l'hypothèse, fortement simplificatrice, que les distances restent dans des rapports constants (§§ 33 à 35).

Dans le cas général, la connaissance du mouvement d'*un* point permet d'obtenir celui des autres par des quadratures (§§ 36 à 43). Enfin, le cas où la masse du tube est négligeable conduit à des équations dont l'intégration peut être achevée.

Dans un supplément, EULER indique une méthode permettant d'obtenir la solution complète du problème par des quadratures : la rotation du tube se déduit tout d'abord d'une combinaison des deux intégrales premières (de la force vive et du moment cinétique), après quoi on calcule, encore par quadratures, le mouvement de chaque point.

La rédaction du mémoire E 829, vol. II, 7 :

De motu corporum in tubis circa punctum fixum mobilibus

constitue en somme la suite de E 826, dont il reprend les méthodes ; il semble antérieur à E 827 et 828. Il commence par un problème élémentaire : il s'agit de celui de la détermination du mouvement d'un point glissant sans frottement dans un tube rectiligne qui tourne autour d'un point dans un plan d'un mouvement uniforme donné (§§ 1 à 5) ; par la même méthode, EULER résout ensuite le problème analogue pour un point soumis en plus à des forces données (§ 6) puis celui où le tube est courbe (§§ 7 et 8).

Après cela, EULER aborde l'étude du mouvement du même système dans le cas où on ne donne pas le mouvement du tube, mais les forces qui agissent sur lui (§§ 9 et suiv.) ; on obtient ainsi un certain nombre de relations, en général différentielles, de peu d'utilité pour la résolution du problème ; le cas particulier où les forces sont nulles (§§ 18 et suiv.)

donne lieu à certaines simplifications ; le mémoire se termine ensuite avec divers calculs d'un intérêt assez limité.

On peut se demander pourquoi EULER n'a pas jugé utile de publier ces quatre mémoires ; leur rédaction doit dater de 1742 environ, ainsi qu'il en résulte en particulier de la correspondance de JEAN et DANIEL BERNOULLI[1]) ; le mémoire E 86, publié en 1746, reprend partiellement certains passages, ce qui ferait apparaître les quatre mémoires posthumes comme des sortes d'ébauches ; par ailleurs, la publication contemporaine de travaux d'autres auteurs sur les mêmes questions[2]) expliquerait peut-être aussi qu'il ait préféré reprendre entièrement la question et lui consacrer une étude d'une forme plus achevée ; c'est cette étude qui constitue le mémoire E 86, vol. II, 6, p. 75:

De motu corporum in superficiebus mobilibus

publié en 1746 dans les *Opuscula varii argumenti.* C'est sans doute le plus important des mémoires contenus dans ces deux volumes, au point de vue du développement de la dynamique. Il débute par quelques indications sur l'histoire des tentatives de résolution des problèmes abordés, qui sont en fait ceux du mouvement relatif de points sur une courbe. EULER se propose de distinguer d'abord deux cas particuliers remarquables : celui où le mouvement d'entraînement est une translation (cas traité par JEAN BERNOULLI) et qui fait l'objet de la première section du mémoire, puis celui où le mouvement d'entraînement est une rotation autour d'un axe (c'est celui dont il est question dans E 827 et 828) ; l'étude en sera faite dans la seconde section ; le cas général enfin est traité dans la troisième section.

La section I commence (§§ 6 à 11) par rappeler les définitions de notions fondamentales de la mécanique, ainsi que celles des unités qui seront utilisées ; ensuite se trouve un bref exposé de la dynamique du point matériel (§§ 12 à 16) puis du solide animé d'un mouvement de translation (§§ 17 à 19). Après cela, EULER passe à l'étude du mouvement d'un point astreint à se mouvoir dans un tube en translation (§§ 20 et suiv.) ; il expose sa méthode, qui consiste à introduire une force de liaison dont la détermination se fait en exprimant la condition de liaison géométrique ; il peut ainsi traiter quelques cas, par exemple celui où, le point étant pesant, le tube se déplace horizontalement ou obliquement. Il traite ensuite le cas de plusieurs points (§§ 30 à 33) puis celui où le point se meut dans un tube courbe (§§ 34 à 38).

---

1) P. H. FUSS, *Correspondance mathématique et physique de quelques célèbres géomètres du XVIIIe siècle,* vol. II, St-Pétersbourg 1843.

2) Notamment le mémoire cité plus haut de D. BERNOULLI ainsi que: A. CLAIRAUT, *Sur quelques principes qui donnent la solution d'un grand nombre de problèmes de dynamique,* Mémoires Acad. des scienc., Paris (1742) 1745, pp. 1–52.

La section II traite du mouvement de points astreints à rester dans un tube tournant autour d'un axe ; elle débute par un exposé de la théorie du mouvement de rotation d'un solide autour d'un axe (§§ 39 à 45). Après cela, EULER traite le problème du mouvement d'un point mobile dans un tube, lui-même mobile dans un plan autour d'un de ses points (§§ 46 à 51) ; c'est essentiellement ce problème qui a fait l'objet des recherches de DANIEL BERNOULLI et de CLAIRAUT, et qui se trouve traité dans E 828 ; la solution donnée ici est nettement plus élaborée et moins embarrassée de détails inutiles ; il en est de même du problème plus général où n points se déplacent dans un tube (§§ 52 à 64) ; c'est à l'occasion de la solution de ce problème que EULER introduit (pour la première fois dans une publication, semble-t-il) l'intégrale première du moment cinétique (§ 53)[1]). La solution donnée ici par EULER n'introduit aucune dyssymétrie entre les fonctions exprimant la position des divers points, ce qui permet en fin de compte de réduire l'intégration à des quadratures dans deux cas particuliers : celui où la masse du tube est nulle, et celui où les points ont à un instant des vitesses proportionnelles à leurs distances à l'axe ; EULER montre que cette proportionnalité se conserve dans la suite ; c'est ce qui se passe en particulier si les points partent du repos, par quoi on retrouve une proposition établie indépendamment par DANIEL BERNOULLI[2]).

Quelques pages sont ensuite consacrées à l'étude du mouvement d'une droite ou d'une courbe tournant autour d'un point placé en dehors, et portant un point matériel mobile (§§ 65 à 72) ; le cas où il n'y a pas de forces extérieures données se laisse facilement traiter d'une manière complète.

La section III est consacrée au problème général du mouvement d'un tube rectiligne ou courbe, libre dans un plan ou dans l'espace, et portant un point matériel mobile. Elle débute (§§ 73 à 84) par une étude relevant en fait de la mécanique du solide, à savoir la recherche de la condition pour qu'un solide non soumis à des forces tourne librement autour d'un axe fixe (dans le corps et dans l'espace) ; EULER trouve bien la condition d'annulation des moments centrifuges, en fait sans aller ici jusqu'au bout de la question : il la reprendra plus tard d'une façon magistrale et presque définitive dans sa *Theoria Motus Corporum Solidorum*[3]). Toujours dans le même ordre d'idées, il considère ici encore divers cas de mouvement de l'axe de rotation du solide, puis celui de l'accélération du mouvement de révolution ; la complexité du problème général (qu'il traitera dans E 289) l'oblige pour l'instant à se restreindre à des cas particuliers.

Le problème du mouvement d'un système constitué par un tube libre dans un plan et portant un point mobile est ensuite abordé par les mêmes méthodes que ceux des premières

1) Voir ci-dessus, p. XXX.
2) Voir le mémoire cité p. XXX.
3) E 289, Opera omnia, vol. II, 3. La question discutée ici se trouve au chapitre 8.

sections (§§ 85 à 90); en introduisant la force de liaison puis en exprimant la condition géométrique de liaison entre le point et le tube, EULER parvient aux quatre équations différentielles du mouvement; en l'absence de forces extérieures, il obtient les intégrales premières aujourd'hui classiques, y compris celle que fournirait le théorème du moment cinétique dans le mouvement rapporté à des axes passant par le barycentre du système[1]).

La fin du mémoire (§§ 91 à 100) est consacrée à l'étude du même problème, mais dans le cas d'une courbe mobile au lieu d'une droite; les équations différentielles du mouvement s'intègrent par quadratures, grâce aux intégrales premières (il convient de noter qu'une erreur dans l'introduction des valeurs initiales fausse la fin de ces calculs). Le mémoire se termine par la considération de deux cas particuliers, ceux où la courbe est une développante de cercle ou un cercle; le dernier cas est du reste particulièrement simple.

VIII. PROBLEMES DE STATIQUE

Le mémoire E 97, vol. II, 6, p. 175:

De attractione corporum sphaeroidico-ellipticorum

fut présenté en 1738 à l'Académie de Saint-Pétersbourg; EULER y étudie tout d'abord (problème I) l'attraction newtonienne d'un disque elliptique plan, de demi-axes a et b, homogène, en un point situé sur la perpendiculaire passant par le centre, à une distance c. Le résultat se présente sous la forme d'une intégrale elliptique, dont la valeur est donnée par une série entière procédant suivant les puissances de $\frac{a^2-b^2}{b^2+c^2}$ (le cas du disque circulaire étant élémentaire).

On passe de là à la recherche de l'attraction d'un ellipsoïde de révolution[2]) aplati sur un point situé en un pôle (problème II); le résultat est ici encore donné par une série entière.

La solution du problème I permet ensuite de déterminer l'attraction du même ellipsoïde en un point situé sur l'équateur (problème III).

EULER en arrive ensuite au but véritable de son mémoire, qui est la détermination de l'aplatissement d'une masse fluide homogène en rotation autour d'un axe; il pose que cet aplatissement doit être tel que l'on ait l'égalité des pressions (au centre) de deux colonnes placées l'une selon l'axe, l'autre selon un rayon équatorial; cela le conduit, dans le cas d'un faible aplatissement, à la relation désirée entre cet aplatissement et l'intensité de la force

1) Tout en soupçonnant que cette intégrale première doit correspondre à un „principe“ général, EULER n'arrive pas à en expliciter l'énoncé (voir fin du § 90).

2) On remarquera que EULER désigne l'ellipsoïde de révolution d'abord par le terme *sphaeroides*, adjectif pris substantivement au neutre, puis par le substantif féminin *sphaerois*.

centrifuge à l'équateur[1]). Le résultat est ensuite appliqué au calcul de l'aplatissement de quelques corps célestes.

Le mémoire E 534, vol. II, 7:

Dilucidationes super aliquot casus aequilibrii difficiliores

présenté en janvier 1775 à l'Académie de Saint-Pétersbourg, est consacré à la résolution d'un problème très particulier de statique : déterminer la position d'équilibre d'un système articulé de quatre tiges, les articulations étant élastiques ; EULER commence par traiter le problème plus simple où les articulations ne sont pas élastiques, mais où les sommets opposés sont liés par des ressorts. Il rappelle ensuite le théorème sur la réduction des forces appliquées à une figure plane en un système de trois forces de supports donnés, ce qui lui permet de ramener facilement le problème proposé au problème plus simple traité au début.

1) Le problème sera évidemment repris par de nombreux auteurs; citons par exemple: J. L. LAGRANGE, *Sur l'attraction de sphéroïdes elliptiques*, Nouveaux mémoires de l'Académie de Berlin 1773 = Oeuvres, vol. 3, pp. 619–658.

INDEX

Insunt in hoc volumine indicis ENESTROEMIANI commentationes

1, 6, 12, 13, 21, 24, 86, 97, 299, 301, 328, 337, A 16

pag.

1. Constructio linearum isochronarum in medio quocunque resistente 1
Acta eruditorum 1726, p. 361–363

6. Dissertatio de novo quodam curvarum tautochronarum genere . . 4
Commentarii academiae scientiarum Petropolitanae 2 (1727), 1729, p. 126–138

12. De innumerabilibus curvis tautochronis in vacuo 15
Commentarii academiae scientiarum Petropolitanae 4 (1729), 1735, p. 49–67

13. Curva tautochrona in fluido resistentiam faciente secundum quadrata celeritatum 32
Commentarii academiae scientiarum Petropolitanae 4 (1729), 1735, p. 67–89

21. Quomodo data quacunque curva inveniri oporteat aliam quae cum data quodammodo iuncta ad tautochronismum producendum sit idonea 51
Commentarii academiae scientiarum Petropolitanae 5 (1730/31), 1738, p. 143–159

24. Solutio singularis casus circa tautochronismum 65
Commentarii academiae scientiarum Petropolitanae 6 (1732/3), 1738, p. 28–36

86. De motu corporum in superficiebus mobilibus 75
Opuscula varii argumenti, 1, 1746, p. 1–136

97. De attractione corporum sphaeroidico-ellipticorum 175
Commentarii academiae scientiarum Petropolitanae 10 (1738), 1747, p. 102–115

299. Dilucidationes de tautochronis in medio resistente 189
Novi commentarii academiae scientiarum Petropolitanae 10 (1764), 1766, p. 156–178

301. De motu corporis ad duo centra virium fixa attracti 209
Novi commentarii academiae scientiarum Petropolitanae 10 (1764), 1766, p. 207–242

328. De motu corporis ad duo centra virium fixa attracti. 247
Novi commentarii academiae scientiarum Petropolitanae 11 (1765), 1767, p. 152–184

337. Problème. Un corps étant attiré en raison réciproque quarrée des distances vers deux points fixes donnés trouver les cas où la courbe décrite par ce corps sera algébrique, résolu par M. EULER 274
Mémoires de l'académie des sciences de Berlin [**16**] (1760), 1767, p. 228–249

A 16. Sur le temps de la chute d'un corps attiré vers un centre de forces en raison réciproque des distances, par M. J. A. EULER 294
Mémoires de l'académie des sciences de Berlin [**16**] (1760), 1767, p. 250–260

COMMENTATIONES MECHANICAE
AD THEORIAM MOTUS PUNCTORUM
PERTINENTES

CONSTRUCTIO LINEARUM ISOCHRONARUM IN MEDIO QUOCUNQUE RESISTENTE

Commentatio 1 indicis Enestroemiani
Acta eruditorum 1726, p. 361–363

Notum est inter Geometras cycloidem ordinariam esse in medio non resistente isochronam seu tautochronam, vi gravitatis uniformiter versus centrum infinite distans tendente. In medio quoque pro simplici celeritatum ratione resistente, isochronam esse eandem cycloidem, ostendit Vir summus Newtonus in Principiis suis Philosophiae Naturalis Lib. II, prop. 26. Oppido autem miror neminem adhuc quicquam de isochronis in aliis medii resistentis hypothesibus, non imaginariis, quemadmodum sunt hae duae dictae, meditatum fuisse; cum tamen haec egregia materia bene mereatur, quae in scientiae de motu corporum in medio resistente augmentum profundius examinetur, ego, quae hac in re inveni quasque feliciter detexi curvas tautochronas in medio quomodocunque resistente, centro virium infinite distante et uniformiter attrahente, hic cum publico communicabo, ut orbi litterario ansam praebeam hanc materiam penitius perscrutandi.

Ut igitur modum generalissimum huiusmodi lineas isochronas construendi tradam: resistat medium in ratione cuiusvis functionis celeritatis et pro hac amplissima hypothesi, sic construo isochronam.

Sit AB linea verticalis (Fig. 1), seu normalis in planum horizontis; super hac, tanquam axe, describatur curva AND talis ut, dictis abscissa AP, x, huic applicata normali PN, z et ipsius z functione quadam Z, quae eandem ad z habeat rationem, quam habet illa functio celeritatis, secundum quam fit resistentia, ad ipsam celeritatem, ut inquam sit $dx = zdz + Zdz$. Hac curva facta, construatur alia AMC, super eodem axe AB, ut producta NP in M, sit portio curvae AM aequalis applicatae PN. Erit haec curva CMA isochrona, corpus scilicet super ea, solo gravitatis nisu, descendens, in quocunque eius puncto

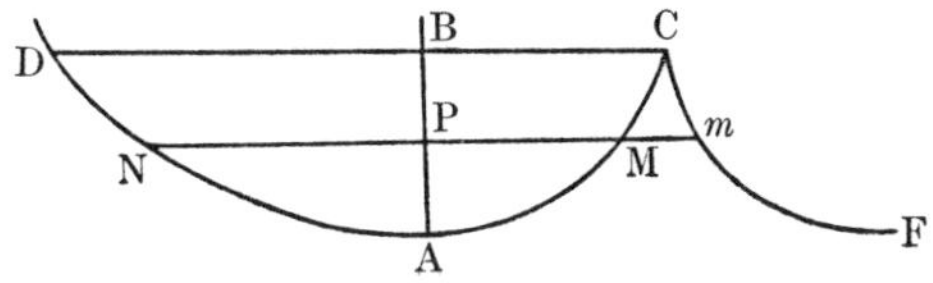

Fig. 1

M descensum adorsum fuerit, semper aequali tempore ad punctum A perveniet[1]).

Ex hac constructione consequitur curvas hasce habere alicubi in C cuspidem et reverti in plagam, ex qua venerant, id quod accidere debet, ubi elementum applicatae PM evanescit, elementum vero hoc aequatur $\sqrt{dz^2 - dx^2}$, ob $AM = PN = z$, sed quia $dx = zdz + Zdz$, erit

$$\sqrt{dz^2 - dx^2} = dz\sqrt{1 - (z + Z)^2}$$

quod debet aequari ziphrae, erit ergo $z + Z = 1$, ibi ergo est cuspis, ubi summa $z + Z$ aequatur unitati.

Haec ergo curva eandem cum Cycloide habebit formam, habebit enim infinitos cuspides et portiones cuspides constituentes omnes inter se similes et aequales, nam producta PM in m erit lege continuitatis $PN = AMC - Cm$, sed $PN = AM$ ergo $Cm = CM$ partes ergo AMC, FmC cuspidem C constituentes aequales erunt et similes. Proin ex constructione puncto F, puncto A respondenti, adnectetur portio similis, aequalis et similiter posita cum AMC. Sic quoque, curva CMA continuata, erit AB diameter, eandem ergo plane cum cycloide ordinaria habebit formam.

Ut applicemus hanc generalem constructionem ad hypotheses speciales, ponatur resistentia nulla, erit $Z = 0$, ergo $dx = zdz$, id est $2x = zz$, unde curva AND erit parabola Apolloniana. Erit ergo isochrona AMC cyclois ordinaria, uti HUGENIUS iam demonstravit.

Ponamus resistentiam celeritati proportionalem, erit $Z = z$, unde $dx = 2zdz$, id est $x = zz$, curva ergo AND erit denuo parabola et consequenter isochrona rursus cyclois, quemadmodum NEWTONUS loco citato demonstravit.

Sit resistentia ut quadratum celeritatis, quae hypothesis locum habet in aere, aqua, omnibusque fere fluidis, erit $Z = azz$, unde $dx = zdz + azzdz$ ergo $x = \frac{1}{2}zz + \frac{1}{3}az^3$, ex qua curva, ut supra docui, construi poterit isochrona. Quantitas a, eo maior est accipienda, quo resistentia maior est, semper nimirum proportionalis assumi debet quantitati resistentiae.

Et hac ratione pro quavis hypothesi resistentiarum ex cogitabili isochrona, methodo hac generali, facile deduci poterit, gravitate uniformiter agente. Pro aliis autem gravitatis hypothesibus, in medio quoque utcunque resistente, etiam possideo methodum construendi isochronas, quam autem, ut et eorum, quae hic proposui, analysin seu demonstrationem, in aliud oppor-

1) Hoc non valet; confer praefationem. C. B.

tunum tempus differo; proponens interim cultoribus scientiae huius de motu corporum in mediis resistentibus problema sequens, quod ab hac materia haud multum abludit:

Invenire lineam celerrimi descensus, seu brachystochronam in medio quomodocunque resistente, saltem in hypothesi gravitatis uniformi.

P. S. Non possum, quin indicem Anonymo illi Anglo[1]), cui iam per aliquantum temporis cum Celeberrimo IOHANNE BERNOULLI circa traiectorias reciprocas res est, me adinvenisse methodum ex quolibet linearum ordine, excepto secundo, ad minimum unam determinandi curvam problemati illi de traiectoriis reciprocis satisfacientem, quam, uno elapso anno, revelaturus ero; quo Anglo illi non desit tempus traiectoriam reciprocam, quam inveniendam ipsi proposuit Celeberrimus BERNOULLI, simplicissimam post illam tertii ordinis, quam invenire potuerit, publice indicandi.

1) Confer commentationem E 3, *Methodus inveniendi traiectorias reciprocas*, Opera omnia series I, vol. 27, p. 1. C. B.

DISSERTATIO DE NOVO QUODAM CURVARUM TAUTOCHRONARUM GENERE

Commentatio 6 indicis Enestroemiani
Commentarii academiae scientiarum Petropolitanae 2 (1727), 1729, p. 126–138
Mense Iulii 1727

1. Edidit ante annum et quod excurrit D. Sully Parisiis descriptionem novi cuiusdam horologii[1]); quod peculiari modo fabricatum ad dimetienda mari tempora, et inde determinandam locorum longitudinem, perquam idoneum iudicat. Praecipuum eius inventum, consistit in novo quodam oscillationum genere a vacillatione trochleae circa axem petito. Idque efficit ope ponderis, trochleam semper versus certum situm sollicitantis. At quomodo istae oscillationes isochronae efficiendae sint, de eo nondum plane certus est, cum id pendeat ab accurata descriptione curvae cuiusdam lineae ad id requisitae, quam autem aliter non nisi crebra tentatione cognovit, eiusque figuram crassa Minerva determinavit. De hac curva ad tautochronismum desiderata in praesenti dissertatione agere animus est, aliosque exhibere modos, quibus aequalitas oscillationum conservari poterit.

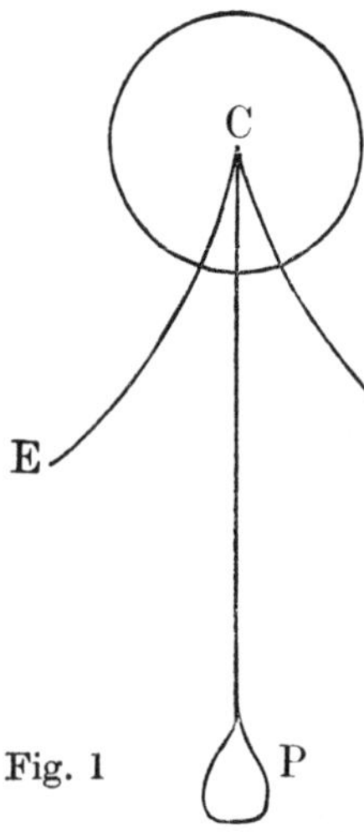

Fig. 1

2. Huc fere autem reducitur modus, quo Sully in trochlea oscillationes obtinere conatur. In centro trochleae C (Fig. 1) applicat duas laminas incurvatas CE, CF inter quas dependet filum CP, pondere P oneratum, et hic situs, quo filum neutram laminam tangit, est naturalis. Ex quo si pellatur, ut filum in M alterutram laminam tangat (Fig. 2), ex natura vectis pondus P

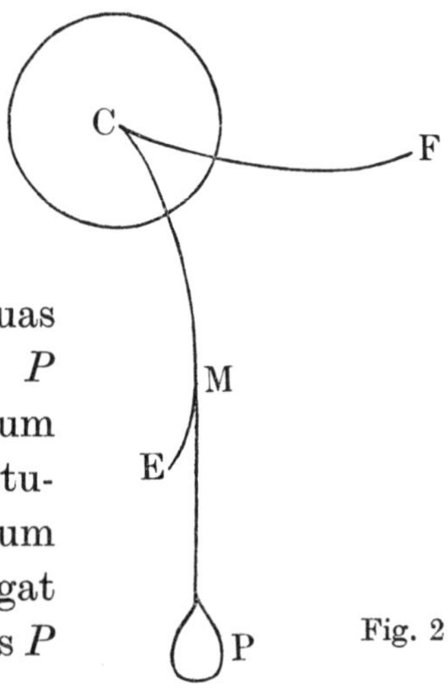

Fig. 2

1) H. Sully, *Description abregée d'une horloge d'une nouvelle invention pour la juste mesure du temps sur mer*, Paris 1726.

vim habebit trochleam in situm naturalem sollicitandi. Et ea propter oscillationes orientur, dum trochlea nunc cis nunc ultra situm hunc naturalem extravagabitur.

3. Hae oscillationes, sive minus sive magis sint amplae, ut isochronae reddantur, id pendet a curvatura laminarum affixarum, ut haec rite determinetur: et id ipsum est, quod D. SULLY desiderat. Est autem hoc problema valde intricatum, plurimaque diversa complectens, quae diligenter sunt evolvenda et distinguenda: Quod rotam attinet, ea cum laminis ita debet esse comparata, ut indifferens sit ad quemvis situm recipiendum, unde centrum commune gravitatis in axe trochleae positum sit oportet. Atque id in posterum assumam, ut nimiam calculi prolixitatem evitem.

4. Circa filum consideranda sunt, an sit semper verticale? an semper versus eandem plagam dirigatur? an vero secus? Circa potentiam autem filo applicatam sequentia. 1. An ipsa habeat vim inertiae? ut si pondus appendatur; an vero non, ut elastra fere. Haec probe sunt distinguenda, potentia enim vi inertiae praedita non omnem vim ad trochleam movendam impendit, sed quidquam ad sui ipsius motum requiritur. Cum e contra potentia inertia destituta omnem vim ad motum trochleae impendere queat.

5. 2. An uniformiter, i. e. semper aequali vi trahat, ut pondus, vel elastrum maxime tensum, cuius vis in remissionibus non nimis magnis quasi eadem persistit; an autem modo magis modo minus agat, ut elater, chorda tensa, aer condensatus, vel rarefactus. Quae considerationes omnes diligenter in computum duci debent, ut laminarum curvatura inveniatur. Machina SULLIANA maxime ex hisce est composita (Fig. 3). Filum CD vecti AD circa A mobili, in B est alligatum, et vecti in D pondus P incumbit, unde fit, ut nec filum semper verticale maneat, neque pondus uniformiter trahat, et insuper vis inertiae non exigua adsit.

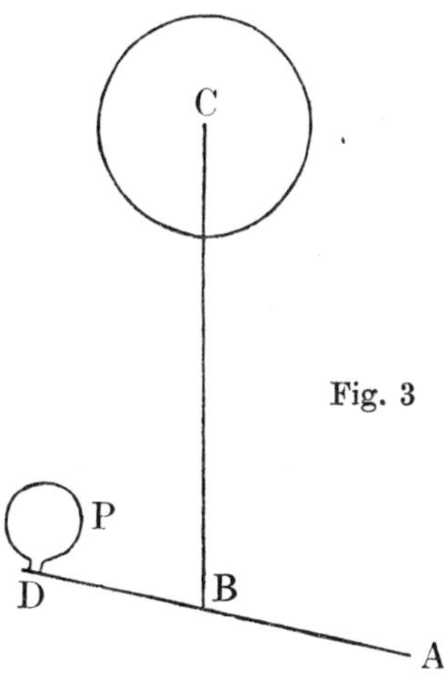

Fig. 3

6. Casum autem simplicissimum hic primo examini subiicere animus est, et pro eo curvam quaesitam determinare, nec non modum monstrare, quo in praxi commode applicari possit: dein quantitatem cuiusvis partis

definiam, ut oscillationes absolvantur dato tempore. Et tandem alium evolvam casum, qui non contemnendum in re nautica usum mihi praestare videtur. Simplicissimus vero mihi est casus, quo filum perpetuo verticale persistit, potentia uniformiter agens et omni inertia destituta applicatur.

7. Problema hoc sensu acceptum sic solvo. Designet (Fig. 4) linea CM laminam alterutram in quovis situ non naturali, sitque CB linea verticalis, cui parallela erit fili directio MR curvam in M tangens; ex puncto contactus M ducatur in CB perpendicularis MT; erit haec etiam normalis in curvam. Ducatur recta CO, designans angulum BCO, quo machina ex situ naturali est deturbata. Centro C radio arbitrario CB describatur circulus BO, cuius arcus BO metietur angulum BCO, quibus factis hoc modo curvam detego; patet potentiam secundum MR trahentem trochleam in situm naturalem perducere conari. Sit ea potentia P, erit illa vis ut $P.TM$. Est TM perpendiculum ex M in verticalem CB.

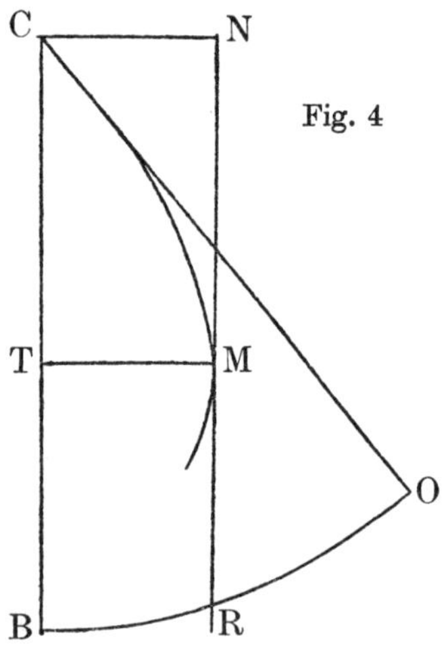

Fig. 4

8. Cum autem haec vis continuo aliter respectu hypomochlii C applicetur, ei quaero aequipollentem radio CO in O normaliter applicandam. Producatur RM in N usque, ubi occurrat horizontali ex C ductae, potentia P eundem edit effectum, ac si radio CN in N applicata versus NR traheret. At ex natura vectis est potentia in O applicanda et secundum normalem ad CO agens, aequipollensque potentiae P, ad potentiam P ut CN sive TM ad CO. Erit ergo ea $= \frac{P.TM}{CO}$ seu proportionalis, ob P et CO constantes, ipsi TM.

9. Nunc ad curvam determinandam isochronismum considerare oportet, qui obtinetur, si acceleratio spatio percurrendo semper proportionatur, possunt autem oscillationes trochleae tanquam oscillationes penduli CO spectari, quae si sint isochronae, et trochleae oscillationes tales erunt. Percurrendus vero est puncto O arcus BO, et huius puncti O acceleratio est ut vis applicata $\frac{P.TM}{CO}$ i. e. ut TM; ad obtinendum ergo isochronismum oportet, ut arcus BO vel angulus BCO proportionetur ipsi TM.

10. Quum linea TM (Fig. 4) sit in curvam normalis, in eamque CT, ex puncto fixo C, perpendicularis, atque linea CO ad curvam habeat ubique

eundem situm, problema huc reductum est, ut, data recta CO positione, in eaque puncto C, inveniatur curva CM huius proprietatis, ut, ducta normali MT, in eamque ex centro C perpendiculo CT, sit linea TM proportionalis angulo TCO, seu differentiale ipsius TM elemento anguli TCO.

11. Ut obtineam haec elementa, puncto M accipio proximum m (Fig. 5), et ex eo duco normalem mt, priori occurrens in R centro circuli osculatoris; in eamque demitto perpendiculum Ct priorem normalem in p secans; erit pT elementum lineae TM; at elementum anguli TCO est angulus TCp: ut ergo pT elemento angulo TCp proportionale sit, oportet, ut sit CT constans, quae est proprietas specifica curvae inveniendae. Patet hinc puncta T et t in R cadere debere, ut pt elementum ipsius CT sit $= 0$.

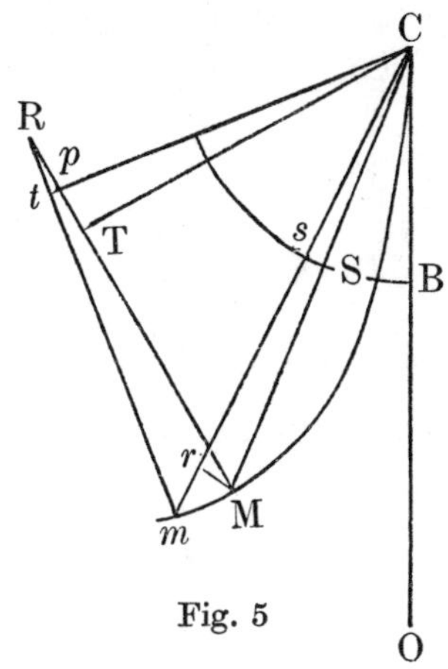

Fig. 5

12. Ut ad huius curvae cognitionem propius accedam, centro C intervallo $CB = 1$ describo circulum BS, qui secatur a radiis CM, Cm in S et s. Vocetur BS, x et CM, y; erit $Ss = dx$ et $mr = dy$, ducto arculo Mr centro C; unde ob triangula CSs, CMr similia, obtinetur $Mr = ydx$. Cum CT constans esse debeat, ponatur $CT = 1$. Erit $TM = \sqrt{(yy - 1)}$. Dein ob similia triangula Mrm, MTC habetur

$$CT(1) : TM[\sqrt{(yy-1)}] = mr(dy) : Mr(ydx)\ ;$$

unde elicitur haec aequatio

$$dy\sqrt{(yy-1)} = ydx \quad \text{seu} \quad dx = \frac{dy}{y}\sqrt{(yy-1)}\ .$$

13. Ad construendam succinctius hanc aequationem, pono

$$\sqrt{(yy-1)} = z\ ;$$

erit

$$y = \sqrt{(zz+1)} \quad \text{et} \quad dy = \frac{zdz}{\sqrt{(zz+1)}}\ .$$

His valoribus substitutis obtineo hanc aequationem

$$dx = \frac{zzdz}{zz+1} = dz - \frac{dz}{zz+1}\ ,$$

quae aequatio ergo ope rectificationis circuli construi potest. Centro C radio

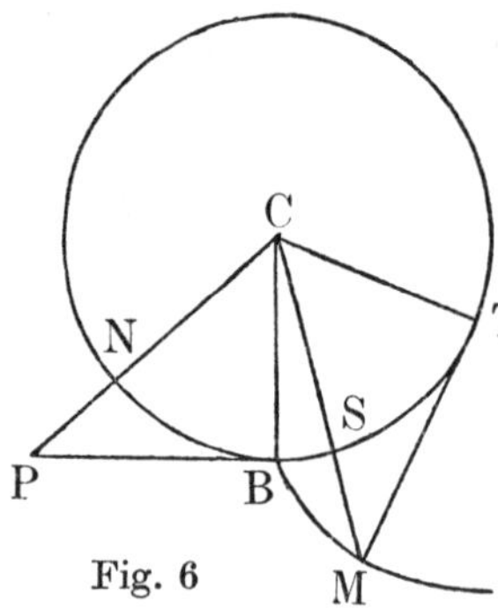

Fig. 6

$CB = 1$ describatur circulus $NBST$ (Fig. 6), quem in B tangat recta BP, in qua accipiatur utcunque $BP = z$, ducaturque CP secans circulum in N; erit

$$\text{arcus } BN = \int \frac{dz}{zz+1} \quad \text{et} \quad CP = \sqrt{(zz+1)} = y\,.$$

Est autem

$$x = z - \int \frac{dz}{zz+1}\,;$$

sumatur ergo a puncto B arcus $BS = BP - BN$; erit $BS = x$. Radius CS in M producatur, ut sit $CM = CP = y$, erit punctum M in curva quaesita.

14. Curvam hoc modo constructam ex ipsius circuli $NBST$ evolutione generari observo. Ducatur enim ad curvam in M normalis MT, tanget ea circulum in T, cum ex paragrapho 11 perpendiculum CT ex C in eam normalem demissum sit $= 1$. Et insuper ex eodem paragrapho normalis TM est ipse curvae in M radius osculi, qui cum circulum continuo tangat, liquet circulum esse evolutam huius curvae inventae: adeoque ea facilius et commodius evolutione fili circulo circumducti describetur.

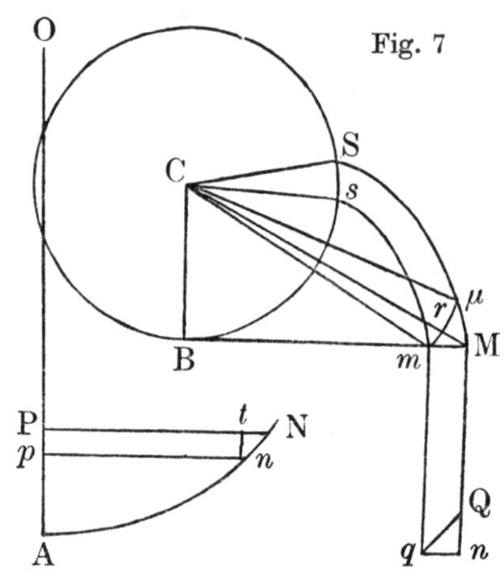

Fig. 7

15. Quod iam attinet ad tempus absolutum, id quoque supputandum est, ut liqueat, quo modo trochlea et potentiae sint instituendae, ut oscillationes dato tempore absolvantur. Quare ad tempus totius oscillationis inveniendum considerabo accelerationem quamvis momentaneam. Sit trochlea CBS homogenea et aequabilis ubivis (Fig. 7); sit eius pondus $= Q$ et radius eius $CB = 1$. Praestet potentia eundem ubique effectum ac pondus P, hoc modo innotescet tempus unius oscillationis.

16. Ducta verticali CB consistat curvae initium in loco quovis S; sitque curva SM, in cuius puncto M tangens MQ sit verticalis: adeoque radius osculi BM erit horizontalis in B terminatus. Erit itaque MQ directio potentiae. Descendat curva in situm proximum, nempe punctum S in s, abibit M in m et MQ in mq; erit denuo Bm radius osculi horizontalis. Ducantur radii CS,

Cs, et rectae Cm, CM; centro C, intervallo Cm, describatur arculus $m\mu$ curvae in altero priori situ in μ occurrens, erunt puncta m, μ duo puncta homologa et respondentia; ergo angulus $mC\mu = SCs$.

17. Pervenit porro potentia ex Q in q, descripsit adeo spatiolum $Qq = m\mu$, quare ducta qn parallela BM, erit $Qn = M\mu$ propter eandem fili longitudinem et ob $CSM - Csm = M\mu$. Descendit igitur potentia hoc momento per Qn; unde generari debet vis viva $P.Qn$, quae tota in trochleam transferetur, quia potentia inertiae expers supponitur. Vis ergo viva in trochlea, dum motu angulari SCs gyratur, augeri debet vi $P.Qn$.

18. Sit velocitas puncti S aequalis acquisitae ex altitudine v. Erit vis viva totius trochleae $= \frac{Qv}{2}$; unde eius differentiale $\frac{Qdv}{2} = P.Qn$; ergo

$$dv = \frac{2P.Qn}{Q} = \frac{2P.M\mu}{Q}.$$

Est autem ob triangula similia $M\mu m$ et BmC,

$$M\mu : Mm = Bm : BC;$$

ergo

$$M\mu = \frac{Bm.Mm}{BC},$$

at $Mm = Ss$, unde

$$M\mu = \frac{Bm.Ss}{BC}.$$

Ergo

$$dv = \frac{2P.Bm.Ss}{Q.BC},$$

consequenter

$$\text{momentum } \frac{dv}{Ss} = \frac{2P.Bm}{Q.BC} = \frac{2P.BS}{Q.BC},$$

ob BS evolutam curvae SM, adeoque aequalem radio osculi BM seu Bm.

19. Invento momento $\frac{dv}{Ss}$ facili negotio reperietur longitudo penduli isochroni hoc modo: sit pendulum isochronum OA oscillans in cycloide NA. Sitque arcus AN = arcui BS et contemporaneus. Sumatur $Nn = Ss$ ducaturque verticalis nt, erit momentum per $Nn = \frac{nt}{Nn}$: id quod aequari debet momento $\frac{2P.BS}{Q.BC}$. Sed ex natura cycloidis est

$$\frac{nt}{Nn} = \frac{AN}{AO} = \frac{BS}{AO};$$

ergo $AO = \frac{Q.BC}{2P}$. Fiat ergo ut pondus potentiae aequivalens ad pondus trochleae, ita dimidius radius BC ad quartam, quae erit longitudo penduli isochroni.

20. Potentiam ideo adhibui inertia destitutam, ne ad velocitatem in ea generandam vis requiratur. Hinc igitur facile patet, si potentia ita sit exigua, ut pondus ei suffectum nullam ad trochleae pondus habeat rationem sensibilem, vim in eo generandam reiici posse; adeoque loco P poterit, ut SULLY vult, pondus substitui, modo valde exiguum respectu Q. Ut autem nihilominus oscillationes trochleae dato tempore absolvantur, BC inde determinari debet, fiat enim ut Q ad $2P$ ita AO ad BC: sit Q centies maius quam P, sitque AO longitudo penduli oscillantis singulis minutis secundis, nempe $= 3166$ scrupulis pedis Rhenii, erit $BC = 63$ scrupulis, quae est quantitas satis magna pro radio BC. Atque hoc sensu pondus satisfaciet appensum, ut SULLY desiderat. Id ut ad sensum verticale perseveret, neque oscilletur, cautelae ab Autore adhibitae locum obtinebunt; praecipue vero filum satis longum esse debet, unde ob radium BC exiguum, directio fili semper fere verticalis obtinebitur.

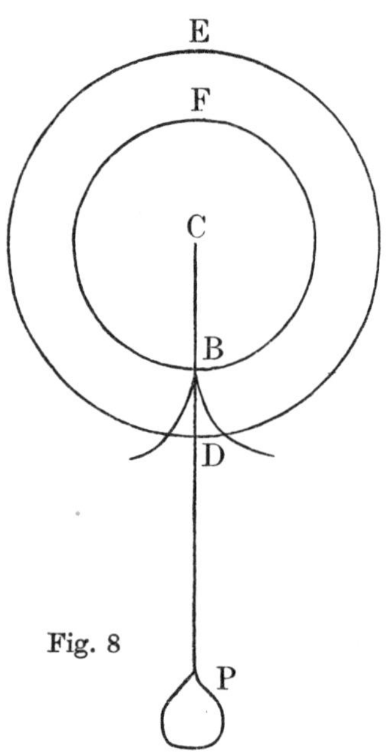

Fig. 8

21. Quin et hoc modo commode isti difficultati medebimur. Construatur (Fig. 8) trochlea ED multo maior, quam circulus generator BF curvae laminis tributae, hoc modo trochleae ingens erit imprimendus motus, cum tamen pondus appensum ob circuli BF parvitatem vix moveatur, ut motus in eo generandus merito respectu motus trochleae reiici queat, praecipue si insuper pondus P ad trochleae pondus exiguam habuerit rationem. Illo autem casu dicto radio trochleae $CD = a$ erit longitudo penduli isochroni

$$= \frac{Q.aa}{2P.BC}\text{ [1]}.$$

Hac ergo ratione horologium SULLY emendatum, multo maiorem praestare poterit utilitatem.

22. Ex dictis patet praecipuam difficultatem circa directionem fili, quod non semper verticale persistat, versari. Hoc vero incommodum sequentis

1) Editio princeps: $\frac{Q.a^4.BC}{2P}$. Conexit C. B.

curvae constructione tolletur. Ducatur filum ante, quam ipsi potentia applicetur, per foramen quoddam fixum, hoc modo fiet, ut filum perpetuo versus datum punctum directum sit. Quaesivi igitur pro hoc casu curvam tautochronismum producentem, et incidi in sequentem proprietatem. Sit C centrum trochleae (Fig. 9), BM curva quaesita, A punctum illud fixum seu foramen, per quod filum semper transit. Dictis nunc $AC = a$ et quovis radio $CM = y$. Sit porro PM normalis in curvam, et CP normalis in MP positis $CP = p$ et $PM = t$, designanteque b constantem pro lubitu accipiendam; hanc obtinui aequationem naturam curvae experimentem

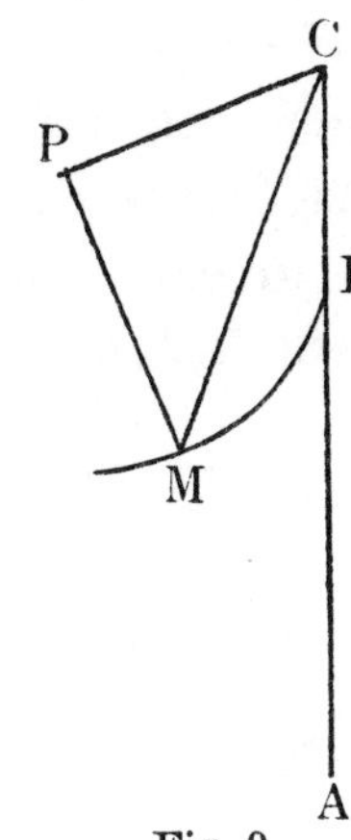

Fig. 9

$$b\sqrt{(aa - tt)} - bp = p\sqrt{(aa - tt)} .$$

Ex hac aequatione, cum sit algebraica, per notas regulas curva desiderata ope circuli rectificatione construetur, simili modo, quo in paragrapho 13 curva ibi inventa erat constructa.

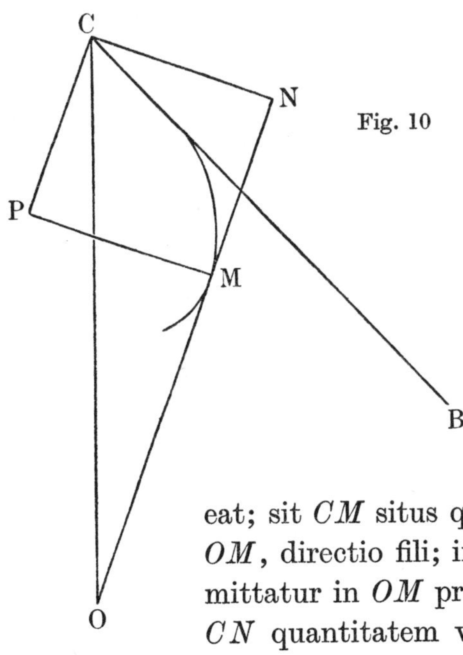

Fig. 10

23. Obtinetur autem data aequatio

$$b\sqrt{(aa - tt)} - bp = p\sqrt{(aa - tt)}$$

hoc modo: sit C centrum trochleae (Fig. 10), O punctum fixum, ad quod filum semper tendit, seu in O sit foramen, per quod filum est ductum, cui infra foramen potentia inertia carens sit applicata, ut filum perpetuo per hoc foramen O transeat; sit CM situs quivis curvae inveniendae, quam tangat recta OM, directio fili; in hoc curvae situ ex centro trochleae C demittatur in OM productam, perpendiculum CN; exprimet haec CN quantitatem vis, quam potentia filo infra foramen applicata ad trochleam movendam impendit, cum potentia ea ponatur constans.

24. Ex isochronismi principio autem vis ad trochleam movendam applicata debet esse, ut via describenda, donec in situm naturalem revertatur; haec via describenda mensuranda est ex angulo, quo situs hic CM a naturali distat; ducatur linea CB, quae ex naturali situ pervenit in CO; erit angulus

BCO ille, qui exprimit viam describendam, oportet ergo, ut sit linea CN, quae exprimit vim ad movendam trochleam in situ CM, proportionalis angulo BCO, seu ex puncto M ducatur MP normalis in curvam in puncto M et ex C in eam demittatur perpendicularis CP, erit $MP = CN$ adeoque debet esse MP, ut angulus BCO.

25. Sit iam CB in situ naturali (Fig. 11), fiatque ea aequalis distantiae foraminis a centro trochleae C, sitque CM curva invenienda, accipiatur punctum quodvis M in curva, in eoque tangatur curva a linea MO, centro C, radio CB describatur arcus circuli secans tangentem in M in O, erit hoc punctum O foraminis situs respondens puncto curvae M. Ducatur linea CO; erit angulus BCO idem cum angulo BCO in figura 10; ex M erigatur perpendicularis in curvam MP, cui in P occurrat perpendiculum CP ex C in eam demissum; oportet hanc MP proportionalem esse angulo BCO, seu elementum ipsius MP proportionale elemento anguli BCO.

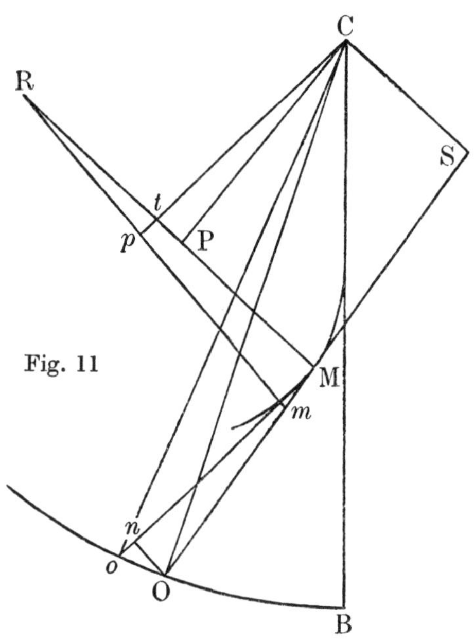

Fig. 11

26. Ut obtineam haec elementa, assumo puncto M proximum m et ducantur lineae respondentes mo, mp, illa tangens in m, et haec mp perpendicularis in m, quae in p secetur a perpendiculari Cp in ipsam; secabit haec Cp priorem perpendicularem in t, eritque Pt incrementum normalis PM. Iungantur puncta C et o recta Co, erit angulus OCo incrementum anguli BCO: ad determinationem curvae CM quaesitae igitur requiritur, ut sit Pt proportionale elemento angulari OCo. Est autem Pt ut angulus PCt ductus in radium PC, erit ergo angulus OCo ad $PCt.CP$ in data ratione, quae sit 1 ad b, ut per consequens sit

$$OCo : PCt = CP : b \ .$$

27. Concurrant perpendiculares MP, mp in R, centro circuli osculatoris in M; erit angulus $PCt = MRm$ ob triangula PCt et pRt similia, sed angulus $MRm =$ angulo OMo, qui formatur a tangentibus proximis OM,

om; ergo $PCt = OMo$, oportet ergo sit

$$OCo : OMo = CP : b \,;$$

producatur tangens OM in S, donec occurrat perpendiculo CS in se demisso, erunt demisso ex O in mo perpendiculo On, triangula Ono, OSC similia; ergo

$$Oo : On = CO : OS \,.$$

Sunt autem anguli

$$OCo : OMo = \frac{Oo}{OC} : \frac{On}{OM} = \frac{CO}{OC} : \frac{OS}{OM}$$

(substitutis loco Oo et On proportionalibus OC et OS)

$$= OM : OS \,.$$

Est ergo

$$OCo : OMo = OM : OS \,.$$

28. Cum autem requiratur, ut sit

$$OCo : OMo = CP : b \,,$$

obtinebitur haec analogia

$$CP : b = OM : OS \,,$$

quae tota ab angulis libera est, et inde habetur haec aequatio

$$CP \,.\, OS = b \,.\, OM \,.$$

Est autem ob triangulum COS ad S rectangulum

$$OS = \sqrt{(CO^2 - CS^2)} = (\text{ob } OC = CB \text{ et } CS = PM)$$
$$= \sqrt{(CB^2 - PM^2)} \,.$$

Dein est

$$OM = OS - SM = OS - CP = \sqrt{(CB^2 - PM^2)} - CP \,;$$

unde haec aequatio obtinetur

$$CP\sqrt{(CB^2 - PM^2)} = b\sqrt{(CB^2 - PM^2)} - b . CP \,.$$

Unde curva desiderata determinari debet.

29. Applicentur symbola et vocetur CB distantia centri trochleae a foramine a, CP, p et MP, t; habebitur pro curva quaesita haec aequatio

$$p\sqrt{(aa - tt)} = b\sqrt{(aa - tt)} - bp \,,$$

quae eadem est cum ea quam paragrapho 22 exhibui. Erit ergo

$$p = \frac{b\sqrt{(aa - tt)}}{b + \sqrt{(aa - tt)}}.$$

Ex qua aequatione curva construi poterit atque ad usum applicari. Si foramen ponatur infinite distans a centro trochleae, erit fili directio sibi semper parallela, adeoque habetur casus prior, quo inventa erat CP semper constans. Posito enim a infinito, abibit $\sqrt{(aa - tt)}$ in a et obtinebitur

$$p = \frac{ab}{a + b} = [b]$$

ob b respectu ipsius a in denominatore evanescens.

30. Si etiam in hac machina loco elateris pondus applicare commodius visum fuerit, id ut in priori casu quoque praestari poterit, iisdem observandis monitis, ut pondus satis exiguum appendatur, radius trochleae diminuatur, aucto eius pondere, idque tantum, quoad error a vi inertia ponderis oriundus insensibilis evadat, machinaeque irregularitatem, quae animadverti nequeat, inducat. Cum autem curvae ad istam machinam requisitae constructio valde sit operosa, contra vero curva priori casui, quo directio fili ad eandem perpetuo plagam tendit, constructu sit facillima, priorem modum huic posteriori fere praeferendum existimo.

DE INNUMERABILIBUS CURVIS TAUTOCHRONIS IN VACUO

Commentatio 12 indicis ENESTROEMIANI
Commentarii academiae scientiarum Petropolitanae 4 (1729), 1735, p. 49–67
Summarum nunc primum e manuscriptis editum
Mense Septembris 1729

SUMMARIUM

Ea est plurimorum inventorum conditio, ut experientiae et casui potius debeantur, quam deliberato studio; postea vero, quando res casu quodam observatae ex principiis deducuntur, nova plerumque inventis accedunt augmenta, omniaque multo clarius patent, quam inventori cognita fuerant. HUGENIUS cum curvae, cycloidis nomine celebratae, proprietates scrutaretur, inter ipsas et hanc insignem animadvertit, quae curvae nomen tautochronae dedit, quod corpus in ea descendens semper eodem temporis spatio ad infimum punctum perveniat, sive maior sive minor sit arcus seu via per quam descendit. Celeber EULERUS considerans HUGENIUM non ex tautochronismi consideratione hanc curvae proprietatem detexisse, sed casu quodam cum ibi animadvertisse, dubitavit, num haec proprietas cycloidi propria esset, aut anforte aliis quoque curvis communis. Hanc rem igitur generaliter pertractans invenit, si quod si requiretur curva in qua grave descendens aequalibus temporibus ad punctum infimum perveniat, ubicunque sumatur initium descensus, tum solam cycloidem satisfacere. At si quaeritur curva, in qua integrae oscillationes, ex descensu et ascensu in curva compositae, sint tautochronae, tum innumerabiles alias satisfacere curvas, quas generali methodo invenire docet, et quarum nonnullas specialius describit.

1. Quoties ego insignem tautochronismi proprietatem, quam HUGENIUS primus in cycloide inesse deprehendit, contemplatus sum, semper dubitabam, an praeter cycloidem aliae curvae eandem forte habeant proprietatem. Hocque mihi eo probabilius videbatur, quod ipsum HUGENIUM non ex tautochronismi contemplatione ad cycloidem pervenisse intelligebam, sed potius cycloidis proprietates scrutantem hanc ipsum inter alias detexisse. NEWTONUS quidem atque HERMANNUS, qui deinceps eandem rem tractarunt, analytice

cycloidem elicuerunt, sed usi sunt principio non satis late patente hoc; accelerationes viis percurrendis esse oportere proportionales. Aliis enim modis accelerationes possunt determinari, ut tautochronismus nihilominus conservetur. Quamobrem mihi iure suspicari visus sum praeter cycloidem in alias fortasse curvas eandem tautochronismi proprietatem competere.

2. Ad hanc dubitationem tollendam genuina opus esse methodo censebam, qua sine ullo principio aliunde assumto ex sola tautochronismi consideratione curvae hac proprietate praeditae erui possent. Diu igitur omne studium operamque in hanc investigationem contuli, donec tandem voti compos factus, quicquid desiderabam, sum consecutus. Animadverti autem, cum de curva tautochrona invenienda quaestio proponitur, duas omnino quaestiones bene a se invicem distinguendas in ea esse involutas. Quarum altera huiusmodi curvam requirit, in qua grave descendens aequalibus temporibus ad punctum infimum perveniat, ubicunque sumatur initium descensus. Altera vero in eiusmodi curvis inquirendis est occupata, super quibus integrae oscillationes ex descensu et ascensu constantes omnes sint isochronae. Illi quidem quaestioni solam cycloidem satisfacere deprehendi: huic vero praeter cycloidem innumerabiles aliae convenire mihi inventae sunt.

3. Posteriorem hanc quaestionem primum hoc modo proposui, ut data curva quacunque AMC (Fig. 1) inveniatur curva ei in A iungenda AND eiusmodi, ut grave super composita ex iis curvae $CMAND$ oscillans omnes oscillationes absolvat aequalibus temporibus. Postquam autem huius solutionem sum adeptus, eos investigavi casus, quibus hae duae curvae unam constituant lineam continuam, atque eadem contineantur aequatione. Huiusmodi mihi curvae admodum notatu dignae visae sunt, eo quod eundem, quem cyclois, praestent effectum et aeque ac illa ad horologia accommodari possint. Praeterea non sine admiratione cognovi in his curvis tautochronis curvas etiam algebraicas contineri, ad quas Analystae in problematis solvendis tanto semper studio pervenire nituntur. Haec igitur omnia eo, quo ipse sum assecutus, modo hic proponere constitui tam propter ipsius methodi novitatem, quam eorum, quae ex ea prodierunt, dignitatem.

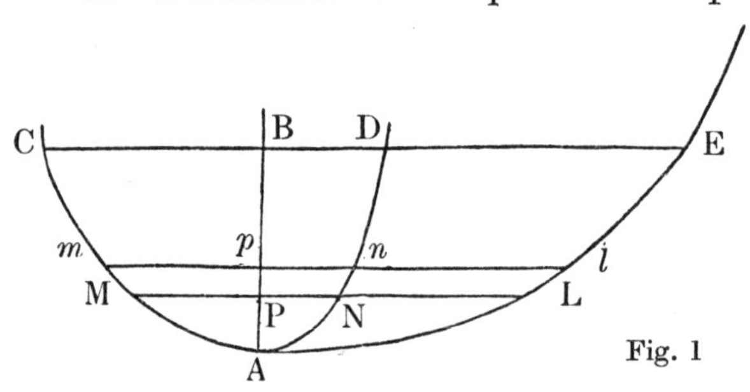

Fig. 1

4. Sit igitur curva data AMC (Fig. 1), quaesita vero AND, quae communem habeant axem verticalem AB. Incipiat grave descensum ex puncto quocunque C, ascendet id rursus in altera curva ad eandem altitudinem D, ita ut recta CD sit horizontalis; animum enim ab omni resistentia abstrahimus. Hac ergo oscillatione percurrit corpus arcum CAD, secundum legem GALILEANAM, et in quovis loco M habebit celeritatem, quam lapsu ex altitudine BP acquirit, ducta nempe per M horizontali MPN. Tautochronismi autem conditio requirit, ut tempus huius oscillationis sit constans, retineatque eandem quantitatem, ubicunque accipiatur punctum C. Quamobrem formula hoc tempus exprimens ita esse debebit comparata, ut in ea neque linea AB insit neque quaequam alia quantitas a loco puncti C pendens.

5. Maxima celeritas corporis, dum hanc oscillationem absolvit, est in puncto infimo A, atque respondet altitudini AD, quippe ex qua est genita. Haecque celeritas ipsa debet exponi radice quadrata ex hac altitudine AD, et simili modo in loco quocunque M celeritas est ut radix quadrata ex altitudine BP. Quamobrem sumtis elementis Mm et Nn aeque altis, erit corporis celeritas, dum utrumque describit, eadem atque ut $\sqrt{BP}$; et tempusculorum, quibus haec elementa percurruntur, summa est $\frac{Mm+Nn}{\sqrt{BP}}$. Huius ergo integrale dabit tempus, quo arcus MAN absolvitur, et posito in eo $AP = AB$, prodibit tempus integrae oscillationis.

6. Ponantur nunc $AB = h$, $AP = x$, arcus $AM = s$ et $AN = t$. Erit $Pp = dx$, $Mm = ds$, $Nn = dt$ et $BP = h - x$. Celeritas ergo, quam habet corpus elementa Mm et Nn percurrens, erit $= \sqrt{(h-x)}$. Et propterea tempus, quo haec elementa absolvuntur, est $\frac{ds+dt}{\sqrt{(h-x)}}$, seu posito $ds + dt = dv$, erid id $\frac{dv}{\sqrt{(h-x)}}$. Cuius integrale dabit tempus, quo arcus MAN absolvitur, siquidem tanta constans adiicitur, ut facto $x = 0$ ipsum tempus evanescat. In illo integrali deinde, si ponatur $x = h$, habebitur tempus totius oscillationis. Quamobrem in eo neque littera h neque alia ab ea pendens inesse debet. Inveniri ergo debet littera v in x, ut integrale hanc obtineat proprietatem.

7. Fiat $dv = pdx : e$; per e divido, ut homogeneitas conservari possit, cum cognita fuerit functio p. Est itaque differentiale summae temporum

$$= pdx : e\sqrt{(h-x)}$$

sive
$$\frac{1}{e} \cdot p\,dx : \sqrt{(h - x)} \; .$$

Iam, ut ex praecedentibus elucet, oportet
$$p\,dx : \sqrt{(h - x)}$$
ita esse constitutum, ut, si integretur talisque constans addatur, quae faciat integrale $= 0$, si $x = 0$ factoque $x = h$, tum h penitus ex expressione excedat. Hisque conditionibus ut satis fiat, oportet determinare p. Consistat integrale huius
$$p\,dx : \sqrt{(h - x)}$$
debita constante auctum quotcunque terminis simplicibus; nam et irrationalia in series huiusmodi terminorum resolvere licet. Necesse est igitur, ut unusquisque horum terminorum quantitate x seu dignitate eius exponentis affirmativi sit affectus; ea propter ut tota expressio evanescat, si fiat $x = 0$.

8. Singuli ergo termini talem habebunt formam $g x^m$, ubi g etiam in h dari ponitur. Cum vero in hisce omnibus facto $x = h$, h debeat evanescere seu ex computo egredi: fiat $x = h$, termini hanc habebunt formam $g h^m$, ex qua ut h eliminetur, oportet sit $g = n h^{-m}$, ubi n ipsa h non sit affectum, sed denotet numerum quemvis in quantitatem datam ductum; hanc vero quantitatem in e complecti licet, ut ergo n solum numerum significare possit. Hac ergo ratione singuli termini erunt $n h^{-m} x^m$. Ubi cum dimensiones ipsius h destruant dimensiones ipsius x, perspicuum est integrale nullam dimensionem habere debere. Deinde id quoque manifestum est in integrali praeter h et x, et numeros alias quantitates contineri non oportere; unde sequitur idem et in differentiali locum habere. Quapropter p cum ab h affici nequeat, in meris x dari debebit, eritque p potentia ipsius x, quae sit x^n.

9. Ex hac conditione differentiale
$$p\,dx : \sqrt{(h - x)}$$
transmutatum est in
$$x^n dx : \sqrt{(h - x)} \; .$$

Accedat altera atque prior conditio, qua integrale nullam habere debet dimensionem, ut inde n determinetur. Requiritur autem ad id, ut integrale nullius sit dimensionis, ut et in differentiali dimensiones sese destruant elemento dx unam dimensionem implere posito; manifestum enim est semper differentiale tot habere dimensiones, quot integrale. Numerus vero dimensionum in nostro differentiali

$$x^n dx : \sqrt{(h - x)}$$

est $n + 1 - \frac{1}{2}$ seu $n + \frac{1}{2}$, qui ergo debet aequari nihilo; unde habetur $n = -\frac{1}{2}$. Ex quo emergit $p = x^{-\frac{1}{2}}$ seu $1 : \sqrt{x}$, hinc porro erit

$$dv = dx : e\sqrt{x} \ .$$

Quia e eum in finem tantummodo erat assumtum, ut homogeneitas conservetur, fiat $e = 1 : \sqrt{a}$; eritque

$$dv = dx\sqrt{(a : x)} \ .$$

10. Erat vero $dv = ds + dt$, quare

$$ds + dt = dx\sqrt{(a : x)} \ ,$$

cuius integrale est

$$s + t = 2\sqrt{ax} \ .$$

Erit igitur summa arcuum $AM + AN$ semper in ratione subduplicata sagittae AP. Construatur ergo alia curva ALE, talis ut productis MN, mn in L et l sit arcus $AL = AM + AN$. Eritque

$$Ll = Mm + Nn = ds + dt = dv \ .$$

Unde

$$AL = v = 2\sqrt{ax} \ ,$$

adeoque $vv = 4ax$. Ex qua perspicuum est curvam ALE esse cycloidem, cuius circuli generatoris diameter est a. Descendat corpus in hac cycloide ex puncto E aeque alto ac C vel D; erit velocitas eius in L ut $\sqrt{(h - x)}$. Ergo tempusculum per Ll est

$$dv : \sqrt{(h - x)} \ .$$

Id quod igitur aequale est summae tempusculorum per elementa Mm, Nn. Quare totum tempus descensus per ELA aequale erit summae temporum per arcus CA et DA. Oscillatio ergo per CAD contemporanea est dimidiae oscillationi penduli longitudinis $2a$, seu integrae oscillationi penduli longitudinis $\frac{1}{2}a$.

11. Ex his iam facile apparet, quomodo data altera curva AC inveniri debeat altera AD. Sit quaesitae AD applicata $PN = z$; erit

$$Nn = dt = \sqrt{dx^2 + dz^2} \ .$$

Erit igitur

$$ds + \sqrt{(dx^2 + dz^2)} = dx\sqrt{(a:x)} .$$

Unde

$$\sqrt{(dx^2 + dz^2)} = dx\sqrt{(a:x)} - ds .$$

Denique

$$dz = \sqrt{(adx^2 : x + ds^2 - dx^2 - 2dsdx\sqrt{(a:x)})} .$$

Cum curva AMC sit data, dabitur ds in x et dx; ponatur igitur $ds = pdx$. Erit

$$dz = dx\sqrt{(a:x + p^2 - 1 - 2p\sqrt{(a:x)})} .$$

Quae aequatio, cum p in x dari ponatur, exprimet naturam curvae AND quaesitae. Hinc intelligitur, cum a non a curva pendeat, et ideo pro lubitu accipi possit, infinitas inveniri posse curvas loco quaesitae AND, quae cum AMC iunctae tautochronas praebeant. Notandum tamen accidere casus, quibus, si a quantitate quadam minor accipiatur, curva quaesita fiat imaginaria.

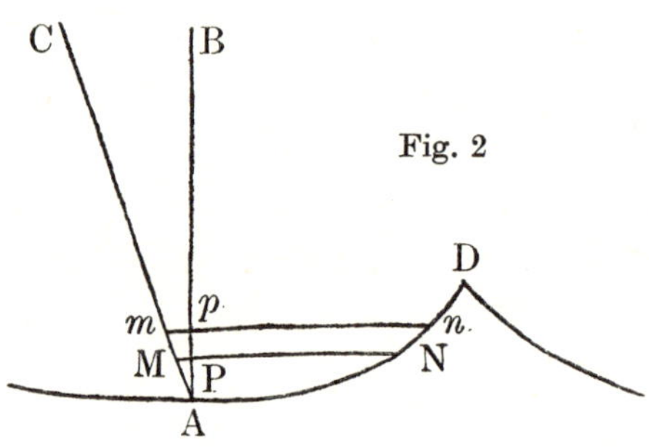

Fig. 2

12. Sit curva data AC linea recta (Fig. 2), cum verticali AB angulum quemcunque BAC constituens, erit $ds = ndx$, n denotante numerum ei angulo convenientem, unde $p = n$, quare

$$dz = dx\sqrt{(a:x + nn - 1 - 2n\sqrt{(a:x)})} .$$

Quae aequatio integrationem admittit in casu $n = 1$, quo recta AC fit verticalis inciditque in AB. Hic fit

$$dz = dx\sqrt{(a:x - 2\sqrt{(a:x)})} ,$$

fiat $2\sqrt{ax} = q$, erit

$$x = qq:4a \quad \text{et} \quad dx = qdq:2a ;$$

ergo

$$dz = \frac{qdq}{2a}\sqrt{\left(\frac{4aa}{qq} - \frac{4a}{q}\right)} = dq\sqrt{\left(\frac{a-q}{a}\right)}.$$

Est igitur

$$z = C - \frac{2(a-q)\sqrt{(a-q)}}{3\sqrt{a}} = C - \frac{2(a-2\sqrt{ax})\sqrt{(a-2\sqrt{ax})}}{3\sqrt{a}} .$$

Ut z fiat $= 0$, si $x = 0$, oportet sit $C = \frac{2a}{3}$, adeoque est

$$z = \frac{2a\sqrt{a} - 2(a - 2\sqrt{ax})\sqrt{(a - 2\sqrt{ax})}}{3\sqrt{a}} .$$

Quae est aequatio ad curvam quarti ordinis; hic x numquam $\frac{1}{4}a$ superare potest.

13. Si curva altera AMC (Fig. 3) fuerit semicyclois, cuius diameter circuli generatoris $AB = b$. Erit dictis AP, x, AM, s, tum $ss = 4bx$, ergo $s = 2\sqrt{bx}$. Sit altera curva quaesita ANE, in qua $AN = t$, oportet sit $s + t = 2\sqrt{ax}$, unde habebitur $t = 2\sqrt{ax} - 2\sqrt{bx}$. Dicatur

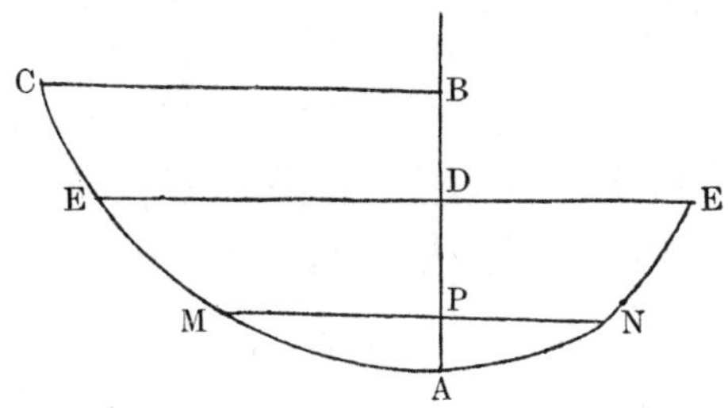

Fig. 3

$$\sqrt{a} - \sqrt{b} = \sqrt{c} , \qquad t = 2\sqrt{cx} .$$

Est itaque altera curva ANE etiam cyclois, idque quaecunque: eius enim diameter c pro lubitu potest accipi. Oscillationes vero contemporaneae sunt dimidiae oscillationi penduli, cuius longitudo est $2a$, vel integrae, si longitudo fuerit $\frac{1}{2}a$. Est vero

$$\sqrt{a} = \sqrt{b} + \sqrt{c} , \qquad \text{unde} \qquad a = b + 2\sqrt{bc} + c .$$

Longitudo igitur penduli isochroni est

$$\tfrac{1}{2}b + \sqrt{bc} + \tfrac{1}{2}c .$$

Notandum vero in cycloide maiori AMC initium descensus non supra punctum E, ubi ED producta secat, esse accipiendum; alioquin enim corpus ascendens in curva AE ultra E ascenderet, et oscillatio nusquam terminaretur.

14. Quaeramus casus, quibus ambae curvae sint inter se aequales. Erit igitur $s = t$. Quare cum sit

$$s + t = 2\sqrt{ax} ,$$

erit $2s = 2\sqrt{ax}$, seu $s = \sqrt{ax}$. Ex quo cognoscitur utramque curvam esse cycloidem, neque alias hoc sensu satisfacere curvas praeter cycloidem. Supra enim demonstratum est nostra methodo problema propositum generalissime solvi. Quemadmodum hic positum erat $s = t$, sic quaecunque aequatio inter s et t potest accipi, et deinde duae curvae dari, ut arcus ascensus et descensus eam habeant inter se relationem. Ut, si quaerantur duae curvae problemati satisfacientes CA, DA (Fig. 1), ut sit semper

$$AM : AN = m : n \ ,$$

erit $mt = ns$, et $t = ns : m$. Ergo

$$s + t = (ms + ns) : m = 2\sqrt{ax} \ ,$$

unde efficitur

$$s = \frac{2m}{m+n}\sqrt{ax} \ .$$

Perspicuum ergo est curvam AC esse semicycloidem diametri $\dfrac{m^2 a}{(m+n)^2}$ et alteram AD quoque semicycloidem diametri $\dfrac{n^2 a}{(m+n)^2}$.

15. Cum esse debeat

$$s + t = 2\sqrt{ax} \ ,$$

ut ambae curvae praebeant tautochronam oscillationes isochronas penduli longitudinis $\frac{1}{2}a$ habentem, sit

$$s = \sqrt{ax} + v \quad \text{et} \quad t = \sqrt{ax} - v \ .$$

Hoc igitur modo duae curvae invenientur satisfacientes. Erit itaque

$$ds = \frac{adx}{2\sqrt{ax}} + dv \quad \text{et} \quad dt = \frac{adx}{2\sqrt{ax}} - dv \ .$$

Ponatur $dv = udx$; habebitur

$$ds = \frac{adx}{2\sqrt{ax}} + udx \quad \text{et} \quad dt = \frac{adx}{2\sqrt{ax}} - udx \ .$$

Quare si y illius et z huius curvae denotent applicatas, erit

$$dy = dx\sqrt{\left(\frac{a}{4x} + \frac{au}{\sqrt{ax}} + uu - 1\right)}$$

atque

$$dz = dx\sqrt{\left(\frac{a}{4x} - \frac{au}{\sqrt{ax}} + uu - 1\right)}.$$

Hic si loco u substituatur quaecunque functio ipsius x, habentur duae aequationes pro curvis problemati satisfacientibus. Observandum hic, si ponatur $a = 4b$, fore

$$dz = dx\sqrt{\left(\frac{b}{x} - \frac{2bu}{\sqrt{bx}} + uu - 1\right)}.$$

Quae aequatio convenit cum aequatione paragraphi 11

$$dz = dx\sqrt{\left(\frac{a}{x} + pp - 1 - \frac{2ap}{\sqrt{ax}}\right)},$$

si sit $b = a$ et $u = p$. Ex quo intelligitur curvam

$$dz = dx\sqrt{\left(\frac{a}{4x} - \frac{au}{\sqrt{ax}} + uu - 1\right)},$$

etiam cum hac $ds = udx$ seu $dy = dx\sqrt{(uu - 1)}$, coniunctam constituere tautochronam oscillationes absolventem eodem tempore, quo pendulum longitudinis $\frac{1}{2}b$ seu $\frac{1}{8}a$.

16. Constituatur super axe AP (Fig. 4) curva quaecunque BE, in qua posita $AP = x$ sit $PE = u$. Tum describatur hyperbola cubicalis $VKLT$,

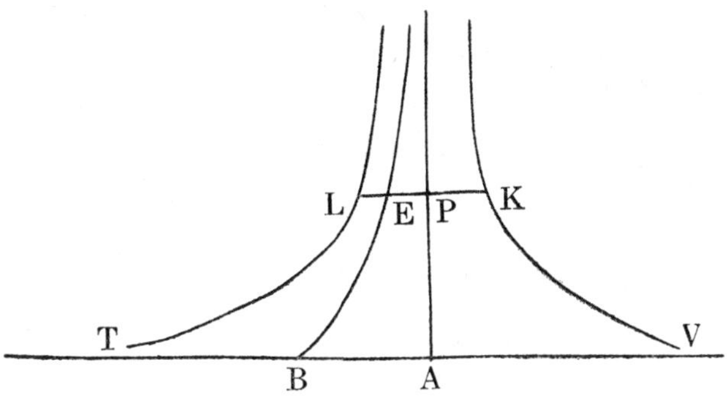

Fig. 4

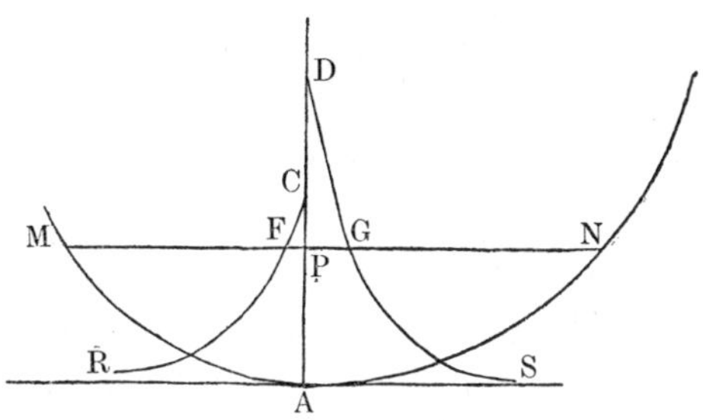

Fig. 5

cuius applicata PK vel PL si dicatur r, sit $4xr^2 = a$, recta quadam pro unitate accepta, erit PK vel $PL = \sqrt{(a : 4x)}$. Deinde constituantur duae novae curvae RF, SG (Fig. 5), in quibus sit

$$PF = \sqrt{(LE^2 - 1)}$$

et

$$PG = \sqrt{(KE^2 - 1)}\ .$$

Erit

$$PF = \sqrt{\left(\frac{a}{4x} - \frac{au}{\sqrt{ax}} + uu - 1\right)}$$

et

$$PG = \sqrt{\left(\frac{a}{4x} + \frac{au}{\sqrt{ax}} + uu - 1\right)}.$$

Quibus factis accipiatur PM in 1 ducta aequalis areae $APFR$ et PN in 1 ducta aequalis areae $APGS$. Erunt, cum sit

$$APFR = \int dx\sqrt{\left(\frac{a}{4x} - \frac{au}{\sqrt{ax}} + uu - 1\right)}$$

et

$$APGS = \int dx\sqrt{\left(\frac{a}{4x} + \frac{au}{\sqrt{ax}} + uu - 1\right)},$$

$PM = z$ et $PN = y$, atque eapropter curvae MA et NA iunctae in A exhibebunt curvam tautochronam.

17. Ex hisce perspicuum est, quomodo data curva quacunque inveniri oporteat alteram tautochronismo producendo aptam. Nunc eos investigare statui casus, quibus ambae eae curvae ita, ut decet, iunctae, eandem constituunt curvam continuam; ut et aliae curvae eaeque innumerae cycloidis similes habeantur, eundem effectum in horologiis praestantes. Sit MAN (Fig. 6) huiusmodi curva circa axem verticalem AP posita. Dicatur, ut ante, AP, x, arcus AM, s et alter AN, t, oportet esse

Fig. 6

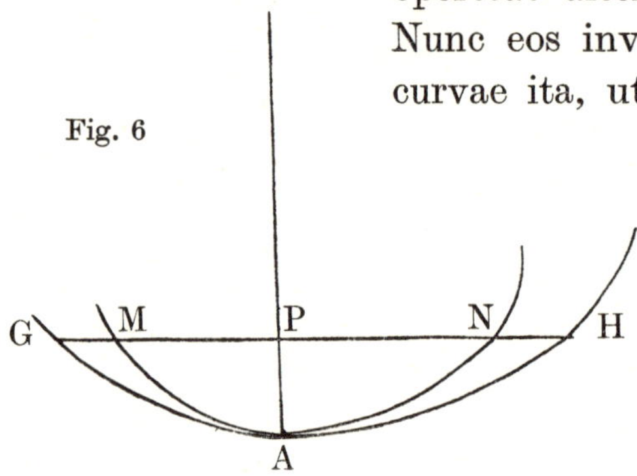

$$s + t = 2\sqrt{ax} \ .$$

Constituatur alia curva GAH talis, ut eius applicatae PG, PH sint arcubus AM, AN respective aequales. Erit ergo $PG = s$, $PH = t$, eaque curvae GAH erit proprietas, ut sit

$$s + t = 2\sqrt{ax} \ .$$

Perspicuum est, si curva GAH fuerit data, alteram MAN ex ea posse construi, atque si illa fuerit curva continua, et hanc quaesitam talem fore. Huc igitur quaestio est reducta, ut inveniatur curva GAH, quae sit continua eamque habeat proprietatem, ut sit

$$GP + GH = 2\sqrt{a \cdot AP} \ .$$

18. Respondent ergo in curva GAH singulis abscissis AP duae applicatae GP, PN, quarum altera est negativa, si altera affirmativa fuerit. Talis proinde aequatio inter abscissas et applicatas esse debet, ut littera applicatas denotans pro singulis abscissis duos habeat valores ad conditionem quaestionis accommodatos. Ut haec facilius efficiam, assumo novam indeterminatam v, ex qua una cum constantibus et abscissae et applicatae determinari debent, ita autem, ut, posita v affirmativa, inveniatur punctum G, posita vero v negativa, tunc punctum H inveniatur. Consideremus igitur x, tanquam functionem ipsius v atque s. Functio autem s significans dabit t sed negative, quia PN ad alteram axis AP partem cadit, si v abeat in $-v$.

19. Cum abscissa AP eadem maneat pro utroque puncto G et H, oportet ut ea x ita in v determinetur, ut eadem maneat transmutato v in $-v$. Sive x

debet esse functio par ipsius v: sit talis functio P, erit $x = P$. Ponatur applicata PG, $s = Q + R$, denotantibus Q functionem imparem, R vero parem ipsius v. Ponatur in hac formula $Q + R$ loco v, $-v$, abibit ea in $-Q + R$; quemadmodum constat ex iis, quae de functionibus paribus et imparibus in dissertatione de traiectoriis reciprocis tradidi. Posito vero $-v$ loco v, habebitur punctum H, quare $-Q + R$ exprimet applicatam PH. Quae autem, cum in alteram partem cadere debeat, erit valor $-Q + R$ negativus. Absoluta ergo applicatae PH seu t magnitudo erit $Q - R$, unde habetur $t = Q - R$. At vero est $s = Q + R$ et $x = P$.

20. Ex conditione problematis haec habetur proprietas, ut sit

$$s + t = 2\sqrt{ax}\ ,$$

ut in paragrapho 17 ostensum est. Quare cum sit $s = Q + R$, $t = Q - R$ et $x = P$, erit $2Q = 2\sqrt{aP}$ seu $QQ = aP$ hincque $P = QQ : a$. Hic inquirendum est, an hic valor ipsius P inventus, et superior, secundum quem P debet esse functio par ipsius x inter se non repugnent? Si enim repugnarent, nihil inde ad propositum elici posset. Non autem ii inter se repugnant; nam, quia Q est functio impar, eius quadratum erit functio par; porro divisore a nihil ad haec faciente, perspicuum est hic P functioni pari aequale poni. Est ergo $P = QQ : a$. Ex his curva GAH invenitur. Accipiatur enim AP seu $x = QQ : a$ et PG seu $s = Q + R$, ubi loco Q quaecunque functio impar, loco R vero quaecunque par substitui potest ipsius v. Quia

$$x = QQ : a\ ,$$

erit

$$Q = \sqrt{ax}$$

et idcirca

$$s = R + \sqrt{ax}\ .$$

Hic R potest accipi functio par ipsius Q seu $\sqrt{ax}$, sive duntaxat ipsius $\sqrt{x}$.

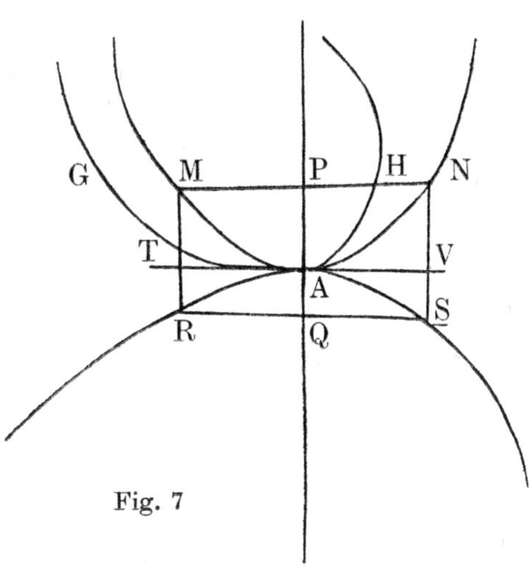

Fig. 7

21. Ex hisce facile elicitur curvarum nostro instituto inservientium constructio. Circa axem verticalem AP constituatur parabola MAN (Fig. 7), cuius parameter $= a$. Ducta ergo ordinata ad axem orthogonali MN, erit, si sit $AP = x$, $PM = \sqrt{ax}$. Infra hanc parabolam circa eundem axem

describatur curva quaecunque QAS, cuius axis AQ simul est diameter. Ducantur verticales MR, NS, horizontalem per A transeuntem secantes in T et V. Erit $AT = \sqrt{ax}$ et $AV = -\sqrt{ax}$; TR autem et SV erunt aequales. Quae cum sint ad eandem plagam sitae, erunt functio par lineae AI, quae est $\sqrt{ax}$, quare IR exprimet functionem R. Tum nova construatur curva GAH, cuius applicata PG sit $= PM + TR$, erit altera PH ob legem continuitatis $= PN - SV$ seu $PN - TR$. Quare erit

$$PG = R + \sqrt{ax}$$

et

$$PH = -R + \sqrt{ax}\ .$$

Unde sequitur curvam GAH eandem esse, quae quaeritur.

22. Hoc ergo modo inveniuntur curvae infinitae, non quidem tautochronae, sed tales, ex quibus tautochronae possunt construi. Sit curva AG praecedenti modo constructa (Fig. 8), inde si alia AM construatur, ut eius arcus AM ubique sit aequalis respondenti applicatae PG, erit haec curva tautochrona (§ 17). Ex data vero AG, requisita AM sequenti modo construetur. Ducatur recta in G tangens GT, occurrens axi producto in T. Centro G radio GP describatur arcus circuli PL, quem horizontalis ex T ducta secet in L. Iungatur GL, et a P in axe capiatur longitudo arbitraria PE, sed ubique eadem. Tum ex E ducatur linea ER parallela ipsi LG, secans applicatam PG in R. Per omnia hoc modo determinata puncta R transeat curva SR, quae plerumque assymtoton habebit horizontalem AO. Denique construatur curva AM talis, ut rectangulum $PM \cdot PE$ aequale sit spatio $OAPRS$. Erit haec AM curva tautochrona. Est enim arcus $AM = PG$.

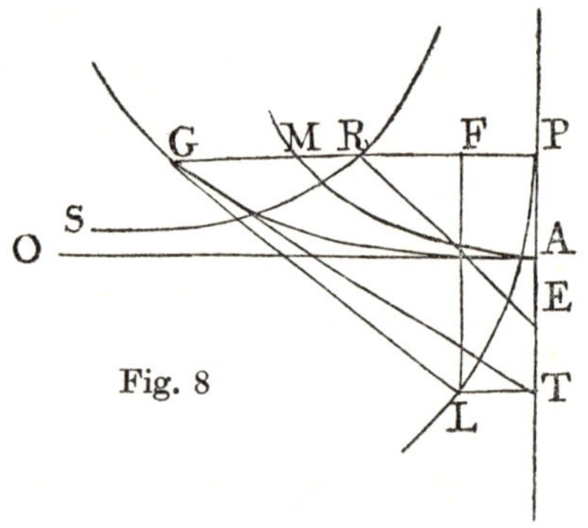

Fig. 8

23. Rem analytice persequor. Cum x debeat esse functio par ipsius v, insuper autem sit $Q = \sqrt{ax}$, oportet sit $\sqrt{ax}$ functio impar ipsius v, pono $\sqrt{ax} = v$, erit $x = v^2 : a$ functio par, ut requiritur. Habemus igitur ex paragrapho 20 hanc aequationem $s = R + v$, ubi R denotat functionem parem ipsius v. Erit itaque $ds = dR + dv$, sit $dR = Vdv$, necesse est, ut V sit functio ipsius v impar. Quare erit

$$ds = dv(1 + V)$$

ideoque
$$ds^2 = dv^2(1 + 2V + VV) = dx^2 + dy^2 .$$
Quoniam autem $x = v^2 : a$, erit
$$dx = 2v dv : a \quad \text{et} \quad dx^2 = 4v^2 dv^2 : a^2 .$$
Consequenter
$$dy^2 = dv^2(1 + 2V + VV - 4v^2 : a^2)$$
atque
$$dy = \frac{dv}{a} \sqrt{(a^2 + 2a^2 V + a^2 V^2 - 4v^2)} .$$

Hanc aequationem nullo modo rationalem efficere potui, substituendis loco V valoribus legitimis, ut nimirum V aequalis ponatur functioni impari ipsius v. Quamobrem nescio, an alii casus inde erui queant, quae integrationem admittunt, praeter eum, quem hic expositurus sum.

24. Ponatur aV, id quod fieri potest, aequale $2v$, ut termini $a^2 V^2$ et $4v^2$ sese destruant; erit
$$dy = \frac{dv}{a} \sqrt{(aa + 4av)} ,$$
quae aequatio integrationem admittit, quia v unius tantum est dimensionis. Integralis eius est haec aequatio
$$y = \frac{C + (a + 4v)\sqrt{(a + 4v)}}{6\sqrt{a}} = \frac{C + (a + 4\sqrt{ax})\sqrt{(a + 4\sqrt{ax})}}{6\sqrt{a}}$$
ob $v = \sqrt{ax}$. Ut y evanescat, posito $x = 0$, oportet ut sit $C = -a\sqrt{a}$; erit igitur
$$y = \frac{-a\sqrt{a} + (a + 4\sqrt{ax})\sqrt{(a + 4\sqrt{ax})}}{6\sqrt{a}}$$
seu
$$6y\sqrt{a} + a\sqrt{a} = (a + 4\sqrt{ax})\sqrt{(a + 4\sqrt{ax})} .$$
Hinc habebitur
$$a + 4\sqrt{ax} = (6y\sqrt{a} + a\sqrt{a})^{\frac{2}{3}} = \sqrt[3]{(36ayy + 12aay + a^3)} .$$
Quamobrem sumtis utrinque cubis erit
$$12aa\sqrt{ax} + 48aax + 64ax\sqrt{ax} = 36ayy + 12aay$$
seu
$$12ax + (3a + 16x)\sqrt{ax} = 9yy + 3ay .$$

Quae penitus ad rationalitatem reducta dabit hanc aequationem ordinis quarti:

$$81y^4 + 54ay^3 - 216axyy - 256ax^3 + 9aayy$$
$$- 72aaxy + 48aaxx - 9a^3x = 0 \ .$$

25. Habemus ergo curvam algebraicam ordinis quarti, quae perinde atque cyclois ad oscillationes omnes aequitemporaneas faciendas est idonea. Eam igitur aliquanto accuratius hic describere operae pretium erit. Sit axis AE (Fig. 9); habebit curva nostra hanc formam $BACD$, eiusque, dictis AP,

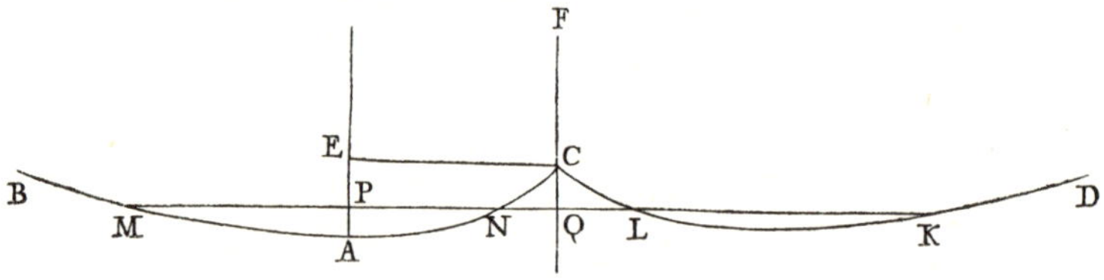

Fig. 9

y, ea erit aequatio, quam paragrapho praecedente invenimus. Tempus autem, quo oscillatio quaecunque per MAN absolvitur, aequale erit tempori oscillationis penduli ordinarii, cuius longitudo est $\frac{1}{2}a$. Notandum est hanc curvam ab altera parte axis AE, in C habere punctum reversionis. Punctum vero C reperitur sumendo $AE = \frac{1}{16}a$, et applicatam $EC = \frac{1}{6}a$. Porro in C curva producta ita revertitur, ut sit arcus CD aequalis similisque arcui CAB. Quapropter si ex C ducatur verticalis CF, erit ea diameter curvae orthogonalis. Oscillationes vero in alterutra tantum parte BAC constitui debent.

26. Cum igitur CF sit diameter huius curvae, quaeramus aequationem ad hanc diametrum relatam. Sit nimirum $CQ = t$ et $QM = z$, erit

$$AP = x = AE - CQ = \tfrac{1}{16}a - t \qquad \text{et} \qquad PM = y = QM - CE = z - \tfrac{1}{6}a \ ,$$

his valoribus loco x et y in aequatione inventa paragrapho 24 substitutis, sequens resultabit aequatio

$$81z^4 + 216atzz + 256at^3 - 18aazz = 0 \ ,$$

sive, quae ad huius curvae proprietates inveniendas magis est apta, haec

$$t = \frac{aa - (\sqrt[3]{36azz} - a)^2}{16a}$$

seu

$$z = \pm\, (a \pm \sqrt{(aa - 16at)})^{\frac{3}{2}} : 6\sqrt{a} \ .^{1)}$$

1) Editio princeps: $\frac{2}{3}$ loco $\frac{3}{2}$. Correxit C. B.

Unde perspicuum est z quatuor valores habere manente t, idque hoc modo, si ambo signa $+$ valeant, habetur punctum M; si prius signum — et alterum $+$ valeant, habebitur punctum K, si prius $+$ et posterius — sumantur, punctum N; si denique utrumque signum — locum habeat, obtinebitur punctum L.

27. Ex hac aequatione perspicitur curvam hanc esse quadrabilem. Ponatur

$$a \pm \sqrt{(aa - 16at)} = p \ ,$$

erit

$$t = \frac{2ap - pp}{16a} \quad \text{et} \quad z = \frac{p\sqrt{p}}{6\sqrt{a}} \,,$$

ergo

$$dt = \frac{dp}{8} - \frac{pdp}{8a} \,,$$

itaque

$$zdt = \frac{pdp\sqrt{p}}{48\sqrt{a}} - \frac{ppdp\sqrt{p}}{48a\sqrt{a}} \,.$$

Quod integratum dabit

$$\int zdt = \frac{pp\sqrt{p}}{120\sqrt{a}} - \frac{p^3\sqrt{p}}{168a\sqrt{a}} \,.$$

Quae quantitas exprimit spatium inter abscissam, applicatam et curvam contentum. Constat deinde ex curvae inventione eam esse rectificabilem. Quia

$$z = \frac{p\sqrt{p}}{6\sqrt{a}} \,, \quad \text{erit} \quad dz = \frac{dp\sqrt{p}}{4\sqrt{a}} \,,$$

unde

$$dz^2 = \frac{pdp^2}{16a} \,.$$

Est vero

$$dt^2 = \frac{dp^2}{64} - \frac{pdp^2}{32a} + \frac{p^2dp^2}{64aa} \,.$$

Quare

$$dt^2 + dz^2 = \frac{dp^2}{64} + \frac{pdp^2}{32a} + \frac{p^2dp^2}{64aa}$$

et hinc

$$\sqrt{(dt^2 + dz^2)} = \frac{dp}{8} + \frac{pdp}{8a} \,.$$

Consequenter

$$\int \sqrt{(dt^2 + dz^2)} = \frac{2ap + pp}{16a} \,.$$

Quae expressio dat vel arcum CN vel CAM vel quoque eorum negativos CL vel CLK.

28. Inventis area et longitudine huius curvae, residuum est id, quod maxime ad usum eius in horologiis pertinet, ut investigemus radium osculi eoque invento curvae huius evolutam, quo pendulum oscillationes in hac curva absolvens constitui queat. Radius osculi vero erit, posito dz constante,

$$\frac{(dt^2+dz^2)^{\frac{3}{2}}}{dzddt},$$

cuius valor ex superioribus invenietur. Namque est

$$(dt^2+dz^2)^{\frac{3}{2}}=\frac{(a+p)^3dp^3}{512a^3}$$

atque

$$dz=\frac{dp\sqrt{p}}{4\sqrt{a}},$$

hinc quia dz ponitur constans, erit

$$ddz=0=\frac{2pddp+dp^2}{8\sqrt{ap}},$$

unde habetur

$$ddp=-\frac{dp^2}{2p}.$$

Denique quia

$$dt=\frac{adp-pdp}{8a},$$

erit

$$ddt=\frac{addp-dp^2-pddp}{8a}=\frac{-adp^2-pdp^2}{16ap}.$$

His valoribus in formula

$$\frac{(dt^2+dz^2)^{\frac{3}{2}}}{dzddt}$$

substitutis, orietur radius osculi

$$=-\frac{(a+p)^2\sqrt{ap}}{8aa},$$

signum — indicat radium osculi et diametrum inter se divergere.

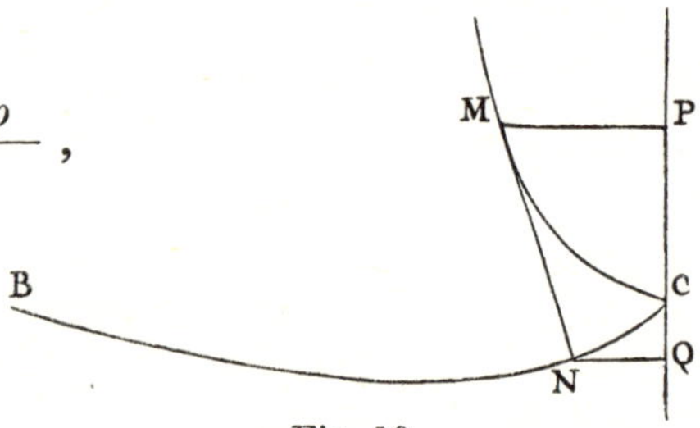

Fig. 10

29. Cum radius osculi sit cognitus, facile erit curvae nostrae tautochronae evolutam invenire. Sit CNB tautochrona (Fig. 10). Maneant

$$CQ=t=\frac{2ap-pp}{16a},\quad QN=z=\frac{p\sqrt{p}}{6\sqrt{a}}.$$

Sit radius osculi
$$=\frac{(a+p)^2\sqrt{ap}}{8aa},$$
qui tanget in M evolutam quaesitam CM. Demittatur ex M in axem applicata MP, sintque $CP = x$, $PM = y$. Invenientur hae coordinatae ex relatione cognita coordinatarum CQ et QN. Calculo utpote facili hic omisso habebitur
$$x=\frac{2ap+5pp}{16a} \quad \text{et} \quad y=\frac{(3aa-3pp+4ap)\sqrt{ap}}{24aa},$$
harum aequationum ope evoluta CM per infinita puncta iam describi poterit. Si autem velimus p eliminare, ut aequatio inter x et y supersit, p ex priore aequatione invenitur in a et x, qui valor si deinde in altera substituatur, sequens emergit aequatio
$$576\,ayy-\frac{37632}{125}\,axx-\frac{32160}{625}\,a^2x+\frac{529}{3125}\,a^3$$
$$=\left(\frac{2304}{125}\,xx+\frac{8608}{625}\,ax+\frac{529}{3125}\,a^2\right)\sqrt{(a^2+80\,ax)}\ .$$
Quae aequatio si prorsus ad rationalitatem reducatur, erit ordinis quinti.

30. Id denique silentio praetereundum non est hanc curvam tautochronam eandem esse prorsus, quam lineae rectae verticali iungendam invenimus (§ 12). In eo enim solo aequationes differunt, quod ibi parameter a quadruplo sit maior quam hic. Quia igitur longitudo penduli isochroni pro nostra curva tautochrona est $\frac{1}{2}a$, erit si haec eadem curva cum verticali AE iungatur, longitudo penduli isochroni $\frac{1}{8}a$. Tempora ergo oscillationum in curva MAN duplo sunt maiora quam oscillationum per PAN. Quare si in utroque lapsu grave ad N usque perveniat ascendendo, erit
$$tMA+tAN=2tPA+2tAN\ .$$
Consequenter
$$tMA-tAN=2tPA\ .$$
Differentia ergo temporum descensuum per arcus MA et NA aequatur duplo tempori descensus per verticalem AP.

CURVA TAUTOCHRONA
IN FLUIDO RESISTENTIAM FACIENTE SECUNDUM QUADRATA CELERITATUM

Commentatio 13 indicis ENESTROEMIANI
Commentarii academiae scientiarum Petropolitanae 4 (1729), 1735, p. 67–89
Summarium nunc primum e manuscriptis editum
Mense octobris 1729

SUMMARIUM

Motus corporum libere motorum per spatia omni materia vacua facile determinatur per paucissima dynamices principia, at difficillima est exacta motus determinatio, cum corpus per fluidum resistens, at per aerem aut aquam movetur. Haec enim fluida motum corporis resistendo diminuunt, et quamquam aliquatenus nota sit lex huius diminutiones pro fluidi natura, tamen adeo acurate motus definire non potest, ac si in vacuo fit. Quodsi corpus vi quacunque cognita proiiciatur in spatio vacuo, eius locus et celeritas ad quodvis temporis momentum facillime determinantur, difficillime si per aerem fertur. Idem in particularibus circa motum quaestionibus evenit. Facile exempli gratia invenitur linea tautochrona, si motus in vacuo fieri supponitur, difficillime et plerumque plane non invenitur, si motus per fluidum resistens fieri ponitur. Hoc argumentum pertractat celeberrimus EULERUS, sed sub hac sola resistentiae lege, quod fluidum resistat in ratione duplicata vel quadratica celeritatis, qua corpus movetur. Exhibet ergo analysin, qua pervenit ad huius curvae aequationem, deinde ipsius constructionem quoque exhibet et corporis denique in ea curva descendentis et ascendentis motum considerat.

1. Postquam HUGENIUS primum invenisset cycloidem esse curvam Tautochronam in vacuo et hypothesi gravitatis uniformis, NEUTONUS atque HERMANNUS dederunt quoque Tautochronas pro hypothesi gravitatis difformiter agentis et tendentis ad punctum quodcunque fixum tanquam centrum. Posuerunt autem motum fieri in vacuo, neque ullam pati resistentiam. Quod vero ad media resistentia attinet, NEUTONUS etiam demonstravit cycloidem esse tautochronam in medio in celeritatum ratione resistente; ad alia autem

resistentia media neque ipse neque quisquam alius est progressus, ut, quae curvae in iis tautochronismum producant, ostenderent.

2. Non quidem est difficile in medio quocunque resistente invenire curvam, super qua grave eodem modo descendat, quo super data curva in vacuo. Id, cum intellexissem eas quaesivi in quacunque resistentiae hypothesi curvas, super quibus grave aequaliter descendat ac super cycloide in vacuo, quae mihi curvae tum tautochronae in mediis his resistentibus esse videbantur, eo quod corporis super iis descensus aequalis esset descensui corporis super tautochrona curva in vacuo. Atque hanc ipsam proprietatem eae habent curvae, quas in Actis Lipsiae Anno 1726 dedi[1]), et corpora super quaque earum in medio, ad quod ea pertinet, resistente collocata eodem descendunt modo, quo super cycloide in vacuo; quamobrem eas etiam tautochronarum nomine appellavi.

3. Rem vero hanc postea accuratius perpendens, eam ita habere deprehendi, ut tota curva in medio resistente percurrenda ab initio descensus super curva in vacuo percurrenda assumto pendeat. Quare si in curva data aliud ponatur descensus initium ipsa curva datae in medio resistente similem descensum producens alia erit. Ex quo intelligitur etiam, si habeatur curva, super qua corpus in medio resistente aequalem habeat descensum, ac super cycloide in vacuo, initio descensus videlicet dato; tamen hanc nondum eam habere proprietatem, ut grave, ubicunque descensum inchoaverit, eodem tempore ad punctum infimum perveniat, etenim descensus non cum descensu in cycloide congruet, nisi is ex dato puncto incipiatur.

4. Idem attendenti uberius palam fiet, si inspiciat aequationes ibi datas, et modum, quo erutae fuerunt. Deprehendet enim in iis adhuc litteram, quae constantis speciem prae se fert; quae vero re ipsa ab initio descensus pendet. Id ergo si aliter voluerit assumere, ea apparens constans alia erit et idcirco curva quasi alium parametrum acquiret, et a priori diversa evadet. Hoc incommodum non diu post ipse animadverti, et praeterea Celeberrimus HERMANNUS in dissertatione de motibus variatis Actis Anni 1727 inserta[2]), in qua ostendit curvas, quae ex eodem principio, quo ipse usus sum, inveniantur, quaeque tautochronae esse videantur, huiusmodi tamen non esse, tum ob

1) Confer commentationem E 1, p. 1 huius voluminis. C. B.

2) IAC. HERMANN, *Theoria generalis motuum, qui nascuntur a potentiis quibusvis in corpora indesinenter agentibus, sive haec corpora in vacuo ferantur sive in medio resistenti.* Comment. acad. scient. Petrop. 2 (1727), 1729, p. 139–173. C. B.

rationes a me quoque perspectas hicque expositas, tum tempus descensus ipsum investigavit, idque constans non esse pro variis descensus initiis reperit.

5. Nolo igitur, quanquam eas ipse principio in tautochronarum numero habui, aliud iudicium de iis ferri, nisi quod pro quolibet medio resistente aequatio ibi data ob constantem memoratam variabilem ponendam totam exhibeat familiam curvarum, super quibus gravia ex debito cuique puncto descensum incipientia aequali tempore ad punctum infimum perveniant, idque eodem modo, quo in vacuo super cycloide. Cum igitur cognovissem curvas has ad tautochronismum producendum non esse aptas, statim non solum ego verum etiam alii, cum quibus communicaveram, in id incubuimus, ut veras tautochronas in medio quocunque resistente inveniremus. Postquam igitur rem multis modis tentassem, potitus sum tandem tautochrona, sed in unica tantum resistentiae hypothesi iuxta velocitatis quadrata, quam in hac dissertatione exponere constitui.

6. Cum nuper novam quandam detexissem methodum, qua a priori non solum cycloidem, sed insuper infinitas adhuc alias inveni curvas tautochronas in vacuo[1]), ea quoque ad tautochronas in mediis resistentibus inveniendas uti institui; methodi universalitate fretus, si quae sint tautochronae in mediis resistentibus, eas ope huius methodi inveniri debere. Quantum autem adhuc hac in re efficere potui, prorsus mihi necesse esse visum est, ut velocitas corporis super curva quacunque in eo resistenti medio, pro quo tautochrona desideratur, descendentis vel ascendentis in puncto quocunque possit exprimi, non quidem algebraice, sed transcendenter quomodocunque. Id vero cum nonnisi in vacuo et in medio resistentiam in ratione duplicata celeritatum faciente praestare in potestate sit, tautochronam saltem in fluidis, quia haec in ratione duplicata celeritatum resistere putantur, hic invenire docebo.

7. Volui primum problema ita instituere, ut nuper eandem quaestionem in vacuo tractavi, ut, quemadmodum ibi factum est, data curva quacunque invenirem aliam, quae cum ea coniuncta tautochronismum oscillationibus inducat. Verum istam quaestionem nondum enodare licuit, cum plane dissimilis sit eius, quae ad vacuum spectat. Nam ad rem eodem modo, quo in vacuo feci, expediendam opus est, ut in duabus curvis data et quaesita duo semper puncta dari queant, in quibus corporis oscillantis celeritates sunt aequales, atque ut eorum determinatio non ab ipsa velocitate pendeat; sed

1) Confer commentationem praecedentem, p. 15 huius voluminis. C. B.

quibus in punctis una oscillatione celeritates aequales fuerunt, ibidem in aliis oscillationibus sint aequales. Id vero cum in fluido fieri nequeat, contentus hic ero eam determinasse curvam, super qua corpus descendens aequali semper tempore ad punctum infimum pertingat.

8. Sit CMA (Fig. 1) curva quaesita ad axem AP verticalem relata. Hanc eius esse oportet proprietatem, ut corpus super ea in fluido collocata descendens aequalibus temporibus ad punctum infimum A perveniat, ubicunque descensum adorsum fuerit. Fiat is ex E, perspicuum est corpus descendendo a vi gravitatis, quatenus eius gravitas specifica maior est illa, quam habet fluidum, continuo accelerari, simul vero propter resistentiam fluidi continuo in ratione duplicata celeritatum retardari, donec tandem in A retineat certam celeritatem, quam ponam in vacuo acquiri posse lapsu ex altitudine b. Ut corpus ex A hac celeritate rursus in E usque ascendere possit, oportet gravitatis vim, quae ante promovebat, adversam, resistentiae vero vim, quae ante adversa erat, nunc secundam et promoventem ponere, quo fiet, ut hic ascensus prorsus similis sit descensui. Quia magis iuvat ascensum considerare, hoc praemittere oportuit.

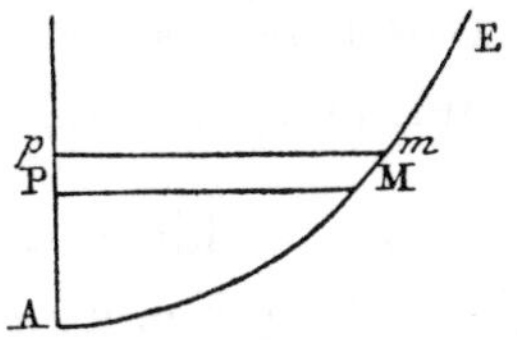

Fig. 1

9. Ascendere ergo ponatur corpus ex A velocitate altitudinis b, ita ut acceleretur in ratione duplicata celeritatum, perveniet id rursus ad E. Sit hoc corpus cylinder altitudinis a secundum axis directionem motus; etsi haec figura minus idonea sit ad oscillandum, tamen, quia calculus fit simplicior, facileque ad alias figuras transferri potest, hanc figuram retinere volui. Sit porro gravitas specifica corporis ad eam fluidi ut m ad n. Pervenerit corpus hoc modo ascendens ad M, ubi eius celeritas sit tanta, quanta ex altitudine v in vacuo generatur. Dicatur arcus percursus AM, s et abscissa AP, x. Momento perveniant omnia in situm proximum, corpus nempe in m. Erit celeritas corporis in m genitae ex altitudine $v + dv$ aequalis atque $Mm = ds$ et $Pp = dx$.

10. Quia corpus in fluido versatur, non toto suo pondere descendere conatur, sed excessu sui ipsius ponderis super pondus aequalis voluminis fluidi. Vis ergo corpus sollicitans est ad verum eius pondus ut $m - n$ ad m. Si igitur vis gravitatis dicatur g, erit vis haec sollicitans $= (m - n)g : m$. Ascendente corpore per elementum Mm, si vis gravitatis ipsa g ageret, foret $dv = - dx$, si nimirum corpus in vacuo ascenderet. Quia autem vis solli-

tans est ad vim gravitatis ut $m - n$ ad m, erit effectus illius ad huius effectum $-dx$ ut $m - n$ ad m. Quamobrem agente vi hac sollicitante, erit

$$dv = -(m-n)dx : m\ ,$$

signum hic negativum obtinet, quia vis gravitatis contraria ponitur motui corporis. Haec igitur haberetur aequatio

$$dv = -(m-n)dx : m\ ,$$

ex qua motus corporis determinari deberet, nisi acceleratio, quae resistentiae fluidi aequalis est, accederet.

11. Videamus nunc, quanta sit resistentia fluidi in cylindrum velocitate altitudinis v motum basin suam obvertentem. Vis haec aequalis est vi, quam fluidum eadem celeritate motum in cylindrum quiescentem exereret; haec vero vis aequatur ponderi cylindri fluidi altitudinis v, et basis aequalis ei, quam habet ille cylinder oscillans. Est itaque pondus eius cylindri fluidi ad pondus huius ut nv ad ma. Vis igitur haec resistentiae se habet ad vim gravitatis quoque ut nv ad ma. Corpore autem ascendente per Mm, si gravitas acceleraret et secundum directionem Mm ageret, foret $dv = ds$. Vis ergo resistentiae pro ea ratione effectum edens et accelerans corpus motum faciet, ut sit

$$dv = nvds : ma\ ;$$

si autem retardaret, foret

$$dv = -nvds : ma\ .$$

12. Si igitur sola vis gravitatis ageret retardando motum corporis, tum esset per paragraphum 10

$$dv = -(m-n)dx : m\ ,$$

sin vero sola vis accelerans aequalis vi resistentiae ageret, tum esset per paragraphum 11

$$dv = nvds : ma\ .$$

Ex quibus colligitur, si utraque simul agat, tum esse

$$dv = nvds : ma - (m-n)dx : m\ ,$$

seu

$$madv + (m-n)adx - nvds = 0\ .$$

Ex qua aequatione motus corporis determinari debet. Quia autem in hac aequatione v unicam habet dimensionem, ea integrari potest. Reducatur ad hanc formam

$$dv - \frac{nvds}{ma} = -\frac{(m-n)dx}{m}.$$

Multiplicetur ea per $c^{-\frac{ns}{ma}}$, denotat vero c numerum, cuius logarithmus hyperbolicus est 1, habebitur

$$c^{-\frac{ns}{ma}}dv - \frac{nc^{-\frac{ns}{ma}}vds}{ma} = -\frac{(m-n)c^{-\frac{ns}{ma}}dx}{m},$$

cuius integralis est sequens

$$c^{-\frac{ns}{ma}}v = C - \frac{(m-n)}{m}\int c^{-\frac{ns}{ma}}dx .$$

13. Ponatur

$$\frac{m-n}{m}\int c^{-\frac{ns}{ma}}dx = t ,$$

cum eius integrale ex curva cognita possit haberi, vel saltem construi. Ita autem, si fieri posset, integrari ponitur, ut eius integrale fiat $=0$, si ponatur $x=0$, quo t determinatum valorem adipiscatur. Habemus ergo sequentem aequationem

$$c^{-\frac{ns}{ma}}v = C - t .$$

Constans haec C ita debet accipi, ut, posito $x=0$, fiat $v=b$, talis enim ponitur esse celeritas corporis in puncto A, sed posito $x=0$, erit et $s=0$ et $t=0$, unde quia $c^0=1$, oritur $C=b$. Quamobrem invenitur sequens ad institutum nostrum prorsus accommodata aequatio

$$v = c^{\frac{ns}{ma}}(b-t) .$$

Et hinc quoque intelligitur, ubi velocitas evanescat, seu quousque corpus in curva sit ascensurum, ibi nimirum, ubi est $v=0$ seu $t=b$. Celeritas vero ipsa corporis in M erit ut $\sqrt{v}$ seu ut

$$c^{\frac{ns}{2ma}}\sqrt{(b-t)} .$$

14. Cum iam habeatur celeritas corporis M, erit tempusculum per arculum Mm, quod est ut $\frac{ds}{\sqrt{v}}$, seu loco v superiore valore substituto ut

$$\frac{ds}{c^{\frac{ns}{2ma}}\sqrt{(b-t)}} .$$

Id quod exprimit elementum temporis. Huius ergo integrale ita debet esse comparatum, ut, ea adiecta constante, quae facit tempus $=0$, si ponatur x vel t vel $s=0$, ut inquam, si fiat $t=b$, quo in casu integrum obtinetur tempus ascensus, tum b, quae a quantitate arcus descripti pendet, prorsus ex computo abeat. Hoc ut fiat iam alibi demonstravi oportere, ut tota expressio elementi temporis nullam habeat dimensionem. Quaeritur ergo, qualis s functio ipsius t esse debeat? Quia ad s exprimendum b in computum ingredi non potest, sed solum t, perspicuum est fore

$$\frac{ds}{c^{\frac{ns}{2ma}}}=\frac{dt\sqrt{e}}{\sqrt{t}}$$

et sic elementum temporis erit

$$\frac{dt\sqrt{e}}{\sqrt{(bt-tt)}}.$$

Ergo longitudo penduli isochroni in vacuo est $2e$.

15. Ex determinatione curvae, ut fiat tautochrona, haec orta est aequatio

$$ds:c^{\frac{ns}{2ma}}=dt\sqrt{e}:\sqrt{t}\ ,$$

ex qua natura curvae determinari debet. Aequatio ea integrata dat hanc

$$C-\frac{2ma}{n}c^{-\frac{ns}{2ma}}=2\sqrt{et}\ ;$$

ut, facto $t=0$, fiat $s=0$, necesse est, ut sit

$$C=\frac{2ma}{n}.$$

Propterea haec invenitur aequatio pro curva quaesita,

$$\frac{ma}{n}(1-c^{-\frac{ns}{2ma}})=\sqrt{et}\ ,$$

et sumendis quadratis haec

$$\frac{mmaa}{nn}(1-c^{-\frac{ns}{2ma}})^2=et\ .$$

Quae denuo differentiata dat

$$\frac{ma}{n}(1-c^{-\frac{ns}{2ma}})c^{-\frac{ns}{2ma}}ds=edt$$

seu

$$mac^{-\frac{ns}{2ma}}ds - mac^{-\frac{ns}{ma}}ds = nedt\ .$$

Est vero

$$t = \frac{m-n}{m}\int c^{-\frac{ns}{ma}}dx\ ,$$

ergo

$$dt = \frac{m-n}{m}c^{-\frac{ns}{ma}}dx\ .$$

Quocirca eiecto t, habebitur aequatio inter s et x haec

$$mmac^{-\frac{ns}{2ma}}ds - mmac^{-\frac{ns}{ma}}ds = (m-n)nec^{-\frac{ns}{ma}}dx\ .$$

Quae multiplicata per $c^{\frac{ns}{ma}}$ abit in hanc

$$mmac^{\frac{ns}{2ma}}ds - mmads = (m-n)nedx\ .$$

16. Aequatio differentialis inventa est iterum integrabilis; integrata vero dat

$$\frac{2m^3aa}{n}c^{\frac{ns}{2ma}} - mmas - \frac{2m^3aa}{n} = (m-n)nex\ ,$$

postquam debita constans $\frac{2m^3aa}{n}$ ablata est. Quae magis accommodatur hoc modo

$$c^{\frac{ns}{2ma}} = \frac{ns}{2ma} + 1 + \frac{(m-n)nnex}{2m^3aa} = \frac{m^2nas + 2m^3aa + (m-n)n^2ex}{2m^3aa}\ .$$

Haec quidem aequatio sufficeret ad curvam construendam, sed commodior evadet liberata ab exponentialibus. Hanc ob rem sumantur logarithmi, eritque

$$\frac{ns}{2ma} = l(m^2nas + 2m^3aa + (m-n)n^2ex) - l2m^3aa\ .$$

Hinc differentiando acquiritur

$$\frac{nds}{2ma} = \frac{m^2nads + (m-n)n^2edx}{m^2nas + 2m^3aa + (m-n)n^2ex}$$

et ex hac ordinando

$$m^2n^2asds + (m-n)n^3exds = 2(m-n)mn^2aedx\ .$$

Quae divisa per nn praebet sequentem aequationem finalem pro curva quaesita,

$$m^2asds + (m-n)nexds = 2(m-n)maedx\ .$$

17. Si itaque curva AME eam habuerit proprietatem, ut sit

$$m^2 asds + (m - n)nexds = 2(m - n)maedx$$

ea erit tautochrona hoc sensu, ut corpus cylindricum altitudinis a super ea descendens eodem semper tempore ad punctum infimum A perveniat, ubicunque descensum inceperit. Si loco cylindri placuerit globum adhibere eiusdem gravitatis specificae et diametri a, oportebit loco a in aequatione scribere $\frac{4}{3}a$, habebiturque

$$4m^2 asds + 3(m - n)nexds = 8(m - n)maedx \ ,$$

pro motu globi, cuius diameter est a. Si longitudo penduli isochroni in vacuo oscillanti dicatur f, erit $e = \frac{1}{2}f$; et hinc resultabit aequatio

$$8m^2 asds + 3(m - n)nfxds = 8(m - n)mafdx \ .$$

Hanc aequationem iam ad quemvis casum specialem accommodare licet.

18. Ponamus densitatem fluidi evanescere, quo motus corporis fiat in vacuo; erit $n = 0$. Hoc igitur posito aequationis terminus secundus

$$3(m - n)nfxds$$

evanescit et tunc pro tautochrona in vacuo prodibit aequatio

$$8m^2 asds = 8(m - n)mafdx \ .$$

Quae, cum sit $n = 0$, divisa per $8m^2 a$ reducitur ad $sds = fdx$. Haec vero integrata est $ss = 2fx$, aequatio ad cycloidem, cuius circuli genitoris diameter est $\frac{1}{2}f$. Id quod prorsus congruit cum iis, quae de tautochronismo cycloidis demonstrata sunt. Si ergo aequatio inventa tautochronae in fluido ad vacuum reducitur, littera a diametrum globi oscillantis denotans exit ex aequatione; et tautochrona in vacuo proinde a magnitudine et figura corporis oscillantis non pendet. Sed in fluido ad tautochronam determinandam et magnitudine et figura et gravitate specifica corporis oscillantis opus est.

19. Curva, quam invenimus, tautochrona inservit descensui corporis, sed ex ea tautochrona, quae ad ascensum spectat in eodem fluido, inveniri poterit. Ponatur enim corpus in curva AME ascendere celeritate initiali, ut ante, ex altitudine b genita; habebit id et vim gravitatis, et resistentiam fluidi contrarias. Quamobrem, cum supra pro descensu haec inventa sit eaquatio

$$madv + (m - n)adx - nvds = 0 \ ,$$

ubi vis resistentiae, uti rem ibi consideravi, erat accelerans; hoc in casu corporis ascendentis signum — praefixum termino $nvds$, qui vim resistentiae fluidi exponit, mutari debet in $+$. Quo facto habebitur aequatio

$$madv + (m - n)adx + nvds = 0 \ .$$

Ex qua ascensus eiusdem corporis, quod ante descendere positum est, determinabitur.

20. Perspicuum est hanc aequationem ex superiore ad descensum spectante derivari posse, modo in illa fiat s negativum. Quocirca, ad tautochronam ascensui inservientem inveniendam non est necessarium, ut eodem, quo pro descensu, progrediar modo, sed tantum in aequatione pro tautochrona descensus inventa loco s poni poterit $-s$. Hoc enim ea transformabitur in tautochronam ad ascensum accommodatam. Si ergo corpus ascendens fuerit globus diametri a, eius gravitas specifica ad eam fluidi ut m ad n, habebitur pro tautochrona sequens aequatio

$$8m^2asds - 3(m - n)nhxds = 8(m - n)mahdx \ .$$

Ubi loco f posui h, ne tempora ascensus et descensus aequalia esse debere videantur.

21. Cum igitur curvam et descendente corpore et ascendente tautochronam invenerim, eae, si in punctis infimis iungantur, repraesentabunt tautochronam ascensui et descensui simul inservientem. Sit AM (Fig. 2) tautochrona pro descensu, altera AN pro ascensu; manifestum est, si corpus semper in curva AM descensum incipiat, et ultra punctum in curva AN ascendat, tum oscillationes has absolutum iri aequalibus temporibus, ubicunque initia descensus in AM assumantur. Si igitur AP fuerit x et $AM = s$, erit

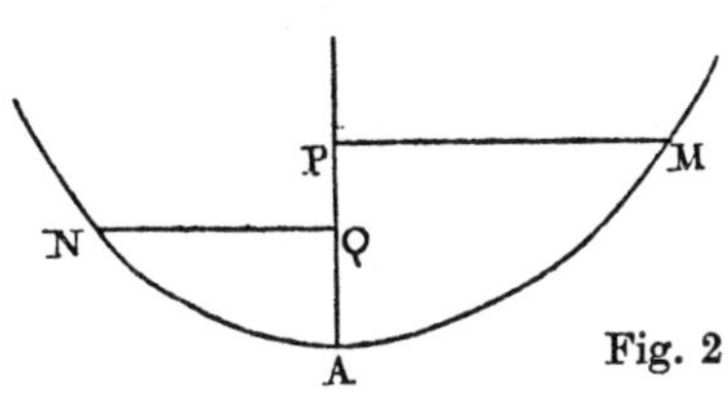

Fig. 2

$$8m^2asds + 3(m - n)nfxds = 8(m - n)mafdx \ ,$$

pro altera curva AN vero, si dicatur $AQ = u$ et $AN = t$, erit

$$8m^2atdt - 3(m - n)nhudt = 8(m - n)mahdu \ .$$

Tempus vero oscillationis unius aequale est duabus dimidiis oscillationibus duorum pendulorum in vacuo, quorum alterius longitudo est f, alterius h, seu uni integrae oscillationi penduli, cuius longitudo $= \dfrac{f + 2\sqrt{fh} + h}{4}$.

22. Si fuerit $f = h$, erunt duae curvae AM, AN partes eiusdem curvae continuae; id quod ex eo intelligi potest, quod tum, si loco x ponatur u et loco s, quia in altera curva arcus fiunt negativi, $-t$, aequatio illa ad descensum pertinens mutetur in hanc ascensui inservientem. Curva ergo MA ab altera parte continuatur in curva AN, et tota curva MAN hanc habet proprietatem ut globus diametri a, et gravitatis specificae m super ea in fluido gravitatis specificae n constituta motum aequalibus semper temporibus oscillationis absolvat. Descensus vero fieri debent in curva MA, et ascensus in AN, nisi forte eae curvae hanc insuper habeant proprietatem, ut et, si descensus in NA et ascensus in AM fierent, oscillationes totae omnes ut ante essent tautochronae.

23. Aequatio exponentialis paragraphi 16 in eo solum differt ab ea, quam paragrapho 21 dedimus, quod ibi sit a id quod hic est $\frac{4}{3}a$, et e, quod hic $\frac{1}{2}f$. Si ergo in ea aequatione ponatur $\frac{4}{3}a$ loco a, et $\frac{1}{2}f$ loco e, habebitur

$$64m^3aac^{\frac{3ns}{8ma}} - 64m^3aa - 24m^2nas = 9(m-n)n^2fx\,,$$

quae aequatio convenit cum ea, quae descensui paragrapho 21 inservire inventa est

$$8m^2asds + 3(m-n)nfxds = 8(m-n)mafdx\;.$$

At alteri aequationi ad ascensum pertinenti

$$8m^2atdt - 3(m-n)nhudt = 8(m-n)mahdu$$

respondet haec

$$64m^3aac^{-\frac{3nt}{8ma}} - 64m^3aa + 24m^2nat = 9(m-n)n^2hu\;.$$

Hae aequationes exponentiales sufficiunt ad curvas construendas, quarum coordinatae sint x et s atque u et t, ex quibus deinceps ipsae curvae tautochronae construi poterunt.

24. Cum c sit numerus, cuius logarithmus hyperbolicus est 1, erit

$$c^z = 1 + \frac{z}{1} + \frac{z^2}{1\cdot 2} + \frac{z^3}{1\cdot 2\cdot 3} + \frac{z^4}{1\cdot 2\cdot 3\cdot 4} + \text{etc.}$$

Hanc ob rationem est $c^{\frac{3ns}{8ma}}$ seu dicto $\frac{3n}{8m} = k$

$$c^{\frac{ks}{a}} = 1 + \frac{ks}{a\cdot 1} + \frac{k^2ss}{a^2\cdot 1\cdot 2} + \frac{k^3s^3}{a^3\cdot 1\cdot 2\cdot 3} + \frac{k^4s^4}{a^4\cdot 1\cdot 2\cdot 3\cdot 4} + \text{etc.}$$

adeoque

$$64m^3a^2c^{\frac{ks}{a}} = 64m^3a^2 + \frac{64m^3aks}{1} + \frac{64\cdot m^3k^2ss}{1\cdot 2} + \frac{64\cdot m^3k^3s^3}{a\cdot 1\cdot 2\cdot 3} + \frac{64\cdot m^3k^4s^4}{a^2\cdot 1\cdot 2\cdot 3\cdot 4} + \text{etc.}$$

Aequatio igitur superior exponentialis, quae ob $\frac{3n}{8m} = k$ et inde $3n = 8km$ mutatur in

$$64m^3aac^{\frac{ks}{a}} - 64m^3aa - 64km^3as = 64(1 - \tfrac{8}{3}k)k^2m^3fx\ ,$$

seu in

$$a^2c^{\frac{ks}{a}} - aa - kas = (1 - \tfrac{8}{3}k)k^2fx\ ,$$

reducetur ad sequentem ex terminorum infinito numero constantem

$$\frac{k^2ss}{1\cdot 2} + \frac{k^3s^3}{a\cdot 1\cdot 2\cdot 3} + \frac{k^4s^4}{a^2\cdot 1\cdot 2\cdot 3\cdot 4} + \text{etc.} = (1 - \tfrac{8}{3}k)k^2fx\,,$$

quae divisa per kk dat

$$\frac{ss}{1\cdot 2} + \frac{ks^3}{a\cdot 1\cdot 2\cdot 3} + \frac{k^2s^4}{a^2\cdot 1\cdot 2\cdot 3\cdot 4} + \text{etc.} = (1 - \tfrac{8}{3}k)fx\,,$$

similiter pro ascensu erit

$$\frac{tt}{1\cdot 2} - \frac{kt^3}{a\cdot 1\cdot 2\cdot 3} + \frac{k^2t^4}{a^2\cdot 1\cdot 2\cdot 3\cdot 4} + \text{etc.} = (1 - \tfrac{8}{3}k)hu\ .$$

25. Ex his aequationibus colligitur curvam utramque et descensus et ascensus abire in cycloides, si $k:a$ fuerit infinite parvum; est vero $k = \frac{3n}{8m}$; ergo eae curvae erunt cycloides, si $3n:8ma$ fuerit quantitas evanescens. Id duplici modo evenire potest; primo si $n:m = 0$, id est, si fluidi densitas nulla sit, quo casu motus fit in vacuo. Alter est casus, si $a = \infty$ seu si globus oscillans fuerit infinite magnus ratione videlicet arcuum descriptorum s. Id ergo si acciderit, tautochrona quoque erit cyclois. Porro et id inde concluditur, quo maior minorve sit fractio $3n:8ma$ seu tantum $n:ma$, eo magis minusve tautochronas a cycloide discrepare. Ex quo, quanto magis minusve in quovis fluido datus globus secundum cycloidem oscillans a tautochronismo aberret, perspici poterit.

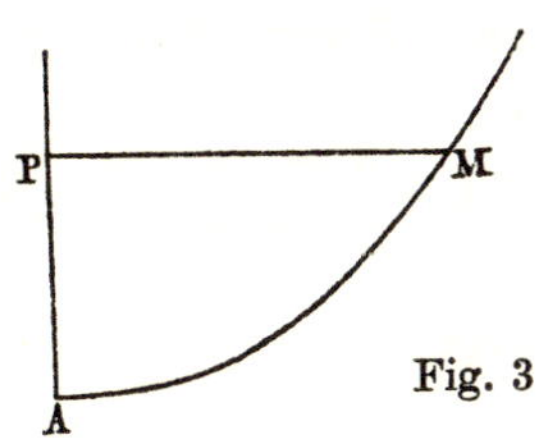

Fig. 3

26. Perpendam nunc, qualem tautochronae inventae figuram habere debeant, et primum ea, quae ad descensum pertinet. Sit AMB (Fig. 3) talis curva super axe AP, ut dictis abscissis AP, x, applicatae PM exprimant s. Habebitur pro hac curva haec

verum

$$dds = 0 = pddx + dxdp \ ,$$

quare est

$$ddx = -dxdp : p \ .$$

Quibus in aequatione substitutis ea abibit in

$$8m^2appdx + 3(m-n)nfpdx + 8(m-n)mafdp : p = 0 \ .$$

Ex qua obtinetur

$$dx = \frac{-8(m-n)\,mafdp}{8m^2ap^3 + 3(m-n)\,nfpp} \ .$$

Quocirca ad curvam construendam, accepta variabili tertia p, sumatur

$$x = 8(m-n)maf\int \frac{-dp}{8m^2ap^3 + 3(m-n)\,nfpp} \ .$$

Deinde quia

$$dy = dx\sqrt{(pp-1)} \ ,$$

capiatur

$$y = 8(m-n)maf\int \frac{-dp\sqrt{(pp-1)}}{8m^2ap^3 + 3(m-n)\,nfpp} \ .$$

Atque hoc modo curva quaesita erit constructa.

30. Simili modo ut curva pro ascensu construatur, hoc tantum opus est, ut in illa constructione ponatur $-a$ loco $+a$. Hoc enim modo, ut ex aequationibus generalibus celeritatem corporum in medio resistente motorum exprimentibus videre licet, aequatio descensui inserviens transmutatur in eam, quae ad ascensum pertinet. Porro radius osculi curvae in puncto M erit

$$= \frac{(m-n)\,fdy}{mc^{\frac{3ns}{8ma}}\,ds} \ .$$

Unde patet radium osculi in puncto infimo A esse

$$= \frac{m-n}{m} f \ ,$$

cui in eo puncto longitudo penduli aequalis accipi debet. Denique ex constructione colligere licet, qualem figuram nostra curva habeat. Sit AB (Fig. 5)

Fig. 5

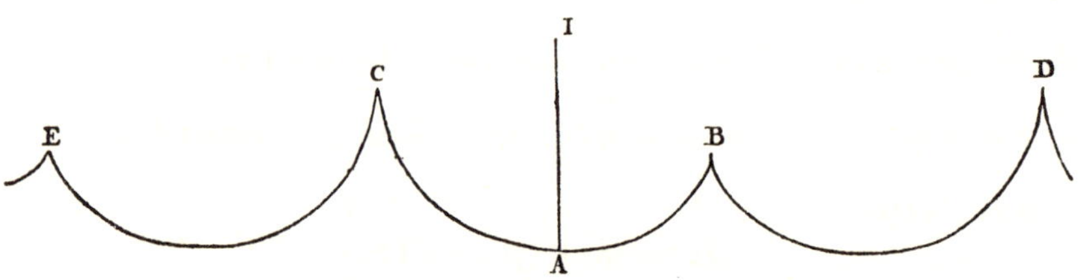

tautochrona descensus, quae continua erit cum AC curva ascensus. Ultra B et C continuatur in D et E, ita ut arcus BD, ED similes et aequales sint arcui BAC. Atque hoc modo in infinitum producitur.

31. Perpendamus nunc, qualis corporis seu globi, ut positum est, super curva tautochrona inventa sit motus. Consideremus oscillationem unam, qua globus in puncto infimo habeat velocitatem ex altitudine b acquisitam. Dicatur, ut ante, altitudo genitrix velocitatis globi in puncto quocunque curvae descensus v. Erit ex paragrapho 13

$$v = c^{\frac{ns}{ma}}(b - t),$$

ubi est

$$t = \frac{m-n}{m}\int c^{-\frac{ns}{ma}}dx .$$

Hic vero a altitudinem cylindri oscillantis designat, ut ergo globus introducatur ponatur $\frac{4}{3}a$ loco a, prout paragrapho 17 factum est et erit

$$v = c^{\frac{3ns}{4ma}}(b - t) \quad \text{et} \quad t = \frac{m-n}{m}\int c^{-\frac{3ns}{4ma}}dx .$$

Cum his aequationibus ea, quae naturam curvae exprimit, est coniungenda, quae est haec

$$64m^3aac^{\frac{3ns}{8ma}} - 64m^3aa - 24m^2nas = 9(m-n)n^2fx ;$$

seu huius differentialis, ut habeatur dx,

$$24m^2nac^{\frac{3ns}{8ma}}ds - 24m^2nads = 9(m-n)n^2fdx ,$$

sive

$$8m^2ac^{\frac{3ns}{8ma}}ds - 8m^2ads = 3(m-n)fdx .$$

32. Est igitur ex posteriore aequatione

$$\frac{m-n}{m}dx = \frac{8ma}{3nf}c^{\frac{3ns}{8ma}}ds - \frac{8ma}{3nf}ds .$$

Unde erit

$$\frac{m-n}{m}c^{-\frac{3ns}{4ma}}dx = \frac{8ma}{3nf}c^{-\frac{3ns}{8ma}}ds - \frac{8ma}{3nf}c^{-\frac{3ns}{4ma}}ds .$$

Quae integrata dat

$$t = C - \frac{64m^2aa}{9nnf}c^{-\frac{3ns}{8ma}} + \frac{32m^2aa}{9nnf}c^{-\frac{3ns}{4ma}} .$$

Constans C adiecta ita debet determinari, ut posito $s = 0$, fiat et $t = 0$, ut paragrapho 13 requirebatur, est igitur

$$C = \frac{32m^2aa}{9nnf}.$$

Quamobrem cum ea expressio evadat quadratum, erit

$$t = \frac{32m^2aa}{9nnf}(1 - c^{-\frac{3ns}{8ma}})^2 = \frac{32m^2aa}{9n^2fc^{\frac{3ns}{4ma}}}(c^{\frac{3ns}{8ma}} - 1)^2 .$$

Sed ex aequatione exponentiali pro curva habetur

$$c^{\frac{3ns}{8ma}} - 1 = \frac{24m^2nas + 9(m-n)n^2fx}{64m^3aa}.$$

Itaque erit quoque

$$t = \frac{(8m^2as + 3(m-n)nfx)^2}{128m^4aafc^{\frac{3ns}{4ma}}}.$$

Ex his reperitur

$$v = c^{\frac{3ns}{4ma}}\Big(b - \frac{32m^2aa}{9n^2fc^{\frac{3ns}{4ma}}}(c^{\frac{3ns}{8ma}} - 1)^2\Big) = bc^{\frac{3ns}{4ma}} - \frac{32m^2aa}{9n^2f}(c^{\frac{3ns}{8ma}} - 1)^2 .$$

Vel etiam hoc modo

$$v = bc^{\frac{3ns}{4ma}} - \frac{(8m^2as + 3(m-n)nfx)^2}{128m^4aaf}.$$

33. Expressio haec celeritatis dabit locum in curva descensus, quo velocitatem globus habet maximam; etenim ea non incidit in punctum infimum. Id vero punctum erit ibi, ubi $dv = 0$. Quare cum inventa sit

$$v = bc^{\frac{3ns}{4ma}} - \frac{32m^2a^2}{9n^2f}(c^{\frac{3ns}{8ma}} - 1)^2 ,$$

erit

$$dv = \frac{3nb}{4ma}c^{\frac{3ns}{4ma}}ds - \frac{8ma}{3nf}(c^{\frac{3ns}{8ma}} - 1)\,c^{\frac{3ns}{8ma}}ds .$$

Ergo erit $dv = 0$, si

$$\frac{3nb}{4ma}c^{\frac{3ns}{8ma}} = \frac{8ma}{3nf}c^{\frac{3ns}{8ma}} - \frac{8ma}{3nf},$$

seu si

$$c^{\frac{3ns}{8ma}} = \frac{32m^2a^2}{32m^2a^2 - 9n^2bf}.$$

Unde deducitur

$$s = \frac{8ma}{3n}\, l\, \frac{32m^2a^2}{32m^2a^2 - 9n^2bf}$$

seu

$$s = -\frac{8ma}{3n}\, l\left(1 - \frac{9n^2bf}{32m^2a^2}\right).$$

Ex quo colligitur arcum s eo esse maiorem, quo factum bf maius fuerit, quam a^2, ceteris paribus. Porro ex velocitate finali, quae est ut $\sqrt{b}$, invenitur totus arcus descensus faciendo $v = 0$. Quo in casu erit

$$c^{\frac{3ns}{8ma}}\sqrt{b} = \frac{4ma}{3n}\left(c^{\frac{3ns}{8ma}} - 1\right)\sqrt{\frac{2}{f}}$$

seu

$$3nc^{\frac{3ns}{8ma}}\sqrt{\tfrac{1}{2}bf} = 4mac^{\frac{3ns}{8ma}} - 4ma\,,$$

unde

$$c^{\frac{3ns}{8ma}} = \frac{4ma}{4ma - 3n\sqrt{\frac{1}{2}bf}}\,.$$

Totus igitur arcus descensus erit

$$= -\frac{8ma}{3n}\, l\left(1 - \frac{3n\sqrt{\frac{1}{2}bf}}{4ma}\right).$$

34. Deinceps, si corpus celeritate descensu acquisita in altera parte eiusdem curvae ascendat (inservit enim ea pars ascensui), invenitur totus arcus ascensus[1])

$$= \frac{8ma}{3n}\, l\left(1 + \frac{3n\sqrt{\frac{1}{2}bf}}{4ma}\right).$$

Si hi logarithmi in series resolvantur, habebitur arcus descensus

$$= 2\sqrt{\tfrac{1}{2}bf} + \frac{3n(\frac{1}{2}bf)}{2\cdot 2ma} + \frac{9nn(\frac{1}{2}bf)^{\frac{3}{2}}}{3\cdot 8m^2aa} + \frac{27n^3(\frac{1}{2}bf)^2}{4\cdot 32m^3a^3} + \text{etc.}$$

Simili modo erit arcus ascensus

$$= 2\sqrt{\tfrac{1}{2}bf} - \frac{3n(\frac{1}{2}bf)}{2\cdot 2ma} + \frac{9n^2(\frac{1}{3}bf)^{\frac{3}{2}}}{3\cdot 8m^2a^2} - \frac{27n^3(\frac{1}{2}bf)^2}{4\cdot 32m^3a^3} + \text{etc.}$$

Ex quibus perspicuum est arcum ascensus esse minorem arcu descensus. Si $\frac{nbf}{ma}$ valde fuerit parvum, harum serierum duos terminos initiales tantum assumere sufficit, et tum differentia inter arcum descensus et ascensus erit $\frac{3nbf}{4ma}$. Cum eorum summa sit $2\sqrt{2bf}$, sunt ergo differentiae q, p, in ratione duplicata summarum.

1) Editio princeps: descensus. Correxit C. B.

35. Haec est igitur tautochrona in medio, quod mobili resistit in ratione duplicata velocitatum. Pro aliis vero medii resistentis hypothesibus, quibus resistentia alii cuidam celeritatis dignitati aut functioni proportionalis ponitur, hac methodo tautochronae inveniri non possunt; non quidem vitio methodi, quasi ea universalis non esset, sed defectu analysis, quod in aliis hypothesibus velocitas non potest exprimi. Persuasus autem sum hanc solam resistentiae hypothesin secundum quadrata celeritatum in rerum natura locum habere. Quanquam enim ex experimentis constat fluida aliam praeter hanc exercere resistentiam a tenacitate eorum ortam, quae velocitati proportionalis esse nonnullis visa est, tamen NEUTONUS in *Princip. Phil. Edit. novissima pag.* 274 potius existimat eam prorsus non a velocitate pendere, verum eam esse uniformem seu in ratione momentorum temporum. Qua fit, ut vires vivae amissae sint, ut spatia percursa, id quod aliis rationibus ex natura huius resistentiae deductis praetermissis ex eo intelligi potest, quod mobile, si resistentiae velocitatibus essent proportionales nunquam ad quietem perveniret, quod tamen tandem accidere experimenta confirmant; si vero insuper resistentia adsit, secundum quam mobile amittit de vi viva in ratione spatiorum descriptorum, tautochronam exhibere in promtu est, eaque facile ex inventa hac formari potest. Ponatur enim tantummodo in aequatione nostra tautochronae inventa loco x haec quantitas $x + gs$, ubi littera g ex quantitate huius resistentiae *a* tenacitate vel frictione orta determinari debet. Quo facto habebitur tautochrona quaesita.

QUOMODO DATA QUACUNQUE CURVA INVENIRI OPORTEAT ALIAM QUAE CUM DATA QUODAMMODO IUNCTA AD TAUTOCHRONISMUM PRODUCENDUM SIT IDONEA

Commentatio 21 indicis Enestroemiani
Commentarii academiae scientiarum Petropolitanae 5 (1730/1), 1738, p. 143–159
Summarium nunc primum e manuscriptis editum

SUMMARIUM

Cum horologiorum perfectio necessarium sit astronomiae requisitum, de perficiendis horologiis multum egerunt tum geometrae tum artifices. Horologium vero nunquam perfectum esse potest, nisi penduli oscillationes sint tautochronae, id est omnes quoad durationem aequales, sive magna sit excursio penduli sive parva. Proposuerat quidam artifex novum oscillationis genus ope trochleae circa centrum mobilis, cui iuncta est lamina filo circumducta in utraque extremitate pondere onusto. Inquisiverat autor (vide Comment. Acad. Imp. Tom. II) in modum eiusmodi oscillationes tautochronas efficiendi. Nunc autem aliud generalius solvit problema; assumtis duabus laminis in unam iunctis et data unius laminae curvatura, invenire curvaturam alterius priori iungendae, ut oscillationes tautochronae fiant. Postquam autem solutionem huius problematis dederat, alterum subiunxit, quo determinantur casus, in quibus ambae curvae unam continuam efficiunt.

1. Meditanti mihi ante quadriennium de curva tautochrona ad Horologium Domini Sullii accommodata, vid. Comm. A. 1727[1]), occurrit aliud quoddam oscillationum genus, quod duabus continetur curvis, et tale est, ut data earum altera, altera semper inveniri possit. Quamobrem quaestio de hoc tautochronismo indeterminata est, et infinitas admittit solutiones. Quae proprietas, quae mihi elegans esse et usum quendam fortasse in praxi habere posse visa est, praetereaque ipsa solutio, quae problematis traiectoriarum reciprocarum similis est solutionis et propter id peculiarem hucusque non multum usitatum solvendi modum requirit, me impulerunt, ut meam metho-

1) Confer commentationem E 6, p. 4 huius voluminis. C. B.

dum ad huiusmodi problemata solvenda admodum idoneam iterum proponerem huicque casui accommodatam traderem.

2. Originem autem duxit praesens problema ex certo quodam oscillandi genere, quod hic ante omnia exponere convenit. Concipio trochleam ABP (Fig. 1) circa axem per centrum eius A transeuntem mobilem. Huic trochleae duae affirmatae sint laminae incurvatae AD, AE, filis circumductae, quae laminas semper deserant, ubi tangentes sunt verticales, ut in D et E, unde verticaliter dependeant tracta a potentiis vi inertiae destitutis, ne vi opus sit ad eas movendas. Sit situs $FDAEG$ status aequilibrii, ducatur ex A verticalis ABC, quae una cum trochlea circa A moveri concipiatur; ita ut machina tum sit in quiete, cum recta ABC fuerit verticalis. Ex hoc igitur iam ratio distantiarum punctorum D et E a recta AC determinatur, si datae fuerint potentiae in F et G applicatae.

Fig. 1

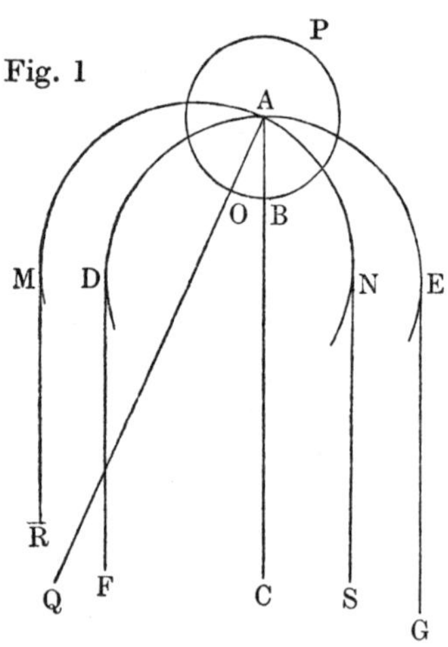

3. Detorqueatur machina ex statu quietis in situm quemvis $RMANS$, ut recta, quae ante fuerat verticalis AC, in situm AQ perveniat, angulo CAQ percurso. Tangent ergo fila MR, NS, a datis potentiis sollicitata laminas in M et N, ut sint verticalia. Ex hoc perspicuum est vim potentiae F in R translatae ad vertendam trochleam esse auctam, alteram vero G in S translatam esse diminutam. Ex quibus consequitur machinam in $RMANS$ positam nequaquam in quiete permanere posse, sed ad situm $FDAEG$, in quo ponitur aequilibrium, perpetuo tendere. Reipsa igitur, cum nihil impediat, in situm aequilibrii feretur; idque motu, quia continuo versus eum pellitur, accelerato: eo igitur situ quiescere non poterit, sed ex eo in contrariam plagam excurret, et ita perpetuo oscillationes peraget.

4. Machina hac descripta, hoc est, quod mihi proposui, problema. *Quomodo laminae AD, AE sint incurvandae, ut oscillationes reddantur isochronae, seu ut omnes eodem tempore absolvantur.* Manifestum est problema praesens ex eorum esse numero, quae indeterminata appellantur, propter duas curvas AD et AE determinandas, quarum una tantummodo ex conditione problematis determinatur. Problema igitur tale est, ut data harum curvarum altera, altera inveniri possit. Erunt deinde sine dubio casus, quibus hae duae curvae sunt inter se aequales et similes. Quamobrem hanc quaestionem bipar-

titam propono, unde duplex nascitur solutio. Primo nempe methodum tradam, *qua data altera curvarum altera inveniri queat;* deinceps, *quomodo ii eruendi sint casus, quibus ambae curvae sint inter se aequales et similes.*

5. Ad solutionem harum quaestionum animum attendere convenit ad duo puncta curvarum AD et AE homologa, quae mihi sunt ea, in quibus simul laminae a filis tanguntur, ut D et E, item M et N. Horum punctorum haec est mutua relatio, ut dispositis curvis ad communem debitumque axem AQ, tangentes in iis punctis sint parallelae ut MR, NS. In ipso statu aequilibrii $FDAEG$ sunt eae tangentes ipsi axi parallelae, in aliis positionibus non item, sed faciunt cum axe angulum; ex quo *angulus declinationis* CAQ, seu qui metitur distantiam situs machinae a statu quietis, cognosci poterit, sunt enim inter se aequales. Quia enim NS parallela est AC, erit angulus, quem SN producta cum axe QA constituit, aequalis angulo CAQ.

6. Ut hoc diligentius persequar, sint AM et AN duae curvae quaesitae (Fig. 2), quarum axis communis sit AC. Capiantur in iis duo puncta homologa M et N, erunt tangentes MR, NS inter se parallelae. Ducantur applicatae MP, NQ, erit summa angulorum $PMR + QNS$ aequalis duobus rectis. Sive ducantur normales MT, NV in curvas, erunt anguli PMT, QNV inter se aequales. Sed quia subnormales PT, QV ad contrarias plagas diriguntur, erit angulorum PMT, QNV, alter alterius negativus. Porro cum anguli tangentium cum axe AC sint aequales angulis PMT, QNV, sequitur angulum declinationis machinae aequalem esse alterutri angulorum normalibus et applicatis contentorum.

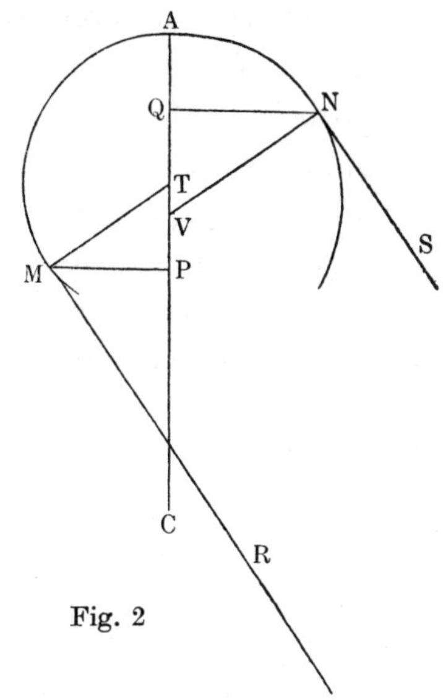

Fig. 2

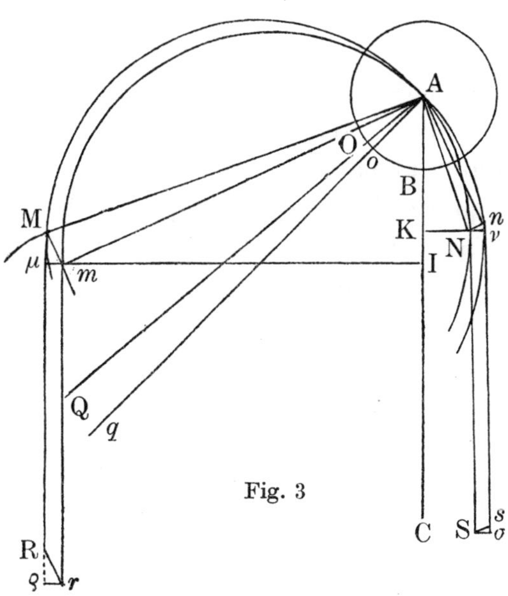

Fig. 3

7. His expositis ad ipsius machinae motum me converto. Peragat trochlea ABO (Fig. 3) oscillationes, et dum ad statum naturalem tendit, pervenerit in situm $RMANS$, et axis in AQ, distans a verticali AC angulo CAQ, seu BAO.

Insit in puncto O velocitas ex altitudine v oriunda, qua circumferentia trochleae convertitur. Sit pondus trochleae $= P$, erit vis viva, quae inest in trochlea, si ea fuerit ubique aequaliter crassa et gravis, $= \frac{1}{2}Pv$. Nam si omnes trochleae partes eadem velocitate ex altitudine v acquisita moverentur, tum foret vis viva $= Pv$. Cum autem partes, quo centro sint propinquiores, eo tardius moveantur, vis viva dimidio fit minor, ut computum instituenti liquebit.

8. Progrediatur puncto temporis machina in situm $rmAns$, axisque AQ in Aq, ut ergo angulo OAo angulus declinationis diminuatur. Punctum igitur M perveniet in m, et N in n, eritque angulus $OAo = MAm = NAn$ propter uniformem totius machinae motum angularem. Interim potentia in R applicata descendit in r, at altera in S ascendit in s; eritque ob $MR = mr$, lineola Rr parallela et aequalis lineolae Mm. Et simili modo Ss parallela erit et aequalis elemento Nn. Ducantur horizontales, $r\varrho$, $S\sigma$ nec non $m\mu$, $N\nu$, quae producantur in I et K ad verticalem AC usque. Transitu hoc per Oo aucta erit velocitas circumferentiae trochleae, ut sit nunc = velocitati ex altitudine $v + dv$ acquisitae. Unde vis viva trochleae in praesenti situ est $= \frac{1}{2}P(v + dv)$.

9. Absoluto ergo angulo OAo, vis viva trochleae aucta est elemento $\frac{1}{2}Pdv$, quod incrementum ortum suum debet potentiis in R et S applicatis. Quamobrem investigabo, quanta hac temporis particula ab his potentiis genita sit vis viva. Sit pondus potentiae in R aequivalens $= R$, pondus potentiae in S aequivalens $= S$. Perspicuum est a potentia R descensu per $R\varrho$, genitam esse vim vivam $R\cdot R\varrho$ seu $R\cdot M\mu$. At vero a potentia S propter ascensum per σs destructa est vis viva $S\cdot s\sigma$ seu $S\cdot n\nu$. His coniunctis generata habebitur vis viva $= R\cdot M\mu - S\cdot n\nu$. Huic vi genitae aequale esse debet incrementum reipsa deprehensum $\frac{1}{2}Pdv$. Quocirca haec acquiritur aequatio

$$\tfrac{1}{2}Pdv = R\cdot M\mu - S\cdot n\nu \ .$$

10. Propter triangula similia $Mm\mu$, mAI et $Nn\nu$, ANK, erit

$$M\mu = mI\cdot Mm : Am \quad \text{et} \quad n\nu = NK\cdot Nn : AN \ .$$

Est autem

$$Mm : Am = Oo : AO \ .$$

Ergo

$$M\mu = mI\cdot Oo : AO \quad \text{et} \quad n\nu = NK\cdot Oo : AO \ .$$

Propterea haec emergit aequatio

$$\tfrac{1}{2}P\cdot AO\cdot dv = R\cdot mI\cdot Oo - S\cdot NK\cdot Oo\ .$$

Est vero

$$Oo : AO = \text{ang.}\ OAo\ ,$$

ergo

$$\tfrac{1}{2}P\cdot dv = (R\cdot mI - S\cdot NK)OAo\ .$$

Hic autem angulus OAo est elementum anguli BAO, qui aequalis est angulo, quem applicata curvae AM vel AN in axem AQ ducta cum normali in curvam constituit. Huius igitur anguli elementum aequatur elemento OAo. Ex quo apparet elementum dv in quantitatibus ex curvis datis exprimi, neque lineas utriusque curvae inter se esse permixtas. Datis itaque curvis laminarum hoc modo motus trochleae invenietur, et inde oscillationes, de quibus iudicari poterit, utrum sint isochronae, an secus.

11. Consideremus nunc eam conditionem, qua oscillationes trochleae isochronae esse debent. Accipiamus in circumferentia trochleae punctum, quod in infimo loco stat machina quiescente, id quod est punctum O. Necesse ergo est, ut et hoc punctum oscillationes isochronas conficiat, seu ut aequalibus temporibus, ubicunque motum inchoaverit, ad infimum punctum B perveniat. Ad hoc oportet, ut accelerationes puncti O versus B sint ut viae describendae, donec ad B perveniant, id est, ut anguli OAB. Ex quo fluit fore dv ut $BO\cdot Oo$, pono autem $adv = BO\cdot Oo$.

12. Valore hoc loco dv in superiore aequatione substituto, haec provenit aequatio

$$\tfrac{1}{2}P\cdot AO\cdot BO\cdot Oo = R\cdot a\cdot mI\cdot Oo - S\cdot a\cdot NK\cdot Oo\ .$$

Dividatur per Oo et multiplicetur per 2, orietur

$$P\cdot AO\cdot BO = 2R\cdot a\cdot mI - 2S\cdot a\cdot NK\ .$$

Quae a differentialibus quantitatibus prorsus est libera. Mutetur paululum constans eritque

$$P\cdot b\cdot BAO = R\cdot mI - S\cdot NK\ .$$

Potest autem angulum BAO in ipsis curvis AM, AN exhiberi et quantitatibus ad eas pertinentibus exprimi. Unde sequitur aequationem inventam sufficere ad problema solvendum.

13. Quod aequatio primum differentialis inventa sit, ea vero divisione facta per quantitatem differentialem ad integralem sit reducta, id indicat

sine differentialibus statim ad inventam algebraicam aequationem perveniri posse sequenti modo multum breviore et faciliore. Momentum potentiae R ad trochleam convertendam est $R\cdot mI$, alterius potentiae S est $S\cdot NK$. Quia hoc illi contrarium est atque minuit, trochlea ab O ad B sollicitatur a vi $R\cdot mI - S\cdot NK$, huicque vi proportionalis est acceleratio, quae, ut oscillationes sint isochronae, debet esse ut via describenda, id est ut BO vel BAO vel quoque ut $P\cdot b\cdot BAO$, cui aequalis poni potest, eritque ut supra

$$P\cdot b\cdot BAO = R\cdot mI - S\cdot NK \ .$$

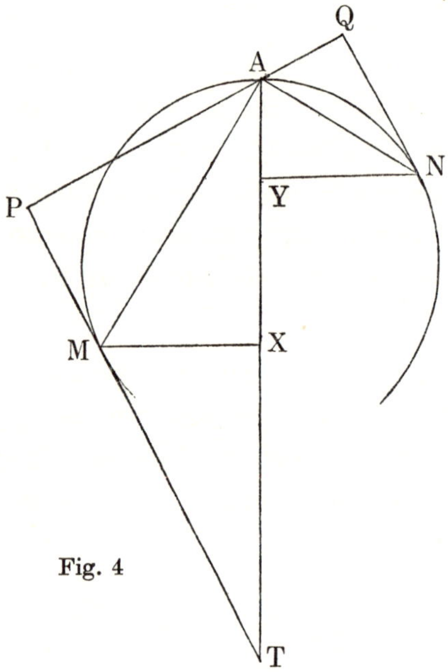

Fig. 4

14. Sunt vero mI, NK perpendicula ex A in tangentes et BAO aequatur angulo, quem tangentes cum axe constituunt. Facta igitur applicatione ad sequentem figuram (Fig. 4) reperitur haec aequatio

$$P\cdot b\cdot ATM = R\cdot AP - S\cdot AQ \ .$$

Sumatur eius differentialis

$$P\cdot b\cdot dATM = R\cdot dAP - S\cdot dAQ \ .$$

Est vero $d\cdot ATM =$ angulo, quem duo elementa curvae proxima inter se constituunt, idcirco $=$ angulo a duobus normalibus infinite propinquis intercepto, qui habetur elemento curvae per radium osculi diviso; qui quotus in utraque curva idem esse debet propter tangentes parallelas, in altera vero negativus esse debet eius, qui in altera accipitur. Hanc ob rem pono

$$AM = y, AP = p, PM = \sqrt{(yy - pp)} = q \ ,$$

atque

$$AN = z, AQ = r, QN = \sqrt{(zz - rr)} = s \ .$$

Erit radius osculi ibi $= ydy : dp$, hic vero $= zdz : dr$. Deinde elementum curvae in illa $= ydy : q$, in hac $= zdz : s$; ut ergo elementum anguli ATM sit ex illa curva $= dp : q$, ex hac $= dr : s$. Oportet vero esse

$$dp : q = - dr : s \ .$$

15. His valoribus substitutis, proveniet haec aequatio

$$Pbdp : q = Rdp - Sdr \ .$$

Est vero

$$-dr:s = dp:q\ ,$$

unde $dr = -sdp:q$, quo substituto aequatio resultans

$$Pbdp:q = Rdp + Ssdp:q$$

dividi poterit per dp, quo facto et multiplicato per q habebitur ista aequatio

$$Pb = Rq + Ss\ .$$

Ex qua haec fluit proprietas curvarum quaesitarum, ut summa $R\cdot PM + S\cdot QN$ semper sit constans sumtis tangentibus parallelis. Habentur ergo duae hae aequationes $Pb = Rq + Ss$ et $sdp + qdr = 0$. Ex quibus iunctis problemati facile satisfiet.

16. Applicemus haec ad axem AT. Ducantur applicatae MX, NY sitque $AX = x$, $XM = y$ et $AY = v$, $YN = z$. Erit

$$PM = q = \frac{xdx + ydy}{\sqrt{(dx^2 + dy^2)}}$$

et

$$QN = s = \frac{vdv + zdz}{\sqrt{(dv^2 + dz^2)}}\ .$$

Atque ob tangentes PM, QN inter se parallelas erit

$$dx:dy = dv:-dz \quad \text{seu} \quad dz = -dvdy:dx\ .$$

Superior vero aequatio $Pb = Rq + Ss$ transmutabitur in hanc

$$Pb = R(xdx + ydy):\sqrt{(dx^2 + dy^2)} + S(vdv + zdz):\sqrt{(dv^2 + dz^2)};$$

substituatur loco dz, $-dvdy:dx$, erit

$$Pb = R(xdx + ydy):\sqrt{(dx^2 + dy^2)} + S(vdx - zdy):\sqrt{(dx^2 + dy^2)}\ .$$

Unde elicietur

$$z = vdx:dy + (R(xdx + ydy) - Pb\sqrt{(dx^2 + dy^2)}):Sdy\ .$$

Vocetur $dx:dy = \xi$ et

$$(R(xdx + ydy) - Pb\sqrt{(dx^2 + dy^2)}):Sdy = B\ ,$$

erit $z = \xi v + B$, unde

$$dz = \xi dv + vd\xi + dB = -dvdy:dx = -dv:\xi\ .$$

Consequenter

$$dv + \xi\xi dv + v\,\xi d\xi + \xi dB = 0\,;$$

dividatur per $\sqrt{(1+\xi\xi)}$, erit

$$dv\sqrt{(1+\xi\xi)} + v\,\xi d\xi : \sqrt{(1+\xi\xi)} + \xi dB : \sqrt{(1+\xi\xi)} = 0\ .$$

Quae integrata dat

$$v\sqrt{(1+\xi\xi)} + \int \xi dB : \sqrt{(1+\xi\xi)} = C\ .$$

Quocirco erit

$$v = \frac{C - \int \xi dB : \sqrt{(1+\xi\xi)}}{\sqrt{(1+\xi\xi)}}$$

ac

$$z = \frac{C\xi + B\sqrt{(1+\xi\xi)} - \xi \int \xi dB : \sqrt{(1+\xi\xi)}}{\sqrt{(1+\xi\xi)}}\ .$$

17. Est autem substituto loco B valore debito nempe

$$(R(x\xi + y) - Pb\sqrt{(1+\xi\xi)}) : S\ ,$$

$$\int \xi dB : \sqrt{(1+\xi\xi)} = Rx\sqrt{(1+\xi\xi)} : S - \frac{Pb}{S}\int \frac{\xi\xi d\xi}{1+\xi\xi}\ .$$

Unde fit

$$v = \frac{CS - Rx\sqrt{(1+\xi\xi)} + Pb\int \xi\xi d\xi : (1+\xi\xi)}{S\sqrt{(1+\xi\xi)}}$$

atque

$$z = \frac{CS\xi + Ry\sqrt{(1+\xi\xi)} + Pb\xi \int d\xi : \xi\xi(1+\xi\xi)}{S\sqrt{(1+\xi\xi)}}\ .$$

Data ergo curva alterutra AN, seu aequatione inter v et z, si in ea loco v et z valores inventi substituantur, habebitur aequatio inter y et x, seu altera curva. Sed si ad commoditatem constructionis attendamus, detur curva AM seu aequatio inter x et y et invenietur ex dato quovis puncto M eius homologum N, propter AY et YN, quae per quadraturas facile determinantur. Perspicuum vero est alteram curvam ex altera construi ope quadraturae circuli et ideo utramque non posse esse algebraicam.

18. Si habeatur pro alterutra curva aequatio inter perpendiculum in tangentem et ipsam tangentem, totum negotium multo facilius expedietur. Positis enim $AP = p$, $Pm = q$ et $AQ = r$, $QN = s$, erit per paragraphum 15 $Pb = Rq + Ss$ atque $sdp + qdr = 0$, unde elicitur $s = (Pb - Rq) : S$ atque

$$dr = -\,sdp : q = -\,dp(Pb - Rq) : Sq\ .$$

Data ergo aequatione inter p et q, inde invenietur aequatio inter s et r. Seu facilius si habeatur aequatio inter r et s, substituantur pro s et r valores in p et q, prodibitque aequatio inter p et q. Data ergo alterutra harum curvarum, altera facile reperitur.

19. Illustremus hanc regulam exemplis nonnullis. Sit altera curva AN circulus, cuius peripheria per A transit, sit eius radius $= a$. Erit

$$rr - 2ar + ss = 0$$

seu

$$r = a + \sqrt{(aa - ss)}$$

indeque

$$dr = -sds : \sqrt{(aa - ss)} \ .$$

Ponatur loco dr,

$$-dp(Pb - Rq) : Sq$$

et loco s, $(Pb - Rq) : S$, ergo loco ds, $-Rdq : S$, proveniet haec aequatio

$$dp = -Rqdq : \sqrt{(SSaa - (Pb - Rq)^2)} \ .$$

Quae aequatio exprimit naturam alterius curvae, et quia est separata, per quadraturas construi potest. Quum hoc modo inveniantur puncta homologa, poterit altera utcunque applicata respectu axis AT, altera quoque applicari, hoc observato, ut tangentes in punctis homologis unico tantum in casu sint parallelae; perspicuum ergo est easdem curvas infinitis modis applicatas satisfacere posse.

20. Sit altera curva AN rursus circulus, centrum in A habens, erit r constans et $s = 0$, unde $q = Pb : R$, adeoque constans. Est igitur ob hanc proprietatem curva quaesita nata ex evolutione circuli, idque talis, cuius radius est $Pb : R$. Modus vero huius applicandae hic est, ut centrum circuli generatoris ponatur super centro trochleae A. Quod haec curva talis esse debeat, ex Dissertatione *de novo quodam tautochronarum genere* in Comm. A. 1727 inserta colligi potest[1]). Cum enim altera curva AN sit circulus centrum in A habens, pondus seu potentia S in quovis situ eundem exerit effectum, ut ergo altera curva sola tautochronismum producere debeat. Qui cum sit ille casus citatus, necesse est, ut curva quaesita eadem sit, ut ibi, genita ex evolutione circuli.

21. Progredior iam ad alterum problematis casum, et investigo casus, quibus ambae curvae sint inter se eaedem et circa axem similiter applicatae.

1) Confer commentationem E 6, p. 4 huius voluminis. C. B.

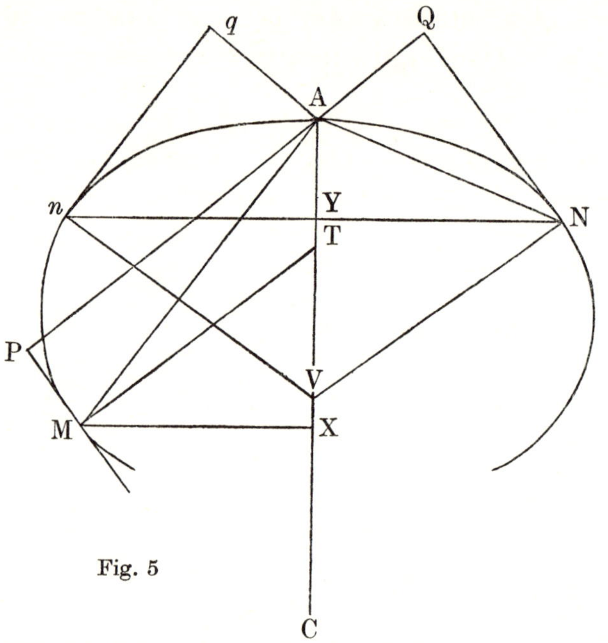

Fig. 5

Sint ergo curvae AM, AN (Fig. 5) eaedem circa axem AC similiter positae. Oportet invenire talem aequationem inter coordinatas AX, x et XM, y, ut posito in ea $x = AY$, v, fiat $y = NY = z$. Ad hoc efficiendum duas hasce proprietates inventas considero; primo, ut ductis normalibus MT et NV seu nV, sit angulus

$$XMT = YNV = YnV;$$

deinde ut sit

$$Pb = R \cdot PM + S \cdot QN \ .$$

Sed quia curvae sunt aequales et similiter applicatae, necesse est, ut sit $R = S$, ponatur autem $Pb : R = 2c$, erit altera proprietas hac aequatione contenta

$$PM + QN = 2c \quad \text{seu} \quad PM + qn = 2c \ .$$

22. Huc ergo problema est reductum, ut inveniatur curva AnM talis, ut, si in ea accipiantur duo puncta M et n, ex quibus normales MT et nV ductae cum applicatis MX, nY angulos constituant, alterum alterius negativum, seu quae se mutuo ad angulos rectos intersecent; ductis deinde tangentibus MP et nq in easque demissis ex A perpendiculis AP, Aq, ut, inquam, sit summa $PM + nq$ constans seu aequalis $2c$. Quamobrem quaero aequationem inter tangentem PM et angulum XMT, seu quantitatem inde pendentem, quae facto angulo negativo, ipsa quoque negativa evadat, talem, ut, si loco anguli XMT, seu quantitatis vicem eius gerentis eius negativum ponatur, PM transmutetur in aliam, quae cum PM efficiat summam $2c$.

23. Cum sinus anguli cuiusvis, facto angulo negativo, abeat in sui negativum, loco anguli adhibeo eius sinum, sit igitur sinus anguli $XMT = \xi$ et tangens $PM = q$, requiritur aequatio inter ξ et q, in qua, loco ξ posito $-\xi$, q abeat in s, ut sit $q + s = 2c$. Hanc ob rationem pono $q = c + Q$, designante Q functionem quamcunque imparem ipsius ξ, facto enim ξ negativo

et Q abibit in $-Q$, ut ergo sit $s = c - Q$, summa igitur $q + s$ erit $= 2c$, ut requirebatur.

24. Inventa autem aequatione inter q et ξ, oportet ex ea aequationem invenire inter coordinatas AX, XM seu inter x et y; id quod sequenti modo efficietur. Si $AX = x$ et $XM = y$, erit sinus anguli

$$XMT = dy : \sqrt{(dx^2 + dy^2)} ,$$

et tangens

$$MP = (xdx + ydy) : \sqrt{(dx^2 + dy^2)} .$$

Erit itaque

$$\xi = dy : \sqrt{(dx^2 + dy^2)}$$

et

$$q = (xdx + ydy) : \sqrt{(dx^2 + dy^2)} .$$

His igitur valoribus in aequatione inter ξ et q substitutis, resultabit nova aequatio inter x et y, ex qua curva qualis sit cognoscetur. Ponatur vero $dy = pdx$, erit

$$\xi = p : \sqrt{(1 + pp)} ,$$

unde patet ξ abire in negativum, si p fiat negativum. Quamobrem loco Q poni potest functio quaecunque impar ipsius p et erit

$$q = (xdx + ydy) : \sqrt{(dx^2 + dy^2)} = c + Q ,$$

seu

$$(x + py) : \sqrt{(1 + pp)} = c + Q .$$

25. Aequatio ergo inter x et y pro curva quaesita talis esse debet, ut posito $dy : dx = p$, sit

$$(x + py) : \sqrt{(1 + pp)} = c + Q$$

denotante Q functionem imparem ipsius p, sive cum et $Q\sqrt{(1 + pp)}$, ob $\sqrt{(1 + pp)}$ functionem parem ipsius p, sit functio impar, scribatur loco $Q\sqrt{(1 + pp)}$ solum Q, et erit

$$x + py = c\sqrt{(1 + pp)} + Q .$$

Substituendis igitur loco Q determinatis functionibus ipsius p, et deinde loco p eius valore $dy : dx$, habebuntur aequationes, quas non nisi x et y cum suis differentialibus et constantibus ingrediuntur.

Fig. 6

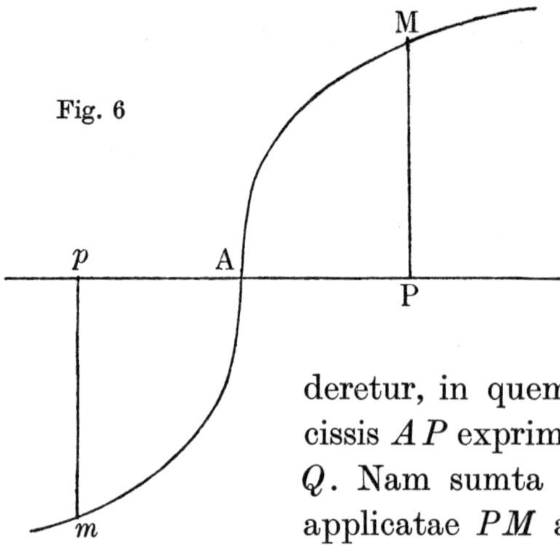

26. Relatio, quam Q et p inter se habere debent, optime exprimetur curva MAm (Fig. 6), quae circa punctum A habet arcus similes et aequales contrarie positos, ut ex inspectione palam est. Si enim per punctum A, quod tanquam centrum est figurae, ducatur recta Pp eaque tanquam axis consideretur, in quem demittantur applicatae PM. Dico abscissis AP exprimentibus p, applicatas PM designare posse Q. Nam sumta AP negativa ut Ap, applicata pm erit applicatae PM aequalis, eiusque negativa, ut ergo quantitas applicatam PM exprimens sit functio ipsius p impar, et propterea Q exhibere possit.

27. Quaeritur nunc, quomodo ex curva hac data inveniri et construi possit curva quaesita coordinatis orthogonalibus x et y contenta; seu quomodo ex p et Q datis inveniri et construi possint x et y. Id quod sequenti modo efficietur. Cum sit

$$x + py = c\sqrt{(1 + pp)} + Q ,$$

erit

$$dx + pdy + ydp = cpdp : \sqrt{(1 + pp)} + dQ .$$

Quia vero est $dy = pdx$, erit $dx = dy : p$; unde

$$dy(1 + pp) + ypdp = cppdp : \sqrt{(1 + pp)} + pdQ .$$

Dividatur per $\sqrt{(1 + pp)}$ et habebitur

$$dy\sqrt{(1 + pp)} + ypdp : \sqrt{(1 + pp)} = cppdp : (1 + pp) + pdQ : \sqrt{(1 + pp)} .$$

Quae integrata dat

$$y\sqrt{(1 + pp)} = c \int ppdp : (1 + pp) + \int pdQ : \sqrt{(1 + pp)} .$$

Quamobrem erit

$$y = \frac{cp - c\int dp : (1 + pp) + \int pdQ : \sqrt{(1 + pp)}}{\sqrt{(1 + pp)}} .$$

Quoniam vero est

$$x = Q + c\sqrt{(1 + pp)} - py ,$$

erit

$$x = \frac{c + cp\int dp : (1 + pp) + Q\sqrt{(1 + pp)} - p\int pdQ : \sqrt{(1 + pp)}}{\sqrt{(1 + pp)}} .$$

Ex quibus constat et x et y in meris p et Q dari et consequenter curvam quaesitam ex data MAm construi posse.

28. Ut exempla habeamus huiusmodi curvarum tautochronarum, pono $Q = ap$, erit

$$x + py = c\sqrt{(1 + pp)} + ap \ .$$

Unde, facto $y - a = z$, fiet

$$xx + 2pxz + ppzz = cc + ccpp \ ,$$

ergo

$$pp = \frac{2pxz + xx - cc}{cc - zz} \ ,$$

consequenter

$$p = \frac{xz \pm c\sqrt{(xx + zz - cc)}}{cc - zz} = dy : dx = dz : dx \ ,$$

sive

$$ccdz - zzdz - xzdx = cdx\sqrt{(xx + zz - cc)} \ .$$

Hanc aequationem, etsi ad rationalitatem reductam, nullo modo neque separare neque integrare potui, id quod mihi magnopere mirum videtur, cum, uti perspicuum est, curva nihilominus construi possit. Est enim

$$y = \frac{cp + a\sqrt{(1 + pp)} - c\int dp\!:\!(1 + pp)}{\sqrt{(1 + pp)}}$$

seu

$$z = \frac{cp - c\int dp\!:\!(1 + pp)}{\sqrt{(1 + pp)}}$$

et

$$x = \frac{c + cp\int dp\!:\!(1 + pp)}{\sqrt{(1 + pp)}} \ .$$

Aequatio ergo inventa construibilis est, quanquam consuetis modis reducendi nequaquam separari vel integrari possit. Non dubito, quin ex facie constructionis huius aequationis cognita multa praeclara de aliis aequationibus inseparabilibus inveniri queant.

29. Modum hunc ad aequationes separatu tam difficiles perveniendi conferens cum schediasmate Celeberrimi HERMANNI actorum Tomo II inserto, pag. 188[1]), quo methodum tradit infinitas aequationes differentiales construendi, deprehendi Virum Celeberrimum ope similis aequationis ei, ex qua nostrae aequationes deducuntur, quam vocat Canonicam, ad eiusmodi aequa-

1) I. HERMANN. *De constructione aequationum differentialium primi gradus per viam separationis indeterminatarum*, Comment. acad. scient. Petrop. 2, (1727), 1729, p. 188–199. C. B.

tiones pervenisse. Ea igitur methodo omnes aequationes, quae nostro problemati satisfaciunt, quaeque forte cuiquam prorsus inseparabiles videri queant, construi poterunt. Et sane HERMANNUS, cum aequationem paragraphi 28 eo communicassem, eam statim ope methodi suae separavit, eandemque constructionem invenit, quam ego a posteriori cognitam hic apposui. Dubitari itaque nequit, quin Vir Celeberrimus plurium aequationum, quae adhuc inseparabiles habitae sunt, separationem sit daturus.

SOLUTIO SINGULARIS CASUS CIRCA TAUTOCHRONISMUM

Commentatio 24 indicis ENESTROEMIANI
Commentarii academiae scientiarum Petropolitanae 6 (1732/3), 1738, p. 28–36
Summarium nunc primum e manuscriptis editum

SUMMARIUM

Post multum EULERI laborem circa lineas tautochronas, unum restabat problema perdifficile a celeberrimo BERNOULLIO propositum, cuius solutio hic exhibetur. Est autem problema tale. Data supponitur curva quaecunque in plano verticali descripta, huic adiungere alteram curvam eius proprietatis, ut corpus grave per has curvas coniunctas descendens aequalibus temporibus ad imum curvae datae punctum descendat, sive maior sit arcus curvae percursae sive minor. Huius problematis quidem maxime generalem invenit solutionem celeberrimus Auctor, ex applicatione autem calculi ad casus speciales, ubi prior curva data est, cognoscitur, quod etiam ante notum erat, solae cycloidis arcus proprietatem tautochronismi quoad descensum habere.

1. Cum ante annos tres Clarissimus BERNOULLI methodum innumeras curvas tautochronas in vacuo inveniendi proponeret, mentionem fecit problematis non parum elegantis, cuius solutionem hac scheda daturus sum[1]). Difficillimum quidem eo tempore videbatur hoc problema, et propterea parum studii ad id solvendum impendebam. Postmodum vero, cum diligentius in tautochronas pro fluidis inquisivissem, universalem detexi methodum problemata huiusmodi omnia solvendi, quae etiam me ad solutionem problematis illius manuduxit.

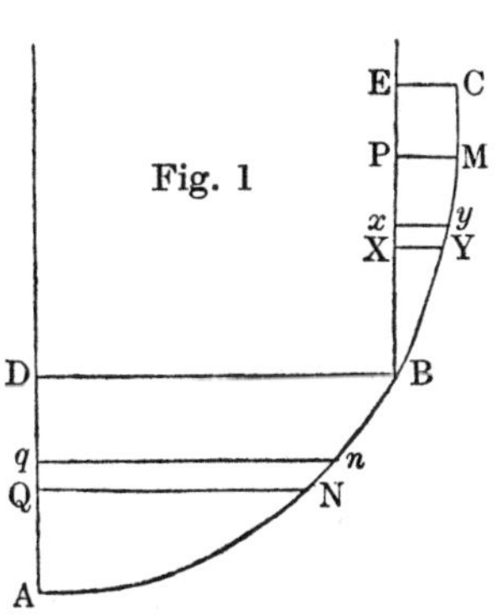

Fig. 1

2. Problema autem hoc est: *Datae curvae ANB in B* (Fig. 1) *adiungere curvam BMC eius proprietatis, ut omnes descensus gravis alicubi in curva BMC incipientes*

1) Confer praefationem. C. B.

usque ad imum punctum A fiant temporibus aequalibus. Oportet ergo inveniri curvam BMC, ex hac conditione, ut sumto in curva BMC pro lubitu puncto M tempus descensus per $MBNA$ sit constans, neque pendeat a loco puncti M. Seu tempus descensus per $MBNA$ aequale esse debet tempori descensus per curvam datam BNA; qui est casus incidente puncto M in B.

3. Descendat ergo corpus ex puncto M, et quaeramus descensus tempus per arcum MB et BMA. Ducta verticali BP, ponatur $BP = a$, quae igitur littera, quia locum puncti M definit, in expressione temporis per MBA inesse non potest. Curvae datae altitudo AD sit $= c$. Assumantur in utraque curva applicatae quaecunque QN et XY iisque proximae qn et xy. Dicantur $AQ = t$, $AN = r$ et $BX = x$, $BY = s$; quarum inter t et r aequatio est data, inter x et s desideratur. Celeritas, quam corpus in N habebit, est

$$\sqrt{(a + c - t)} = \sqrt{(PB + DQ)}\ .$$

Adeoque tempus, quo arcus AN absolvitur, est

$$= \int \frac{dr}{\sqrt{(a + c - t)}}\ .$$

Quod integrale ita debet accipi, ut fiat $= 0$, si sit $t = 0$.

4. Deinceps, si ponatur $t = c$, habebitur tempus per integram curvam datam BNA, quod igitur erit expositum formula ex a et constantibus composita. Nonnullos computavi casus speciales et vidi tempus descensus per curvam BNA, initio descensus posito in M, semper exponi posse sequente serie

$$k - \alpha a - \beta a^2 - \gamma a^3 - \delta a^4 - \text{etc.} - \zeta\sqrt{a} - \eta a\sqrt{a} - \vartheta a^2\sqrt{a} - \text{etc.}\ ,$$

cuius in quolibet casu speciali coefficientes α, β etc. et k poterunt determinari. Hoc tempus igitur, additum ad descensus tempus per MB, constans esse debet: atque ut in summa omnes termini littera a affecti sese tollant, necesse est.

5. Ad tempus descensus per curvam MB inveniendum, est celeritas in $Y = \sqrt{(a - x)}$ et elementum temporis $= ds : \sqrt{(a - x)}$. Huius integrale ita assumtum, ut fiat $= 0$, si $x = 0$, dabit tempus descensus per YB, in quo ergo si ponatur $x = a$, prodibit descensus tempus per MB, quod cum priore constantem quantitatem ab a liberam conficere debet. Si punctum M incidit in punctum B, i. e. si a evanescit, integrum tempus descensus erit tempus descensus per curvam BMA, quod ex superiore formula evadit $= k$. Hanc ob rem etiam tempus descensus per $MBNA$ debet esse $= k$. Proinde tempus

per MB debebit esse

$$= \alpha a + \beta a^2 + \gamma a^3 + \text{etc.} + \zeta\sqrt{a} + \eta a\sqrt{a} + \vartheta a^2\sqrt{a} + \text{etc.}$$

6. Hoc ut fiat, assumo pro curva quaesita sequentem aequationem

$$ds = A\,dx\sqrt{x} + Bx\,dx\sqrt{x} + Cx^2dx\sqrt{x} + \text{etc.}$$
$$+ E\,dx + Fx\,dx + Gx^2dx + \text{etc.}$$

Tempus ergo descensus per arcum MB erit

$$= \int\frac{A\,dx\sqrt{x}}{\sqrt{(a-x)}} + \int\frac{Bx\,dx\sqrt{x}}{\sqrt{(a-x)}} + \int\frac{Cx^2dx\sqrt{x}}{\sqrt{(a-x)}} + \text{etc.}$$
$$+ \int\frac{E\,dx}{\sqrt{(a-x)}} + \int\frac{Fx\,dx}{\sqrt{(a-x)}} + \int\frac{Gx^2dx}{\sqrt{(a-x)}} + \text{etc.}$$

scilicet si, integralibus his ita sumtis, ut fiant $=0$, si $x=0$, ponatur ubique $x=a$. Determinentur ergo coefficientes A, B, C etc. ita, ut sint

$$\int\frac{A\,dx\sqrt{x}}{\sqrt{(a-x)}} = \alpha a,\quad \int\frac{Bx\,dx\sqrt{x}}{\sqrt{(a-x)}} = \beta a^2,\quad \int\frac{Cx^2dx\sqrt{x}}{\sqrt{(a-x)}} = \gamma a^3 \text{ etc.}$$

et

$$\int\frac{E\,dx}{\sqrt{(a-x)}} = \zeta\sqrt{a},\quad \int\frac{Fx\,dx}{\sqrt{(a-x)}} = \eta a\sqrt{a},\quad \int\frac{Gx^2dx}{\sqrt{(a-x)}} = \vartheta a^2\sqrt{a} \text{ etc.}$$

Assumsi vero istum loco ds valorem, ut litterae A, B, C etc. non ab a pendentes determinentur.

7. Integratio huius $\frac{A\,dx\sqrt{x}}{\sqrt{(a-x)}}$ pendet a quadratura circuli; at si ope logarithmorum imaginariorum integretur, ut decet, atque ponatur $x=a$, prodibit

$$\tfrac{1}{2}Aa\sqrt{-1}\cdot l-1\,,$$

quod aequale esse debet αa; fit ergo

$$A = \frac{2\cdot\alpha}{1\cdot\sqrt{-1}\cdot l-1}\,.$$

Simili modo, $\frac{Bx\,dx\sqrt{x}}{\sqrt{(a-x)}}$ integratum dabit

$$\frac{1\cdot 3}{2\cdot 4}B\cdot a^2\sqrt{-1}\cdot l-1 = \beta a^2\,,$$

fit igitur

$$B = \frac{2\cdot 4\cdot\beta}{1\cdot 3\sqrt{-1}\cdot l-1}\,.$$

Atque porro prodibit

$$C = \frac{2\cdot 4\cdot 6\cdot \gamma}{1\cdot 3\cdot 5\cdot \sqrt{-1}\cdot l - 1} \quad \text{et} \quad D = \frac{2\cdot 4\cdot 6\cdot 8\cdot \delta}{1\cdot 3\cdot 5\cdot 7\cdot \sqrt{-1}\cdot l - 1} \text{ etc.}$$

Datis ergo α, β, γ, δ etc., quae ex curva BNA nota inveniuntur, determinantur coefficientes pro curva quaesita A, B, C, D etc.

8. Pro altera parte, quae est rationalis, esse debet

$$\int \frac{E dx}{\sqrt{(a-x)}} = \zeta \sqrt{a}\,;$$

fit autem

$$\int \frac{E dx}{\sqrt{(a-x)}} = 2E\sqrt{a}\,,$$

ex quo prodit $E = \frac{\zeta}{2}$. Deinde

$$\int \frac{F x dx}{\sqrt{(a-x)}} \quad \text{fit} \quad = \tfrac{2}{3}\cdot 2Fa\sqrt{a}\,,$$

idque aequari debet huic $\eta a\sqrt{a}$, reperitur ergo $F = \frac{3\cdot\eta}{2\cdot 2}$, similiter proveniet

$$G = \frac{3\cdot 5\cdot \vartheta}{2\cdot 4\cdot 2} \quad \text{atque} \quad H = \frac{3\cdot 5\cdot 7\cdot \iota}{2\cdot 4\cdot 6\cdot 2} \quad \text{et ita porro.}$$

Hac igitur ratione determinatis A, B, C, D etc. cognita erit aequatio pro curva quaesita

$$\begin{aligned} ds = {} & A dx\sqrt{x} + B x dx\sqrt{x} + C x^2 dx\sqrt{x} + \text{etc.} \\ & + E dx + F x dx + G x^2 dx + \text{etc.} \end{aligned}$$

Quae quanquam in infinitum plerumque continuetur, tamen fieri potest, ut saepe eius summa possit definiri, sicque inveniatur aequatio finita pro curva quaesita.

9. Sit ANB linea recta ad horizontem inclinata, ita ut sit

$$AN : AQ = n : 1 \quad \text{seu} \quad r = nt \quad \text{et} \quad dr = n dt\,.$$

Ex quo fit

$$\int \frac{dr}{\sqrt{(a+c-t)}} = \int \frac{n dt}{\sqrt{(a+c-t)}} = \text{Const.} - 2n\sqrt{(a+c-t)}\,.$$

Constans vero haec est

$$= 2n\sqrt{(a+c)}\,,$$

ponatur iam $t = c$, prodit tempus descensus per BA

$$= 2n\sqrt{c} + \frac{1\cdot 2na}{2\sqrt{c}} - \frac{1\cdot 1\cdot 2na^2}{4\cdot 2c\sqrt{c}} + \frac{1\cdot 1\cdot 3\cdot 2na^3}{8\cdot 2\cdot 3\cdot c^2\sqrt{c}} - \frac{1\cdot 1\cdot 3\cdot 5\cdot 2na^4}{16\cdot 2\cdot 3\cdot 4\cdot c^3\sqrt{c}} + \text{etc.} - 2n\sqrt{a}\ ,$$

in seriem $\sqrt{(a+c)}$ resoluta. Comparetur haec forma cum hac

$$k - \alpha a - \beta a^2 - \gamma a^3 - \delta a^4 - \text{etc.} - \zeta\sqrt{a} - \eta a\sqrt{a} - \text{etc.}\,,$$

prodibit

$$k = 2n\sqrt{c}, \quad \alpha = -\frac{1\cdot 2n}{2\sqrt{c}}, \quad \beta = \frac{1\cdot 1\cdot 2n}{4\cdot 2\cdot c\sqrt{c}},$$

$$\gamma = -\frac{1\cdot 1\cdot 3\cdot 2n}{8\cdot 2\cdot 3\cdot c^2\sqrt{c}}, \quad \delta = \frac{1\cdot 1\cdot 3\cdot 5\cdot 2n}{16\cdot 2\cdot 3\cdot 4\cdot c^3\sqrt{c}} \ \text{etc.}$$

et

$$\zeta = 2n,\ \eta = 0,\ \vartheta = 0,\ \iota = 0 \ \text{etc.}$$

10. Cognitis his valoribus prodibunt A, B, C etc., ut sequuntur:

$$A = -\frac{2n}{\sqrt{-c}\cdot l - 1}, \quad B = \frac{2n}{3c\sqrt{-c}\cdot l - 1}, \quad C = -\frac{2n}{5c^2\sqrt{-c}\cdot l - 1},$$

$$D = \frac{2n}{7c^3\sqrt{-c}\cdot l - 1} \ \text{etc.} \quad E = n, \quad F = 0, \quad G = 0 \ \text{etc.}$$

Pro curva igitur quaesita BMC invenitur ista aequatio

$$ds = -\frac{2ndx\sqrt{x}}{1\cdot\sqrt{-c}\cdot l - 1} + \frac{2nxdx\sqrt{x}}{3c\sqrt{-c}\cdot l - 1} - \frac{2nx^2dx\sqrt{x}}{5c^2\sqrt{-c}\cdot l - 1} + \text{etc.} + ndx\ ,$$

cuius integralis haec est

$$s = nx - \frac{4nx^{\frac{3}{2}}}{\sqrt{-c}\cdot l - 1}\left(\frac{1}{1\cdot 3} - \frac{x}{3\cdot 5\cdot c} + \frac{x^2}{5\cdot 7\cdot c^2} - \frac{x^3}{7\cdot 9\cdot c^3} + \text{etc.}\right).$$

Facilius autem erit aequationem differentialem in expressionem finitam transmutare, est autem ea haec

$$ds = ndx - \frac{2ndx}{\sqrt{-c}\cdot l - 1}\left(\sqrt{x} - \frac{x\sqrt{x}}{3c} + \frac{x^2\sqrt{x}}{5c^2} - \frac{x^3\sqrt{x}}{7c^3} + \text{etc.}\right).$$

Quae series exprimit arcum circuli, cuius tangens est $\sqrt{x}$ posito radio $\sqrt{c}$, hanc ob rem erit

$$ds = ndx - \frac{ndx}{l - 1}\, l\,\frac{\sqrt{c} + \sqrt{-x}}{\sqrt{c} - \sqrt{-x}}.$$

11. Aequatio haec inventa

$$ds = ndx - \frac{ndx}{l - 1}\, l\,\frac{\sqrt{c} + \sqrt{-x}}{\sqrt{c} - \sqrt{-x}}$$

potest integrari, proditque post integrationem haec aequatio

$$s = nx - \frac{2n\sqrt{cx}}{\sqrt{-1}\cdot l - 1} - \frac{n(c+x)}{l-1}\, l\, \frac{\sqrt{c}+\sqrt{-x}}{\sqrt{c}-\sqrt{-x}}\,.$$

Hic ipsius s valor ope rectificationis circuli construitur sequente modo. Fiat circuli quadrans, cuius radius $AC = c$ (Fig. 2), ducatur tangens $AT = \sqrt{cx}$ et secans TMC, erit

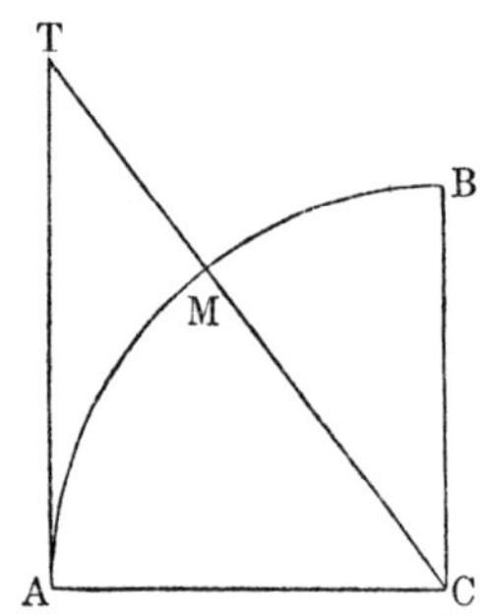

Fig. 2

$$s = \frac{n\cdot AB\cdot AT^2 + n\cdot AT\cdot AC^2 - n\cdot AM\cdot CT^2}{AC\cdot AB}\,.$$

Namque ex natura circuli est

$$AB = \frac{cl-1}{2\sqrt{-1}}$$

et

$$AM = \frac{c}{2\sqrt{-1}}\, l\, \frac{\sqrt{c}+\sqrt{-x}}{\sqrt{c}-\sqrt{-x}}\,,$$

unde data constructio facile sequitur.

12. Ex aequatione

$$ds = ndx - \frac{ndx}{l-1}\, l\, \frac{\sqrt{c}+\sqrt{-x}}{\sqrt{c}-\sqrt{-x}}$$

apparet esse $ds < ndx$, nisi in casu $x = 0$, quo est $ds = ndx$; habebunt enim curvae AB et BC semper in B tangentem communem. Ex quo apparet curvam quaesitam esse concavam versus axem BP, atque eousque scilicet in C ascendere, quoad eius tangens fiat verticalis, in eoque puncto C curvam habere cuspidem. Altitudo igitur huius curvae BE invenietur, si in aequatione ponatur $ds = dx$. In nostro ergo casu, quo curva data est linea recta, dabit x altitudinem BE ex aequatione

$$(n-1)l - 1 = nl\, \frac{\sqrt{c}+\sqrt{-x}}{\sqrt{c}-\sqrt{-x}}$$

seu hac

$$-1 = \left(\frac{\sqrt{c}+\sqrt{-x}}{\sqrt{c}-\sqrt{-x}}\right)^{\frac{n}{n-1}}$$

sive hac

$$(\sqrt{c}+\sqrt{-x})^{\frac{n}{n-1}} + (\sqrt{c}-\sqrt{-x})^{\frac{n}{n-1}} = 0\,.$$

Vel etiam sumatur arcus

$$AM = \frac{n-1}{n}\, AB\,,$$

et ducta eius tangente AT erit $\dfrac{AT^2}{AC}$ altitudo curvae quaesitae.

13. Si aequatio differentialis inventa denuo differentietur posito dx constante prodibit aequatio haec

$$dds = \frac{ndx^2 \sqrt{c}}{(c+x)\sqrt{-x \cdot l - 1}},$$

quae posita ratione peripheriae ad diametrum $\pi : 1$ congruit cum hac

$$dds = -\frac{ndx^2 \sqrt{c}}{\pi(c+x)\sqrt{x}}.$$

Ex hac aequatione casus, quo $c = 0$ et $n = \infty$, ita tamen, ut sit $n\sqrt{c} = \sqrt{b}$, facile cognoscitur. Evenit hoc, si recta data est infinite parva et angulum infinite parvum cum horizonte constituit, ita ut tempus descensus per eam tamen sit finitum nimirum $= 2\sqrt{b}$. Erit igitur $AM = AB$, ideoque tangens AT infinita respectu radii c, abibit ergo $c + x$ in x, atque curva quaesita hanc habebit aequationem

$$dds = -\frac{dx^2 \sqrt{b}}{\pi x \sqrt{x}}$$

seu

$$ds = \frac{2dx\sqrt{b}}{\pi\sqrt{x}}$$

atque $s = \frac{4\sqrt{bx}}{\pi}$ [1]). Hanc ob rem curva quaesita erit cyclois, ut natura rei requirit.

14. Si curva data hanc habuerit aequatione

$$dr = ht^n dt \text{ }^{2)},$$

erit elementum temporis

$$\frac{ht^n dt}{\sqrt{(a+c-t)}},$$

ponatur $a + c = f$ et $f - t = z^2$, erit $t = f - z^2$ et

$$t^n = f^n - \frac{n}{1} f^{n-1} z^2 + \frac{n(n-1)}{1 \cdot 2} f^{n-2} z^4 - \frac{n(n-1)(n-2)}{1 \cdot 2 \cdot 3} f^{n-3} z^6 + \text{etc.}$$

et

$$\frac{hdt}{\sqrt{(f-t)}} = -2hdz.$$

Hinc prodibit

$$\int \frac{ht^n dt}{\sqrt{(a+c-t)}} = \text{Const.} - 2hf^n z + \frac{2hn}{1 \cdot 3} f^{n-1} z^3 - \frac{2hn(n-1)}{1 \cdot 2 \cdot 5} f^{n-2} z^5$$
$$+ \frac{2hn(n-1)(n-2)}{1 \cdot 2 \cdot 3 \cdot 7} f^{n-3} z^7 - \text{etc.}$$

1) Editio princeps: $\frac{4bx}{\pi}$. Correxit C. B.

2) Editio princeps: $dr = t^n dt$. Correxit C. B.

Quod cum facto $t = 0$ seu $z = \sqrt{f}$ evanescere debeat, erit

$$\text{Const.} = 2hf^n\sqrt{f}\left(1 - \frac{n}{1\cdot 3} + \frac{n(n-1)}{1\cdot 2\cdot 5} - \frac{n(n-1)(n-2)}{1\cdot 2\cdot 3\cdot 7} + \text{etc.}\right).$$

Ponatur deinde $t = c$ seu $z = \sqrt{a}$, prodibit tempus descensus per BA

$$= 2hf^n\sqrt{f}\left(1 - \frac{n}{1\cdot 3} + \frac{n(n-1)}{1\cdot 2\cdot 5} - \frac{n(n-1)(n-2)}{1\cdot 2\cdot 3\cdot 7} + \text{etc.}\right)$$

$$- 2h\left(f^n\sqrt{a} - \frac{n}{1\cdot 3}f^{n-1}a\sqrt{a} + \frac{n(n-1)}{1\cdot 2\cdot 5}f^{n-2}a^2\sqrt{a} - \text{etc.}\right).$$

15. Ponamus brevitatis causa

$$1 - \frac{n}{1\cdot 3} + \frac{n(n-1)}{1\cdot 2\cdot 5} - \text{etc.} = p\,,$$

erit substituto $a + c$ loco f descensus per BA

$$= 2hpc^{n+\frac{1}{2}} + \frac{n+\frac{1}{2}}{1}2hpc^{n-\frac{1}{2}}a + \frac{(n+\frac{1}{2})(n-\frac{1}{2})}{1\cdot 2}2hpc^{n-\frac{3}{2}}a^2 + \text{etc.}$$

$$- 2hc^n\sqrt{a} - \frac{2n}{3}\cdot 2hc^{n-1}a\sqrt{a} - \frac{2n(2n-2)}{3\cdot 5}2hc^{n-2}a^2\sqrt{a}$$

$$- \frac{2n(2n-2)(2n-4)}{3\cdot 5\cdot 7}2hc^{n-3}a^3\sqrt{a} - \text{etc.}$$

Haec forma comparata cum forma paragrapho 4 data

$$k - \alpha a - \beta a^2 - \gamma a^3 - \text{etc.} - \zeta\sqrt{a} - \eta a\sqrt{a} - \vartheta a^2\sqrt{a} - \text{etc.}$$

erit

$$k = 2hpc^{n+\frac{1}{2}},\quad \alpha = -\frac{(n+\frac{1}{2})}{1}2hpc^{n-\frac{1}{2}},\quad \beta = -\frac{(n+\frac{1}{2})(n-\frac{1}{2})}{1\cdot 2}2hpc^{n-\frac{3}{2}}\,,$$

$$\gamma = -\frac{(n+\frac{1}{2})(n-\frac{1}{2})(n-\frac{3}{2})}{1\cdot 2\cdot 3}2hpc^{n-\frac{5}{2}}\ \text{etc.}$$

atque

$$\zeta = 2hc^n,\quad \eta = \frac{2n}{3}2hc^{n-1}\,,$$

$$\vartheta = \frac{2n(2n-2)}{3\cdot 5}2hc^{n-2},\quad \iota = \frac{2n(2n-2)(2n-4)}{3\cdot 5\cdot 7}2hc^{n-3}\ \text{etc.}$$

16. Invenientur igitur litterae A, B, C etc., ut sequitur

$$A = -\frac{2h(2n+1)pc^{n-\frac{1}{2}}}{\sqrt{-1}\cdot l-1}\,,$$

atque
$$B = -\frac{2h(2n+1)(2n-1)pc^{n-\frac{3}{2}}}{1\cdot 3\cdot \sqrt{-1}\cdot l-1},$$
$$C = -\frac{2h(2n+1)(2n-1)(2n-3)pc^{n-\frac{5}{2}}}{1\cdot 3\cdot 5\cdot \sqrt{-1}\cdot l-1} \text{ etc.}$$
Atque
$$E = hc^n, \quad F = \frac{hnc}{1},$$
$$G = \frac{h\,n(n-1)}{1\cdot 2}c^{n-2}, \quad H = \frac{h\,n(n-1)(n-2)}{1\cdot 2\cdot 3}c^{n-3} \text{ etc.}$$

Pro curva itaque quaesita reperitur ista aequatio
$$ds = -\frac{2hpdx\sqrt{x}}{\sqrt{-1}\cdot l-1}\left(\frac{2n+1}{1}c^{n-\frac{1}{2}} + \frac{(2n+1)(2n-1)}{1\cdot 3}c^{n-\frac{3}{2}}x\right.$$
$$\left. + \frac{(2n+1)(2n-1)(2n-3)}{1\cdot 3\cdot 5}c^{n-\frac{5}{2}}x^2 + \text{etc.}\right)$$
$$+ hdx\left(c^n + \frac{n}{1}c^{n-1}x + \frac{n(n-1)}{1\cdot 2}c^{n-2}x^2 + \frac{n(n-1)(n-2)}{1\cdot 2\cdot 3}c^{n-3}x + \text{etc.}\right)$$
$$= h(c+x)^n dx - \frac{2hpcdx\sqrt{x}}{\sqrt{-1}\cdot l-1}\left(\frac{2n+1}{1\cdot\sqrt{c}} + \frac{(2n+1)(2n-1)x}{1\cdot 3\cdot c\sqrt{c}} + \frac{(2n+1)(2n-1)(2n-3)x^2}{1\cdot 3\cdot 5\cdot c^2\sqrt{c}}\right.$$
$$\left. + \text{etc.}\right).$$

17. Quanquam hic pro curva data haec tantum aequatio $dr = ht^n dt$ est assumta, tamen ad omnes prorsus curvas exemplum hoc accommodari potest. Sit enim curva data ista exposita aequatione
$$dr = At^\alpha dt + Bt^\beta dt + Ct^\gamma dt + \text{etc.}$$
Tum quaeratur aequatio pro curva quaesita primo ex hac tantum aequatione $dr = At^\alpha dt$ et sit aequatio resultans $ds = Pdx$. Deinde sumatur aequatio $dr = Bt^\beta dt$ proveniatque aequatio $ds = Qdx$. Similiter ex aequationibus
$$dr = Ct^\gamma dt, dr = Dt^\delta dt \text{ etc.}$$
emergant istae
$$ds = Rdx, ds = Sdx \text{ etc.},$$
erit aequatio pro curva quaesita haec
$$ds = (P + Q + R + S + \text{etc.})\,dx,$$
si scilicet curva data habuerit aequationem
$$dr = At^\alpha dt + Bt^\beta dt + \text{etc.}$$

18. Apparet etiam ex aequatione paragraphi 16, si fuerit $n = -\frac{1}{2}$ vel $\frac{1}{2}$, $\frac{3}{2}$, $\frac{5}{2}$ etc., seriem abrumpi atque statim haberi aequationem finitam; sit $dr = ht^{-\frac{1}{2}}dt$, curva scilicet data cyclois, erit $n = -\frac{1}{2}$ atque $ds = \frac{hdx}{\sqrt{(c+x)}}$. Ex quo cognoscitur curvam superiorem annexam cum data inferiore eandem curvam continuam nimirum cycloidem constituere.

DE MOTU CORPORUM IN SUPERFICIEBUS MOBILIBUS

Commentatio 86 indicis ENESTROEMIANI
Opuscula varii argumenti 1, 1746, p. 1–136

1. Argumentum, quod hic explicare constitui, ad partem mechanicae adhuc parum tractatam et cognitam pertinet. Non ita pridem enim primum inter Celeberrimos BERNOULLIOS Patrem et Filium[1]) quaestio de descensu corporis super plano inclinato secundum horizontalem directionem mobili est agitata, eaque primo intuitu ita videbatur difficilis et abscondita, ut prima motus principia, quibus alias universa mechanica, quatenus quidem est cognita, superstrui solet, ei enodandae vix sufficere viderentur. Ab hoc tempore Celeberrimus CLAIRAUT[2]) istam novam mechanicae partem mirifice amplificavit, dum motum quoque tam unius quam plurium corporum super plano circa datum axem fixum mobili definivit; atque idem me per litteras excitavit, ut in eodem genere vires meas experirer. Quod negotium cum suscepissem, praecipue in hoc elaboravi, ut huiusmodi problematum solutiones ex primis mechanicae principiis investigarem, neque ad has principiis inde demum derivatis, cuiusmodi est conservatio virium vivarum, uterer; non quasi huius principii veritatem in dubium vocarem, sed potius ut consensu mearum solutionum cum iis, quae ex principio isto sint deductae, eius veritas etiam illis, qui adhuc de eo dubitant, plenissime confirmaretur. Tum vero saepe occurrunt casus, quibus hoc principium alias utilissimum, omni usu ad solutionem obtinendam caret, cum contra prima mechanicae principia, si recte adhibeantur, semper ad solutionem perducere debeant.

2. Quando in mechanica motus corporis super linea quacunque immobili determinatur, praeter celeritatem, quam corpus in singulis punctis habet,

1) JOH. BERNOULLI, *Solutiones novorum quorundam problematum mechanicorum*, Comment. acad. sc. Petrop. 5, (1730/1), 1738, p. 11 = Opera omnia 3, p. 365; D. BERNOULLI, *Nouveau problème de mécanique*, Mém. de l'acad. des sciences de Berlin [1], (1745), 1746, p. 54–70. C. B.

2) A. CLAIRAUT, *Sur quelques principes qui donnent la solution d'un grand nombre de problèmes de dynamique*, Mém. de l'acad. des sciences de Paris, (1742), 1745, p. 1–52. C. B.

pressio quoque, quam linea illa ab eo sustinet, assignari debet, cuius directio semper ad lineam istam est normalis. Cognita ergo hac pressione, si linea illa, super qua fit motus, subito immobilis esse cessaret, ea ipsa ab ista pressione ad motum impelli deberet, pro ratione eius massae et loci, ubi sollicitatur. Quanquam enim hic linea tantum, super qua corpus moveatur, consideratur, tamen hoc fit solum ad superfluas notiones removendas. Quomodocunque enim corpus, super quo alterum movetur, sit cum ratione molis tum figurae comparatum, quoniam tantum linea illa in eius superficie, secundum quam alterum corpus incedit, in computum ingreditur, haec sola linea, tanquam a reliqua mole seorsim existeret, spectari solet; siquidem hoc corpus, super quo alterum movetur, est immobile. Statim autem atque haec immobilitas tollitur, ita ut pressio ante memorata effectum exerere possit, tum utique praeter lineam, quam alterum corpus in eius superficie describit, tota corporis massa spectari, ex eiusque ad pressionem habitu motus in eo genitus inquiri debet. Perspicuum autem est, ut primum hoc corpus moveri incipiat, motum alterius corporis e vestigio mutari oportere, propterea quod positio illius lineae, quam motus sequitur, continuo mutetur. Hinc autem vicissim pressio aliam atque aliam tam directionem quam quantitatem consequitur, unde motus utriusque corporis novas perturbationes patitur, ex quibus summa difficultas huiusmodi motus implicatos ad certas leges revocandi, non mediocriter elucet.

3. Duo igitur hic corpora considerantur, quorum alterum super alterius superficie incedat et moveatur: atque cum in mechanica elementari, ubi alterum corpus, super quo fit motus, immobile statuitur, alterum corpus tanquam punctum considerari soleat, quo motuum diversitas, quae alioquin in eius partibus inesse posset, tollatur, in praesenti investigatione, quae per se est longe difficilior, multo magis idem hoc corpus, quod in superficie alterius movetur, tanquam infinite parvum seu ad minimum ita comparatum assumi conveniet, ut in eo, dum movetur, nullus motus vertiginis inesse possit; seu quod eodem redit, corpus istud eiusmodi concipiemus, ut singulae eius partes quovis momento motibus aequalibus secundum communem directionem ferantur. Praeterea quoque horum amborum corporum unicum contactus punctum contemplabimur, quod in superficie corporis, super quo alterum movetur, eam lineam, secundum quam alterum ingredi censetur, describat. Linea haec, quatenus in superficie corporis extat, data ponitur eritque vel recta vel curva: hinc superficies corporis secundum hanc lineam instar canalis excavata concipiatur, ut corpus alterum, etiamsi fortasse vires urgeant, de hac via deflectere

nequeat. Imprimis vero ne haec duo corpora a se invicem digredi queant, commode via illa tanquam tubus repraesentatur, in quo alterum corpus ita sit inclusum, ut aliter nisi secundum ipsam tubi directionem moveri non possit. Hoc modo Celeberrimus CLAIRAUT sua problemata proposuit, ut corporis tubo inclusi motus, dum ipse tubus est mobilis, definiri debeat; quare hanc ideam ad praesens institutum maxime accommodatam eo magis retinebo, quod omnia corpora, in quorum superficie semita quasi est designata, ad hanc ideam revocari possint.

4. Omnes ergo quaestiones, quae in hoc genere proponi possunt, in hoc problemate latissime patente comprehenduntur. Si habeatur tubus cuiuscunque figurae utcunque mobilis, in eoque inclusum sit unum plurave corpora, quae, cum motu quovis insito moveri coeperint, tum vero a viribus externis quibuscunque continuo sollicitentur, determinare ad quodvis tempus tam situm tubi cum corporibus ipsi inclusis, quam singulorum motum una cum pressione corporum in latera tubi: adiici insuper posset haec conditio, ut ipse quoque tubus interea a viribus externis urgeatur. Verum multitudo huiusmodi circumstantiarum, etsi expeditio calculi iis saepenumero tantopere impediatur, ut ad finem perduci nequeat, tamen plerumque ipsam methodum solvendi non admodum afficit. Methodus enim, quam hic sum traditurus, ita est comparata, ut vires sollicitantes, quomodocunque etiam se habeant, in applicatione methodi nullam moram iniiciant; unde consideratio virium sollicitantium problema solutu non difficilius reddere censenda erit. Maius autem discrimen affert figura tubi, quae cum vel recta vel curva vel etiam duplici curvatura praedita esse possit, solutio inde maxime diversa resultat, ac duplicem quidem curvaturam, ob summam calculi tam difficultatem quam prolixitatem, hic penitus praetermitto. Non minor differentia deprehenditur in numero corporum tubo inclusorum; pluralitatem enim eorum, praesertim si tubus sit incurvatus, maximum afferre impedimentum per se satis est perspicuum, quamobrem in tubis tantum rectis plura corpora admittemus, in curvis autem unicum duntaxat inclusum assumemus.

5. Maxime autem problematis indoles a ratione mobilitatis tubi pendet, quae infinitis modis variari potest: unde tria potissimum mobilitatis genera contemplabimur, cum reliqua plerumque ex his sint mixta, eoque revocari possint. Primum igitur tubum secundum unicam directionem motu sibi parallelo mobilem statuemus; hocque idcirco casu, nisi tubus quiescat, singulae eius partes aequalibus celeritatibus secundum eandem directionem constantem

progredientur. Huc pertinebat prima huius naturae quaestio a Celeberrimo BERNOULLIO tractata, quo motum corporis super plano inclinato secundum horizontalem directionem mobili definivit; tubus enim hic plano inclinato affixus est concipiendus, et quia planum nonnisi horizontaliter promoveri posse assumitur, tubus alium motum praeter horizontalem recipere nequit. Ad secundum genus ea referemus problemata, in quibus tubus circa axem fixum motu angulari mobilis ponitur; huius generis sunt omnia problemata a Celeberrimo CLAIRAUT soluta, quibus motum unius pluriumve corporum tali tubo circa axem fixum mobili inclusorum determinavit. Complectitur quidem hoc secundum genus in se primum, quippe quod ex eo oritur, si axis ille fixus ad distantiam infinitam remotus statuatur; verum tamen haec differentia satis est notabilis, ut haec duo genera seorsim pertractentur. Tertium denique genus eos continebit casus, quibus tubus liberrime mobilis constituitur, ita ut secundum omnes directiones, quocunque vires sollicitantes urgeant, cedere possit; qui casus prae reliquis solutu difficillimus videtur, neque etiam a quoquam, qui binos praecedentes consideraverunt, est solutus; unde meam solutionem, quam sum traditurus, pro nova venditare non dubito. Ob tres igitur istos commemoratos casus dissertatio mea in tres sectiones dividetur.

SECTIO I

DE MOTU CORPORUM IN TUBIS, QUI MOTU SIBI PARALLELO SECUNDUM DATAM DIRECTIONEM SUNT MOBILES

6. Quoniam in hac investigatione quantitates diversissimae naturae, massae scilicet corporum, vires sollicitantes, celeritates, tempora et spatia in computum ingrediuntur, ante omnia explicari conveniet, quo pacto singulas designare atque exprimere velimus. Ac primo quidem cum massa seu quantitas materiae in quovis corpore contentae proportionalis sit ipsius ponderi, quod idem corpus circa superficiem terrae constitutum esset habiturum, massam cuiusque corporis hic per pondus eiusdem exprimemus. Si igitur corpus, quod contemplamur, revera prope terrae superficiem versetur, eius massa et pondus eadem littera denotabitur, sin autem corpus extra terram consideretur, eius massa aequalis censebitur ponderi, quod idem corpus, si prope terram collocaretur, habere deberet. Cum autem gravitas non ubique terrarum eadem observetur, sed minor sit prope aequatorem quam circa polos, superior determinatio ad certam terrae regionem erit adstringenda, talem scilicet ubi gra-

vitas per accuratissima experimenta est explorata, eo quod deinceps mensuram celeritatum ex iisdem experimentis sumus petituri. Si igitur massam cuiuspiam corporis littera A designabimus, haec littera A simul exprimet quantitatem ponderis, quod idem corpus, si in praefata terrae regione collocaretur, esset habiturum. Quia autem variatio gravitatis per universam terram nunc quidem satis est cognita, ista restrictio, siquidem corpus alibi ponderetur, facile instituitur.

7. Deinde vires quasvis sollicitantes, seu uti vocari solent, motrices, ut a viribus acceleratricibus distinguantur, commodissime per pondera explicabimus. Cum enim omnes vires et pondera sint quantitates homogeneae, proposita quacunque vi sollicitante semper assignari poterit pondus isti vi aequale. Hoc igitur recepto designandi modo massae et vires nobis erunt quantitates homogeneae. Quare cum vis acceleratrix prodeat, si vis motrix seu sollicitans per massam corporis, quod urget, dividatur, manifestum est vires acceleratrices nobis per meros numeros expressum iri: sic quia corporis in regione terrae constituti tam massa, quam vis id deorsum urgens, quae cum eius pondere congruit, eadem littera denotetur, vis acceleratrix inde oriunda per unitatem exprimetur, atque si vis quodcunque corpus sollicitans vel maior sit vel minor quam pondus, quod istud corpus prope terram constitutum habiturum esset, tum vis eius acceleratrix tantumdem maior vel minor erit unitate.

8. Quod ad celeritates attinet, nulla certior atque ad pleraque problemata mechanica solvenda accommodatior mensura videtur, quam quae ex altitudine, unde corpus in nostris regionibus cadens eandem acquirit celeritatem, petitur; quia hinc simul facillime colligitur, quantum spatium quaevis celeritas dato tempore veluti uno minuto secundo conficere valeat: Quia enim tempora, quibus corpus libere labendo ex variis altitudinibus descendit, rationem subduplicatam harum ipsarum altitudinum tenent, atque celeritas ex huiusmodi lapsu acquisita tanta est, ut eodem tempore, quo lapsus duravit, motu uniformi spatium duplae altitudini aequale percurrere valeat; si per unicum experimentum celeritas, quam corpus ex data altitudine delapsum nanciscitur, fuerit cognita, omnes quoque celeritates, quae ex aliis altitudinibus oriuntur, definiri poterunt. Ad hoc autem ob variabilitatem gravitatis certa terrae regio est eligenda, quae eadem ad mensuram massarum ante indicatam stabiliendam est adhibenda. Ex experimentis autem sub eadem fere, ubi habitamus, poli elevatione, Londini scilicet et Parisiis institutis corpus grave uno minuto secundo per altitudinem 15,625 pedum rhenanorum delabi colligitur, quam

mensuram eo libentius retinemus, quod iste numerus sit quadratus, eiusque radix quadrata in hoc calculo frequentissime occurrat. Corpus ergo ex altitudine 15,625 ped. Rh. tantam assequitur celeritatem, qua tempore unius minuti secundi spatium 31,25 ped. uniformiter percurrere possit. Hinc si corpus ex quavis alia altitudine, puta b ped., delabatur, celeritatem acquiret, quae se habebit ad illam, ut $\sqrt{b}$ ad $\sqrt{15{,}625}$ hoc est, ut $\sqrt{1000b} : 125$ unde hac celeritate absolvetur uno minuto secundo spatium

$$\frac{31{,}25}{125}\sqrt{1000b} = \tfrac{1}{4}\sqrt{1000b} \text{ ped. Rh.}$$

Quanquam ergo altitudo, ex qua celeritas quaepiam generatur, non ipsa huic celeritati est proportionalis, sed eius radix quadrata, tamen aptissime celeritatis quantitatem definit; atque idcirco in posterum loco celeritatum altitudines ipsis debitas in computum introducemus, sicque celeritates per radices quadratas ex altitudinibus ipsis debitis exprimemus.

9. Quo autem magnitudinem huius pedis rhenani, quo hic uti constituimus, accuratius definiamus, quoniam eius mensura apud omnes auctores non satis certa et fixa videtur, eius relationem ad pedem regium parisinum, qui constantissimae mensurae conservatur, indagare debemus. Observata autem est longitudo penduli simplicis singulis minutis secundis oscillantis 3 pedum parisin. et $8\frac{5}{9}$ linearum, quarum 144 unum pedem conficiunt; ita ut ista penduli longitudo sit $= \frac{3965}{1296}$ ped. paris., Si iam altitudo, ex qua grave uno minuto secundo delabitur, ponatur n huiusmodi pedum, atque π denotet circumferentiam circuli cuius diameter $= 1$, ita ut sit $\pi = 3{,}14159265$, erit 1 ad $\pi\pi$ uti longitudo penduli simplicis singulis minutis secundis oscillantis ad duplam altitudinem, per quam grave uno minuto secundo delabitur. Hinc ergo erit $n = \frac{3965}{2592}\pi\pi = 15{,}0976$ ped. paris. ex quo pes noster rhenanus se habet ad pedem parisinum ut 15,0976 ad 15,625, seu ut 1000 ad 1034,93, quae proportio proxime ad communem pedis rhenani mensuram accedit, vulgo enim is ad parisinum statui solet ut 1000 ad 1035. Si ergo, ut fieri solet, pes rhenanus in mille particulas aequales dividatur, harum particularum 1034,93 constituent pedem parisinum. Ex pede autem parisino, qui in 1440 scrupula, quae sunt decimae linearum partes, dividi solet, formabitur pes rhenanus sumendis 1391,395 scrupulis. Quoniam igitur omnium reliquorum pedum relatio ad parisinum constat, ii quoque facile ad pedem nostrum rhenanum reducentur.

10. Temporis quidem dimensio per se est clarissima, cum horae et minuta tam prima quam secunda sint mensurae notissimae et constantissimae; verumtamen in praesenti negotio alia mensura cum mensuris praecedentium quantitatum homogenea uti conveniet; quae tamen ita sit comparata, ut in priorem, minuta scilicet secunda, facile converti possit. Retinebimus nempe usitatissimum in mechanicis modum, quo tempus spatio per celeritatem diviso exprimi solet; locum quidem haec exprimendi ratio proprie tantum habet in motu uniformi, sed cum minima spatii elementa singula perpetuo motu aequabili percurri assumantur, per calculum integralem ad omnes motus extenditur. Ponamus igitur spatium a celeritate, quae sit debita altitudini b, uniformiter describi absolvique tempore t, quoniam celeritatem ipsam per $\sqrt{b}$ exponimus, erit tempus $t = \frac{a}{\sqrt{b}}$, quae quidem expressio $\frac{a}{\sqrt{b}}$ utique tempori t est proportionalis. Ut autem hinc tempus in minutis secundis exhiberi possit, totum negotium unica observatio conficiet. Ex ante allegatis scilicet constat celeritate, quae ex lapsu per altitudinem 15,625 ped. rh. gignitur, uno minuto secundo spatium 31,25 ped. rh. absolvi, hoc ergo casu fit $a = 31{,}25$ et $b = 15{,}625$, unde erit tempus $t = \frac{31{,}25}{\sqrt{15{,}625}}$, quod cum sit unum minutum secundum, generatim erit $\frac{31{,}25}{\sqrt{15{,}625}}$ ad $1''$ uti expressio similis temporis cuiusvis $t = \frac{a}{\sqrt{b}}$ ad numerum minutorum secundorum. Quare si fuerit tempus nostro notandi modo $t = \frac{a}{\sqrt{b}}$, erit hoc tempus

$$= \frac{\sqrt{15{,}625}}{31{,}25} \cdot \frac{a}{\sqrt{b}} = \frac{125a}{31{,}25\sqrt{1000b}} = \frac{4a}{\sqrt{1000b}} \text{ minutorum secundorum,}$$

si quidem a et b in pedibus rhenanis exprimentur. Vel si sit $t = \frac{a}{\sqrt{b}} = \sqrt{c}$, erit hoc tempus $= \frac{\sqrt{10c}}{25}$ min. sec., dummodo linea c in pedibus rhenanis exprimatur.

11. Hoc igitur modo tam tempora quam celeritates per radices quadratas ex quapiam longitudine exponuntur; atque productum ex celeritate in tempus dabit ipsum spatium, quod corpus hac celeritate uniformiter motum isto tempore percurrit. Cum igitur in motu uniformi ex spatio et celeritate tempus determinetur, ita vicissim ex spatio et tempore corporis celeritas innotescet. Sic si tempore t uniformiter descriptum sit spatium $= a$, erit corporis celeritas $= \frac{a}{t}$; atque altitudo celeritati debita $= \frac{aa}{tt}$; quodsi ergo tempus in minutis secundis detur, inde primum idonea nostroque instituto conformis

expressio est investiganda, quae loco t substituatur. Ponamus tempus propositum esse n''; atque temporis expressionem ad nostrum scopum accommodatam esse $t = \sqrt{c}$, erit, uti ante vidimus, si c in pedibus rhenanis exprimatur,

$$n = \frac{\sqrt{10c}}{25} \quad \text{ideoque} \quad \sqrt{c} = \frac{25n}{\sqrt{10}} \quad \text{et} \quad c = 62{,}5nn = \frac{125nn}{2} = \frac{1000nn}{16}.$$

Hic scilicet numerus $\frac{1000nn}{16}$ longitudinem c in pedibus rhenanis exhibebit, qua cognita erit $\sqrt{c} = t$. Simili modo si celeritas per numerum pedum rhen., qui uno minuto secundo percurrantur, detur, hinc idonea expressio in calculum introducenda eruetur. Conficiat ista celeritas uno minuto secundo m pedes rh. sitque altitudo huic celeritati debita $= b$, cuius magnitudo in pedibus rhen. inveniri debeat. Quia igitur ex iis, quae ante sunt tradita, est $\frac{1}{4}\sqrt{1000b} = m$, fiet $\sqrt{b} = \frac{4m}{\sqrt{1000}}$, quae est apta expressio pro celeritate adhibenda: ipsa vero altitudo huic celeritati debita est $= b = \frac{16mm}{1000}$, qui numerus altitudinem b in pedibus rhenanis expressam praebebit.

12. Ut nunc effectum virium sollicitantium in motu cuiusque corporis perturbando explicemus, quoniam ideas praecedentes omnes ex descensu gravium libero hausimus, primum hunc ipsum descensum secundum has ideas perpendamus. Delabatur igitur (Fig. 1) corpus secundum rectam verticalem in medio non resistente, et quidem in A motum ex quiete inchoaverit. Sit massa corporis $= A$, quae cum ponderi eiusdem corporis aequalis statuatur, erit quoque vis hoc corpus deorsum urgens $= A$, ideoque vis acceleratrix, quam praebet vis motrix per massam divisa, $= 1$. Elapso tempore t pervenerit hoc corpus in P, sitque altitudo $AP = x$, et celeritas in P acquisita sit debita altitudini $= v$, erit utique $v = x$. Iam elemento temporis dt corpus ulterius descendat per spatiolum $Pp = dx$, erit altitudo debita celeritati in p $= v + dv$, quae cum congruat cum ipsa altitudine $Ap = x + dx$, erit $dv = dx$. Efficitur autem hoc incrementum dv a vi acceleratrice, quae quoties unitate exprimitur, incrementum dv perpetuo aequale erit elemento spatii percursi dx. Porro cum elementum $Pp = dx$ motu uniformi percurratur, erit $dt = \frac{dx}{\sqrt{v}} = \frac{dx}{\sqrt{x}}$, unde integrando fit $t = 2\sqrt{x}$. Seu quia est $t = \frac{2x}{\sqrt{x}}$, manifestum est celeritate $\sqrt{x}$ et eodem tempore t per motum uniformem spatium $= 2x$ hoc est duplae altitudini AP aequale descriptum iri, uti GALILAEUS demonstravit. Ceterum hic ipsa prima mecha-

Fig. 1

nicae principia tanquam cognita sumimus, eorum autem applicationem ad corpora diversimode mobilia, quando opus erit, seorsim demonstrabimus.

13. Maneat ut ante corporis, quod secundum rectam AB promovetur, massa $= A$, et confecto spatio $AP = x$, sit eius celeritas in P debita altidudini $= v$, in P autem urgeatur secundum directionem motus PB vi $= P$, qua eius celeritas ac propterea altitudo v augeatur. Iam puncto temporis dt procedat per spatiolum $Pp = dx$, atque in p sit altitudo debita celeritati $= v + dv$. Vis autem acceleratrix erit $= \frac{P}{A}$, quae si unitati esset aequalis, foret $dv = dx$, praesenti ergo casu se habebit dx ad dv ut 1 ad $\frac{P}{A}$, unde fit $dv = \frac{Pdx}{A}$; quamobrem erit incrementum altitudinis debitae celeritati dv ad elementum spatii dx, uti vis motrix sollicitans P ad massam corporis A. Vicissim ergo ex elemento dv cognito innotescet vis motrix, erit enim $P = \frac{Adv}{dx}$. Sin autem loco celeritatis tempus t in computum inducatur, quia est $dt = \frac{dx}{\sqrt{v}}$, erit $\sqrt{v} = \frac{dx}{dt}$ et $v = \frac{dx^2}{dt^2}$. Si iam elementum temporis dt constans assumatur, erit

$$dv = \frac{2dxddx}{dt^2} = \frac{Pdx}{A} \quad \text{seu} \quad \frac{P}{A} = \frac{2ddx}{dt^2},$$

unde ex tempore et spatio vis motrix ita definietur, ut sit $P = \frac{2Addx}{dt^2}$. Hic quidem directionem vis sollicitantis cum directione motus consentientem assumsimus, ita ut ab ea celeritas corporis augeatur; sin autem vis sollicitans retro vergat, ita ut dum corpus per Pp progreditur, versus A retrahatur a vi P, tum quia haec vis ratione prioris est negativa, erit

$$dv = -\frac{Pdx}{A} \quad \text{et} \quad \frac{2ddx}{dt^2} = -\frac{P}{A}.$$

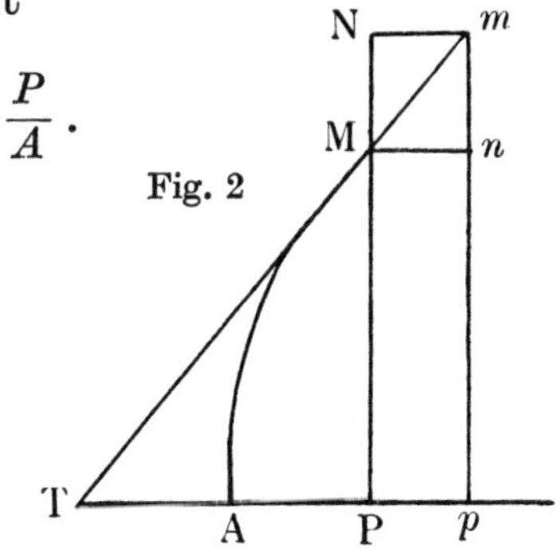

Fig. 2

Ceterum his duobus casibus sola corporis celeritas mutatur, eius directione manente eadem; sin autem directio vis fuerit obliqua, tum simul quoque directio motus variabitur, quem effectum nunc sumus investigaturi.

14. Moveatur corpus, cuius massa ut ante sit $= A$, in linea quacunque AM (Fig. 2), et cum in M pervenerit, habeat celeritatem altitudini v debitam, qua uniformiter in directum esset progressurum secundum directionem Mm: in M autem urgeatur a vi motrice P secundum directionem MN. Referatur

via corporis AM prolubitu ad axem AP, qui sit ad directionem MN normalis, et vocetur abscissa $AP = x$, applicata $PM = y$. Tempusculo dt progrediatur corpus per elementum Mm, ductaque ordinata pm ipsi PM parallela, erit

$$Pp = Mn = dx, mn = dy \quad \text{et} \quad Mm = \sqrt{(dx^2 + dy^2)} \ ,$$

quod vocetur $= ds$. Iam resolvatur motus corporis verus more solito in duos laterales secundum directiones MN et Mn, atque illo absolvet tempusculo dt spatiolum $MN = dy$, hoc vero spatiolum $Mn = dx$. Celeritas ergo illius motus erit $= \frac{dy}{ds}\sqrt{v}$, huius vero $= \frac{dx}{ds}\sqrt{v}$ eritque $dt = \frac{\sqrt{(dx^2 + dy^2)}}{\sqrt{v}}$. Iam prior motus solus a vi motrice P afficitur eritque, uti ostendimus, quia altitudo eius celeritati debita est $= \frac{vdy^2}{ds^2}$, $d.\frac{vdy^2}{ds^2} = \frac{Pdy}{A}$; et quia alter motus prorsus non afficitur, cuius celeritas est debita altitudini $\frac{vdx^2}{ds^2}$, erit $d.\frac{vdx^2}{ds^2} = 0$. Addatur haec aequatio ad illam et ob $ds^2 = dx^2 + dy^2$ erit

$$d.\frac{v(dy^2 + dx^2)}{ds^2} = dv = \frac{Pdy}{A} .$$

Quae aequatio $dv = \frac{Pdy}{A}$ praebet accelerationem motus secundum veram directionem Mm. Quia vero est $d.\frac{vdx^2}{ds^2} = 0$, erit sumto ds constante

$$dx^2 dv + 2vdxddx = 0 \ ,$$

ubi si loco dv eius valor $\frac{Pdy}{A}$ substituatur, orietur:

$$\frac{Pdxdy}{A} + 2vddx = 0 \ .$$

Est vero, quia ds est constans, radius curvedinis in $M = \frac{dsdy}{ddx}$, qui si dicatur $= r$, erit $ddx = \frac{dsdy}{r}$, unde ista aequatio nascetur

$$\frac{Pdxdy}{A} + \frac{2vdsdy}{r} = 0 \ ,$$

quae praebet

$$r = -\frac{2Avds}{Pdx} ,$$

haecque ergo curvatura orbitae producitur ab obliquitate potentiae sollicitantis.

15. Si igitur directio vis sollicitantis MN cum directione motus corporis Mm angulum constituat obliquum NMm, non solum corporis celeritas varia-

tur, sed etiam eius via, in qua incedit, incurvatur; qui duplex effectus quo melius percipiatur, sit angulus $NMm = \varphi$, massa corporis $= A$ et vis motrix secundum directionem $Mm = P$; porro sit spatiolum elemento temporis dt percursum $Mm = ds$ et altitudo debita celeritati in M sit $= v$. His positis erit

$$dx = ds \sin \varphi \quad \text{et} \quad dy = ds \cos \varphi \,,$$

posito sinu toto $= 1$. Quibus valoribus loco dx et dy substitutis, erit primo

$$dv = \frac{P}{A} ds \cos \varphi;$$

deinde via ita incurvabitur, ut eius radius osculi sit

$$r = -\frac{2Av}{P \sin \varphi} \,;$$

quem cum axem AP versus tendere assumsissemus, manifestum est lineam in plagam contrariam, eam scilicet, in quam tendit directio vis sollicitantis MN, fore incurvatam; eritque ergo huius curvedinis radius $= \frac{2Av}{P \sin \varphi}$. Sit nunc in fig. 3. Mm directio motus, et elementum viae tempusculo dt descriptum $Mm = ds$, directio vis sollicitantis P sit ut ante MN cum directione Mm angulum constituens $NMT = \varphi$. Resolvatur haec vis in binas laterales alteram secundum directionem tangentis MT, alteram vero secundum directionem ad viam corporis normalem MR, erit vis $MT = P \cos \varphi$ et vis $MR = P \sin \varphi$. Ponatur autem vis tangentialis $MT = T$ et vis normalis $MR = R$, erit $T = P \cos \varphi$ et $R = P \sin \varphi$. His valoribus in superioribus formulis substitutis proveniet

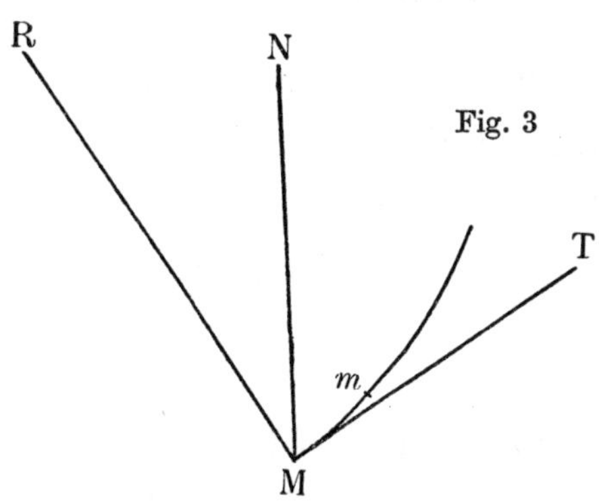

Fig. 3

$$dv = \frac{Tds}{A} \quad \text{et} \quad r = \frac{2Av}{R} \,.$$

Unde patet, quod quidem ex elementis abunde constat, celeritatem corporis a sola vi tangentiali affici, et ita quidem perinde, ac si altera vis R penitus abesset. Alterius vero vis normalis R effectus tantum in incurvanda via corporis consumitur, neque ab altera vi afficitur. Erit ergo perpetuo radius curvaturae ad altitudinem celeritati debitam bis sumtam, uti massa corporis ad vim normalem.

16. Vicissim ergo si detur corporis secundum directionem Mm procedentis acceleratio, scilicet si detur valor ipsius dv, dum per spatiolum $Mm = ds$ promovetur, tum vis tangentialis corpus secundum directionem motus sollicitans inde determinari potest: erit nimirum haec vis $T = \frac{A\,dv}{ds}$. Simili modo cognoscitur, si corporis via Am fuerit incurvata atque in M radius curvedinis MR, qui sit $= r$, detur, tum corpus a quapiam vi normali secundum directionem radii osculi MR sollicitari, eritque haec vis $R = \frac{2Av}{r}$. Utcunque ergo motus corporis tam ratione directionis, quam ratione celeritatis varietur, vires has variationes producentes semper assignari poterunt, eaeque reducentur ad duas normalem et tangentialem, quarum illa ex mutatione directionis, haec vero ex mutatione celeritatis originem habet. Hoc autem intelligendum est, si motus corporis perficiatur in eodem plano, si enim via a corpore descripta duplicem habeat curvaturam, tum vires sollicitantes ad tres directiones inter se normales revocantur. Quodsi loco celeritatis in calculum introducatur tempus t, quoniam est $dt = \frac{ds}{\sqrt{v}}$, fiet $\sqrt{v} = \frac{ds}{dt}$ et $v = \frac{ds^2}{dt^2}$; sumatur elementum dt constans, eritque $dv = \frac{2\,ds\,dds}{dt^2}$. Hinc si vis tangentialis secundum MT ut ante sit $= T$ et vis normalis secundum $MR = R$, utriusque effectus ita se habebit, ut sit

$$\frac{2\,dds}{dt^2} = \frac{T}{A} \quad \text{et} \quad r = \frac{2A\,ds^2}{R\,dt^2} \quad \text{seu} \quad R = \frac{2A\,ds^2}{r\,dt^2}.$$

Quae duae aequationes si in se multiplicentur, tam dt quam massa A eliminabitur, fietque $R\,dds = \frac{T\,ds^2}{r}$; unde erit generatim vis tangentialis T ad vim normalem R, uti $r\,dds$ ad ds^2 seu ut $-d.\frac{1}{ds}$ ad $\frac{1}{r}$, si quidem elementum temporis dt statuatur constans.

17. Hae leges motus autem praecipue spectant corpuscula infinite parva, in quae varius partium motus non cadit: atque ad corpora finitae magnitudinis referri nequeunt, nisi ratione motus ita sint comparata, ut tota eorum massa in unico puncto collecta concipi possit. Cuiusmodi indolis cum assumamus ea corpora, quae in tubis moventur, ex his legibus motus corporum tubis inclusorum determinari debebit. Quod autem ad motum ipsius tubi attinet, quia diversae eius partes diversimode moveri possunt, peculiares motus leges sunt investigandae, quae a ratione mobilitatis tubi pendebunt. Atque in hac quidem sectione motum tubi eiusmodi constituimus, ut perpetuo singulae eius partes aequalibus celeritatibus secundum communem directionem moveantur. Evenit

hoc in motu reptorio, ubi corpus respectu plagarum mundi perpetuo eundem situm retinere ponitur. Hic autem potissimum contemplabimur motum reptorium super linea recta, secundum quam omnia tubi puncta moveantur et quidem quovis momento aequalibus celeritatibus. Sit igitur (Fig. 4) ABC corpus

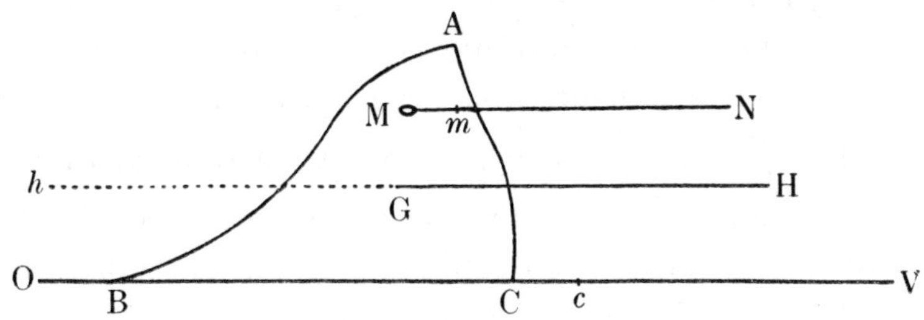

Fig. 4

quodcunque, in cuius superficie AB affixus concipiatur tubus, in quo unum plurave corpora sint inclusa. Hic autem primum solius tubi seu corporis ABC, quocum tubus est connexus, motum eiusque variationem a potentiis sollicitantibus oriundam investigari oportet, et hancobrem nulla adhuc corpora tubo inclusa consideramus. Sit igitur recta OV directionem motus tubi determinans, cui corpus ABC basi sua BC ita incumbat, ut ea perpetuo lineae rectae OV maneat applicata. Hoc scilicet modo corpus ABC, nisi quiescat, motu sibi parallelo secundum directionem OV ita movebitur, ut quovis momento cuncta eius puncta M secundum eandem directionem aequalibus celeritatibus progrediantur: unde si unius eius puncti M celeritas fuerit cognita, eidem omnium reliquorun punctorum celeritates aequales erunt.

18. Porro autem assumimus hoc corpus motu suo super linea OV nullam frictionem pati, unde si semel nactum fuerit motum secundum directionem OV, hunc motum perpetuo uniformem conservabit, nisi a potentiis sollicitantibus perturbetur. Quare si celeritas puncti C secundum directionem CV debita ponatur altitudini u, non solum omnes particulae corporis M eandem celeritatem secundum eandem directionem MN parallelam ipsi CV habebunt, sed etiam eodem motu perpetuo promovebuntur. Quia enim hoc motu situs relativus partium non immutatur, omnes particulae motum insitum perinde conservabunt, ac si a se invicem essent dissolutae. Quod autem ad effectum virium sollicitantium attinet, quia mobilitas corporis ita est restricta, ut alium motum nisi secundum directionem OV recipere nequeat; manifestum est alias potentias, nisi quarum directio sit eadem, motum corporis afficere non posse. Videamus ergo cuiusmodi vi opus sit, ut motus corporis ABC datam accelerationem inde

accipiat. In hunc finem concipiatur corporis particula quaecunque M, cuius massa sit $= dM$. Cum igitur eius celeritas debita sit altitudini u, quo haec altitudo u incrementum capiat du, dum punctum M per elementum spatii $Mm = dx$ progreditur, necesse est, ut secundum directionem MN sollicitetur vi $= \frac{du}{dx} dM$, ubi $\frac{du}{dx}$, quia omnes particulae aequali motu sunt praeditae, quantitas erit constans. Quodsi iam omnium istarum virium, quibus singulae corporis particulae sollicitari debent, una vis aequivalens investigatur, ea reperietur $= \frac{du}{dx} \int dM = \frac{M\,du}{dx}$, siquidem M denotet massam totius corporis ABC, huiusque vis, uti ex staticis patet, directio erit parallela rectae OV et per corporis ABC centrum gravitatis transibit. Ut igitur altitudo celeritati totius corporis ABC debita u, dum corpus per spatiolum $Cc = dx$ progreditur, incrementum capiat du, necesse est, ut corpus secundum directionem GH per eius centrum gravitatis G transeuntem et rectae OV parallelam sollicitetur vi $= \frac{M\,du}{dx}$.

19. Vicissim ergo si corpus ABC, quod motu sibi parallelo secundum directionem OV celeritatem habeat altitudini u debitam, sollicitetur secundum eandem directionem a vi P per eius centrum gravitatis G transeunte, motus corporis sibi parallelus quidem manebit, sed ita accelerabitur, ut, dum per spatiolum $Cc = dx$ progreditur, fiat $P = \frac{M\,du}{dx}$ seu $du = \frac{P\,dx}{M}$. Perinde igitur se habebit iste effectus, ac si massa totius corporis M in eius centro gravitatis G esset collecta; atque adeo regulae ante pro corpusculis infinite parvis traditae quoque ad hunc casum patent. Quin etiam haec acceleratio a vi GH oriunda eadem esset futura, etiamsi corpus liberrime esset mobile, quia in hoc ratiocinio restrictionis mobilitatis ratio non est habita. Ob hanc autem fit, ut aliae vires in corpore nullum effectum exercere possint, nisi quatenus cum directione OV consentiunt. Ac primo quidem vires, quarum directio ad OV est normalis motum corpus ABC nullo modo afficient: quare cum omnes vires resolvi possint in binas laterales, quarum alterae sint secundum OV directae, alterae ad OV normales, priores tantum motum corporis alterabunt, posteriores vero, nisi quatenus pressionem corporis ad planum OV efficiunt, penitus negligi possunt. Ante quidem ex his viribus earum tantum effectus est definitus, quarum directio non solum rectae OV est normalis, sed etiam per centrum gravitatis corporis G transit: nunc autem ob restrictionem mobilitatis efficitur, ut quaelibet vis secundum directionem OV agens, sive ea per centrum gravitatis G transeat sive secus, eundem effectum producere debeat. Ponamus enim

vim P corpus secundum directionem MN sollicitare: si in centro gravitatis G aequalem vim in directione contraria Gh applicatam concipiamus, hae duae vires corpus, quia alium motum nisi in directione OV recipere nequit, in aequilibrio tenebunt, hincque vis $MN = P$ eundem effectum praestabit, atque aequalis vis GH in centro gravitatis G applicata, eritque propterea $du = \frac{Pdx}{M}$; quae enim vires ab eadem potentia in aequilibrio retinentur, eae quoque in corpore, cui sunt applicatae, eundem effectum producunt.

20. His praemissis principiis propositum aggrediamur; ac primo quidem consideremus (Fig. 5) tubum rectum AB ad planum OV, super quo est mobilis, utcunque inclinatum, seu quod eodem redit, concipiatur tubus plano inclinato ABC secundum longitudinem AB adiunctus, ita ut hoc planum inclinatum ABC secundum directionem OV libere moveri possit, alium autem motum recipere nequeat. In tubo autem inclusum sit corpus, cuius massa $= A$; tubi autem cum adiuncta plani inclinati mole massa sit $= M$. Elapso iam tempore t pervenerit tam tubus AB, quam corpus in eo P in situm, quem figura repraesentat; initio autem ponamus corpus tubo inclusum extitisse in A et punctum tubi B in puncto O haesisse. Vocetur spatium $AP = x$ et $OB = s$, atque angulus constans $ABC = \vartheta$. Cum igitur tempusculo dt ipse tubus per spatiolum $Bb = ds$ et corpus in tubo per spatiolum $Pp = dx$ progrediatur, erit celeritas tubi seu plani inclinati secundum directionem $OV = \frac{ds}{dt}$ et celeritas corporis in tubo $= \frac{dx}{ds}$. Praeter hunc vero motum corpus tubo inclusum motum cum tubo habebit communem, ita ut sumta $P\pi$ basi OV parallela in corpore P duplex insit motus, alter secundum directionem Pp celeritate $\frac{dx}{dt}$, alter vero secundum directionem $P\pi$ celeritate $\frac{ds}{dt}$. Ad hos ergo motus producendos viribus secundum easdem directiones sollicitantibus erit opus. Ac primo quidem corpus in P, cuius massa posita est $= A$, secundum directionem Pp sollicitari debet vi $= \frac{2A\,ddx}{dt^2}$ et secundum directionem $P\pi$ vi $= \frac{2A\,dds}{dt^2}$, posito elemento temporis dt constante. Simili modo oportet, ut ipse tubus AB cum plano inclinato ABC secundum directionem BV sollicitetur vi $= \frac{2M\,dds}{dt^2}$; ostendi-

Fig. 5

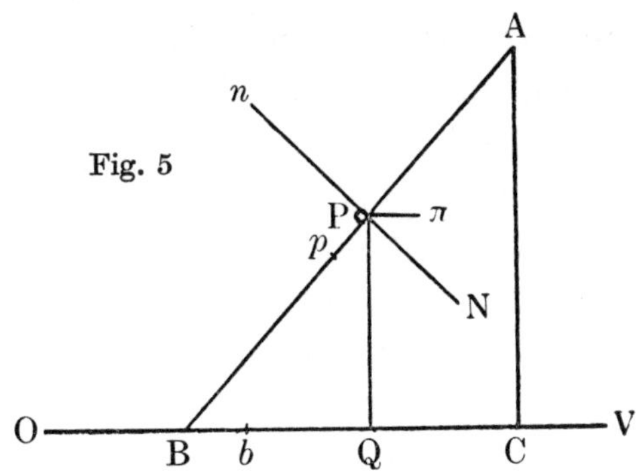

mus enim modo perinde esse, ubi haec vis corpori ABC sit applicata, dummodo eius directio parallela sit directioni motus OV.

21. Hae ergo vires ad motum, quem tam in tubo quam in corpore inesse fingimus, producendum requiruntur: quae ideo vires cum iis, quibus cum tubus tum corpus revera sollicitantur, convenire debent: haecque convenientia nobis suppeditabit aequationes, ex quibus hos singulos motus determinare licebit. Praeter vires autem externas, quae tam in corpus quam tubum agunt, imprimis spectanda est pressio, qua corpus P tubum urget. Quatenus enim firmitas tubi impedit, quominus corpus eum sequatur motum, quem secuturum esset, si omnino liberum esset, eatenus corpus vim in ipsum tubum exerit, eumque premit. Quia autem latera tubi tantum corporis motum ad latera coercent, pressio non potest esse non normalis ad directionem tubi. Ponamus ergo corpus in P existens tubum premere secundum directionem PN ad tubum AB normalem, hancque pressionem esse $= P$; et quia nullum corpus alterum premere potest, quin simul tantundem reprimatur, unde principium aequalitatis inter actionem et reactionem est derivatum; manifestum est corpus in P aequali vi P secundum directionem contrariam Pn sollicitari. Quanquam autem quantitas huius pressionis P adhuc est incognita, tamen expedit eam statim in calculum introducere, quam complicatis ratiociniis eam prius definire: hoc enim modo ea facillime cum toto motu ex aequationibus mox inveniendis determinabitur. Ob hanc igitur pressionem P ipse tubus seu totum corpus ABC sollicitatur vi $= P$ secundum directionem PN, ideoque secundum directionem $P\pi$ vi $= P\sin\vartheta$, quae sola vis motum tubi afficit. Corpus autem in P urgebitur vi pari P secundum directionem Pn, quae secundum directiones Pp et $P\pi$ resoluta dabit vim secundum $Pp = -\frac{P\cos\vartheta}{\sin\vartheta}$ et secundum $P\pi$ vi $= -\frac{P}{\sin\vartheta}$; uti ex resolutione virium facile colligitur.

22. Si iam neque tubus neque corpus in tubo ab ulla vi externa sollicitetur, omnes motus variationes a sola pressione orientur. Quare cum corpus in P secundum directionem Pp sollicitari debeat vi $= \frac{2A\,ddx}{dt^2}$, revera autem in hac directione sollicitetur vi $= -\frac{P\cos\vartheta}{\sin\vartheta}$, habebimus aequationem

$$\frac{2A\,ddx}{dt^2} = -\frac{P\cos\vartheta}{\sin\vartheta};$$

simili modo sollicitationes tam corporis quam tubi secundum directionem $P\pi$

dabunt has aequationes

$$\frac{2A\,dds}{dt^2} = -\frac{P}{\sin\vartheta} \quad \text{et} \quad \frac{2M\,dds}{dt^2} = P\sin\vartheta\ .$$

Hae duae aequationes, si altera per alteram dividatur, dant

$$\frac{M}{A} = -\sin\vartheta^2\ ,$$

quae aequalitas locum habere nequit, nisi sit $P = 0$; sit ergo $P = 0$, eritque tam $dds = 0$, quam $ddx = 0$. Hinc fiet integrando $\frac{ds}{dt} = \alpha$ et $\frac{dx}{dt} = \beta$. Hoc ergo casu tam motus corporis in tubo, quam ipsius tubi erit uniformis, atque tubus a corpore nullam pressionem sustinebit. Qui ergo motus initio tam tubo quam corpori ipsi incluso fuerit impressus, idem perpetuo conservabitur uniformis, qui casus statim primo intuitu resolvi potuisset, quia nihil impedit, quominus tam tubus, quam corpus ipsi inclusum motum semel impressum prosequantur, perinde ac si a se invicem essent soluta. Ceterum eliminatio ipsius P aliis modis institui potest, prima enim et secunda aequatio praebent

$$\frac{2A\,ddx}{dt^2} - \frac{2A\,dds\cos\vartheta}{dt^2} = 0\ .$$

Tum summa secundae et tertiae erit

$$\frac{2A\,dds}{dt^2} + \frac{2M\,dds}{dt^2} = -\frac{P\cos\vartheta^2}{\sin\vartheta}\ ;$$

unde si ope primae P eliminetur, erit

$$\frac{2A\,ddx\cos\vartheta}{ds^2} - \frac{2A\,dds}{dt^2} - \frac{2M\,dds}{dt^2} = 0\ .$$

Prior dat

$$dx - ds\cos\vartheta = m\,dt$$

et altera

$$A\,dx\cos\vartheta - A\,ds - M\,ds = n\,dt;$$

unde eruitur

$$dx = \frac{m(A+M)\,dt - n\,dt\cos\vartheta}{A\sin\vartheta^2 + M}$$

et

$$ds = \frac{mA\,dt\cos\vartheta - n\,dt}{A\sin\vartheta^2 + M}\ .$$

Cum igitur tam dx quam ds sit constans, manifestum est, ob $ddx = 0$ et $dds = 0$ pressionem P esse nullam.

23. Ponamus nunc corpus in P a gravitate naturali sollicitari, lineamque OV esse horizontalem, qui est casus a Celeberrimo BERNOULLIO primum in hoc genere solutus[1]). Urgebitur ergo corpus P a vi eius ponderi aequali A in directione PQ perpendiculari ad OV; atque in hac hypothesi perinde erit, sive simul planum inclinatum ABC grave statuatur sive minus. Resolvatur haec vis $PQ = A$ secundum directiones Pp et $P\pi$, prodibitque ea quae corpus secundum Pp urget $= \frac{A}{\sin\vartheta}$ et secundum $P\pi = \frac{A\cos\vartheta}{\sin\vartheta}$. Si igitur haec vis cum pressione coniungatur, corpus P primum in directione Pp sollicitatur vi $= \frac{A - P\cos\vartheta}{\sin\vartheta}$ et in directione $P\pi$ vi $= \frac{A\cos\vartheta - P}{\sin\vartheta}$; ipse autem tubus ut ante sollicitabitur in directione OV vi $= P\sin\vartheta$; quae vires si ante inventis et ex indole motus derivatis aequales ponantur, orientur tres sequentes aequationes:

$$\text{I.}\quad \frac{2A\,ddx}{dt^2} = \frac{A - P\cos\vartheta}{\sin\vartheta},$$

$$\text{II.}\quad \frac{2A\,dds}{dt^2} = \frac{A\cos\vartheta - P}{\sin\vartheta}$$

et

$$\text{III.}\quad \frac{2M\,dds}{dt^2} = P\sin\vartheta\,;$$

addantur secunda et tertia prodibitque aequatio

$$\text{IV.}\quad \frac{2(A+M)\,dds}{dt^2} = \frac{A\cos\vartheta - P\cos\vartheta^2}{\sin\vartheta}\,;$$

iam eliminando P prima et secunda dabit:

$$\text{V.}\quad \frac{2A\,ddx}{dt^2} - \frac{2A\,dds\cos\vartheta}{dt^2} = A\sin\vartheta$$

tum ex prima et quarta nascetur:

$$\text{VI.}\quad -\frac{2A\,ddx\cos\vartheta}{dt^2} + \frac{2(A+M)\,dds}{dt^2} = 0$$

quae duae aequationes inserviunt quantitatibus x et s per t definiendis. Pressio autem commodissime definitur ex aequationibus II et III, quarum haec per illam divisa dat

$$\frac{M}{A} = \frac{P\sin\vartheta^2}{A\cos\vartheta - P},$$

unde invenitur pressio

$$P = \frac{AM\cos\vartheta}{M + A\sin\vartheta^2},$$

1) Confer notam 1, p. 75 adiectam. C. B.

quae ergo est constans, atque perpetuo eiusdem manet quantitatis. Cum igitur ex staticis sit pressio corporis in planum immobile $= A\cos\vartheta$, erit pressio in planum mobile ad pressionem in idem planum immobile uti M ad $M+A\sin\vartheta^2$.

24. Inventa pressione P, si eius valor substituatur, aequatio prima abibit in hanc formam

$$\frac{2A\,ddx}{dt^2}=\frac{A(A+M)\sin\vartheta}{M+A\sin\vartheta^2}$$

seu

$$\frac{2\,ddx}{dt}=\frac{(A+M)\,dt\sin\vartheta}{M+A\sin\vartheta^2}\,.$$

Haec aequatio integrata dabit:

$$\frac{2\,dx}{dt}=\frac{(A+M)\,t\sin\vartheta}{M+A\sin\vartheta^2}+C\,.$$

Si ergo ponamus initio, ubi $t=0$, corpus in tubo quievisse, quia $\frac{dx}{dt}$ exprimit eius celeritatem, fuit $C=0$, eritque

$$\frac{2\,dx}{dt}=\frac{(A+M)\,t\sin\vartheta}{M+A\sin\vartheta^2}\,,$$

ideoque celeritas corporis in tubo in ratione temporis crescit. Porro autem integrando, si initio motus corpus fuerit in puncto A, erit

$$x=\frac{(A+M)\,tt\sin\vartheta}{4(M+A\sin\vartheta^2)}\,,$$

hincque ad quodvis tempus locus corporis in tubo assignabitur. Deinde secunda vel tertia aequatio praebet:

$$\frac{2\,dds}{dt^2}=\frac{A\sin\vartheta\cos\vartheta}{M+A\sin\vartheta^2}\,,$$

unde si planum inclinatum initio, ubi erat $t=0$, in O quieverit, obtinetur

$$\frac{2\,ds}{dt}=\frac{A\,t\sin\vartheta\cos\vartheta}{M+A\sin\vartheta^2}\,;$$

ita ut quoque celeritas plani in ratione temporis crescat: denuo vero integrando erit

$$s=\frac{A\,tt\sin\vartheta\cos\vartheta}{4(M+A\sin\vartheta^2)}\,.$$

Tam corpus ergo in tubo quam ipse tubus motu uniformiter accelerato promovebitur; eritque quovis momento celeritas corporis in tubo progredientis ad celeritatem plani inclinati ut $A+M$ ad $A\cos\vartheta$. Hinc colligitur casus descensus super plano inclinato immobili si massa plani inclinati M statuatur infinita, tum enim fiet $\frac{ds}{dt}$ seu celeritas plani nulla, celeritas autem corporis super hoc plano quiescente erit $\frac{dx}{dt} = \frac{1}{2}t\sin\vartheta$ et $x = \frac{1}{4}tt\sin\vartheta$; qui motus cum eo, qui in Mechanica definiri solet, egregie convenit. Cum enim sit $t\sqrt{\sin\vartheta} = 2\sqrt{x}$, erit celeritas $\frac{dx}{dt} = \sqrt{x\sin\vartheta}$ et altitudo debita celeritati $= x\sin\vartheta$ hoc est altitudini, ex qua corpus iam descendit.

Fig. 6

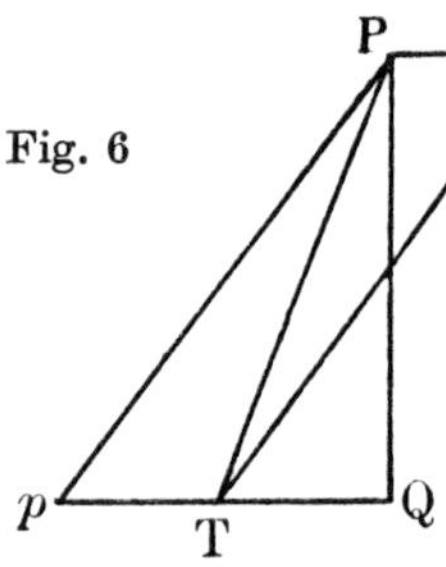

25. Ex duplici motu, quem in corpore tubo incluso inesse invenimus, facile eius verus motus et directio concluditur. Capiantur enim (Fig. 6) Pp et $P\pi$ celeritatibus, quas corpus secundum has directiones habet, proportionales, ita ut sit $Pp = \frac{dx}{dt}$ et $P\pi = \frac{ds}{dt}$, compleaturque parallelogrammum $PpT\pi$: quo facto diagonalis PT tam veram directionem motus quam celeritatem exhibebit. Cum iam sit angulus ad $p = \vartheta$ et $pT = \frac{ds}{dt}$, erit

$$PT = \frac{\sqrt{(dx^2 + ds^2 - 2dxds\cos\vartheta)}}{dt},$$

quae expressio simul celeritatem corporis P exprimit, ita ut altitudo huic celeritati debita sit

$$= \frac{dx^2 + ds^2 - 2dxds\cos\vartheta}{dt^2}.$$

Producatur pT, donec rectae verticali PQ occurrat in Q, eritque

$$PQ = \frac{dx\sin\vartheta}{dt} \quad \text{et} \quad QT = \frac{dx\cos\vartheta - ds}{dt};$$

unde erit

$$\operatorname{tang} QPT = \frac{dx\cos\vartheta - ds}{dx\sin\vartheta},$$

quare cum sit

$$\operatorname{tang} pPQ = \frac{\cos\vartheta}{\sin\vartheta},$$

prodibit

$$\operatorname{tang} pPT = \frac{ds\sin\vartheta}{dx - ds\cos\vartheta},$$

tanto ergo angulo pPT directio corporis vera a directione tubi deflectit. Cum igitur invenerimus

$$\frac{dx}{dt} = \frac{(A+M)t\sin\vartheta}{2(M + A\sin\vartheta^2)} \quad \text{et} \quad \frac{ds}{dt} = \frac{At\sin\vartheta\cos\vartheta}{2(M + A\sin\vartheta^2)},$$

erit celeritas corporis in P vera

$$=\frac{t\sin\vartheta}{2(M+A\sin\vartheta^2)}\sqrt{(A^2\sin\vartheta^2+2AM\sin\vartheta^2+MM)}$$

et altitudo huic celeritati debita

$$=\frac{tt\sin\vartheta^2(A^2\sin\vartheta^2+2AM\sin\vartheta^2+MM)}{4(M+A\sin\vartheta^2)^2}$$

$$=\frac{x\sin\vartheta(A^2\sin\vartheta^2+2AM\sin\vartheta^2+MM)}{(A+M)(M+A\sin\vartheta^2)}$$

ob

$$x=\frac{(A+M)tt\sin\vartheta}{4(M+A\sin\vartheta^2)}.$$

Deinde est tangens anguli QPT

$$=\frac{M\cos\vartheta}{(A+M)\sin\vartheta};$$

sicque corpus in tubo revera secundum lineam rectam PT descendit, quae ad horizontem inclinatur angulo PTQ, cuius tangens est

$$=\left(1+\frac{A}{M}\right)\operatorname{tang}\vartheta\,,$$

eritque ergo

$$QT:Qp=M:A+M\,.$$

Via autem haec corporis vera PT declinabit a directione tubi Pp angulo TPp, cuius tangens est

$$=\frac{A\sin\vartheta\cos\vartheta}{M+A\sin\vartheta^2}.$$

Celeritas autem corporis in P vera se habebit ad celeritatem eiusdem corporis, quam ibidem acquisitura esset super plano inclinato immobili, ut

$$\sqrt{(M^2+2AM\sin\vartheta^2+A^2\sin\vartheta^2)}\,,$$

ad

$$\sqrt{(A+M)(M+A\sin\vartheta^2)}\,,$$

ideoque illa minor erit quam haec. Tempus denique totius descensus per AB $=a$ erit

$$=2\sqrt{\frac{a(M+A\sin\vartheta^2)}{(A+M)\sin\vartheta}}.$$

Quare cum hoc tempus, si planum inclinatum esset immobile, foret

$$=2\sqrt{\frac{a}{\sin\vartheta}},$$

erit tempus descensus super plano inclinato immobili ad tempus descensus super mobili uti $\sqrt{(A+M)}$ ad $\sqrt{(A\sin\vartheta^2+M)}$, unde illud hoc erit maius.

26. Qui haec phaenomena obiter tantum intuentur, principium conservationis virium vivarum non parum vim pati videbitur, vix enim cum hoc principio conciliari posse putabunt, quod corpus super plano inclinato mobili, cum huic quoque motus imprimi debeat, breviori tempore descendat, quam super immobili. Ad hoc quoque insuper accedit, quod corpus super plano inclinato mobili maiorem consequatur celeritatem, quam nacturum esset eodem tempore descendens super plano inclinato immobili. Celeritas enim tempore t super plano inclinato mobili acquisita est

$$= \frac{t \sin \vartheta \sqrt{(M^2 + 2AM \sin \vartheta^2 + AA \sin \vartheta^2)}}{2(M + A \sin \vartheta^2)}$$

cum super immobili si $M = \infty$, eodem tempore acquiratur celeritas $= \frac{1}{2} t \sin \vartheta$, quae illa est minor. Nihilo tamen minus eadem conservatur virium vivarum quantitas: cum enim vis viva sit productum ex massa in celeritatis quadratum, erit corporis tubo inclusi vis viva

$$= \frac{Att \sin \vartheta^2 (M^2 + 2AM \sin \vartheta^2 + AA \sin \vartheta^2)}{4(M + A \sin \vartheta^2)^2},$$

tubi autem seu plani inclinati vis viva est

$$= \frac{AAMtt \sin \vartheta^2 \cos \vartheta^2}{4(M + A \sin \vartheta^2)^2}$$

$$= \frac{Att \sin \vartheta^2 (AM - AM \sin \vartheta^2)}{4(M + A \sin \vartheta^2)^2},$$

quae ad illam addita dabit summam

$$= \frac{Att \sin \vartheta^2 (A + M)}{4(M + A \sin \vartheta^2)} = A x \sin \vartheta ,$$

ideoque eadem est, ac si corpus A verticaliter ex eadem altitudine $x \sin \vartheta$ esset delapsum. Conservatio autem virium vivarum ex aequationibus paragraphi 23, V. et VI. sponte sequitur; si enim quinta per dx et sexta per ds multiplicetur, habebitur earum summa

$$\frac{2A dxddx - 2A dxdds \cos \vartheta - 2A dsddx \cos \vartheta + 2A dsdds + 2M dsdds}{dt^2} = A dx \sin \vartheta ,$$

cuius integrale est

$$\frac{A dx^2 - 2A dxds \cos \vartheta + A ds^2 + M ds^2}{dt^2} = A x \sin \vartheta .$$

Est vero uti vidimus

$$\frac{A(dx^2 - 2dxds \cos \vartheta + ds^2)}{dt^2}$$

vis viva corporis A et $\frac{M ds^2}{dt^2}$ vis viva corporis M, quarum adeo summa est $= A x \sin \vartheta$. Cum igitur $x \sin \vartheta$ sit altitudo verticalis, ex qua corpus iam est delapsum, manifestum est eandem prorsus generari vim vivam, ac si corpus A libere ex eadem altitudine descendisset.

27. Ponamus iam (Fig. 7) rectam OV, super qua planum inclinatum ABC est mobile, ipsam ad horizontem HV esse inclinatam angulo $HVO = \zeta$: in plano autem inclinato ABC sit angulus $ABC = \vartheta$ et recta AC ad OV normalis. Porro sit ut ante massa corporis super AB incedentis $= A$ et massa plani inclinati $ABC = M$: si iam utrumque corpus gravitate naturali praeditum statuatur, investigemus motum inde oriundum. Coeperit motus initio ex quiete, quo tempore plani inclinati punctum B in O corpus autem in A sit versatum. Tam elapso tempore t pervenerit planum inclinatum in situm ABC et corpus in punctum P. Vocentur spatia $AP = x$ et $OB = s$, ductaque PG ipsi OV parallela, necesse est, ut corpus in P sollicitetur secundum directionem PB vi $= \frac{2A ddx}{dt^2}$ et secundum directionem PB vi $= \frac{2A dds}{dt^2}$: ipsum autem planum inclinatum ABC secundum directionem BV impelli debet vi $= \frac{2M dds}{dt^2}$ posito dt constante, quemadmodum iam supra ostendimus. Sit iam pressio, quam corpus P in planum AB secundum directionem PN ad AB normalem exerit, $= P$, atque corpus P aequali vi P secundum directionem oppositam Pn urgebitur. Quia nunc plani inclinati ABC motus a nulla vi, nisi cuius directio rectae OV est parallela, afficitur, ex pressione $PN = P$ resultabit vis secundum directionem PG urgens $= P \sin \vartheta$ ob angulum $ANP = \vartheta$. Corpus autem in P a vi $Pn = P$ sollicitabitur in directione PB vi

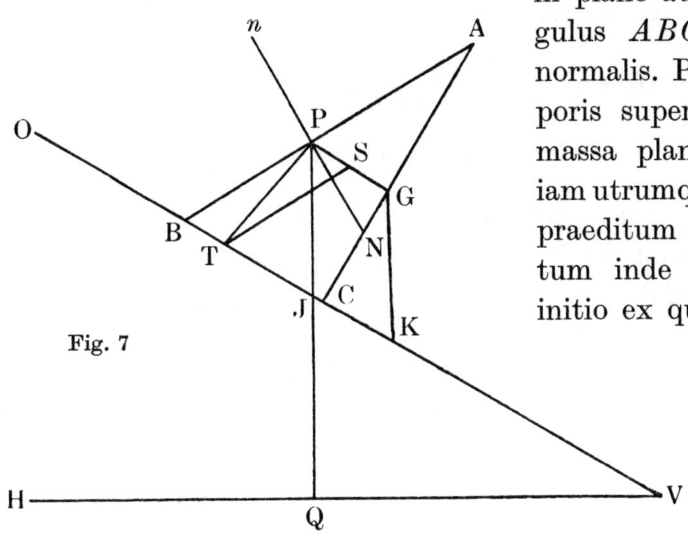

Fig. 7

$$= -\frac{P \cos \vartheta}{\sin \vartheta} \quad \text{et in directione } PG \text{ vi} \quad = -\frac{P}{\sin \vartheta}.$$

Singulas enim vires ad directiones, secundum quas motus fieri consideratur,

reduci oportet. Est autem corporis P celeritas secundum $PB = \frac{dx}{dt}$ et secundum $PG = \frac{ds}{dt}$, quam communem habet cum motu plani inclinati ABC, quae secundum directionem BV pariter est $= \frac{ds}{dt}$. Ex duplici vero corporis P motu orietur eius vera celeritas

$$= \frac{\sqrt{(dx^2 - 2dxds\cos\vartheta + ds^2)}}{dt},$$

quae erit secundum PT directa, existente

$$\operatorname{tang} BPT = \frac{ds\sin\vartheta}{dx - ds\cos\vartheta};$$

hactenus scilicet eaedem formulae valent, quas ante inveneramus.

28. Iam consideremus vires gravitatis, quibus utrumque corpus sollicitatur: ac primo quidem corpus in P urgebitur vi $= A$ secundum directionem PQ ad horizontem HV perpendicularem. Cum igitur sit angulus $HVO = \zeta$, erit $BIP = 90° - \zeta$ et $APQ = 90° - \zeta + \vartheta$; atque $QPG = 90° - \zeta$. Resolvatur nunc vis $PQ = A$ secundum directiones motus PB et PG, eritque ex staticis:

$$\sin BPG : \text{vim } PQ = \sin QPG : \text{vim } PB = \sin QPB : \text{vim } PG.$$

Hinc ergo corpus in P sollicitabitur secundum directionem PB vi $= \frac{A\cos\zeta}{\sin\vartheta}$ et secundum PG vi $= \frac{A\cos(\vartheta - \zeta)}{\sin\vartheta}$. Deinde planum inclinatum vi gravitatis $= M$ sollicitatur secundum directionem verticalem GK, ex qua oritur vis secundum directionem eius motus BV agens $= M\sin\zeta$. Si ad has vires adiiciantur eae, quae ex pressione sunt ortae, omnino corpus P sollicitabitur secundum directionem PB vi

$$= \frac{A\cos\zeta}{\sin\vartheta} - \frac{P\cos\vartheta}{\sin\vartheta},$$

quae vi $\frac{2A\,ddx}{dt^2}$ aequalis esse debet. Deinde idem corpus in directione PG impelletur vi

$$= \frac{A\cos(\vartheta - \zeta)}{\sin\vartheta} - \frac{P}{\sin\vartheta},$$

quae vi $\frac{2A\,dds}{dt^2}$ aequalis est. Denique ipsum planum inclinatum in directione BV impelletur vi $= M\sin\zeta + P\sin\vartheta$, quae vi $\frac{2M\,dds}{dt^2}$ aequalis est ponenda, unde tres sequentes obtinemus aequationes:

$$\text{I.}\quad \frac{2A\,ddx}{dt^2} = \frac{A\cos\zeta - P\cos\vartheta}{\sin\vartheta},$$

$$\text{II.}\quad \frac{2A\,dds}{dt^2} = \frac{A\cos(\vartheta - \zeta) - P}{\sin\vartheta},$$

$$\text{III.}\quad \frac{2M\,dds}{dt^2} = M\sin\zeta + P\sin\vartheta\,,$$

quae duae posteriores additae dabunt ut supra:

$$\text{IV.}\quad \frac{2(A+M)\,dds}{dt^2} = \frac{A\cos(\vartheta - \zeta) + M\sin\zeta\sin\vartheta - P\cos\vartheta^2}{\sin\vartheta}$$

hincque porro derivantur aequationes quinta et sexta:

$$\text{V.}\quad \frac{2A\,ddx - 2A\,dds\cos\vartheta}{dt^2} = A\sin(\vartheta - \zeta)$$

et

$$\text{VI.}\quad -\frac{2A\,ddx\cos\vartheta + 2A\,dds + 2M\,dds}{dt^2} = (A+M)\sin\zeta\,.$$

29. Si aequatio V per dx et VI per ds multiplicetur et ambae addantur, prodibit haec aequatio:

$$\frac{2A\,dxddx - 2A\,dxdds\cos\vartheta - 2A\,dsddx\cos\vartheta + 2A\,dsdds + 2M\,dsdds}{dt^2}$$
$$= A\,dx\sin(\vartheta - \zeta) + (A+M)\,ds\sin\zeta\,,$$

quae integrata

$$\frac{A\,dx^2 - 2A\,dxds\cos\vartheta + A\,ds^2 + M\,ds^2}{dt^2} = A\,x\sin(\vartheta - \zeta) + (A+M)\,s\sin\zeta$$

omnino est eadem, quam principium conservationis virium vivarum praebet, unde summus huius principii usus in istiusmodi problematis solvendis luculenter apparet, quod statim perducat ad aequationem, quam nos demum per integrationem obtinuimus. Praesens autem problema ex tribus primariis aequationibus eliminanda P facilius resolvetur. Tertia enim per secundam divisa dat

$$\frac{M}{A} = \frac{M\sin\zeta\sin\vartheta + P\sin\vartheta^2}{A\cos(\zeta - \vartheta) - P},$$

unde elicitur

$$P = \frac{AM\cos\zeta\cos\vartheta}{M + A\sin\vartheta^2};$$

quamobrem quoque hoc casu pressio corporis in tubum perpetuo manet eadem, seque habet ad pondus corporis A ut $M\cos\zeta\cos\vartheta$ ad $M + A\sin\vartheta^2$, substituatur hic pressionis valor in aequatione prima et habebitur

$$\frac{2A\,ddx}{dt^2} = \frac{A(A+M)\sin\vartheta\cos\zeta}{M + A\sin\vartheta^2},$$

quae integrata dat

$$\frac{dx}{dt} = \frac{(A+M)\,t\sin\vartheta\cos\zeta}{2(M + A\sin\vartheta^2)}$$

et

$$x = \frac{(A+M)\,tt\sin\vartheta\cos\zeta}{4(M + A\sin\vartheta^2)},$$

unde fit

$$t = \frac{2\sqrt{(M + A\sin\vartheta^2)\,x}}{\sqrt{(A+M)\sin\vartheta\cos\zeta}}.$$

Tertia vero aequatio dabit

$$\frac{2M\,dds}{dt^2} = \frac{M(M\sin\zeta + A\sin\vartheta\cos(\vartheta-\zeta))}{M + A\sin\vartheta^2},$$

unde fit

$$\frac{ds}{dt} = \frac{(M\sin\zeta + A\sin\vartheta\cos(\vartheta-\zeta))\,t}{2(M + A\sin\vartheta^2)}$$

et

$$s = \frac{(M\sin\zeta + A\sin\vartheta\cos(\vartheta-\zeta))\,tt}{4(M + A\sin\vartheta^2)}.$$

Alterque ergo motus est uniformiter acceleratus. Casus hic notari meretur quo $\zeta = \vartheta$ et situs tubi AB fit horizontalis; tum enim corpus A secundum lineam verticalem descendit, fit namque

$$\operatorname{tang} BPT = \frac{(M\sin\zeta + A\sin\vartheta\cos(\vartheta-\zeta))\sin\vartheta}{(M + A\sin\vartheta^2)\sin(\vartheta-\zeta)}$$

quae casu $\zeta = \vartheta$ fit infinite magna et angulum BPT rectum declarat.

30. Sint nunc (Fig. 8) in tubo AB, qui motu sibi parallelo super recta OV ponitur mobilis sub angulo constante $ABC = \vartheta$, plura corpora inclusa, quorum motum una cum motu tubi determinare oporteat. Accommodemus autem solutionem ad tria corpora, quia inde solutio pro quovis alio numero facile concludi poterit. Pervenerit elapso tempore t tubus cum corporibus in situm, quem figura repraesentat, versenturque tria haec corpora in P, Q et R; sit massa primi in $P = A$, secundi in $Q = B$ et tertii

Fig. 8

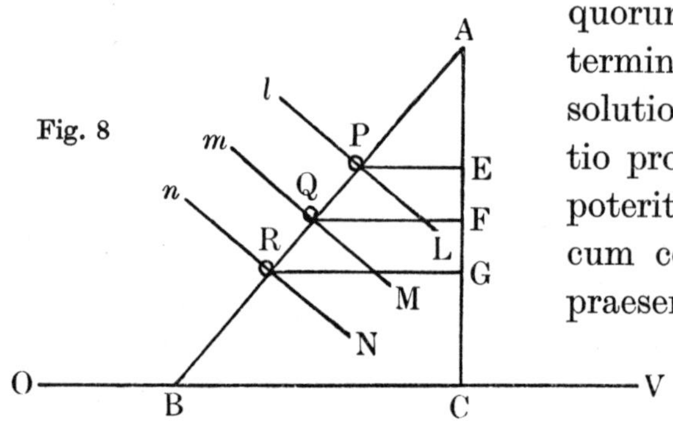

in $R = C$, vocenturque distantiae eorum $AP = x$, $AQ = y$ et $AR = z$; deinde sit massa tubi seu totius corporis $ABC = M$ et spatium motu iam confectum a puncto fixo O, vocetur $OB = s$. Quatenus ergo haec corpora in tubo progrediuntur, corpus P, cuius celeritas est $= \frac{dx}{dt}$, secundum directionem PB sollicitari debet vi $= \frac{2A\,ddx}{dt^2}$, corpus Q, cuius celeritas est $= \frac{dy}{dt}$, vi $= \frac{2B\,ddy}{dt^2}$ et corpus R, cuius celeritas est $= \frac{dz}{dt}$, vi $= \frac{2C\,ddz}{dt^2}$, sumto elemento dt constante. Deinde quia haec corpora quoque motum cum tubo secundum directiones ipsi OV parallelas habent communem celeritate $\frac{ds}{dt}$, corpus P in directione PE urgeri oportet vi $= \frac{2A\,dds}{dt^2}$, corpus Q in directione QF vi $= \frac{2B\,dds}{dt^2}$ et corpus R in directione RG vi $= \frac{2C\,dds}{dt^2}$. Ipse denique tubus secundum directionem BV propelli debet vi $= \frac{2M\,dds}{dt^2}$. His ergo viribus aequales statui debebunt eae, quibus tam corpora, quam tubus actu sollicitantur. Quae cum cognitae assumantur, ad easdem directiones reduci debent, sicque totidem resultabunt aequationes, quot ad problema resolvendum requiruntur. In hoc scilicet versatur totius methodi, qua hic utimur, vis, ut vires, quae ex natura motus adesse debere colliguntur, iis, quae revera sollicitant, aequales ponantur.

31. Ad vires autem sollicitantes referri oportet pressiones, quas corpora in se invicem exercent, quae etsi sunt incognitae, tamen si in calculum introducantur, inde innotescent. Sit igitur pressio, quam corpus P in tubum exerit $= P$, pressio corporis $Q = Q$ et pressio corporis $R = R$, quarum pressionum directiones erunt rectae PL, QM et RN ad AB normales. Ergo ob aequalitatem inter actionem et reactionem corpus P in directione opposita Pl urgebitur vi $= P$, corpus Q in directione Qm vi $= Q$ et corpus R in directione Rn vi $= R$. Hae iam vires corpora P, Q et R sollicitantes resolvantur secundum directiones AB et OV, reperieturque

	secundum	sollicitari	secundum	sollicitari
Corpus P	PB	vi $= -\frac{P\cos\vartheta}{\sin\vartheta}$,	PE	vi $= -\frac{P}{\sin\vartheta}$,
Corpus Q	QB	vi $= -\frac{Q\cos\vartheta}{\sin\vartheta}$,	QF	vi $= -\frac{Q}{\sin\vartheta}$,
Corpus R	RB	vi $= -\frac{R\cos\vartheta}{\sin\vartheta}$,	RG	vi $= -\frac{R}{\sin\vartheta}$.

Ipse autem tubus seu corpus ABC a viribus $PR = P$, $QM = Q$ et

$RN = R$ secundum directionem motus sui BV sollicitabitur vi

$$= P \sin \vartheta + Q \sin \vartheta + R \sin \vartheta \ .$$

Quamobrem si nullae aliae vires externae corpora impellerent, sequentes haberemus aequationes:

$$\text{I.} \quad \frac{2A\,ddx}{dt^2} = -\frac{P \cos \vartheta}{\sin \vartheta}, \qquad \text{II.} \quad \frac{2A\,dds}{dt^2} = -\frac{P}{\sin \vartheta},$$

$$\text{III.} \quad \frac{2B\,ddy}{dt^2} = -\frac{Q \cos \vartheta}{\sin \vartheta}, \qquad \text{IV.} \quad \frac{2B\,dds}{dt^2} = -\frac{Q}{\sin \vartheta},$$

$$\text{V.} \quad \frac{2C\,ddz}{dt^2} = -\frac{R \cos \vartheta}{\sin \vartheta}, \qquad \text{VI.} \quad \frac{2C\,dds}{dt^2} = -\frac{R}{\sin \vartheta},$$

$$\text{VII.} \quad \frac{2M\,dds}{dt^2} = P \sin \vartheta + Q \sin \vartheta + R \sin \vartheta \ .$$

Ex quibus aequationibus sequitur fore pressiones $P = 0$, $Q = 0$ et $R = 0$, atque singula corpora motu uniformi, eo scilicet qui ipsis initio erat impressus, perpetuo esse progressura.

32. Impellantur autem singula haec corpora gravitate naturali deorsum, sitque recta OV horizontalis, et cum corporum P, Q, R pondera sint A, B, C, ex resolutione supra instituta (§ 23) sequentes vires, quae corpora secundum directiones AB et OV sollicitabunt, emergent

	secundum	sollicitabitur	secundum	sollicitabitur
Corpus P	PB	vi $= \dfrac{A}{\sin \vartheta}$,	PE	vi $= \dfrac{A \cos \vartheta}{\sin \vartheta}$,
Corpus Q	QB	vi $= \dfrac{B}{\sin \vartheta}$,	QF	vi $= \dfrac{B \cos \vartheta}{\sin \vartheta}$,
Corpus R	RB	vi $= \dfrac{C}{\sin \vartheta}$,	RG	vi $= \dfrac{C \cos \vartheta}{\sin \vartheta}$.

Motus autem tubi, quia est horizontalis, ab eius gravitate prorsus non afficietur. Hae ergo vires cum praecedentibus expressionibus iunctae sequentes praebebunt aequationes:

$$\text{I.} \quad \frac{2A\,ddx}{dt^2} = \frac{A - P \cos \vartheta}{\sin \vartheta}, \qquad \text{II.} \quad \frac{2A\,dds}{dt^2} = \frac{A \cos \vartheta - P}{\sin \vartheta},$$

$$\text{III.} \quad \frac{2B\,ddy}{dt^2} = \frac{B - Q \cos \vartheta}{\sin \vartheta}, \qquad \text{IV.} \quad \frac{2B\,dds}{dt^2} = \frac{B \cos \vartheta - Q}{\sin \vartheta},$$

$$\text{V.} \quad \frac{2C\,ddz}{dt^2} = \frac{C - R \cos \vartheta}{\sin \vartheta}, \qquad \text{VI.} \quad \frac{2C\,dds}{dt^2} = \frac{C \cos \vartheta - R}{\sin \vartheta}$$

et

$$\text{VII.}\quad \frac{2M\,dds}{dt^2} = P\sin\vartheta + Q\sin\vartheta + R\sin\vartheta\,.$$

Ex aequationibus II, IV, VI et VII conficietur haec

$$\frac{2(M + A\sin\vartheta^2 + B\sin\vartheta^2 + C\sin\vartheta^2)\,dds}{dt^2} = (A + B + C)\sin\vartheta\cos\vartheta$$

et

$$\frac{2dds}{dt^2} = \frac{(A + B + C)\sin\vartheta\cos\vartheta}{M + (A + B + C)\sin\vartheta^2}\,.$$

Quo valore substituto pressiones P, Q, R sequenti modo definientur

$$P = \frac{AM\cos\vartheta}{M + (A + B + C)\sin\vartheta^2}\,,$$

$$Q = \frac{BM\cos\vartheta}{M + (A + B + C)\sin\vartheta^2}\,,$$

$$R = \frac{CM\cos\vartheta}{M + (A + B + C)\sin\vartheta^2}\,,$$

quae ergo singulae sunt constantis quantitatis.

33. Primum ergo motus plani inclinati ex aequatione

$$\frac{2dds}{dt^2} = \frac{(A + B + C)\sin\vartheta\cos\vartheta}{M + (A + B + C)\sin\vartheta^2}$$

cognoscetur, erit enim eius celeritas

$$\frac{ds}{dt} = \frac{(A + B + C)\,t\sin\vartheta\cos\vartheta}{2M + 2(A + B + C)\sin\vartheta^2} + \mathfrak{M}$$

et ipsum spatium

$$OB = s = \frac{(A + B + C)\,tt\sin\vartheta\cos\vartheta}{4M + 4(A + B + C)\sin\vartheta^2} + \mathfrak{M}t + \mathfrak{m}\,.$$

Deinde si loco pressionum P, Q, R valores inventi substituantur, reperietur:

$$\frac{2ddx}{dt^2} = \frac{(A + B + C + M)\sin\vartheta}{M + (A + B + C)\sin\vartheta^2} = \frac{2ddy}{dt^2} = \frac{2ddz}{dt^2}\,;$$

unde intelligitur singula corpora in tubo aequales accelerationes habere. Elapso ergo tempore t celeritates corporum in tubo ita se habebunt:

$$\frac{dx}{dt} = \frac{(A + B + C + M)\,t\sin\vartheta}{2M + 2(A + B + C)\sin\vartheta^2} + \mathfrak{A}\,,$$

$$\frac{dy}{dt} = \frac{(A + B + C + M)\,t\sin\vartheta}{2M + 2(A + B + C)\sin\vartheta^2} + \mathfrak{B}\,,$$

$$\frac{dz}{dt} = \frac{(A + B + C + M)\,t\sin\vartheta}{2M + 2(A + B + C)\sin\vartheta^2} + \mathfrak{C}\,.$$

Denique ad datum tempus distantiae corporum in tubo a puncto eius summo A ita definientur, ut sit

$$AP = x = \frac{(A+B+C+M)\,tt\sin\vartheta}{4M+4(A+B+C)\sin\vartheta^2} + \mathfrak{A}t + \mathfrak{a}\,,$$

$$AQ = y = \frac{(A+B+C+M)\,tt\sin\vartheta}{4M+4(A+B+C)\sin\vartheta^2} + \mathfrak{B}t + \mathfrak{b}\,,$$

$$AR = z = \frac{(A+B+C+M)\,tt\sin\vartheta}{4M+4(A+B+C)\sin\vartheta^2} + \mathfrak{C}t + \mathfrak{c}\,,$$

ubi constantes quantitates ex motu initiali determinari debent. Ceterum patet, hos omnes motus esse uniformiter acceleratos, atque principium conservationis virium vivarum in iis locum habere. Ex his autem formulis facile erit solutionem ad plura corpora transferre, atque si insuper corpora cum tubo a viribus quibuscunque sollicitentur, inventio aequationum differentio-differentialium nulla difficultate laborabit, cum tantum opus sit, ut vires sollicitantes secundum binas motus directiones resolvantur.

34. Quoniam haec abunde sufficiunt ad motum corporum in tubo recto mobili cognoscendum, progredior ad tubum curvilineum. Sit igitur (Fig. 9) tubus curvilineus APB mobilis secundum lineam rectam OV, cui basi sua BC incumbit ita, ut super ea rependo progrediatur. Sit massa corporis tubo inclusi $= A$, massa ipsius tubi seu corporis $ABC = M$ et elapso tempore t pervenerit tubus in situm, quem figura exhibet et corpus ipsi inclusum iam sit in P. Vocetur spatium a tubo iam percursum $OB = s$ et longitudo spatii curvilinei in tubo $AP = x$. Ducatur in P tangens PT, angulusque PTQ ponatur $= \varphi$, qui ob figuram tubi curvam erit variabilis; sit R centrum circuli osculantis curvam in P, eritque radius osculi $PR = -\frac{dx}{d\varphi}$, qui vocetur $= r$. Iam corpus in tubo progredietur secundum tangentem PT celeritate $= \frac{dx}{dt}$, ad quem motum necesse est ut corpus secundum directionem PT sollicitetur vi $= \frac{2A\,ddx}{dt^2}$. Deinde vero ut corpus in P motu suo curvaturam tubi sequatur, oportet ut secundum directionem radii osculi $PR = r$ urgeatur vi $= \frac{2A\,dx^2}{r\,dt^2}$ (§ 16), seu cum sit $r = -\frac{dx}{d\varphi}$,

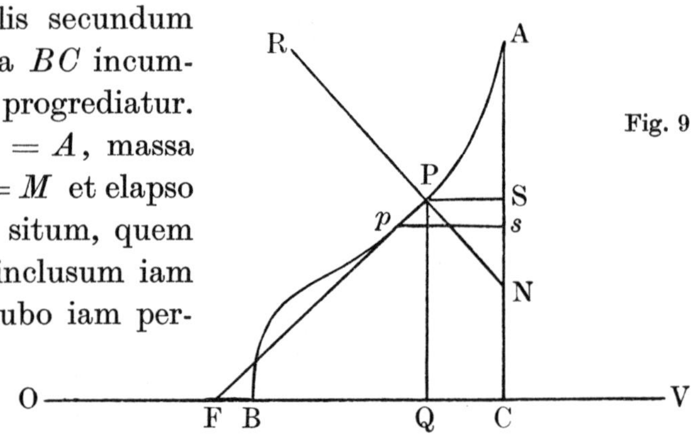

Fig. 9

haec vis erit $=\frac{2A\,dx\,d\varphi}{dt^2}$, quae secundum directiones PT et PS resoluta dat pro directione PT

$$[\text{vim}]=\frac{2A\,dx\,d\varphi\cos\varphi}{dt^2\sin\varphi}$$

et pro directione PS

$$\text{vim}=\frac{2A\,dx\,d\varphi}{dt^2\sin\varphi}\,.$$

Porro quia motus tubi ipsi quoque corpori est communis, tubus autem secundum directionem OV progreditur celeritate $=\frac{ds}{dt}$, in corpore P etiam inerit celeritas secundum directionem PS ipsi OV parallelam, quae erit $=\frac{ds}{dt}$, ad quam conservandam corpus in directione PS sollicitari debet vi $=\frac{2A\,dds}{dt^2}$. Omnino ergo corpus P in directione PT sollicitatur vi

$$=\frac{2A\,ddx}{dt^2}+\frac{2A\,dx\,d\varphi\cos\varphi}{dt^2\sin\varphi}$$

et in directione Ps vi

$$=\frac{2A\,dds}{dt^2}+\frac{2A\,dx\,d\varphi}{dt^2\sin\varphi}\,.$$

Denique motus tubi requirit vim secundum directionem BV vel aliam ipsi parallelam sollicitantem $=\frac{2M\,dds}{dt^2}$. Haeque sunt vires ad motum, quem adesse concipimus, conservandum necessariae: quibus eae vires, quibus tam corpus in tubo, quam ipse tubus actu sollicitantur, aequales sunt ponendae, ut solutio inde adornari possit.

35. Nunc primum pressio corporis in tubum est consideranda, quae secundum directionem PN urgens sit $=P$, atque ipsum corpus secundum directionem oppositam PR reprimetur. Haec vis in corpus P agens secundum directiones motus PT et PS resoluta dabit pro directione PT vim $=-\frac{P\cos\varphi}{\sin\varphi}$ et pro directione PS vim $=-\frac{P}{\sin\varphi}$; ipse vero tubus ab hac pressione pelletur secundum directionem BV vi $=P\sin\varphi$. Quodsi iam nullae vires praeterea corpora urgeant, hinc habebimus sequentes aequationes:

$$\text{I.}\quad \frac{2A\,ddx}{dt^2}+\frac{2A\,dx\,d\varphi\cos\varphi}{dt^2\sin\varphi}=-\frac{P\cos\varphi}{\sin\varphi}\,,$$

$$\text{II.}\quad \frac{2A\,dds}{dt^2}+\frac{2A\,dx\,d\varphi}{dt^2\sin\varphi}=-\frac{P}{\sin\varphi}\,,$$

$$\text{III.}\quad \frac{2M\,dds}{dt^2}=P\sin\varphi\,.$$

Ex secunda et tertia eliminando dds elicietur haec aequatio

$$\frac{2AM\,dx\,d\varphi}{dt^2 \sin\varphi} = -\frac{MP}{\sin\varphi} - AP\sin\varphi\,,$$

quae dat

$$P = -\frac{2AM\,dx\,d\varphi}{(M + A\sin\varphi^2)\,dt^2}\,.$$

Prima vero et secunda eliminando P praebet

$$ddx = dds\cos\varphi \quad \text{seu} \quad dds = \frac{ddx}{\cos\varphi}\,,$$

deinde valor ipsius P in tertia aequatione substitutus producit:

$$\frac{dds}{dt^2} = -\frac{A\,dx\,d\varphi\sin\varphi}{(M + A\sin\varphi^2)\,dt^2} \quad \text{seu} \quad dds = -\frac{A\,dx\,d\varphi\sin\varphi}{M + A\sin\varphi^2}$$

qui bini ipsius dds valores praebent hanc aequationem

$$\frac{ddx}{\cos\varphi} + \frac{A\,dx\,d\varphi\sin\varphi}{M + A\sin\varphi^2} = 0\,,$$

seu

$$\frac{ddx}{dx} + \frac{A\,d\varphi\sin\varphi\cos\varphi}{M + A\sin\varphi^2} = 0$$

cuius integrale est

$$l\,dx + \tfrac{1}{2}l(M + A\sin\varphi^2) = l\alpha\,dt \quad \text{seu} \quad dt = \frac{dx}{\alpha}\sqrt{(M + A\sin\varphi^2)}\,.$$

Hinc porro efficitur

$$\frac{dds}{dt} = -\frac{\alpha A\,d\varphi\sin\varphi}{(M + A\sin\varphi^2)^{\frac{3}{2}}}\,,$$

cuius integrale est

$$\frac{ds}{dt} = \frac{\alpha A\cos\varphi}{(A + M)\sqrt{(M + A\sin\varphi^2)}} + \beta$$

et

$$ds = \frac{A\,dx\cos\varphi}{A + M} + \frac{\beta\,dx}{\alpha}\sqrt{(M + A\sin\varphi^2)}\,;$$

cum igitur detur aequatio inter x et φ, totus motus cognoscitur.

36. Animetur iam corpus in P gravitate naturali sitque recta OV horizontalis, atque corpus in P, cuius massa $= A$, secundum rectam PQ ad OV perpendicularem urgebitur vi $= A$. Resolvatur haec vis secundum directiones motus corporis PT et PS, prodibitque vis secundum PT agens $= \frac{A}{\sin\varphi}$ et vis secundum $PS = \frac{A\cos\varphi}{\sin\varphi}$. Si iam hae vires insuper in formulas praece-

dentes introducantur, prodibunt sequentes aequationes

$$\text{I.}\quad \frac{2A\,ddx}{dt^2} + \frac{2A\,dx\,d\varphi\cos\varphi}{dt^2\sin\varphi} = \frac{A - P\cos\varphi}{\sin\varphi},$$

$$\text{II.}\quad \frac{2A\,dds}{dt^2} + \frac{2A\,dx\,d\varphi}{dt^2\sin\varphi} = \frac{A\cos\varphi - P}{\sin\varphi},$$

$$\text{III.}\quad \frac{2M\,dds}{dt^2} = P\sin\varphi\,.$$

Ex secunda et tertia eliminetur $\frac{dds}{dt^2}$ et oritur

$$\frac{2AM\,dx\,d\varphi}{dt^2\sin\varphi} = \frac{AM\cos\varphi - MP - AP\sin\varphi^2}{\sin\varphi},$$

unde fit

$$P = \frac{AM\cos\varphi}{M + A\sin\varphi^2} - \frac{2AM\,dx\,d\varphi}{(M + A\sin\varphi^2)\,dt^2},$$

qui valor in prima aequatione substitutus praebet

$$\frac{2ddx}{dt^2} + \frac{2dx\,d\varphi\cos\varphi}{dt^2\sin\varphi} = \frac{(M+A)\sin\varphi}{M + A\sin\varphi^2} + \frac{2M\,dx\,d\varphi\cos\varphi}{(M + A\sin\varphi^2)\,dt^2\sin\varphi}$$

seu

$$\frac{2ddx}{dt^2} + \frac{2A\,dx\,d\varphi\sin\varphi\cos\varphi}{(M + A\sin\varphi^2)\,dt^2} = \frac{(M+A)\sin\varphi}{M + A\sin\varphi^2}\,.$$

Multiplicetur haec aequatio per $(M + A\sin\varphi^2)dx$, prodibitque

$$\frac{2M\,dx\,ddx + 2A\,dx\,ddx\sin\varphi^2 + 2A\,dx^2d\varphi\sin\varphi\cos\varphi}{dt^2} = (M+A)dx\sin\varphi\,;$$

cuius integrale est

$$\frac{M\,dx^2 + A\,dx^2\sin\varphi^2}{dt^2} = (M+A)\textstyle\int dx\sin\varphi\,;$$

unde obtinetur

$$dt = dx\sqrt{\frac{M + A\sin\varphi^2}{(M+A)\int dx\sin\varphi}}\,.$$

At ductis ad axem verticalem AC applicatis infinite propinquis PS et ps, ob $Pp = dx$ erit $Ss = dx\sin\varphi$ ideoque $\int dx\sin\varphi = AS$. Posita ergo hac abscissa $AS = p$, erit

$$dt = dx\sqrt{\frac{M + A\sin\varphi^2}{(M+A)\,p}} = \sqrt{\frac{M\,dx^2 + A\,dp^2}{(M+A)\,p}}\,;$$

quare cum natura curvae APB sit cognita ac propterea relatio inter p et x, ad datum tempus locus corporis P super curva APB determinari poterit.

37. Ad motum autem ipsius tubi seu quantitatem s determinandam sumatur aequatio tertia

$$\frac{2M\,dds}{dt} = P\,dt \sin\varphi = P\,dx \sin\varphi \sqrt{\frac{M + A\sin\varphi^2}{(M+A)\int dx\sin\varphi}}\,;$$

substituatur hic loco P valor ante inventus, qui posito loco dt valore iam reperto erit

$$P = \frac{AM\cos\varphi}{M + A\sin\varphi^2} - \frac{2AM(M+A)\,d\varphi\int dx\sin\varphi}{(M + A\sin\varphi^2)^2\,dx}\,,$$

hincque proveniet

$$\frac{2M\,dds}{dt} = \frac{AM\,dx\sin\varphi\cos\varphi}{\sqrt{(M + A\sin\varphi^2)\,(M+A)\int dx\sin\varphi}} - \frac{2AM\,d\varphi\sin\varphi\sqrt{(M+A)\int dx\sin\varphi}}{(M + A\sin\varphi^2)^{\frac{3}{2}}}\,,$$

quae feliciter est integrabilis, integrata enim dat

$$\frac{ds}{dt} = \frac{A\cos\varphi\sqrt{\int dx\sin\varphi}}{\sqrt{(M+A)\,(M + A\sin\varphi^2)}}\,,$$

ad quam si initio, cum corpus erat in A, tubus quieverit, nullam constantem adiicere necesse est. Dat ergo haec expressio celeritatem tubi, qua secundum horizontem BV progreditur. Ex ea autem si loco dt valor ante inventus substituatur, orietur

$$ds = \frac{A\,dx\cos\varphi}{M + A}$$

et propterea

$$s = \frac{A\int dx\cos\varphi}{A + M}\,.$$

Quare si ut ante posuimus abscissam $AS = p$, vocetur applicata $PS = q$, erit $dq = dx\cos\varphi$, ac propterea $s = \dfrac{Aq}{A+M}$, si quidem tubi punctum B initio fuerit in O. Eadem haec aequatio facilius invenitur, si aequationum supra repertarum prima per $\cos\varphi$ multiplicata a secunda subtrahatur, prodibit enim

$$\frac{2A\,dds}{dt^2} - \frac{2A\,ddx\cos\varphi}{dt^2} + \frac{2A\,dx\,d\varphi\sin\varphi}{dt^2} = -P\sin\varphi\,.$$

Cum iam ex tertia sit

$$P\sin\varphi = \frac{2M\,dds}{dt^2}\,,$$

erit divisione per $\dfrac{2}{dt^2}$ instituta

$$(A+M)\,dds = A\,ddx\cos\varphi - A\,dx\,d\varphi\sin\varphi\,,$$

quae integrata dat

$$(A+M)\,ds = A\,dx\cos\varphi$$

et

$$ds = \frac{A\,dx \cos \varphi}{A + M}$$

uti modo inveneramus. Sic igitur totum motum corporis gravis in tubo quocunque curvilineo super plano horizontali mobili determinavimus.

38. Hinc motus oscillatorius determinari potest corporis super curva secundum horizontem mobili moti. Sit enim proposita curva ABa, quae basi sua Cc plano horizontali OV ita incumbat (Fig. 10) ut sine frictione ultro citroque promoveri possit. Habeat haec curva duos ramos AB, aB similes et aequales et tangens eius in B sit horizontalis. Inceperit corpus, cuius massa $= A$, descensum ex puncto A, et nunc elapso tempore pervenerit in P; ex A demittatur perpendicularis AC, ad eamque ex P ducatur horizontalis PS, sit massa totius molis $ACca = M$, et vocatis $AS = p$, $PS = q$ et arcu $AP = x$, erit

Fig. 10

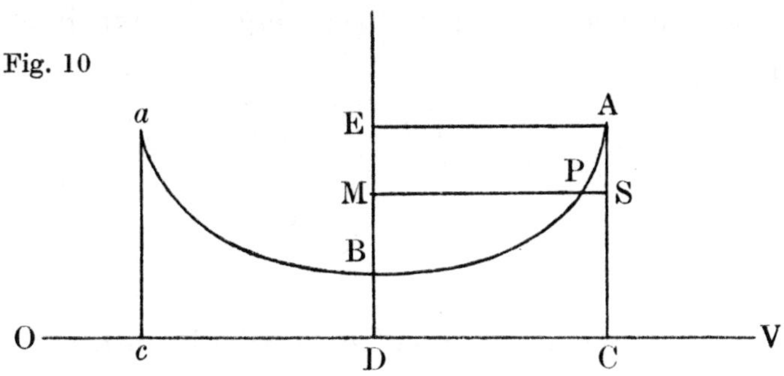

$$dp = dx \sin \varphi \qquad \text{et} \qquad dq = dx \cos q\,;$$

atque elementum temporis dt ita exprimetur, ut sit

$$dt = \sqrt{\frac{M\,dx^2 + A\,dp^2}{(M + A)\,p}}\,.$$

Consideretur autem recta verticalis DBE instar axis, et vocetur $BE = a$, $BM = u$, $PM = v$ et $BP = z$; erit $p = a - u$, $dp = -du$ et $dx^2 = dz^2 = du^2 + dv^2$. Ex his elementum temporis conficitur

$$dt = \sqrt{\frac{M\,dz^2 + A\,du^2}{(M + A)(a - u)}}\,,$$

cuius integrale, si ita sumatur, ut evanescat posito $u = a$, definiet tempus descensus per arcum AP, atque si ponatur $u = 0$, prodibit tempus dimidiae oscillationis seu descensus per arcum AB. Quodsi iam quaeratur, cuiusmodi esse debeat curva APB, ut ubicunque corpus in ea descensum inchoaverit, perpetuo eodem tempore ad imum punctum B perveniat: haec quaestio ad tautochronismum pertinet; cui satisfiet, si elementum temporis ita exprimatur

$$dt = \frac{du\sqrt{c}}{\sqrt{(au - uu)}}\,.$$

Hinc fiet

$$\frac{Mdz^2 + Adu^2}{(M + A)(a - u)} = \frac{cdu^2}{u(a - u)}$$

seu

$$Mdz^2 + Adu^2 = \frac{(M + A)\,cdu^2}{u}\,,$$

in qua cum constans arbitraria a non amplius insit, haec aequatio exprimet naturam curvae quaesitae. Erit ergo

$$dz^2 = \frac{du^2((M + A)\,c - Au)}{Mu} \quad \text{et} \quad dv^2 = \frac{(M + A)\,du^2(c - u)}{Mu}$$

ideoque

$$dv = du\sqrt{\frac{(M + A)(c - u)}{Mu}}\,;$$

quam curvam patet esse cycloidem elongatam, quae ex cycloide ordinaria seu tautochrona immobili construitur, si huius applicatae augeantur in ratione 1 ad $\sqrt{\frac{M + A}{M}}$. Perspicuum enim est, si massa M ponatur infinita, cycloidem communem prodire.

SECTIO II

DE MOTU CORPORUM IN TUBIS CIRCA AXEM FIXUM MOBILIBUS

39. Cum ea, quae spectant ad motum corporum tubis inclusorum, in praecedente sectione iam sint tradita, huic sectioni tantum erunt praemittenda praecepta de motu corporum circa axem fixum mobilium, ex quibus pateat, quomodo iste motus a quibusvis viribus sollicitantibus alteretur. Corpora autem hic contemplamur inflexibilia, quorum singulae partes cum inter se, tum ab axe fixo perpetuo easdem teneant distantias. Sit igitur (Fig. 11) axis iste fixus, circa quem corpus quodpiam est mobile, normalis ad planum tabulae, idque traiiciat in puncto O, sintque A, B, C particulae quaecunque corporis in hoc plano sitae, quarum

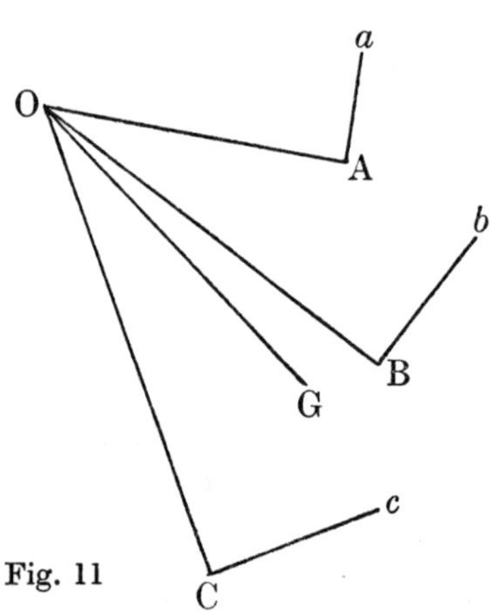

Fig. 11

distantiae ab axe sint OA, OB, OC. Durante ergo motu quocunque circa axem O, istae particulae non solum perpetuo in eodem plano perseverabunt, sed etiam tam ipsarum distantiae AO, BO, CO, quam anguli AOB, AOC, BOC manebunt eiusdem magnitudinis. Deinde ratione plagae iste motus duplex esse poterit, vel enim particulae A, B, C gyrabuntur dextrorsum secundum Aa, Bb, Cc, vel sinistrorsum in plagam contrariam: atque si una particula A dextrorsum secundum Aa gyretur, necesse est, ut omnium reliquarum motus secundum eandem plagam sit directus. Neque vero hoc solum de particulis in plano hoc constitutis valet, sed etiam de omnibus ad idem corpus pertinentibus, quae extra hoc planum versantur. Per singula scilicet axis puncta similia plana ad axem normalia concipiantur, et in quo plano quaepiam particula, dum corpus quiescit, erit sita, in eodem quoque, dum corpus motu gyratorio cietur, perpetuo permanebit. Tum vero similiter necesse est, ut omnium horum planorum motus eandem plagam sequatur.

40. Cum igitur quaelibet particula A eandem constanter distantiam AO ab axe O servet, motu circulari movebitur, circulumque describet, cuius centrum sit in O. Quia deinde diversae particulae B, C eodem intervallo angulari a se invicem perpetuo distant, earum celeritates distantiis ab axe O erunt proportionales. Primum ergo directiones motus Aa, Bb, Cc ad rectas OA, OB, OC erunt normales, atque celeritates his distantiis erunt proportionales. Unde si celeritas particulae A debita sit altitudini u, seu $=\sqrt{u}$, ex ea omnium reliquarum particularum celeritates cognoscentur. Particulae scilicet B celeritas erit $=\frac{OB}{OA}\sqrt{u}$ et particulae C celeritas $=\frac{OC}{OA}\sqrt{u}$. Cuiusque ergo particulae celeritas per eius distantiam ab axe divisa dabit quotum constantem, qui cum per eum totus motus rotatorius definiatur, celeritas angularis vocari solet. Hinc si puncti ab axe O intervallo $=f$ remoti celeritas vera sit $=\sqrt{u}$, erit totius corporis celeritas angularis $=\frac{\sqrt{u}}{f}$; ex eaque omnium corporis punctorum celeritates cognoscentur, erit namque puncti B celeritas in directione Bb ad OB normali $=\frac{OB}{f}\sqrt{u}$, et altitudo huic celeritati debita $=\frac{OB^2 u}{ff}$. Atque si corporis particula proponatur extra planum $OABC$ sita, per eam ductum concipiatur planum ad axem normale, in hocque plano a particula ad axem ducatur recta, quae ad eum erit normalis. Quo facto huius particulae motus in eodem plano fiet secundum eam plagam, in quam totus motus dirigitur, atque si istius particulae ab axe distantia sit $=x$, erit eius celeritas $=\frac{x\sqrt{u}}{f}$. Unde intelligitur, si corporis, quod circa

axem fixum est mobile, unius puncti motus sit cognitus, ex eo omnium particularum, atque ideo totius corporis motum determinari.

41. Si unicum corpusculum A circa axem fixum gyraretur, neque id in motu suo ullam resistentiam inveniret, neque ab ulla vi externa sollicitaretur, tum id motu uniformi perpetuo gyrari esset perrecturum, neque ob axem ullam motus perturbationem esset perpessurum. Quod idem cum de singulis particulis B, C sit intelligendum, manifestum est omne corpus, cui motus gyratorius circa axem fixum semel sit impressus eundem motum perpetuo esse conservaturum, nisi a viribus externis sollicitetur. Quare et hoc casu primum principium motus, quo omne corpus vi quadam insita, quae inertia vocatur, in eodem motus statu perseverare affirmatur, locum tenet. Cum autem singulae particulae non in directum sed motu circulari ferantur, vi centrifuga gaudebunt, dum ab axe O recedere conabuntur: at quia axis fixus assumitur, hae vires nullum effectum exerere poterunt. Interim tamen operae pretium erit investigare, quantam vim singula axis puncta ab his conatibus centrifugis sustineant. Sit igitur particulae ab axe intervallo $= f$ distantis celeritas $= \sqrt{u}$, erit particulae A celeritas $= \frac{OA\sqrt{u}}{f}$ et altitudo debita huic celeritati $= \frac{OA^2 u}{ff}$. Cum iam particula A, cuius massa sit $= A$, hac celeritate circulum describat, cuius radius $= OA$, ad particulam in hoc motu curvilineo continendam vis requiritur

$$= 2A \frac{OA^2 u}{ff} : OA = \frac{2A \cdot OA \cdot u}{ff} \quad (\S 16) ,$$

qua particula A in directione AO urgeatur. Vicissim ergo axis punctum O secundum directionem OA trahetur vi $= \frac{2A \cdot OA \cdot u}{ff}$, similique modo, si particularum in B et C massae sint B et C, axis punctum O in directionibus OB, OC trahetur viribus $\frac{2B \cdot OB \cdot u}{ff}$, $\frac{2C \cdot OC \cdot u}{ff}$. Hinc si omnium particularum ad planum $OABC$ pertinentium centrum gravitatis sit in G omniumque simul sumtarum massa $= M$, ab earum viribus centrifugis coniunctim axis punctum O sollicitabitur secundum directionem OG vi

$$= \frac{2M \cdot OG \cdot u}{ff},$$

hoc est perinde, ac si omnes particulae plani $OABC$ in earum centro gravitatis G essent collectae. Similique modo vires, quibus singula reliqua axis puncta urgentur, definiri poterunt; ex quibus simul consideratis patebit, quanta vi opus sit ad axem in situ immobili continendum.

42. Quo nunc facilius definire queamus, quantum quaelibet vis externa motum hunc gyratorium sit perturbatura, primum investigemus, cuiusmodi vires requirantur ad datam accelerationem motui rotatorio inducendam. Sit igitur puncti ab axe intervallo $=f$ distantis celeritas debita altitudini u, quae dum id punctum per angulum infinite parvum $d\omega$ promovetur, augmentum capiat $=du$. Nunc, cum particulae A celeritas sit debita altitudini $\frac{OA^2 \cdot u}{ff}$, dum ea pariter per angulum $d\omega$ circa O procedit, percurret spatiolum $Aa = OA \cdot d\omega$ et quia interea altitudo eius celeritati debita $\frac{OA^2 \cdot u}{ff}$, incrementum capit $=\frac{OA^2 \cdot du}{ff}$ ad hoc incrementum generandum oportet, ut particula A in directione Aa sollicitetur vi

$$= A \frac{OA^2 \cdot du}{ff} : OA \cdot d\omega = \frac{A \cdot OA \cdot du}{ffd\omega}.$$

Similique modo particula B in directione Bb sollicitetur necesse est vi

$$= \frac{B \cdot OB \cdot du}{ffd\omega}$$

et particula C in directione Cc vi

$$= \frac{C \cdot OC \cdot du}{ffd\omega}.$$

Iam omnium harum virium summa momentorum ad axem O relatorum est

$$= \frac{du}{ffd\omega}(A \cdot OA^2 + B \cdot OB^2 + C \cdot OC^2 + \text{etc.});$$

quoniam enim corpus circa axem O est mobile, virium sollicitantium momenta ad eundem axem referri oportet. Si ergo vis sollicitantis momentum ad axem O relatum sit

$$= \frac{ffdu}{d\omega}(A \cdot OA^2 + B \cdot OB^2 + C \cdot OC^2 + \text{etc.}),$$

ab ea vi sollicitante motus corporis rotatorius ita accelerabitur, ut cum puncti ab axe intervallo $=f$ distantis celeritas sit debita altitudini u, dum corpus motu gyratorio circa axem O per angulum infinite parvum $d\omega$ progreditur, altitudo u incrementum capiat $=du$. Hinc si momentum vis sollicitantis sit $=Pg$, acceleratio motus rotatorii inde oriunda hac aequatione exprimetur:

$$du = \frac{Pg \cdot ffd\omega}{A \cdot OA^2 + B \cdot OB^2 + C \cdot OC^2 + \text{etc.}}.$$

43. Ad accelerationem ergo a quavis vi sollicitante ortam inveniendam primum istius vis momentum respectu axis O est definiendum, quod fit, si planum ad axem normale per directionem istius vis ducatur, ipsaque vis per resolutionem ad hoc planum reducatur, altera, quae ad hoc planum est normalis, omissa et ex puncto axis, quo ab hoc plano secatur, in directionem vis perpendiculum demittatur, atque ipsa vis per hoc perpendiculum multiplicetur. Sic si ipsa vis fuerit $= P$ atque hoc perpendiculum $= g$, erit momentum vis respectu axis $= Pg$, quod in formulam inventam ingreditur. Deinde singulae corporis particulae per quadrata distantiarum suarum ab axe multiplicari et in unam summam colligi debent, ut obtineatur valor denominatoris

$$A \cdot OA^2 + B \cdot OB^2 + C \cdot OC^2 + \text{etc.}$$

Haec ergo summa erit productum ex massa in quadratum cuiuspiam lineae, ideoque si massa totius corporis ponatur $= M$, huiusmodi habebit formam Mkk; semper scilicet valor lineae k assignari potest, ut expressio Mkk aequalis fiat summae productorum

$$A \cdot OA^2 + B \cdot OB^2 + C \cdot OC^2 + \text{etc.}$$

Quantitatem hanc Mkk vocabimus momentum inertiae corporis ad axem rotationis O relatum: unde si cognitum fuerit et momentum vis sollicitantis Pg et momentum inertiae corporis Mkk utrumque ad axem rotationis relatum, hinc acceleratio motus rotatorii facile definietur, erit enim

$$du = \frac{Pg \cdot ffd\omega}{Mkk},$$

quae acceleratio punctum corporis ab axe intervallo $= f$ distantis respicit, cuius celeritas debita est altitudini u, hancque accelerationem accipit, dum corpus motu gyratorio per angulum infinite parvum $d\omega$ progreditur. Hoc autem tenendum est, si momentum vis sollicitantis in eandem plagam vergat, in quam fit motus; si enim in plagam oppositam tenderet, motus tantumdem retardaretur, foretque

$$du = -\frac{Pg \cdot ffd\omega}{Mkk}.$$

44. Momentum hoc inertiae, a quo acceleratio seu retardatio motus rotatorii pendet, ingreditur quoque in calculum centri oscillationis, ita ut, si centrum oscillationis fuerit inventum, inde simul momentum inertiae respectu axis gyrationis innotescat. Quae convenientia quo clarius appareat, ex his ipsis principiis centrum oscillationis, quod vulgo ex principiis alienis derivari

solet, tanquam ex proprio fonte investigemus. Sit igitur (Fig. 12) O axis fixus ad planum tabulae normalis et horizontalis, ita ut planum tabulae tanquam verticale sit spectandum; circa hunc axem oscilletur corpus $ABCF$, cuius massa et pondus sit $= M$ et centrum gravitatis in G. Ducatur recta OG, quae a verticali Og distet angulo $GOg = \varphi$, quo angulo elongatio corporis a situ quietis mensuratur, si enim centrum gravitatis G in lineam Og perveniat, corpus quiescet, nisi haberet motum insitum. Sumatur distantia $OF = f$, sitque puncti F celeritas debita altitudini u, qua versus rectam verticalem Of accedat, et puncto temporis per angulum $d\omega = -d\varphi$ progrediatur. Sit momentum inertiae huius corporis $= Mkk$, et cum corpus urgeatur a gravitate naturali, quae erit $= M$, huius vis directio GP erit verticalis et per corporis centrum gravitatis transibit, eius ergo momentum respectu axis O erit

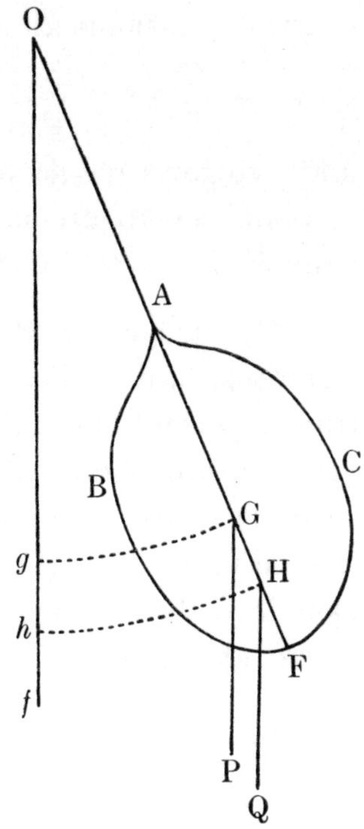

Fig. 12

$$= M \cdot OG \cdot \sin\varphi\,,$$

motumque accelerabit, unde habebitur

$$du = \frac{M \cdot OG \cdot \sin\varphi \cdot ff d\omega}{Mkk} = \frac{OG \cdot \sin\varphi \cdot ff d\omega}{kk}\,.$$

Concipiatur nunc loco corporis particula infinite parva in H, cuius massula sit $= m$, pondusque $HQ = m$, unde eius momentum

$$= m \cdot OH \sin\varphi\,;$$

momentum autem inertiae $= m \cdot OH^2$. Quare si haec particula sola adesset, foret

$$du = \frac{m \cdot OH \cdot \sin\varphi \cdot ff d\omega}{m \cdot OH^2} = \frac{\sin\varphi \cdot ff d\omega}{OH}\,.$$

Si iam huius particulae H motus fuerit conformis motui totius corporis, erit

$$\frac{OG}{kk} = \frac{1}{OH} \quad \text{seu} \quad OG \cdot OH = kk\,.$$

Punctum autem H huius naturae, ut particula infinite parva loco totius corporis ibi constituta eundem habitura sit motum oscillatorium, atque totum corpus, vocatur in mechanicis centrum oscillationis, eritque ergo distantia centri oscillationis ab axe

$$OH = \frac{kk}{OG} = \frac{Mkk}{M \cdot OG};$$

unde vulgaris regula inveniendi centri oscillationis obtinetur. Cognito autem vicissim centro oscillationis H, nostram quantitatem kk inde cognoscemus, cum sit $kk = OG \cdot OH$.

45. Quae ante de momento cuiusque potentiae respectu axis, circa quem fit motus, sunt tradita, fient planiora, si perpendamus nullius vis, cuius momentum respectu huius axis sit nullum, ullum effectum esse posse. Si enim directio vis in ipsum axem incidat, vel eidem sit parallela, manifestum est motum corporis ab ea affici non posse; propterea quod haec vis sit normalis ad directionem motus, quem habet, axisque firmitas omni effectui huius vis reluctetur. Deinde si directio vis per ipsum axem transeat, ea considerari poterit, quasi eidem axis puncto, per quod transit, esset applicata, ideoque cum axis sit immobilis, frustra ullum effectum exercere conabitur. Casus isti, quibus vim sollicitantem nullus sequitur effectus, huc redeunt, quando axis et directio vis sollicitantis in eodem plano versantur. Sin autem axis et directio vis non in eodem plano fuerit constitutae, tum semper vis valebit motum rotatorium immutare. Ad cuius momentum investigandum, per quodpiam directionis AE punctum A ducatur recta AC axi parallela (Fig. 13), ad eamque in plano CAE normalis AD, atque vis AE secundum directiones AC et AD resolvatur, quarum sola posterior huc spectat, per quam ad axem planum normale ducatur, et ex axis puncto, ubi secatur, in eam perpendiculum demittatur, in quod vis AD ducta praebebit momentum quaesitum. Ad calculum autem expeditius absolvendum hoc modo invenietur. Ad axem ducatur planum quodcunque normale, directionem vis propositae AE secans in A (Fig. 14); sitque O punctum axis in hoc plano: AE ex alio directionis puncto E in hoc planum demittatur perpendiculum ED, iunctaque AD, erit, posita vi $AE = P$, vis in directione AD urgens $= P \cos EAD$, huiusque momentum respectu axis erit

$$= P \cdot AO \cos EAD \sin OAD .$$

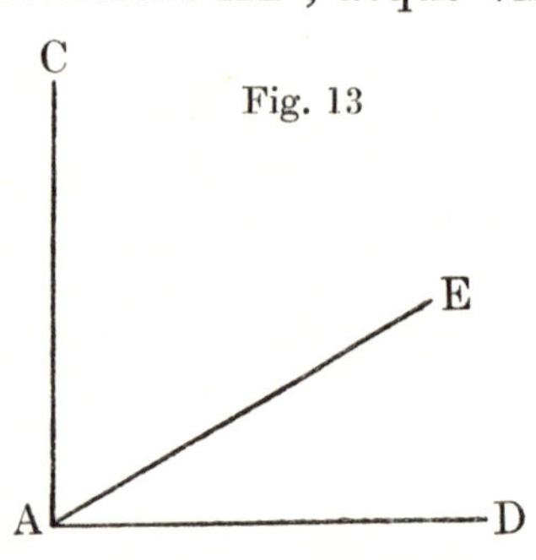

Fig. 13

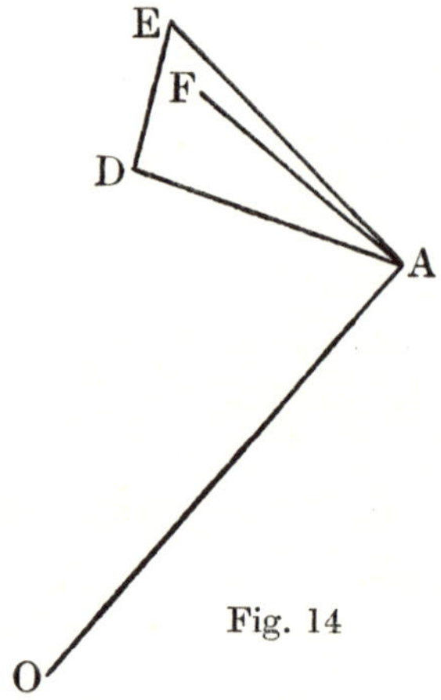

Fig. 14

Vel in plano OAD ad OA ducatur normalis AF eritque momentum quaesitum $= P \cdot AO \cos EAF$, unde si vel $AO = 0$ vel angulus EAF rectus, momentum evanescit, hucque redeunt casus ante memorati.

46. His expositis motus principiis motum corporis in tubo circa axem fixum mobili contemplemur. Ac primo quidem sit tubus non solum rectus, sed etiam productus per ipsum axem transeat, ad eumque sit normalis. Sit ergo (Fig. 15) O punctum axis, per quod tubus transit et OE tubus, qui in plano tabulae concipiatur mobilis, siquidem axis ad hoc planum in O normaliter insistat. Ponatur massa huius tubi $= M$, eiusque momentum inertiae respectu axis $= Mkk$, tum vero sit massa corporis in tubo inclusi $= A$. Elapso iam tempore t pervenerit tubus in situm OE, corpusque in eo versetur in P, initio autem tenuerit tubus situm OC, ita ut nunc angulum $COE = \omega$ confecerit. Vocetur longitudo $OC = OE = f$, intervallum $OP = x$ et arcus $CE = s$, erit $s = f\omega$. Iam celeritas puncti tubi E erit

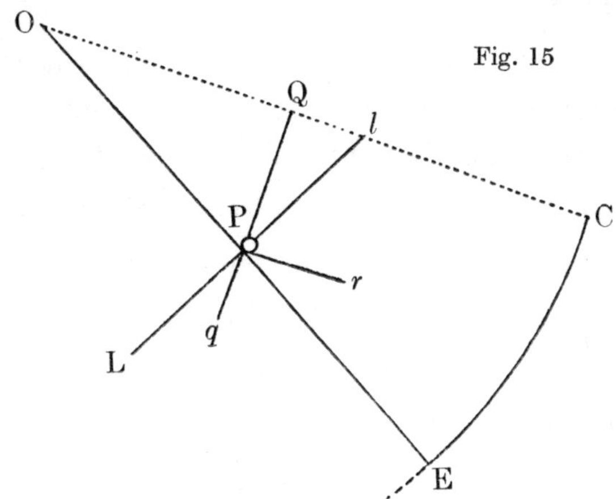

Fig. 15

$$= \frac{ds}{dt} = \frac{fd\omega}{dt},$$

quam ante vocavimus $= \sqrt{u}$, unde altitudo huic celeritati debita erit

$$u = \frac{ffd\omega^2}{dt^2} \quad \text{et} \quad du = \frac{2ffd\omega dd\omega}{dt^2}$$

posito dt constante. Momentum ergo virium ad hanc accelerationem requisitum est

$$\frac{Mkkdu}{ffd\omega} = \frac{2Mkkdd\omega}{dt^2}.$$

Quoniam celeritas puncti E est $= \frac{ds}{dt}$, erit celeritas puncti tubi P

$$= \frac{xds}{fdt} = \frac{xd\omega}{dt},$$

quam corpus in P cum tubo habet communem, secundum directionem PL ad tubum normalem, altitudo ergo huic celeritati debita erit

$$= \frac{xxd\omega^2}{dt^2}.$$

Celeritas vero corporis secundum directionem tubi est $=\frac{dx}{dt}$. Quoniam vero hae celeritates non secundum constantes directiones diriguntur, sed ipsae directiones continuo cum situ tubi mutantur; accelerationes modo hactenus adhibito definiri nequeunt. Reduci ergo prius motus corporis in P debet ad directiones constantes, quam vires ad accelerationem requisitae definiri queant.

47. Sumta ergo OC pro hac directione constante, in eam ex P ducatur perpendicularis PQ, et vocetur $OQ = p$ et $QP = q$. Iam motus corporis P verus secundum has directiones Pr et Pq resolutus dabit pro directione Pr celeritatem $=\frac{dp}{dt}$ et pro directione Pq celeritatem $=\frac{dq}{dt}$. Cum igitur massa corporis sit $= A$, necesse est, ut corpus secundum directionem Pr sollicitetur vi $=\frac{2Addp}{dt^2}$ et secundum directionem Pq vi $=\frac{2Addq}{dt^2}$. Hae vires nunc iterum ad directiones ante consideratas PE et PL, etiamsi non sint constantes, revocari possunt, scilicet ob

$$\text{ang. } EPr = LPq = EOC = \omega\ ,$$

ex vi

$$Pr = \frac{2Addp}{dt^2}$$

nascitur vis in directione Pl

$$= \frac{2Addp \sin \omega}{dt^2}$$

et in directione PE

$$\text{vis} = \frac{2Addp \cos \omega}{dt^2}\ .$$

At ex vi $Pq = \frac{2Addq}{dt^2}$ oritur vis in directione PL

$$= \frac{2Addq \cos \omega}{dt^2}$$

et in directione PE

$$\text{vis} = \frac{2Addq \sin \omega}{dt^2}\ .$$

Ob utramque ergo coniunctim corpus in directione PE sollicitabitur

$$\text{vi} = \frac{2A}{dt^2}(ddp \cos \omega + ddq \sin \omega)$$

et in directione PL

$$\text{vi} = \frac{2A}{dt^2}(ddq \cos \omega - ddp \sin \omega)\ .$$

Cum autem sit $OP = x$ et ang. $COE = \omega$, erit

$$p = x \cos \omega \quad \text{et} \quad q = x \sin \omega ,$$

unde fit

$$dp = dx \cos \omega - x d\omega \sin \omega$$

et

$$ddp = ddx \cos \omega - 2dxd\omega \sin \omega - xdd\omega \sin \omega - xd\omega^2 \cos \omega ,$$

$$dq = dx \sin \omega + xd\omega \cos \omega$$

et

$$ddq = ddx \sin \omega + 2dxd\omega \cos \omega + xdd\omega \cos \omega - xd\omega^2 \sin \omega .$$

Hinc porro sequitur fore

$$ddp \cos \omega + ddq \sin \omega = ddx - xd\omega^2 ,$$

$$ddq \cos \omega - ddp \sin \omega = 2dxd\omega + xdd\omega .$$

Quamobrem corpus in P ab his duabus viribus sollicitetur necesse est

$$\text{secundum directionem } PE \text{ vi} = \frac{2Addx - 2Axd\omega^2}{dt^2}$$

et

$$\text{secundum directionem } PL \text{ vi} = \frac{4Adxd\omega + 2Axdd\omega}{dt^2} .$$

Sicque habemus vires, quae ad motum, quem adesse fingimus, conservandum requiruntur, quae si viribus actu sollicitantibus aequales ponantur, prodibit motus verus tam tubi quam corporis in tubo.

48. Ponamus primo neque tubum neque corpus in tubo ab ulla vi externa sollicitari, qui casus locum habet, si axis rotationis fuerit verticalis tubusque in plano horizontali in gyrum agatur. Postquam enim tam tubo quam corpori ipsi incluso motus quicunque fuerit semel impressus, motum secuturum calculus indicabit. Quoniam enim nulla vis externa adest, omnis motus mutatio a sola pressione corporis in tubum proficiscetur; sit igitur pressio, qua corpus tubum secundum directionem ad eam normalem PL urget, $= P$, ita ut vicissim corpus a tubo in directione opposita Pl aequali vi P repellatur, quia nulla adest vis in directione PE, ex motu corporis sequentes nascentur aequationes:

$$\text{I.} \quad \frac{2Addx - 2Axd\omega^2}{dt^2} = 0 \quad \text{seu} \quad ddx = xd\omega^2$$

et

$$\text{II.} \quad \frac{4Adxd\omega + 2Axdd\omega}{dt^2} = -P .$$

Deinde vis $PL = P$, qua tubus sollicitatur, momentum respectu axis O est $= Px$, unde oritur haec aequatio

$$\text{III.}\quad \frac{2Mkkdd\omega}{dt^2} = Px \quad \text{seu} \quad \frac{2dd\omega}{dt^2} = \frac{Px}{Mkk},$$

qui valor in aequatione secunda substitutus dabit:

$$\frac{4Adxd\omega}{dt^2} + \frac{APxx}{Mkk} = -P, \quad \text{ideoque} \quad P = -\frac{4AMkkdxd\omega}{(Mkk + Axx)\,dt^2},$$

unde pressio P innotescit. Eliminando autem P, ex aequationibus II et tertia resultat haec:

$$\text{IV.}\quad 4Axdxd\omega + 2Axxdd\omega + 2Mkkdd\omega = 0,$$

cuius integrale est

$$Axxd\omega + Mkkd\omega = \text{Const.} = Eadt\sqrt{a},$$

unde fit

$$d\omega = \frac{Eadt\sqrt{a}}{Axx + Mkk},$$

qui valor in prima substitutus dat

$$ddx = \frac{E^2a^3xdt^2}{(Axx + Mkk)^2}.$$

Multiplicetur haec aequatio per $2dx$ eritque integrale

$$dx^2 = -\frac{E^2a^3dt^2}{A(Axx + Mkk)} + bdt^2,$$

unde oritur

$$dt = \frac{dx\sqrt{A(Axx + Mkk)}}{\sqrt{(bA(Mkk + Axx) - E^2a^3)}},$$

hincque porro

$$d\omega = \frac{Eadx\sqrt{aA}\ ^{1)}}{\sqrt{(Mkk + Axx)}\,(Ab(Mkk + Axx) - E^2a^3)}.$$

49. Quanquam hoc modo uterque motus facillime definitur, tamen, quia ista aequationum resolutio non commode ad casum plurium corporum tubo inclusorum accommodatur, alio modo variabilis x ex calculo excludi potest, quo felicissime usus est Celeberrimus CLAIRAUT, qui ad hoc negotium adhibuit principium conservationis virium vivarum[2]). In hunc finem multi-

1) Editio princeps: numerator est $Eaadx\sqrt{A}$. Correxit C. B.

2) Confer commentationem supra laudatam, p. 10. C. B.

plicetur aequatio IV per $d\omega$:

$$4Axdxd\omega^2 + 2Axxd\omega dd\omega + 2Mkkd\omega dd\omega = 0 \; .$$

Deinde aequatio prima $ddx - xd\omega^2 = 0$ multiplicetur per $2Adx$ ut prodeat

$$2Adxddx - 2Axdxd\omega^2 = 0 \; .$$

Tum haec ad illam addatur et proveniet:

$$2Adxddx + 2Axdxd\omega^2 + 2Axxd\omega dd\omega + 2Mkkd\omega dd\omega = 0$$

quae integrata dat:

$$Adx^2 + Axxd\omega^2 + Mkkd\omega^2 = Fbdt^2$$

haecque complectitur principium conservationis virium vivarum, nam

$$A\left(\frac{dx^2}{dt^2} + \frac{xxd\omega^2}{dt^2}\right)$$

dat vim vivam corporis A et $\dfrac{Mkkd\omega^2}{dt^2}$ vim vivam tubi, quarum summa est constans $= Fb$. Cum iam ex prima aequatione sit $xd\omega^2 = ddx$, erit

$$Axxd\omega^2 = Axddx \; ,$$

quo valore in illa aequatione substituto habebitur:

$$A(dx^2 + xddx) + Mkkd\omega^2 = Fbdt^2 \; .$$

At est

$$dx^2 + xddx = d\cdot xdx = \tfrac{1}{2}dd\cdot xx \; ,$$

unde erit:

$$\tfrac{1}{2}dd\cdot Axx + Mkkd\omega^2 = Fbdt^2 \; .$$

Aequationis autem quartae integrale dat

$$Axx = \frac{Eadt\sqrt{a}}{d\omega} - Mkk \; .$$

Sit $d\omega = \dfrac{dt\sqrt{a}}{v}$, erit

$$Axx = Eav - Mkk^{1)} \quad \text{et} \quad \tfrac{1}{2}dd\cdot Axx = \tfrac{1}{2}Eaddv \; ,$$

unde obtinebitur ista aequatio

$$\tfrac{1}{2}Eaddv + \frac{Mkkadt^2}{vv} = Fbdt^2 \; ,$$

1) Editio princeps: $Axx = Eav$. Correxit C. B.

quae ob dt constans per dv multiplicata et integrata dat:

$$\tfrac{1}{4}Eadv^2 - \frac{Mkkadt^2}{v} = Fbvdt^2 + Gc^2dt^2\,;$$

ideoque

$$dt = \frac{dv\sqrt{Eav}}{2\sqrt{(Mkka + Fbvv + Gccv)}}\,,$$

$$d\omega = \frac{adv\sqrt{E}}{2\sqrt{v}(Mkka + Fbvv + Gccv)} \quad \text{et} \quad x = \sqrt{\frac{Eav}{A}}\;{}^{1)}$$

unde motus pariter cognoscitur.

50. Sit nunc axis tubi O horizontalis (Fig. 16), circa quem tubus cum corpore in plano verticali descendat. Sit recta OC horizontalis atque elapso tempore t tubus pervenerit in situm OE angulo iam descripto $COE = \omega$; corpus autem nunc versetur in P. Manentibus omnibus denominationibus hactenus adhibitis, scilicet massa tubi $= M$, eius momento inertiae $= Mkk$ et intervallo $OP = x$, ad pressionem P nunc accedet gravitas tam tubi $= M$ quam corporis $= A$. Cum igitur corpus in directione verticali Pp urgeatur vi $= A$, ob angulum $pPL = \omega$, hinc orietur vis in directione PE $= A \sin\omega$ et in directione PL $= A\cos\omega$. Deinde si tubi centrum gravitatis statuatur in G et intervallum $OG = g$, quia tubus in directione verticali Gg sollicitatur vi $= M$, huius vis momentum erit $= Mg\cos\omega$ quod ad motum accelerandum impenditur. Ex his ergo viribus sequentes obtinebimus aequationes:

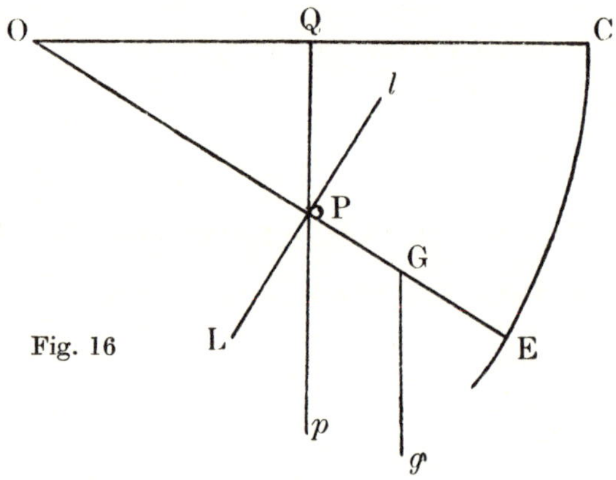

Fig. 16

$$\text{I.} \quad \frac{2Addx - 2Axd\omega^2}{dt^2} = A\sin\omega\,,$$

$$\text{II.} \quad \frac{4Adxd\omega + 2Axdd\omega}{dt^2} = A\cos\omega - P\,,$$

$$\text{III.} \quad \frac{2Mkkdd\omega}{dt^2} = Mg\cos\omega + Px\,.$$

Quodsi ex II et III pressio P eliminetur, habebitur:

$$\text{IV.} \quad \frac{4Axdxd\omega + 2(Axx + Mkk)dd\omega}{dt^2} = Ax\cos\omega + Mg\cos\omega\,.$$

1) Recte: $x = \sqrt{\left(\frac{Eav}{A} - \frac{Mkk}{A}\right)}$. C. B.

Multiplicetur haec aequatio per $d\omega$, prima vero per dx invicemque addantur et orietur haec aequatio:

$$\frac{2Adxddx + 2Axdxd\omega^2 + 2Axxd\omega dd\omega + 2Mkkd\omega dd\omega}{dt^2}$$
$$= Adx \sin\omega + Axd\omega \cos\omega + Mgd\omega \cos\omega\ .$$

Cuius integrale est:

$$\frac{Adx^2 + Ax^2d\omega^2 + Mk^2d\omega^2}{dt^2} = Ax \sin\omega + Mg \sin\omega + Ea\ ,$$

quam eandem principium conservationis virium vivarum praebet.

51. Quanquam hae aequationes non difficilius inveniuntur quam praecedentes, tamen modus ante adhibitus, quo ad motus determinationem pervenimus, hic non succedit, neque etiam patet, an ullo alio modo aequatio, quae non nisi duas variabiles contineat, inde derivari possit. Ad hoc certe insigne analyseos artificium requiretur, quoniam casus alias facillimus sine satis prolixo calculo inde expediri nequit. Casus hic est, si tubus tam inertia quam pondere carere sumatur, tum enim, quia corpus in motu suo nullum obstaculum offendit, aeque movebitur, ac si esset prorsus liberum, ideoque parabolam describet, quod quidem nostrae quoque aequationes, si recte tractentur, sequenti modo facillime indicant. Sit enim $M = 0$, atque aequationes praecedentes transibunt in has:

$$\text{I.}\quad 2ddx - 2xd\omega^2 = dt^2 \sin\omega$$

et ob $P = 0$,

$$\text{II.}\quad 4dxd\omega + 2xdd\omega = dt^2 \cos\omega\ ,$$

et ultima dat:

$$dx^2 + xxd\omega^2 = xdt^2 \sin\omega + adt^2\ .$$

Si iam ex prima et secunda eliminetur dt^2 proveniet:

$$ddx \cos\omega - xd\omega^2 \cos\omega - 2dxd\omega \sin\omega - xdd\omega \sin\omega = 0\ ,$$

cuius integrale est:

$$dx \cos\omega - xd\omega \sin\omega = dt\sqrt{b}\ ,$$

quae denuo integrata dat

$$x \cos\omega = t\sqrt{b} + c\ .$$

Nunc multiplicetur prima per $\sin\omega$ et secunda per $\cos\omega$, atque ambae aequationes addantur; prodibitque:

$$ddx \sin\omega - xd\omega^2 \sin\omega + 2dxd\omega \cos\omega + xdd\omega \cos\omega = \tfrac{1}{2}dt^2$$

cuius integrale est:

$$dx \sin \omega + x d\omega \cos \omega = \tfrac{1}{2} t dt + dt \sqrt{f} ,$$

quae denuo integrata dat:

$$x \sin \omega = \tfrac{1}{4} tt + t \sqrt{f} + g .$$

At est $x \cos \omega = OQ = p$ et $x \sin \omega = PQ = q$, unde cum sit

$$p = t\sqrt{b} + c \quad \text{et} \quad q = \tfrac{1}{4} tt + t\sqrt{f} + g ,$$

si eliminetur t, aequatio inter coordinatas orthogonales reperietur pro parabola, uti rei natura postulat. Hunc casum per se cognitum praecipue ad methodum confirmandam, hic evolvere visum est.

52. Sint nunc in tubo recto (Fig. 17), qui adhuc per axem transeat, ad eumque sit normalis plura corpora inclusa, quae in eo sint mobilia. Habuerit initio tubus situm OE, in quo tria corpora inclusa fuerint in punctis A, B, C quorum massae iisdem litteris A, B, C exponantur, massa vero tubi sit $= M$, eiusque momentum inertiae respectu axis O ponatur $= Mkk$. Postquam igitur tam tubo quam corporibus A, B, C motus quicunque fuerit impressus, elapso tempore t pervenerit tubus in situm OS et corpora in P, Q, R. Ponatur angulus $COS = \omega$ et distantiae $OP = x$, $OQ = y$ et $OR = z$. Posito iam elemento temporis dt constante, eodem ratiocinio, quo paragrapho 46 sumus usi, patebit ad accelerationem tubi requiri momentum virium $= \frac{2Mkkdd\omega}{dt^2}$. Ad accelerationes autem singulorum corporum inveniendas ratiocinium paragrapho 47 adhibitum totum negotium conficiet; ex quo apparebit corpus in P sollicitari debere secundum directionem tubi PS

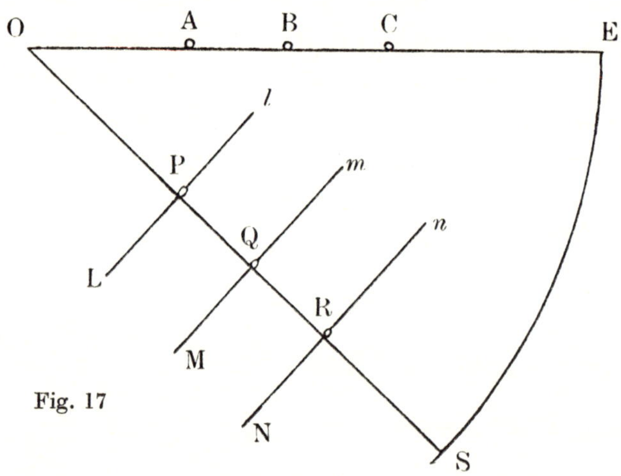

Fig. 17

$$\text{vi} = \frac{2Addx - 2Axd\omega^2}{dt^2} ,$$

at secundum directionem ad tubum normalem PL

$$\text{vi} = \frac{4Adxd\omega + 2Axdd\omega}{dt^2}.$$

Simili modo corpus in Q sollicitabitur secundum directionem QS

$$\text{vi} = \frac{2Bddy - 2Byd\omega^2}{dt^2}$$

et secundum directionem QM

$$\text{vi} = \frac{4Bdyd\omega + 2Bydd\omega}{dt^2}.$$

Atque tertium corpus in R secundum directionem RS sollicitari debebit

$$\text{vi} = \frac{2Cddz - 2Czd\omega^2}{dt^2}$$

et secundum directionem RN

$$\text{vi} = \frac{4Cdzd\omega + 2Czdd\omega}{dt^2}.$$

His autem inventis viribus problema quasi solutum est existimandum, cum, quaecunque vires tam tubum quam corpora in eo urgeant, eae his viribus aequivalentes sint statuendae; quo facto aequationes resultantes determinabunt relationes inter variabiles ω, x, y, z et t, quibus universus motus definietur.

53. Cum viribus autem externis, quibus forte tubus cum corporibus inclusis sollicitetur, coniungendae sunt pressiones, quas singula corpora in tubum exerunt. Sit igitur pressio corporis P in tubum secundum directionem ad tubum normalem $PL = P$, pressio corporis Q secundum directionem $QM = Q$ et pressio corporis R secundum directionem $RN = R$. Harum igitur virium, cum ad motum tubi accelerandum tendant, momentum erit $= Px + Qy + Rz$. Deinde quia reactio actioni est aequalis, ipsa corpora P, Q, R, secundum directiones oppositas Pl, Qm, Rn urgebuntur viribus P, Q et R. Quare si nullae vires externae praeterea adsint, quod evenit, si axis fuerit verticalis tubusque in plano horizontali gyretur, quo casu gravitatis effectus tollitur, prodibunt sequentes aequationes:

$$\text{I.}\quad \frac{2Addx - 2Axd\omega^2}{dt^2} = 0 \qquad\qquad \text{II.}\quad \frac{4Adxd\omega + 2Axdd\omega}{dt^2} = -P$$

III. $\frac{2Bddy - 2Byd\omega^2}{dt^2} = 0$ IV. $\frac{4Bdyd\omega + 2Byddω}{dt^2} = -Q$

V. $\frac{2Cddz - 2Czd\omega^2}{dt^2} = 0$ VI. $\frac{4Cdzd\omega + 2Czdd\omega}{dt^2} = -R$

et

VII. $\frac{2Mkkdd\omega}{dt^2} = Px + Qy + Rz$.

Hinc ex aequationibus II, IV, VI et VII pressiones P et Q et R facile excluduntur, prodibit enim haec aequatio:

VIII. $$2Axdxd\omega + 2Bydyd\omega + 2Czdzd\omega + (Mk^2 + Axx + Byy + Czz)dd\omega = 0,$$

cuius integrale est:

IX. $$(Mk^2 + Ax^2 + By^2 + Cz^2)d\omega = Eadt\sqrt{a} ,$$

quae cum aequationibus I, III et V coniuncta determinationem motus continet. Haec ultima aequatio complectitur principium quodpiam, quod conservationem motus gyratorii appellare soleo, est enim $\frac{xd\omega}{dt}$ celeritas corporis in P gyratoria et $\frac{Axd\omega}{dt}$ eiusdem motus gyratorius; unde expressio $\frac{Axxd\omega}{dt}$ commode appellatur momentum motus gyratorii; quare haec aequatio indicat perpetuo eandem momentorum motus gyratorii summam conservari.

54. Multiplicetur aequatio VIII per $2d\omega$ et prima per $dxdt^2$, III per $dydt^2$, atque subscribantur:

$$\begin{aligned} 2d\omega^2(Axdx + Bydy + Czdz) + d\omega dd\omega(Mk^2 + Ax^2 + By^2 + Cz^2) &= 0 , \\ 2Adxddx - 2Axdxd\omega^2 &= 0 \\ 2Bdyddy - 2Bydyd\omega^2 &= 0 \\ 2Cdzddz - 2Czdzd\omega^2 &= 0 . \end{aligned}$$

Quodsi iam hae aequationes invicem addantur, erit summa:

$$\left.\begin{aligned} &2Adxddx + 2Bdyddy + 2Cdzddz \\ &+ 2Axdxd\omega^2 + 2Bydyd\omega^2 + 2Czdzd\omega^2 \\ &+ 2Axxd\omega dd\omega + 2Byyd\omega dd\omega + 2Czzd\omega dd\omega + 2Mk^2d\omega dd\omega \end{aligned}\right\} = 0,$$

cuius aequationis integrale est:

X. $$Adx^2 + Bdy^2 + Cdz^2 + Ax^2d\omega^2 + By^2d\omega^2 + Cz^2d\omega^2 + Mk^2d\omega^2 = Fbdt^2 ,$$

quae aequatio continet principium conservationis virium vivarum. Est enim $\frac{dx}{dt}$ celeritas corporis A secundum directionem PS et $\frac{xd\omega}{dt}$ celeritas corporis eiusdem secundum directionem PL ad PS normalem, unde eius vera celeritas erit

$$=\sqrt{\left(\frac{dx^2}{dt^2}+\frac{xxd\omega^2}{dt^2}\right)},$$

ideoque altitudo huic celeritati debita

$$=\frac{dx^2}{dt^2}+\frac{xxd\omega^2}{dt^2}$$

et vis viva istius corporis

$$=\frac{Adx^2}{dt^2}+\frac{Axxd\omega^2}{dt^2}.$$

Simili modo vis viva corporis B erit

$$=\frac{Bdy^2}{dt^2}+\frac{Byyd\omega^2}{dt^2}$$

et corporis C

$$=\frac{Cdz^2}{dt^2}+\frac{Czzd\omega^2}{dt^2}.$$

Porro cum cuiusvis tubi particulae ab axe O intervallo $=r$ remotae celeritas sit $=\frac{rd\omega}{dt}$, eiusdem particulae, cuius massa sit $=dM$ vis viva erit

$$=rrdM\cdot\frac{d\omega^2}{dt^2};$$

unde totius tubi vis viva

$$=\frac{d\omega^2}{dt^2}\int rrdM.$$

At $\int rrdM$, quod complectitur omnes tubi particulas per quadrata distantiarum suarum ab axe multiplicatas, per Mkk expressimus, quamobrem vis viva tubi erit $=\frac{Mkkd\omega^2}{dt^2}$.

55. Istae autem duae aequationes differentiales primi gradus, quas elicuimus, parum adhuc conferunt ad motum cognoscendum, quoniam plures variabiles continent. Quo igitur aequationem, in qua duae tantum insint variabiles, obtineamus, methodum primo Celeberrimi CLAIRAUT[1]) secuti resumamus aequationem X:

$$\left.\begin{array}{l} Adx^2+Bdy^2+Cdz^2 \\ +Ax^2d\omega^2+By^2d\omega^2+Cz^2d\omega^2+Mk^2d\omega^2 \end{array}\right\} = Fbdt^2.$$

Cum iam ex prima aequatione sit

$$Axd\omega^2=Addx,$$

erit

$$Ax^2d\omega^2=Axddx;$$

1) Confer notam 2, p. 75 adiectam. C. B.

similique modo ex aequationibus III et V erit

$$By^2 d\omega^2 = Byddy$$

et

$$Cz^2 d\omega^2 = Czddz \ ,$$

qui valores si in aequatione X substituantur, proveniet:

$$\left.\begin{matrix} Adx^2 + Bdy^2 + Cdz^2 \\ Axddx + Byddy + Czddz \end{matrix}\right\} = Fbdt^2 - Mk^2 d\omega^2 \ .$$

At est

$$\begin{aligned} &A(dx^2 + xddx) + B(dy^2 + yddy) + C(dz^2 + zddz) \\ &= d(Axdx + Bydy + Czdz) = \tfrac{1}{2}dd(Ax^2 + By^2 + Cz^2) \end{aligned}$$

ideoque

$$\tfrac{1}{2}dd(Ax^2 + By^2 + Cz^2) = Fbdt^2 - Mk^2 d\omega^2 \ .$$

Aequatio vero IX dat:

$$Ax^2 + By^2 + Cz^2 = \frac{Eadt\sqrt{a}}{d\omega} - Mkk \ .$$

Ponatur brevitatis gratia

$$d\omega = \frac{dt\sqrt{a}}{v}$$

eritque

$$dd(Ax^2 + By^2 + Cz^2) = Eaddv \ ,$$

unde fiet

$$\tfrac{1}{2}Eaddv = Fbdt^2 - \frac{Mkkadt^2}{v^2} \ .$$

Multiplicetur per dv et ob dt constans integretur, erit:

$$\tfrac{1}{4}Eadv^2 = Fbvdt^2 + \frac{Mkkadt^2}{v} + Gccdt^2$$

ideoque

$$dt = \frac{dv\sqrt{Eav}}{2\sqrt{(Mkka + Gccv + Fbvv)}}$$

atque

$$d\omega = \frac{adv\sqrt{E}}{2\sqrt{v(Mkka + Gccv + Fbvv)}} \ .$$

Ad quodvis ergo tempus hinc situs et celeritas tubi definiri potest.

56. Hinc autem nondum situs et motus corporum ad quodvis tempus constat. Ad hoc in subsidium vocari debent aequationes I, III et V, quae valores ipsarum x, y et z definient. Cum enim ex aequatione prima sit

$ddx = xd\omega^2$, ponatur $x = e^{\int udt}$, erit

$$ddx = e^{\int udt}(du + uudt)dt ,$$

quibus valoribus substitutis habebitur

$$du + uudt = \frac{d\omega^2}{dt} = \frac{adt}{v^2} ,$$

ubi si loco dt valor modo inventus substituatur, fiet

$$du = \left(\frac{a}{vv} - uu\right)\frac{dv\sqrt{Eav}}{2\sqrt{(Mkka + Gccv + Fbvv)}} .$$

A resolutione ergo huius aequationis pendet determinatio tam loci quam celeritatis corporis A in P; similes vero aequationes pro definiendis y et z reperientur, earumque ergo valores tantum ratione constantium, quae per integrationem istius aequationis ingrediuntur, different. Manifestum autem est hanc aequationem esse casum aequationis quondam a Comite RICCATO propositae, quae in hac forma continetur

$$dy + yydx = Xdx$$

denotante X functionem quamcunque ipsius x. Etsi autem haec aequatio pluribus casibus separationem variabilium atque adeo integrationem admittit, tamen difficulter haec aequatio diiudicatur, utrum ad eiusmodi casum reduci queat nec ne? Interim tamen observavi hanc aequationem $dy + yydx = Xdx$ generatim ope motus tractorii construi posse, unde etiam per motum tractorium loca corporum A, B, C ad quodvis tempus assignari poterunt. Ceterum quoniam ista methodus hoc laborat incommodo, ut ad totidem huiusmodi aequationes resolutu difficiles, quot sunt corpora tubo inclusa, perducat, alia methodo, qua, antequam illa a Celeberrimo CLAIRAUT mecum erat communicata, usus eram, resolutionem tentabo.

57. Considero nimirum primum aequationes I, III et V, quae ad formam simplicissimam reductae sunt

$$ddx = xd\omega^2 , \quad ddy = yd\omega^2 , \quad ddz = zd\omega^2 ,$$

quae cum inter se sint perfecte similes, manifestum est, si una earum esset resoluta, reliquas omnes quotquot fuerint simul resolutionem esse nactas. Assumo igitur aequationem similem $dds = sd\omega^2$, ex qua pono valorem ipsius s iam esse cognitum: nunc pono $x = Vs$, erit

$$ddx = Vdds + 2dVds + sddV = Vsd\omega^2 .$$

At aequatio $dds = sd\omega^2$ per V multiplicata dat $Vdds = Vsd\omega^2$, quae a priori subtracta relinquit

$$2dVds + sddV = 0 ,$$

cuius per s multiplicatae integrale est

$$ssdV = Kdt \quad \text{et} \quad V = L + K\int\frac{dt}{ss},$$

unde fit

$$x = Ls + Ks\int\frac{dt}{ss}.$$

Simili modo quantitates y et z per s exprimentur, eorumque valores tantum ratione constantium discrepabunt. Erit ergo:

$$x = ls + \lambda s\int\frac{dt}{ss},$$

$$y = ms + \mu s\int\frac{dt}{ss},$$

$$z = ns + \nu s\int\frac{dt}{ss},$$

ubi constantes tam ex situ corporum initiali, quam ex eorum celeritatibus primum impressis definiri debent. Ponamus enim initio fuisse $OA = a$, $OB = b$ et $OC = c$; itemque horum corporum celeritates fuisse secundum directionem tubi OC, primi $A = \alpha$, secundi $B = \beta$ et tertii $C = \gamma$: tum si integrale $\int\frac{dt}{ss}$ ita capiatur, ut evanescat posito $t = 0$, atque casu $t = 0$ fiat $s = 1$ et $\frac{ds}{dt} = 0$, erit $a = l$, $b = m$, $c = n$ et $\alpha = \lambda$, $\beta = \mu$ et $\gamma = \nu$, ideoque hinc constantibus definitis erit

$$x = as + \alpha s\int\frac{dt}{ss},$$

$$y = bs + \beta s\int\frac{dt}{ss},$$

$$z = cs + \gamma s\int\frac{dt}{ss}.$$

Ex aequatione ergo $dds = sd\omega^2$ per duplicem integrationem s ita debet definiri, ut posito $t = 0$ et $\omega = 0$ fiat $s = 1$ et $\frac{ds}{dt} = 0$.

58. Ponamus signorum integralium exterminandorum gratia $\int\frac{dt}{ss} = u$,

fietque $dt = ssdu$ et

$$x = as + \alpha su \ ,$$
$$y = bs + \beta su \ ,$$
$$z = cs + \gamma su \ ,$$

et cum in aequatione $dds = sd\omega^2$ differentiale dt sit sumtum constans, erit hanc hypothesin exuendo:

$$d \cdot \frac{ds}{dt} = \frac{sd\omega^2}{dt} \qquad \text{seu} \qquad d \cdot \frac{ds}{ssdu} = \frac{d\omega^2}{sdu} \ ;$$

et posito $s = \frac{1}{r}$, ut sit $dt = \frac{du}{rr}$ et

$$x = \frac{a + \alpha u}{r} \ , \qquad y = \frac{b + \beta u}{r} \ , \qquad z = \frac{c + \gamma u}{r} \ ,$$

fiet

$$d \cdot \frac{dr}{du} + \frac{rd\omega^2}{du} = 0 \ ;$$

quae aequatio posito elemento du constante transit in $ddr + rd\omega^2 = 0$.

Cum iam sit ex aequatione IX, si loco constantis a ibi adhibitae scribatur f

$$(Mk^2 + Ax^2 + By^2 + Cz^2)\frac{d\omega}{dt} = Ef\sqrt{f} \ ,$$

ita ut si initio motus celeritas tubi angularis $\frac{d\omega}{dt}$ ponatur $= \vartheta$, sit:

$$Ef\sqrt{f} = (Mk^2 + Aa^2 + Bb^2 + Cc^2)\,\vartheta \ ,$$

erit

$$(Mk^2 + Ax^2 + By^2 + Cz^2)\frac{rrd\omega}{du} = Ef\sqrt{f} \ ;$$

substituantur nunc pro x, y, z valores ante inventi, eritque

$$\frac{Efdu\sqrt{f}}{d\omega} - Mk^2r^2 = \begin{cases} + Aa^2 + 2Aa\alpha u + A\alpha^2u^2 \\ + Bb^2 + 2Bb\beta u + B\beta^2u^2 \\ + Cc^2 + 2Cc\gamma u + C\gamma^2u^2 \ . \end{cases}$$

Ponatur

$$Aa^2 + Bb^2 + Cc^2 = F \ ,$$
$$Aa\alpha + Bb\beta + Cc\gamma = G \ ,$$
$$A\alpha^2 + B\beta^2 + C\gamma^2 = H \ ,$$

ut sit

$$Ef\sqrt{f} = (F + Mkk)\vartheta \ ,$$

eritque
$$\frac{(F+Mkk)\vartheta du}{d\omega}=Mk^2r^2+F+2Gu+Huu\ ,$$
quae aequatio cum hac $ddr+rd\omega^2=0$ coniuncta totam solutionem complectitur. Eliminato autem $d\omega$, totum negotium ad resolutionem sequentis aequationis perducitur
$$\frac{ddr}{r}+\frac{(F+Mkk)^2\vartheta^2du^2}{(Mk^2r^2+F+2Gu+Huu)^2}=0\ .$$

59. Aequatio haec differentialis secundi gradus nullo artificio adhuc usitato ad differentialem primi gradus reduci ideoque multo minus integrari posse videtur. Quodsi autem aequatio superior decima, quae principium conservationis virium vivarum complectitur, in subsidium vocetur, aequatio differentialis primi gradus, quae illius sit integralis, sponte resultat. Determinata autem constante Fb ibi adhibita secundum statum motus initialis hic assumti erit:
$$\left.\begin{array}{l}Adx^2+Bdy^2+Cdz^2\\+(Ax^2+By^2+Cz^2)d\omega^2+Mk^2d\omega^2\end{array}\right\}=(H+F\vartheta\vartheta+Mk^2\vartheta^2)dt^2\ .$$
Quae ob
$$dt^2=\frac{du^2}{r^4}$$
et
$$dx=-\frac{adr}{rr}+\frac{\alpha du}{r}-\frac{\alpha udr}{rr}\,,$$
$$dy=-\frac{bdr}{rr}+\frac{\beta du}{r}-\frac{\beta udr}{rr}\,,$$
$$dz=-\frac{cdr}{rr}+\frac{\gamma du}{r}-\frac{\gamma udr}{rr}\,,$$
transmutabitur in sequentem:
$$\frac{Fdr^2}{r^4}-\frac{2Gdudr}{r^3}+\frac{2Gudr^2}{r^4}+\frac{Hdu^2}{r^2}-\frac{2Hududr}{r^3}+\frac{Hu^2dr^2}{r^4}$$
$$+(F+2Gu+Huu)\frac{d\omega^2}{rr}+Mk^2d\omega^2=\frac{Hdu^2}{r^4}+\frac{(F+Mk^2)\vartheta^2du^2}{r^4}\,.$$
Multiplicetur haec aequatio per rr, et cum sit:
$$d\omega^2=\frac{(F+Mkk)^2\vartheta\vartheta du^2}{(Mk^2r^2+F+2Gu+Huu)^2}\,,$$

erit

$$\frac{(F+Mk^2)^2\vartheta^2du^2}{Mk^2r^2+F+2Gu+Hu^2}+\frac{dr^2}{r^2}(F+2Gu+Hu^2)-\frac{2dudr}{r}(G+Hu)+Hdu^2$$

$$=\frac{Hdu^2}{rr}+\frac{(F+Mk^2)\,\vartheta^2du^2}{rr},$$

quae est propterea aequatio integralis illius, quam ante invenimus:

$$\frac{ddr}{r}+\frac{(F+Mkk)^2\,\vartheta^2du^2}{(Mk^2r^2+F+2Gu+Huu)^2}=0\ .$$

Si enim illa differentietur posito du constante, et loco ddr valor ex hac aequatione substituatur, tum ipsa aequatio prior per $-\frac{2dr}{r}$ multiplicata resultat.

60. Ex hoc ergo casu intelligitur, quanta adhuc incrementa in methodo integrali desiderentur, cum nullum etiamnum artificium inventum sit, quo ista aequatio integralis elici potuisset; et, cum tractatio problematis mechanici ad hanc observationem perduxerit, perspicuum est huiusmodi speculationes, etiamsi per se nullius usus essent, tamen ipsi analysi promovendae et amplificandae mirifice inservire. Quanquam autem resolutionem problematis ad duplicem aequationem differentialem primi gradus revocavimus, tamen neutra ita est comparata, ut ipsum motum inde definiri liceret, nisi amplitudo problematis restringatur. Quodsi enim inertia tubi evanescere ponatur, tum posteriori modo ex aequatione differentiali secunda motus cognosci poterit, dum eius integralis aequatio, quam invenimus, nihil omnino prodest: prior autem methodus, etsi motum tubi facile ostendit, tamen ad motum corporum determinandum non aeque videtur apta, atque altera. Qui casus, cum ad insignia analysis mysteria aditum parare queat, dignus videtur, ut eius solutionem hic fusius exponamus. Quaeritur igitur motus plurium corporum tubo recto, qui ad axem gyrationis sit perpendicularis, inclusorum, dum nullae potentiae externae urgent, atque simul ipsa tubi massa evanescit. Hoc tamen non obstante tubus rigiditatem servare censendus est, qua efficitur, ut corpora perpetuo in linea recta contineantur. Hancque ob causam, etsi unicum corpus, si huiusmodi tubo est inclusum, nullam inde alterationem patitur neque ullam pressionem exerit, tamen pro pluribus corporibus longe alia est ratio, qua fit, ut determinatio motus satis molestum calculum, variaque singularia artificia requirat, quae pluribus aliis indagandis ansam praebere queant.

61. Sit igitur massa tubi $M=0$, atque aequatio differentio-differentialis abibit in hanc:

$$\frac{ddr}{r} + \frac{F^2\vartheta^2 du^2}{(F + 2Gu + Hu^2)^2} = 0 \ .$$

Ponatur nunc $r = e^{\int v du}$, erit

$$\frac{ddr}{r} = dvdu + vvdu^2 \ ;$$

quo valore substituto emerget aequatio primi gradus:

$$dv + vvdu + \frac{F^2\vartheta^2 du}{(F + 2Gu + Hu^2)^2} = 0 \ ,$$

quae si integrale algebraicum habeat, erit huiusmodi

$$v = \frac{\lambda + \mu u}{F + 2Gu + Huu} \ ,$$

unde fit

$$dv = \frac{\mu F du - \mu Huudu - 2\lambda G du - 2\lambda H u du}{(F + 2Gu + Huu)^2} \ .$$

His valoribus substitutis erit:

$$+ \mu F - 2\lambda Hu - \mu Huu - 2\lambda G + 2\lambda\mu u + \mu^2 uu + \lambda\lambda + F^2\vartheta^2 = 0 \ .$$

Duabus hic conditionibus satisfit ponendo $\mu = H$; tumque porro reperietur:

$$\lambda = G \pm \sqrt{(G^2 - FH - F^2\vartheta^2)} \ .$$

At ex formulis supra datis patet esse $G^2 < FH$, ideoque hic ipsius λ valor erit imaginarius. Cum ergo sit

$$v = \frac{\lambda + Hu}{F + 2Gu + Huu} \ ,$$

erit

$$\int v du = l\sqrt{(F + 2Gu + Huu)} \pm \int \frac{du\sqrt{(G^2 - FH - F^2\vartheta^2)}}{F + 2Gu + Huu} \ .$$

Porro autem habemus

$$d\omega = \frac{F\vartheta du}{F + 2Gu + Huu} \ ,$$

unde fit

$$\int v du = l\sqrt{(F + 2Gu + Huu)} \pm \frac{\omega\sqrt{(G^2 - FH - F^2\vartheta^2)}}{F\vartheta} \ .$$

At integratio dat

$$\omega = \frac{F\vartheta}{\sqrt{(FH - GG)}} \ \text{A tang} \ \frac{u\sqrt{(FH - GG)}}{F + Gu} \ .$$

Hinc fit

$$\frac{u\sqrt{(FH - GG)}}{F + Gu} = \text{tang} \frac{\omega\sqrt{(FH - GG)}}{F\vartheta} \ ,$$

quae aequatio, cum sit $FH > GG$, est realis.

62. Cum igitur ex variabili ω commode definiatur variabilis u, loco ipsius u in calculum introducamus ω, quippe quae ad motum quaesitum immediate refertur. Ponatur ergo brevitatis causa

$$\frac{\sqrt{(FH - GG)}}{F\vartheta} = m\,,$$

ut sit

$$\sqrt{(FH - GG)} = mF\vartheta\,,$$

eritque

$$\frac{mF\vartheta u}{F + Gu} = \operatorname{tang} m\omega \quad \text{et} \quad u = \frac{F \operatorname{tang} m\omega}{mF\vartheta - G \operatorname{tang} m\omega}$$

atque

$$\sqrt{(F + 2Gu + Huu)} = \frac{mF\vartheta \sec m\omega \cdot \sqrt{F}}{mF\vartheta - G \operatorname{tang} m\omega}$$

sive

$$u = \frac{F \sin m\omega}{mF\vartheta \cos m\omega - G \sin m\omega}$$

et

$$\sqrt{(F + 2Gu + Huu)} = \frac{mF\vartheta\sqrt{F}}{mF\vartheta \cos m\omega - G \sin m\omega}\,.$$

Hinc ergo erit ob

$$\sqrt{(G^2 - FH - F^2\vartheta^2)} = F\vartheta\sqrt{(-m^2 - 1)}$$

$$\int v\,du = l\,\frac{mF\vartheta\sqrt{F}}{mF\vartheta \cos m\omega - G \sin m\omega} + \omega\sqrt{(-m^2 - 1)}$$

et

$$r = e^{\pm\omega\sqrt{(-m^2-1)}}\,\frac{mF\vartheta\sqrt{F}}{mF\vartheta \cos m\omega - G \sin m\omega}\,.$$

Cum igitur duplicem habeamus valorem pro r, ex iis obtinebimus valorem completum aequationi differentio-differentiali satisfacientem:

$$r = \frac{mF\vartheta\sqrt{F}}{mF\vartheta \cos m\omega - G \sin m\omega}\left(\frac{(\mu + \nu\sqrt{-1})\,e^{\omega\sqrt{(-m^2-1)}}}{2} + \frac{(\mu - \nu\sqrt{-1})\,e^{-\omega\sqrt{(-m^2-1)}}}{2}\right),$$

ubi si exponentialia haec imaginaria ad quadraturam circuli reducantur fiet:

$$r = \frac{mF\vartheta\sqrt{F}}{mF\vartheta \cos m\omega - G \sin m\omega}\left(\mu \cos \omega\sqrt{(m^2 + 1)} - \nu \sin \omega\sqrt{(m^2 + 1)}\right)$$

et

$$s = \frac{mF\vartheta \cos m\omega - G \sin m\omega}{\left(\mu \cos \omega\sqrt{(m^2 + 1)} - \nu \sin \omega\sqrt{(m^2 + 1)}\right) mF\vartheta\sqrt{F}}\,,$$

ubi cum posito $\omega = 0$ debeat esse $s = r$, fiet

$$\mu = \frac{1}{\sqrt{F}}\,,$$

et quia eodem casu esse oportet $ds = 0$, erit

$$v = \frac{G}{F\vartheta\sqrt{F(m^2+1)}}$$

ideoque

$$s = \frac{(mF\vartheta\cos m\omega - G\sin m\omega)\sqrt{(mm+1)}}{mF\vartheta\sqrt{(m^2+1)}\cos\omega\sqrt{(mm+1)} - mG\sin\omega\sqrt{(mm+1)}}.$$

63. Ponamus brevitatis gratia $\sqrt{(mm+1)} = n$ eritque

$$s = \frac{n(mF\vartheta\cos m\omega - G\sin m\omega)}{m(nF\vartheta\cos n\omega - G\sin n\omega)}.$$

Iam ob

$$u = \frac{F\sin m\omega}{mF\vartheta\cos m\omega - G\sin m\omega}$$

erit

$$a + \alpha u = \frac{mF\vartheta a\cos m\omega + (F\alpha - Ga)\sin m\omega}{mF\vartheta\cos m\omega - G\sin m\omega}.$$

Quare cum sit

$$x = as + \alpha su = s(a + \alpha u),$$

habebitur

$$x = \frac{n(mF\vartheta a\cos m\omega + (F\alpha - Ga)\sin m\omega)}{m(nF\vartheta\cos n\omega - G\sin n\omega)}$$

similiterque

$$y = \frac{n(mF\vartheta b\cos m\omega + (F\beta - Gb)\sin m\omega)}{m(nF\vartheta\cos n\omega - G\sin n\omega)},$$

$$z = \frac{n(mF\vartheta c\cos m\omega + (F\gamma - Gc)\sin m\omega)}{m(nF\vartheta\cos n\omega - G\sin n\omega)}.$$

Denique cum sit

$$du = \frac{m^2F^2\vartheta d\omega}{(mF\vartheta\cos m\omega - G\sin m\omega)^2},$$

ob $dt = ssdu$ erit

$$dt = \frac{nnF^2\vartheta d\omega}{(nF\vartheta\cos n\omega - G\sin n\omega)^2}$$

et integrando

$$t = \frac{F\sin n\omega}{nF\vartheta\cos n\omega - G\sin n\omega}.$$

Cognito ergo motu initiali dum tubus situm tenet AE, existentibus $OA = a$, $OB = b$, $OC = c$ et celeritatibus corporum secundum tubi longitudinem α, β, γ, itemque celeritate tubi angulari $= \vartheta$, dum ipsa tubi massa evanescens assumitur, denotant:

$$F = Aa^2 + Bb^2 + Cc^2,$$
$$G = Aa\alpha + Bb\beta + Cc\gamma,$$
$$H = A\alpha\alpha + B\beta\beta + C\gamma\gamma,$$

$$m = \frac{\sqrt{(FH - GG)}}{F\vartheta}$$

et

$$n = \sqrt{(mm + 1)} .$$

Hincque ergo ad quodvis tempus t tam situs tubi seu angulus $EOS = \omega$ et distantiae corporum ab axe $AP = x$, $AQ = y$, $AR = z$ definiri poterunt. Hoc itaque modo iste casus alias difficillimus per solos sinus et cosinus duorum angulorum $m\omega$ et $n\omega$ resolvitur.

64. Quodsi autem inertia tubi non evanescat, casus quoque datur, quo ex superioribus aequationibus motum definire licet. Hic casus est, si corpora A, B, C initio vel nullum habuerint motum secundum tubi longitudinem, vel si eorum celeritates α, β, γ ipsis distantiis a, b, c sint proportionales; tum enim uti ex paragrapho 58 patet distantiae x, y et z eandem perpetuo proportionem tenebunt, eritque $y = \frac{b}{a}x$ et $z = \frac{c}{a}x$; atque ob $\beta = \frac{b}{a}\alpha$ et $\gamma = \frac{c}{a}\alpha$, habebitur:

$$F = Aa^2 + Bb^2 + Cc^2 ,$$

$$G = \frac{\alpha}{a}(Aa^2 + Bb^2 + Cc^2)$$

et

$$H = \frac{\alpha^2}{a^2}(Aa^2 + Bb^2 + Cc^2) .$$

Hincque aequatio IX transibit in hanc:

$$\frac{(F + Mkk)\vartheta dt}{d\omega} = Mk^2 + \frac{Fx^2}{a^2} ;$$

aequatio vero decima abibit in hanc:

$$(H + F\vartheta\vartheta + Mk^2\vartheta^2)dt^2 = \frac{Fdx^2}{a^2} + \frac{Fx^2d\omega^2}{a^2} + Mk^2d\omega^2$$

$$= \left(\frac{F\alpha^2}{a^2} + F\vartheta^2 + Mk^2\vartheta^2\right)dt^2$$

ob $H = \frac{F\alpha^2}{a^2}$. Ex priore autem est

$$d\omega^2 = \frac{a^4(F + Mkk)^2\vartheta^2dt^2}{(Fx^2 + Mk^2a^2)^2} ,$$

quo valore in posteriori substituto erit:

$$(F\alpha^2 + Fa^2\vartheta^2 + Mk^2a^2\vartheta^2)dt^2 = Fdx^2 + \frac{a^4(F + Mk^2)^2\vartheta^2dt^2}{Fx^2 + Mk^2a^2} ,$$

ex qua obtinetur:

$$dt = \frac{dx\sqrt{F(Fx^2 + Mk^2a^2)}}{\sqrt{(F^2\alpha^2x^2 + F^2a^2\vartheta^2x^2 + FMk^2a^2\vartheta^2x^2 + FMk^2a^2\alpha^2 - F^2a^4\vartheta^2 - FMk^2a^4\vartheta^2)}},$$

seu

$$dt = \frac{dx}{\sqrt{(\alpha^2 + a^2\vartheta^2(xx - aa)(F - Mk^2):(Fxx + Mk^2a^2))}}.$$

Sic igitur relatio inter t et x innotescit, qua inventa ad datum tempus t simul distantiae y et z cognoscuntur. Denique situs tubi reperietur ex hac aequatione

$$d\omega = \frac{aa(F + Mkk)\,\vartheta dt}{Fxx + Mk^2a^2}.$$

65. Sit iam (Fig. 18) circa axem ad planum tabulae in O normalem tubus rectus DS mobilis, qui in plano ad axem normali sit situs, in eoque inclusum sit corpus P, cuius massa $= A$, massa vero tubi sit $= M$, eiusque momentum inertiae ad axem O relatum $= Mkk$. Quoniam tubus non per axem transit, in eum ex O ducatur perpendicularis OD, voceturque $OD = a$. Initio autem tubus tenuerit situm rectae OE parallelum; nunc autem elapso tempore t habeat situm DS, ita ut, ducta DR ipsi OE parallela, iam angulum RDS motu angulari descripserit. Sit iste angulus $RDS = \omega$; et hoc tempore corpus versetur in P, unde ad OE demittatur perpendiculum PQ, vocenturque $OQ = p$, $PQ = q$, ita ut p et q sint coordinatae ad lineam, quam corpus P motu suo vero describit; atque producta QP in q, ductaque Pp rectae OE parallela ad motum corporis conservandum necesse erit, ut id sollicitetur

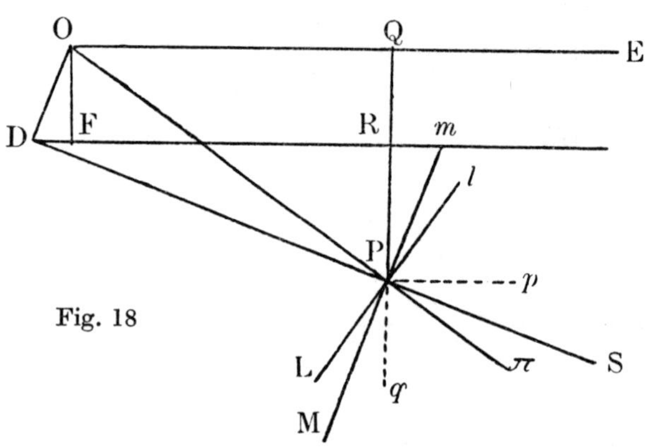

Fig. 18

$$\text{secundum directionem } Pp \text{ vi } = \frac{2A\,ddp}{dt^2}$$

et

$$\text{secundum directionem } Pq \text{ vi } = \frac{2A\,ddy}{dt^2}$$

sumto dt constante. Vocetur iam variabilis $DP = x$ et ducta OP sit

$$OP = \sqrt{(aa + xx)} = z\ ,$$

erit ob $PDR = \omega$

$$PR = x \sin \omega \quad \text{et} \quad DR = x \cos \omega .$$

Tum ducta OF in DR normali, ob $DOF = \omega$ erit

$$DF = a \sin \omega \quad \text{et} \quad OF = a \cos \omega ;$$

ex quibus efficitur

$$OQ = p = x \cos \omega - a \sin \omega \quad \text{et} \quad PQ = x \sin \omega + a \cos \omega = q ,$$

eritque propterea:

$$\begin{aligned}
dp &= dx \cos \omega - x d\omega \sin \omega - a d\omega \cos \omega , \\
dq &= dx \sin \omega + x d\omega \cos \omega - a d\omega \sin \omega , \\
ddp &= ddx \cos \omega - 2 dx d\omega \sin \omega - x dd\omega \sin \omega - x d\omega^2 \cos \omega \\
&\quad - a dd\omega \cos \omega + a d\omega^2 \sin \omega , \\
ddq &= ddx \sin \omega + 2 dx d\omega \cos \omega + x dd\omega \cos \omega - x d\omega^2 \sin \omega \\
&\quad - a dd\omega \sin \omega - a d\omega^2 \cos \omega .
\end{aligned}$$

Hinc erit:

$$p \cos \omega + q \sin \omega = x \quad \text{et} \quad q \cos \omega - p \sin \omega = a$$

atque

$$\begin{aligned}
&dp \cos \omega + dq \sin \omega = dx - a d\omega , \\
&dq \cos \omega - dp \sin \omega = x d\omega , \\
&ddp \cos \omega + ddq \sin \omega = ddx - x d\omega^2 - a dd\omega \\
&ddq \cos \omega - ddp \sin \omega = 2 dx d\omega + x dd\omega - a d\omega^2 .
\end{aligned}$$

66. Si iam istae vires ad directionem tum ipsius tubi DS tum rectae Mm ad eum normalis reducantur, ob ang. $SPp = MPq = \omega$, ex vi

$$Pp = \frac{2A\,ddp}{dt^2}$$

oritur vis in directione PS

$$= \frac{2A\,ddp \cos \omega}{dt^2}$$

et in directione Pm vis $= \dfrac{2A\,ddp \sin \omega}{dt^2}$. Simili modo ex vi

$$Pq = \frac{2A\,ddq}{dt^2}$$

resultat

in directione PS vis $= \dfrac{2A\,ddq \sin \omega}{dt^2}$

et

$$\text{in directione } PM \text{ vis } = \frac{2A\,ddq\cos\omega}{dt^2};$$

unde necesse est, ut corpus in P sollicitetur secundum directionem tubi PS

$$\text{vi} = \frac{2A}{dt^2}(ddp\cos\omega + ddq\sin\omega) = \frac{2A(ddx - xd\omega^2 - addw)}{dt^2}$$

et in directione PM

$$\text{vi} = \frac{2A}{dt^2}(ddq\cos\omega - ddp\sin\omega) = \frac{2A(2dxd\omega + xdd\omega - ad\omega^2)}{dt^2}.$$

Poterunt etiam, si ad rectam OP normalis ducatur Ll, vires istae sollicitantes revocari ad directiones $P\pi$ et PL; cum enim sit

$$\sin SP\pi = \sin MPL = \frac{a}{z} \quad \text{et} \quad \cos SP\pi = \cos MPL = \frac{x}{z},$$

ex vi PS oritur

$$\text{vis in directione } P\pi = \frac{2Ax}{zdt^2}(ddx - xd\omega^2 - add\omega)$$

et

$$\text{in directione } Pl = \frac{2Aa}{zdt^2}(ddx - xd\omega^2 - add\omega).$$

Deinde autem ex vi PM orietur

$$\text{vis in directione } P\pi = \frac{2Aa}{zdt^2}(2dxd\omega + xdd\omega - ad\omega^2)$$

et

$$\text{in directione } PL = \frac{2Ax}{zdt^2}(2dxd\omega + xdd\omega - ad\omega^2).$$

Hinc colligendo vis requiretur corpus directe ab axe O secundum $P\pi$ avellens

$$= \frac{2A}{zdt^2}(xddx + 2adxd\omega - (aa + xx)d\omega^2);$$

tum vero altera, quae corpus in directione PL ad illam normali urgeat,

$$= \frac{2A}{zdt^2}(2xdxd\omega - addx + (aa + xx)dd\omega).$$

His igitur viribus cognitis, quae ad motum conservandum requiruntur, facile est pro quovis casu, quando vires sollicitantes dantur, motum definire.

67. Ponamus neque in tubum neque in corpus ullas vires externas agere, atque adeo motum utriusque a sola pressione mutua affici. Quae quoniam ad

tubum est normalis, ponamus vim, qua tubus a corpore in directione ad tubum DS normali PM sollicitatur, esse $= P$, atque ipsum corpus a tubo reprimetur secundum directionem Pm vi $= P$. Vis igitur tubum accelerantis momentum erit $= P \,.\, DP = Px$, supra autem iam invenimus ad hunc motum accelerandum requiri momentum virium $= \frac{2Mkkdd\omega}{dt^2}$; unde obtinemus hanc aequationem:

$$\frac{2Mkkdd\omega}{dt^2} = Px \ .$$

Deinde si vim, qua corpus urgetur, comparemus cum viribus, quas ante invenimus secundum directiones PS et PM, nanciscemur has aequationes:

$$\frac{2Addx - 2Axd\omega^2 - 2Aadd\omega}{dt^2} = 0 \ ,$$

$$\frac{4Adxd\omega + 2Axdd\omega - 2Aad\omega^2}{dt^2} = -P \ .$$

Quodsi ex hac postrema et prima pressio P eliminetur, prodibit:

$$2Axdxd\omega + Axxdd\omega - Aaxd\omega^2 + Mkkdd\omega = 0 \ ,$$

secunda autem aequatio transit in hanc:

$$Addx - Axd\omega^2 - Aadd\omega = 0 \ ,$$

quae per a multiplicata et ab illa subtracta relinquit:

$$2Axdxd\omega + A(aa + xx)dd\omega - Aaddx + Mkkdd\omega = 0 \ ,$$

cuius integrale est:

$$A(aa + xx)d\omega - Aadx + Mkkd\omega = Efdt\sqrt{f} \ .$$

Deinde si haec per $d\omega$ et prior per dx multiplicetur ambaeque addantur, habebitur:

$$Adxddx + Axdxd\omega^2 + A(aa + xx)d\omega dd\omega - Aad\omega ddx - Aadxdd\omega$$
$$+ Mk^2 d\omega dd\omega = 0 \ .$$

Cuius integrale est:

$$Adx^2 + A(aa + xx)d\omega^2 - 2Aad\omega dx + Mk^2 d\omega^2 = Fgdt^2 \ .$$

Ab hac aequatione subtrahatur prior integralis per $d\omega$ multiplicata, eritque

$$Adx^2 - Aadxd\omega = Fgdt^2 - Efd\omega dt\sqrt{f} \ .$$

Eliminato ergo $d\omega$ orietur aequatio inter x et dt, quae facile resolvitur.

68. Consideremus nunc (Fig. 19) tubum curvilineum OPS, qui quidem in plano ad axem O normali gyretur, cuius massa sit $= M$ et momentum inertiae $= Mkk$, in eoque inclusum sit corpus P, cuius massa $= A$. Quo igitur huius corporis motum diiudicare queamus, eum ad directiones fixas reduci oportet, quoniam leges motus huiusmodi directiones respiciunt. Referatur ergo curvedo tubi OPS ad rectam OV, quae cum ipso tubo circa axem gyretur, et initio quidem temporis t haec recta OV situm tenuerit OQ, ita ut interea motu angulari cum tubo descripserit angulum $QOV = \omega$, unde virium momentum ad accelerationem tubi requisitum erit

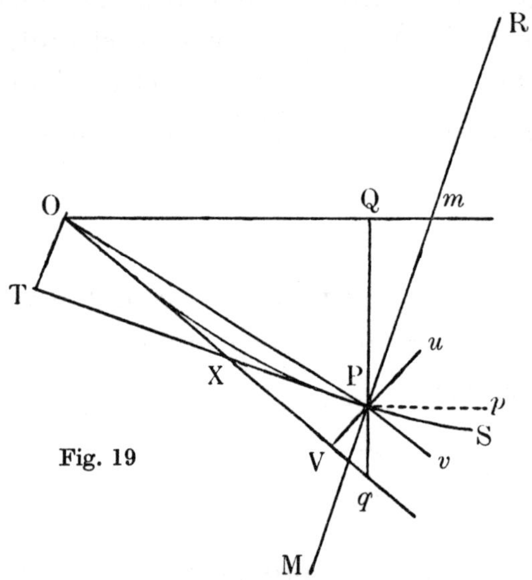

Fig. 19

$$= \frac{2Mkkdd\omega}{dt^2}$$

sumto dt constante. Ad hanc igitur rectam OQ locus corporis referatur, sitque demisso PQ in OQ perpendiculo $OQ = p$ et $QP = q$. Quare ductis Pp et Pq ipsis OQ et QP parallelis corpus P sollicitari debet in directione Pp vi $= \frac{2Addp}{dt^2}$ et in directione Pq vi $= \frac{2Addq}{dt^2}$. Iam natura curvae OPS exprimatur aequatione inter coordinatas $OV = u$ et $VP = v$, huiusmodi enim aequatio, quia recta OV cum tubo aequaliter promoveri ponitur, modo consueto naturam curvae exhibebit. At ob angulum $QOV = \omega$ erit

$$OQ = p = u \cos \omega + v \sin \omega$$

et

$$PQ = q = u \sin \omega - v \cos \omega \,,$$

hinc erit

$$\begin{aligned} dp &= du \cos \omega - ud\omega \sin \omega + dv \sin \omega + vd\omega \cos \omega \,, \\ dq &= du \sin \omega + ud\omega \cos \omega - dv \cos \omega + vd\omega \sin \omega \,, \\ ddp &= ddu \cos \omega - 2dud\omega \sin \omega - ud\omega^2 \cos \omega - udd\omega \sin \omega \\ &\quad + ddv \sin \omega + 2dvd\omega \cos \omega - vd\omega^2 \sin \omega + vdd\omega \cos \omega \,, \\ ddq &= ddu \sin \omega + 2dud\omega \cos \omega - ud\omega^2 \sin \omega + udd\omega \cos \omega \\ &\quad - ddv \cos \omega + 2dvd\omega \sin \omega + vd\omega^2 \cos \omega + vdd\omega \sin \omega \,. \end{aligned}$$

69. Si iam vires ante inventae ad directiones Pv et Pu his ordinatis OV et PV parallelas referantur, invenietur vis in directione Pv sollicitans

$$=\frac{2A}{dt^2}(ddp\cos\omega+ddq\sin\omega)=\frac{2A}{dt^2}(ddu-ud\omega^2+2dvd\omega+vdd\omega)$$

et vis in directione Pu

$$=\frac{2A}{dt^2}(ddp\sin\omega-ddq\cos\omega)=\frac{2A}{dt^2}(-2dud\omega-udd\omega+ddv-vd\omega^2)\ .$$

Ducatur iam ad curvam normalis MPm, atque hae vires referantur ad directiones PM et PS, reperieturque si elementum curvae $\sqrt{(du^2+dv^2)}=ds$ ponatur, ob

$$\sin SPv=\frac{dv}{ds}\quad\text{et}\quad\cos SPv=\frac{du}{ds},$$

vis in directione PS

$$=\frac{2A}{dt^2ds}(duddu+dvddv+dd\omega(vdu-udv)-d\omega^2(vdv+udu))$$

et vis in directione PM

$$=\frac{2A}{dt^2ds}(dvddu-duddv+2d\omega(dv^2+du^2)+dd\omega(vdv+udu)+d\omega^2(vdu-udv))\,.$$

Si iam ducatur ad curvam in P tangens PT in eamque ex O perpendicularis OT vocetur $PT=x$, $OT=y$ et recta $OP=\sqrt{(xx+yy)}=z$, erit

$$\frac{zdz}{x}=ds=\sqrt{(dv^2+du^2)}\ ,$$

itemque $zz=uu+v^2$, unde fit

$$vdv+udu=zdz\quad\text{et}\quad dvddv+duddu=dsdds\ .$$

Deinde si tangens PT rectam OV in X secet, erit $VX=\dfrac{vdu}{dv}$, $PX=\dfrac{vds}{dv}$, porroque $OX=\dfrac{udv-vdu}{dv}$ et hinc

$$OT=y=\frac{udv-vdu}{ds}\quad\text{et}\quad TX=\frac{udvdu-vdu^2}{dvds}\ .$$

Ex quibus colligitur

$$PT=x=\frac{vdv+udu}{ds}\ ;$$

atque si radius curvaturae PR statuatur $=r$, erit

$$\frac{ds^3}{duddv-dvddu}=r=\frac{zdz}{dy}$$

et

$$duddv - dvddu = \frac{ds^3}{r} = \frac{dyds^3}{zdz} = \frac{dyds^2}{x}\,.$$

His valoribus substitutis sicque u et v exclusis erit

$$\text{vis } PS = \frac{2A}{dt^2}\left(dds - ydd\omega - \frac{zdzd\omega^2}{ds}\right) = \frac{2A}{dt^2}(dds - ydd\omega - xd\omega^2)\ ,$$

$$\text{vis } PM = \frac{2A}{dt^2}\left(-\frac{dyds}{x} + 2dsd\omega + \frac{zdzdd\omega}{ds} - yd\omega^2\right)$$

$$= \frac{2A}{dt^2}\left(-\frac{dyds}{x} + 2dsd\omega + xdd\omega - yd\omega^2\right)$$

existente

$$ds = \frac{zdz}{x} = dx + \frac{ydy}{dx}\,.$$

70. Si neque tubus neque corpus in eo ab ullis viribus externis sollicitetur, omnis motus perturbatio a sola pressione mutua corporis in tubum orietur; sit igitur vis, qua corpus in P premit secundum directionem normalem PM, $= P$, ab eodem corpus vicissim premetur in directione Pm vi $= P$, nullam vero vim in directione PS patitur. Quocirca motus tubi sequentes binas suppeditabit aequationes:

$$\text{I.}\quad \frac{2A}{dt^2}(dds - xd\omega^2 - ydd\omega) = 0 \quad \text{seu} \quad dds - xd\omega^2 - ydd\omega = 0\ ,$$

$$\text{II.}\quad \frac{2A}{dt^2}\left(2dsd\omega - yd\omega^2 + xdd\omega - \frac{dyds}{x}\right) = -P\ .$$

Deinde cum huius pressionis $PM = P$ momentum ad motum tubi accelerandum sit $= Px$, habebitur quoque haec aequatio

$$\text{III.}\quad \frac{2Mkkdd\omega}{dt^2} = Px\ .$$

Eliminetur ex aequationibus II et III pressio P prodibitque

$$2Adsd\omega - Ayd\omega^2 + Axdd\omega - \frac{Adyds}{x} + \frac{Mkkdd\omega}{x} = 0$$

seu multiplicando per x haec:

$$\text{IV.}\quad 2Axdsd\omega - Axyd\omega^2 + (Axx + Mkk)dd\omega - Adyds = 0\ .$$

Ex prima autem aequatione est $xd\omega^2 = dds - ydd\omega$, quo valore hic introducto fiet:

$$2Axdsd\omega - Aydds + (Azz + Mkk)dd\omega - Adyds = 0\ ,$$

quae ob $xds = zdz$ transit in hanc:

$$\text{V.}\quad 2Azdzd\omega + (Azz + Mkk)dd\omega - Aydds - Adyds = 0 \;,$$

cuius integrale est

$$\text{VI.}\quad (Azz + Mkk)d\omega - Ayds = Efdt\sqrt{f} \;,$$

quae aequatio continet conservationem momenti motus rotatorii: voco autem momentum motus rotatorii productum ex motu rotatorio in distantiam ab axe. Sic corporis A celeritas secundum tubum est $= \frac{ds}{dt}$, quae per $\frac{y}{z}$ multiplicata dat eius celeritatem gyratoriam in plagam contrariam directam, hinc $\frac{Ayds}{zdt}$ erit eius motus rotatorius et $-\frac{Ayds}{dt}$ momentum motus rotatorii, quatenus in tubo procedit. Quatenus autem cum tubo gyratur, erit eius celeritas rotatoria $= \frac{zd\omega}{dt}$, motus rotatorius $= \frac{Azd\omega}{dt}$ et momentum motus rotatorii $= \frac{Azzd\omega}{dt}$; similique modo totius tubi momentum motus rotatorii erit $= \frac{Mkkd\omega}{dt}$.

71. Multiplicetur aequatio prima per Ads eritque:

$$Adsdds - Axdsd\omega^2 - Aydsdd\omega = 0$$

seu

$$Adsdds - Azdzd\omega^2 - Aydsdd\omega = 0 \;.$$

Haec addatur ad aequationem V per $d\omega$ multiplicatam, ac summa erit

$$Azdzd\omega^2 + (Azz + Mkk)d\omega dd\omega + Adsdds$$
$$- A(ydsdd\omega + yd\omega dds + dydsd\omega) = 0 \;,$$

cuius integrale est:

$$\text{VII.}\quad (Azz + Mkk)d\omega^2 + Ads^2 - 2Aydsd\omega = Fgdt^2 \;,$$

haecque aequatio complectitur principium conservationis virium vivarum. Unde manifestum est haec duo principia, si ad solutionem huius quaestionis adhibita fuissent, statim suppeditatura fuisse has duas aequationes integrales, ad quas methodo directa utentes non nisi post plures operationes pertigimus. Contrahunt ergo haec principia calculum mirifice, dum labori integrationis parcitur. Atque hoc quidem casu istae binae aequationes sufficientes sunt ad problema resolvendum, cum tres tantum habeamus variabiles z, s et ω. Verum si plura corpora in huiusmodi tubo quoque inessent, tum pluribus etiam opus esset aequationibus ad problema solvendum, quas haec principia praebere non valent. Ceterum etiam praesenti casu haec principia quantitatem pressionis corporis in tubum sponte non ostendunt, cum ea tamen ex nostris formulis primum inventis facile cognoscatur. Cum enim ex aequatione tertia sit

$$\frac{2dd\omega}{dt^2}=\frac{Px}{Mkk},$$

hoc valore in secunda substituto erit

$$\frac{4Adsd\omega}{dt^2}-\frac{2Ayd\omega^2}{dt^2}-\frac{2Adyds}{xdt^2}+\frac{APxx}{Mkk}=-P;$$

unde oritur

$$P=\frac{2A(dyds+yxd\omega^2-2xdsd\omega)\,Mkk}{(Axx+Mkk)\,xdt^2},$$

ubi si radius osculi r introducatur ob $dy=\frac{xds}{r}$, erit

$$P=\frac{2AMkk(ds^2:r+yd\omega^2-2dsd\omega)}{(Axx+Mkk)\,dt^2}.$$

72. Cum autem ob curvaturam tubi datam aequatio habeatur inter z et ds, motus tam tubi quam corporis in ipso facile definitur. Cum enim ex aequatione VI sit

$$dt^2=\frac{((Azz+Mkk)\,d\omega-Ayds)^2}{EEf^3},$$

si brevitatis gratia ponatur

$$\frac{EEf^3}{Fg}=Hhh,$$

erit hunc valorem in aequatione VII substituendo:

$$(Azz+Mkk)Hhhd\omega^2+AHhhds^2-2AHhhydsd\omega$$
$$=(Azz+Mkk)^2d\omega^2-2Ay(Azz+Mkk)dsd\omega+AAy^2ds^2,$$

unde per extractionem radicis obtinetur:

$$d\omega=\frac{Ayds}{Azz+Mkk}-\frac{hds}{Azz+Mkk}\sqrt{\frac{AH(Axx+Mkk)}{Azz+Mkk-Hhh}}.$$

Hincque porro fit

$$Efdt\sqrt{f}=\pm\,hds\sqrt{\frac{AH(Axx+Mkk)}{Azz+Mkk-Hhh}}.$$

Simili quoque modo motus tubi cum corpore incluso definiri posset, si tubus sive rectus sive curvus non in plano ad axem rotationis normali sit positus, atque si etiam duplicem habeat curvaturam; hoc enim casu primum oporteret motum corporis ad tres directiones fixas revocare, viresque his motibus convenientes deinde ad alias directiones, quas tubus quovis situ praebet, reducere. Verum calculus fieret prolixus minusque concinnus, eumque ideo eo magis praetermittimus, quod methodus, qua uti conveniat, hic satis sit explicata facileque ad huiusmodi casus magis complicatos, quoties opus fuerit, accommodari queat.

SECTIO III

DE MOTU CORPORUM IN TUBIS LIBERE MOBILIBUS

73. Pervenimus nunc ad problematis, quod tractare suscepimus, casum praecipuum eumque difficillimum, quem nemo adhuc, quantum scio, est aggressus, nisi quando tubus in circulum incurvatus eiusque centrum gravitatis in ipso circuli centro positum assumitur. Perspicuum autem statim est hoc casu motum tubi fore mixtum ex progressivo et gyratorio, et gyratorium quidem, quoniam tubus libere mobilis statuitur circa eiusmodi axem peragi debere, qui nullas vires sustineat. Quamobrem praecepta in superiori sectione tradita huc quoque transferri poterunt, dummodo ii casus investigentur, quibus axis, quem ante posuimus fixum, nullas sollicitationes patitur; tum enim axis, etiamsi a nulla vi externa retineatur, nihilominus situm suum conservare poterit. Supra autem (§ 41) vires definivimus, quibus singula axis puncta a motu gyratorio urgentur, quae ergo si vel nullae fuerint vel se mutuo destruant, corpus circa eundem axem libere gyrari poterit. Quos casus quo facilius investigemus, primo totum tubi corpus, quasi in eodem plano ad axem gyrationis normali positum esset, considerabimus, ita ut universa materia, quae gyratur, in eodem plano ad axem normali existere censeatur. Deinde vero corpora secundum axis longitudinem extensa perpendemus, indagaturi cuiusmodi situm axis habere debeat, ut inter gyrandum nullas vires sentiat. Postquam autem explicuerimus, cuiusmodi motus in corpora libere mobilia cadere in iisque perseverare possint, in effectus virium sollicitantium inquiremus, ut motus immutatio inde oriunda definiri possit.

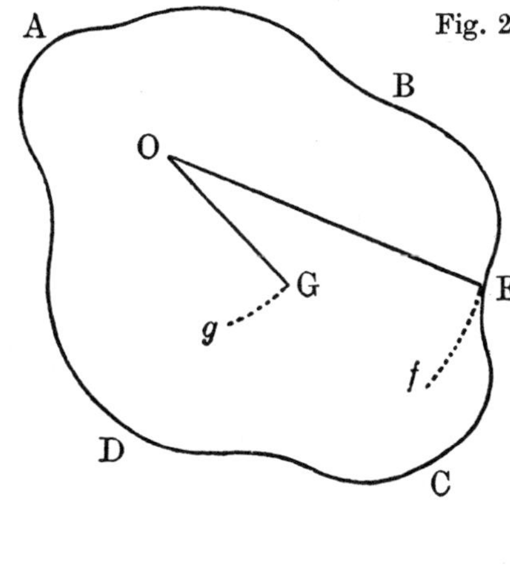

Fig. 20

74. Repraesentet ergo (Fig. 20) planum $ABCD$ corpus tubi, quod circa axem per hoc

planum in O normaliter transeuntem gyretur. Sit in data ab axe distantia $OF = f$ celeritas puncti F, qua circa O secundum plagam Ff gyratur debita altitudini $= u$, atque ponatur massa totius corporis $= M$, eiusque centrum gravitatis in G, quod ergo circa O gyrabitur secundum Gg celeritate altitudini $= \frac{OG^2 \cdot u}{ff}$ debita. Hoc igitur motu gyratorio, uti supra (§ 41) docuimus, axis secundum directionem OG trahetur vi

$$= \frac{2M \cdot OG \cdot u}{ff};$$

eandem scilicet vim sustinebit, ac si totum corpus M in puncto G esset collectum et celeritate altitudini $\frac{OG^2 \cdot u}{ff}$ debita gyraretur: hoc enim modo vis centrifuga foret

$$= 2M \cdot \frac{OG^2 \cdot u}{ff} : OG = \frac{2M \cdot OG \cdot u}{ff}.$$

Tanta ergo vi opus erit ad axem O retinendum, ne isti vi cedat; quare si corpus libere fuerit mobile, id circa eiusmodi axem gyrari non poterit, quia nulla vis axem continens adest. Cum autem haec vis non evanescat, nisi distantia OG in nihilum abeat, corpus $ABCD$ circa alium axem ad hoc planum normalem gyrari non poterit, nisi qui per ipsum centrum gravitatis G transeat. Quare si corpus hoc $ABCD$ nactum fuerit motum circa axem per eius centrum gravitatis G transeuntem et ad planum $ABCD$ normalem, tum istum motum conservabit axisque, etiamsi a nulla vi retineatur, tamen quasi fixus esset, immotus manebit, nisi motus a viribus externis perturbetur. Si ergo tota tubi massa in superficie plana $ABCD$ fuerit distributa, ea vel nullum habebit motum gyratorium, vel gyrabitur circa axem per eius centrum gravitatis G transeuntem.

75. Si corpus non in superficie plana ad axem normali comprehendi queat, sed secundum axis longitudinem sit extensum, tum concipiatur id in innumeras tenuissimas lamellas ad axem normales dissectum, et quae modo diximus, ad quamlibet lamellam referri poterunt. Hinc ergo patet, si axis per singularum lamellarum centra gravitatis transeat, tum singula quoque eius puncta a motu gyratorio nullam vim sustinere, ideoque corpus circum hunc axem libere gyrari posse. Globus ergo ex materia uniformi confectus circa quemvis axem per eius centrum gravitatis transeuntem libere gyrari poterit: singulae enim rectae per eius centrum ductae ita sunt comparatae, ut simul per omnium sectionum ad se normalium centra gravitatis transeant; hocque

itaque casu singula axis puncta nullam omnino vim sustinent. Praeterea vero fieri potest, ut, etiamsi axis non per singularum sectionum centra gravitatis transeat, tamen cunctae vires se mutuo destruant, sicque motus gyratorius circa eiusmodi axem aeque subsistere possit. Ad hos casus evolvendos sit AB axis corpus quodcunque traiiciens (Fig. 21), et concipiatur corpus in infinitas lamellas ad istum axem normales dissectum, quarum singularum centra gravitatis notentur. Haec igitur centra gravitatis lineam quandam continuam constituent, vel in eodem plano sitam vel duplici curvatura praeditam. Sit primo haec linea centrorum gravitatis EGF in eodem plano sita, ita ut ducta quacunque applicata QP ad AB normali, punctum Q sit centrum gravitatis sectionis corporis ad axem in puncto P normaliter factae, atque punctum axis P sollicitabitur secundum directionem PQ, vi quadam, quam in paragrapho praecedente definivimus, quae cum a celeritate motus gyratorii, tum a massa sectionis, tum etiam praecipue a quantitate intervalli PQ pendebit.

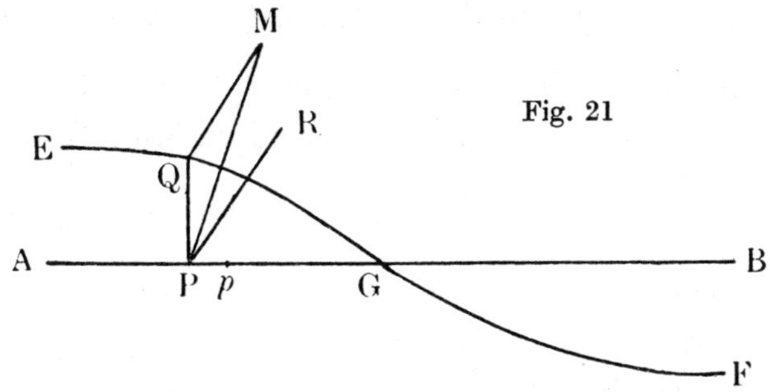

Fig. 21

76. Sit A extremum axis punctum et vocetur $AP = x$, $PQ = y$ sitque massa sectionis in P ad axem normaliter factae $= X$, erit X functio quaedam ipsius x ex indole corporis cognoscenda. Motus porro gyratorius ita determinetur, ut particula ab axe intervallo $= f$ distans moveatur celeritate debita altitudini u, quo posito erit vis, qua axis punctum P in directione PQ sollicitatur, $= \frac{2Xyu}{ff}$, pro qua cum $\frac{2u}{ff}$ sit quantitas constans, considerasse sufficiet expressionem Xy, quae si sectioni seu lamellae crassities infinite parva $= dx$ tribuatur, abit in $Xydx$, ita ut axis particula $Pp = dx$ in directione PQ sollicitetur vi, quae est ut $Xydx$. Quo igitur hae vires, quibus singula axis elementa urgentur, se mutuo destruant, necesse est ut primo summa omnium istarum virium nempe $\int Xydx$ evanescat. Hinc intelligitur axis AB transire debere per omnium lamellarum, hoc est totius corporis, commune centrum gravitatis. Nisi enim hoc esset, distantia communis centri gravitatis a linea AB foret

$$= \frac{\int Xydx}{\int Xdx},$$

quare cum sit $\int Xydx = 0$, manifestum est axem AB, circa quem corpus libere gyrari queat, per corporis centrum gravitatis, quod sit in G, transire debere. Hoc autem solum nondum sufficit, sed praeterea requiritur, ut omnium harum virium momenta se invicem destruant. Est autem vis $Xydx$ momentum respectu puncti fixi $A = Xxydx$, unde quoque necesse est ut $\int Xxydx = 0$, seu cum sit

$$\int Xyxdx = x\int Xydx - \int dx\int Xydx \quad \text{et} \quad \int Xydx = 0 ,$$

oportet ut $\int dx\int Xydx$ per totam axis longitudinem evanescat. Axis igitur AB ad liberam gyrationem idoneum situm non habebit, nisi fuerit et

$$\int Xydx = 0 \quad \text{et} \quad \int dx\int Xydx = 0 .$$

77. Sin autem linea centrorum gravitatis non sit in eodem plano sita, consideretur eius proiectio orthogonalis in plano pro lubitu assumto et per axem AB transeunte. Sit EGF ista proiectio et M centrum gravitatis sectionis ad axem normalis per P factae, ita ut recta MQ sit perpendicularis in planum AGE. Ponatur $AP = x$, $PQ = y$ et $QM = z$, ac, si linea centrorum fuerit cognita, dabuntur duae aequationes, quibus relatio inter tres coordinatas x, y et z continebitur. Sit porro massa sectionis istius per P factae $= X$, et iuncta PM erit vis, qua axis punctum P in directione PM trahetur, $= \frac{2Xu}{ff} \cdot PM$ seu ut $X \cdot PM$, et axis elementum $Pp = dx$ sollicitabitur vi ut $Xdx \cdot PM$. Resolvatur haec vis secundum directiones constantes PQ et PR existente PR normali in planum APQ, erit vis PQ ut $Xydx$ et vis PR ut $Xzdx$. Cum iam harum virium effectus debeat esse nullus, primo oportebit esse tam $\int Xydx$ quam $\int Xzdx = 0$, quod evenit, si axis AB per totius corporis commune centrum gravitatis G transeat. Praeterea vero quoque harum virium momenta se mutuo destruere debent, ut axis etiam non inclinetur, hincque fiet:

$$\int Xyxdx = 0 \quad \text{et} \quad \int Xzxdx = 0 .$$

Nisi ergo praeter transitum axis per corporis centrum gravitatis G hae duae aequationes locum inveniant, corpus circa eiusmodi axem libere gyrari non poterit. In sequentibus ergo perpetuo assumemus axem, circa quem tubus gyretur, non solum per eius centrum gravitatis transire, sed etiam praedictas proprietates locum habere, ita ut axis, circa quem motus gyratorius absolvitur, nullam vim sentiat.

78. Si igitur corpus circa huiusmodi axem a quacunque causa semel acceperit motum gyratorium, eundem hunc motum perpetuo uniformiter con-

servabit, nisi a viribus externis perturbetur. Supra enim ostendimus corpus circa quemcunque axem motu uniformi gyrari posse, dummodo iste axis firmiter retineatur, ne a viribus sollicitantibus mutetur; praesenti autem casu axis a motu gyratorio nullam vim suffert, ideoque circa eum corpus libere gyrari poterit; quia axis hic, etiamsi a nulla vi retineatur, sponte quiescit. Neque vero solum corpus circa huiusmodi axem quiescentem uniformiter gyrabitur, sed etiam idem eveniet, si interea axis cum toto corpore uniformiter in directum promoveatur. Ex primis enim principiis motus constat in systemate quorumcunque corporum eundem motum subsistere posse, sive totum systema quiescat, sive uniformiter in directum progrediatur. Si ergo corpori praeter motum progressivum impressus fuerit motus gyratorius circa huiusmodi axem, qui per eius centrum gravitatis transeat, et ante memoratis proprietatibus gaudeat, tum istud corpus vi propria inertiae utrumque motum constanter tenebit; hoc est, uniformiter in directum promovebitur, simulque interea motu uniformi circa eundem axem gyrari perget. Hoc igitur casu in corpore duplex inerit motus, quorum uterque secundum praecepta ante tradita seorsim cognoscetur et definietur: motus scilicet progressivus ex motu axis, seu ex motu centri gravitatis, quod motus gyratorii non est particeps, cognoscetur, ex eiusque tam celeritate quam directione aestimabitur. Motus gyratorius autem ad axem, qui etsi motu sibi parallelo progreditur, tamen tanquam quiesceret, considerari potest, referri, et ex celeritate, quam datum corporis punctum ab axe dato intervallo remotum habet, definiri debebit. Mente igitur motum progressivum[1]) tollere licebit, ut axis tanquam quiescens spectetur, et motus gyratorius hinc resultans insuper cum motu progressivo, quem cogitatione sustuleramus, iterum coniungatur.

79. Exposito igitur modo hunc duplicem cuiusque corporis libere mobilis motum contemplandi et ad calculum revocandi, videamus, quomodo uterque motus a viribus sollicitantibus immutetur. Ac primo quidem investigemus, qualis vis requiratur ad solum motum progressivum perturbandum. Habeat ergo corpus $ABCD$ huiusmodi duplicem motum (Fig. 22), quorum altero progressivo centrum gravitatis G uniformiter promoveatur secundum directionem GE celeritate debita altitudini v; simul vero circa axem idoneum per centrum

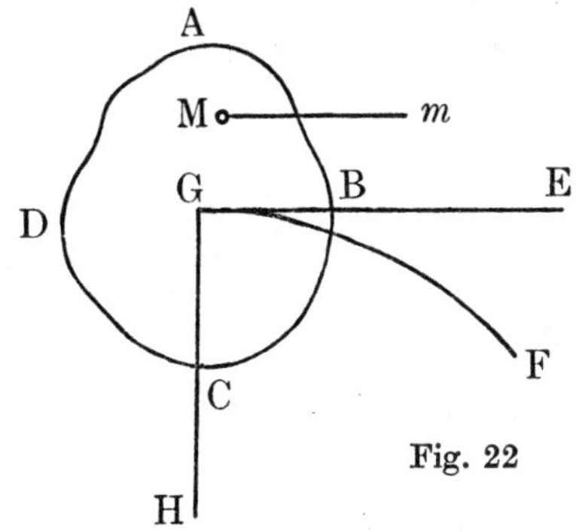

Fig. 22

1) Editio princeps: rotatorium. Correxit C. B.

gravitatis G ductum gyretur, sitque puncti ab hoc axe intervallo $= f$ distantis celeritas debita altitudini $= u$, quae ad hunc axem, quasi quiesceret, referatur. Massa autem totius corporis sit $= M$. Iam ut solus motus progressivus acceleretur, gyratorio non mutato, necesse est ut singulae corporis particulae secundum directionem GE aequalibus viribus acceleratricibus urgeantur. Scilicet si altitudo v, dum centrum gravitatis G per spatiolum dx progreditur, incrementum capiat $= dv$, particula corporis M, quae sit $= dM$, in directione Mm ipsi GE parallela urgeri debet vi $= \frac{dM \cdot dv}{dx}$. Quodsi iam omnes istae vires in unam colligantur, quia omnium eadem est directio, erit vis aequivalens $= \frac{M\,dv}{dx}$, eiusque directio per centrum gravitatis G transibit eritque GE. Quare vicissim si corpus $ABCD$ sollicitetur secundum ipsius directionem motus progressivi GE, haecque directio vis per centrum gravitatis G transeat, solus motus corporis progressivus afficietur, motusque gyratorius nullam mutationem patietur. Motus autem progressivi acceleratio ita se habebit, ut, si vis sollicitans GE fuerit $= P$, fiat $dv = \frac{Pdx}{M}$; quodsi ergo haec vis P in plagam oppositam tendat seu in sui negativam abeat, tum erit $dv = -\frac{Pdx}{M}$.

80. Sin autem directio motus progressivi sola inflecti debeat, ita ut neque celeritas centri gravitatis neque motus gyratorius immutetur, singulas corporis particulas aequalibus viribus secundum directionem GH ad motus directionem GE normalem sollicitari oportet; si enim omnes aequalibus viribus acceleratricibus secundum eandem directionem pellantur, tum earum motus relativus inter se non perturbabitur, ideoque motus gyratorius immutatus manebit. Ponamus ergo motum progressivum ita inflecti debere, ut viae curvilineae GF, quam prosequatur, radius osculi GH sit $= r$, atque quaelibet particula dM in directione GH urgeri debebit vi $= \frac{2v\,dM}{r}$. Harum ergo omnium virium, quibus singulae corporis particulae pelluntur, media directio per centrum gravitatis G transibit et in ipsam rectam GH incidet, totaque vis omnibus aequivalens erit $= \frac{2Mv}{r}$. Quare vicissim si corpus $ABCD$ in directione GH per centrum gravitatis G transeunte et ad motus directionem GE normali sollicitetur vi $= Q$, tum neque motus gyratorius neque celeritas progressiva afficietur, sed sola motus progressivi directio GE ita in circulum GF incurvabitur, ut eius radius GH sit $= \frac{2Mv}{Q}$. Hinc ergo omnium virium, quarum directiones per centrum gravitatis G transeunt, effectus assignari poterunt: cum enim quaeque secundum directiones GE et GH resolvi queat,

a priori celeritas motus progressivi vel augebitur vel diminuetur, a posteriore autem directio eius inflectetur, neutra autem in motu gyratorio ullam mutationem producet. Mutatio autem motus progressivi perinde erit comparata, ac si tota corporis massa in eius centro gravitatis esset collecta nullusque motus gyratorius adesset. Hinc ergo patet motum gyratorium nullam mutationem perpeti posse nisi a viribus, quarum directiones non per centrum gravitatis transeant.

81. Investigemus nunc, a cuiusmodi viribus corpus sollicitari debeat, ut eius motus progressivus non afficiatur, sed solus motus gyratorius vel acceleretur, vel retardetur. Sit igitur G corporis cuiuspiam centrum gravitatis (Fig. 23), corpusque praeter motum progressivum gyretur circa axem per centrum gravitatis G transeuntem et ad planum tabulae normalem, quem si toti corpori motum aequalem et contrarium progressivum impressum concipiamus, tamquam quiescentem spectare poterimus. Sit puncti F, quod ab axe intervallo $FG = f$ distat, celeritas secundum directionem Ff ad GF normalem debita altitudini u, quae, dum punctum F motu angulari per arculum $Ff = ds$ progreditur, augmentum capiat $= du$. Iam consideretur particula corporis quaecunque in M, cuius massula sit $= dM$ et distantia $GM = z$, huiusque particulae celeritas secundum directionem MN ad GM normalem debita erit altitudini $= \frac{zzu}{ff}$. Dum autem punctum F elementum $Ff = ds$ percurrit, particula M motu suo absolvet spatiolum $\frac{zds}{f}$. Hinc ad istam motus rotatorii accelerationem requiritur, ut particula M sollicitetur secundum directionem MN ad GM

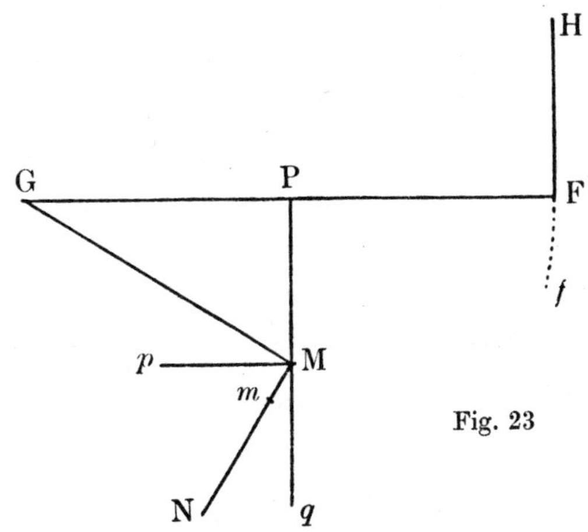

Fig. 23

$$\text{normali vi } = dM \cdot \frac{zzdu}{ff} : \frac{zds}{f} = \frac{zdudM}{fds} = zdM \cdot \frac{du}{fds},$$

quae ergo vis erit ut zdM, quia $\frac{du}{fds}$ pro omnibus particulis est idem. Momentum ergo vis ad hanc accelerationem producendam est $= \frac{du}{fds} \cdot zzdM$. Si igitur singulae particulae corporis per quadrata distantiarum suarum ab axe G multiplicentur et summa omnium productorum ponatur $= Mkk$, ita ut Mkk sit momentum inertiae respectu huius axis gyrationis, erit $Mkk = \int zzdM$, ideoque summa omnium momentorum ad motum rotatorium accelerandum requisitorum erit $= \frac{Mkkdu}{fds}$. Seu si angulus tempusculo infinite parvo dt motu angulari confectus ponatur $= d\omega$ ob $\sqrt{u} = \frac{fd\omega}{dt}$ et $ds = fd\omega$, erit id momentum totale

$$= \frac{2Mkkdd\omega}{dt^2},$$

quae expressio convenit cum ea, quam supra pro motu circa axem fixum invenimus.

82. Sola autem momentorum consideratio non sufficit ad indolem virium inventarum, quae ad motum gyratorium accelerandum requiruntur, exprimendam: possunt enim diversissimarum virium aequalia esse momenta respectu cuiuspiam axis. Et quanquam in motu gyratorio nonnisi virium sollicitantium momenta considerari solent, tamen hoc loco eas tantum vires perpendimus, quae corpori nullum motum progressivum inducant, vel eum, quem iam forte habet, non mutent. Hinc inter infinitas illas vires, quarum omnium idem est momentum $\frac{2Mkkdd\omega}{dt^2}$, ea tantum ad praesens negotium est accommodata, quae nullum motum progressivum generat. Ad hanc affectionem cognoscendam, vires singulis corporis particulis applicatas ad directiones constantes reduci conveniet. In hunc finem assumatur recta GF, in eamque ex puncto M demittatur perpendiculum MP, sitque $GP = x$ et $PM = y$, ita ut sit $GM = z = \sqrt{(xx + yy)}$. Iam vis $MN = \frac{du}{fds} \cdot zdM$ resolvatur secundum directiones Mp et Mq, quarum illa ipsi GP est parallela, haec vero cum PM congruit. Cum igitur sit

$$\text{angulus } NMq = MGP \quad \text{et} \quad NMp = GMP \ ,$$

atque

$$\sin PGM = \frac{y}{z} \quad \text{et} \quad \cos PGM = \frac{x}{z} \ ,$$

erit vis in directione Mp

$$= \frac{du}{fds} \cdot ydM$$

et vis in directione Mq

$$= \frac{du}{fds} \cdot xdM \ .$$

Quocirca omnium virium, quarum directiones sunt rectae GF parallelae, summa erit

$$= \frac{du}{f ds} \int y dM ;$$

at vero cum G sit centrum gravitatis, erit $\int y dM = 0$, unde summa istarum virium erit $= 0$. Simili modo summa omnium virium, quarum directiones sunt ad rectam GF normales, erit

$$= \frac{du}{f ds} \cdot \int x dM ;$$

verum ob rationem modo allegatam est quoque $\int x dM = 0$, unde et haec virium summa evanescet. Consequenter ad accelerationem motus rotatorium ita efficiendum, ut motus progressivus non mutetur, eiusmodi viribus est opus, quae ad constantes directiones reductae se mutuo destruant, quarum tamen hoc non obstante momentum sit $= \frac{2Mkkdd\omega}{dt^2}$.

83. Fieri ergo nequit, ut unica vis corpori applicata eius motum gyratorium solum afficiat motu progressivo intacto, unica enim vis simul evanescere atque momentum reale habere non potest, nisi forte vis infinite parva in distantia infinita per vectem agens huc censeatur. Ad hunc igitur effectum producendum duae ad minimum vires, ut FH et PM requiruntur, quae sint aequales et in directionibus parallelis contrariae, diversisque intervallis ab axe remotae: summa enim harum duarum virium, quia altera est affirmativa, altera negativa, fit $= 0$, momentum tamen $FH \cdot GF - PM \cdot GP$ valorem obtinet realem. Scilicet si utraque vis FH et PM ponatur $= P$, erit earum momentum ad motum gyratorium retardandum $= P \cdot FP$; unde fit

$$\frac{2Mkkdd\omega}{dt^2} = P \cdot FP \quad \text{et} \quad \frac{2dd\omega}{dt^2} = \frac{du}{f ds} = \frac{P \cdot FP}{Mkk}.$$

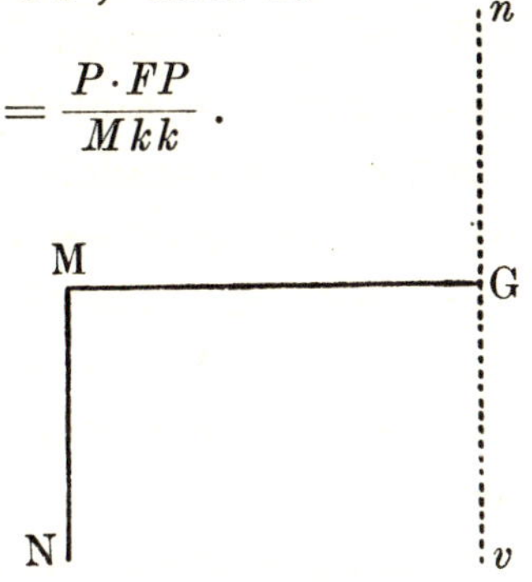

Fig. 24

Hinc igitur cuiusvis potentiae corpori applicatae effectus tam in motu progressivo quam gyratorio perturbando definiri poterit. Gyretur scilicet corpus libere circa axem per eius centrum gravitatis G transeuntem (Fig. 24) et ad planum tabulae normalem, sollicitetur que a vi $MN = P$, cuius directio in plano axem normaliter secante sit sita, in quam ex axe perpendicularis ducatur $GM = g$. Concipiatur corpori in G applicata vis $Gn = P$ in directione contraria et ipsi MN parallela Gn, atque ab his duabus

86. Motus porro tubi progressivus ex motu ipsius centri gravitatis G, in quo totam tubi massam collectam concipere licet, aestimari debet, qui secundum directiones Gr et Gg resolvatur eum coordinatis AR et RG consentientes. Erit ergo celeritas centri gravitatis

$$\text{in directione } Gr = \frac{dp}{dt} \quad \text{et in directione } Gg = \frac{dq}{dt},$$

hincque ad priorem motum accelerandum requiritur

$$\text{vis sollicitans in directione } Gr = \frac{2M\,ddp}{dt^2}$$

et ad posteriorem

$$\text{vis sollicitans in directione } Gg = \frac{2M\,ddq}{dt^2}.$$

Simili modo si motus corporis in P secundum pares directiones Pq et Pp resolvatur, erit celeritas in directione Pq

$$= \frac{dx}{dt} = \frac{dp - dz\cos\omega + zd\omega\sin\omega}{dt},$$

hincque necesse est ut corpus in directione Pq sollicitetur vi

$$= \frac{2A\,ddx}{dt^2} = \frac{2A}{dt^2}(ddp - ddz\cos\omega + 2dzd\omega\sin\omega + zdd\omega\sin\omega + zd\omega^2\cos\omega).$$

Celeritas autem corporis in P secundum directionem Pp est

$$= \frac{dy}{dt} = \frac{dq + dz\sin\omega + zd\omega\cos\omega}{dt^2},$$

ideoque in hac directione corpus urgeatur necesse est vi

$$= \frac{2A\,ddy}{dt^2} = \frac{2A}{dt^2}(ddq + ddz\sin\omega + 2dzd\omega\cos\omega + zdd\omega\cos\omega - zd\omega^2\sin\omega).$$

Si hae vires ad directiones cum tubi tum ad eum normales reducantur, ipse primum tubus in directione GF sollicitabitur

$$\text{vi} = \frac{2M}{dt^2}(ddp\cos\omega - ddq\sin\omega)$$

et in directione ad eam normali Gs

$$\text{vi} = \frac{2M}{dt^2}(ddp\sin\omega + ddq\cos\omega).$$

Deinde corpus in P sollicitabitur secundum directionem tubi PF

$$\text{vi} = \frac{2A}{dt^2}(ddx \cos \omega - ddy \sin \omega) ,$$

quae abit in:

$$\frac{2A}{dt^2}(ddp \cos \omega - ddq \sin \omega - ddz + zd\omega^2) ,$$

secundum directionem normalem Pl vero

$$\text{vi} = \frac{2A}{dt^2}(ddx \sin \omega + ddy \cos \omega) ,$$

quae abit in:

$$\frac{2A}{dt^2}(ddp \sin \omega + ddq \cos \omega + 2dzd\omega + zdd\omega) .$$

87. Ponamus neque tubum neque corpus in eo ab ullis viribus externis sollicitari; ita ut omnis motus mutatio a sola pressione corporis in tubum oriatur. Premat ergo corpus P tubum secundum directionem PL ad tubum normalem vi $= P$; ac primo quidem ab hac vi, cuius momentum est $= Pz$, motus gyratorius retardabitur, unde oritur ista aequatio:

$$\frac{2Mkkdd\omega}{dt^2} = -Pz .$$

Deinde concipiatur haec vis in sua directione in centrum gravitatis G transferri, quae solum motum secundum directionem Gs minuet, altero secundum GF immutato; hincque binae sequentes nascentur aequationes:

$$\frac{2M}{dt^2}(ddp \cos \omega - ddq \sin \omega) = 0 ,$$

$$\frac{2M}{dt^2}(ddp \sin \omega + ddq \cos \omega) = -P .$$

Postea vero corpus a tubo reprimetur in directione contraria Pl vi $= P$; ab hac ergo solus corporis motus secundum directionem Pl augebitur, alter autem motus in directione PF prorsus non afficietur; ex quo binae hae aequationes resultabunt:

$$\frac{2A}{dt^2}(ddp \cos \omega - ddq \sin \omega - ddz - zd\omega^2) = 0 ,$$

$$\frac{2A}{dt^2}(ddp \sin \omega + ddq \cos \omega + 2dzd\omega + zdd\omega) = P .$$

Quodsi ex aequatione primum inventa valor

$$P = -\frac{2Mkkdd\omega}{zdt^2}$$

in reliquis substituatur, totum negotium ad sequentes quatuor aequationes perducetur:

$$\text{I.}\quad ddp\cos\omega - ddq\sin\omega = 0\ ,$$
$$\text{II.}\quad zddp\sin\omega + zddq\cos\omega - kkdd\omega = 0\ ,$$
$$\text{III.}\quad ddp\cos\omega - ddq\sin\omega - ddz + zd\omega^2 = 0\ ,$$
$$\text{IV.}\quad Azddp\sin\omega + Azddq\cos\omega + 2Azdzd\omega + Azzdd\omega + Mkkdd\omega = 0\ .$$

Hinc ex prima et tertia oritur

$$\text{V.}\quad ddz - zd\omega^2 = 0$$

et ex II et IV nascitur haec

$$\text{VI.}\quad 2Azdzd\omega + (Akk + Azz + Mkk)dd\omega = 0\ .$$

88. Si porro aequatio I per $z\cos\omega$ et II per $\sin\omega$ multiplicetur, earum summa erit:

$$\text{VII.}\quad zddp - kkdd\omega\sin\omega = 0\ .$$

Sin autem prima per $z\sin\omega$ multiplicata, a secunda per $\cos\omega$ multiplicata subtrahatur, remanebit:

$$\text{VIII.}\quad zddq - kkdd\omega\cos\omega = 0\ .$$

Ex sexta autem est

$$kkdd\omega = \frac{-2Azdzd\omega - Azzdd\omega}{A+M}\ ,$$

quo valore substituto aequatio VII transit in

$$\text{IX.}\quad (A+M)ddp + 2Adzd\omega\sin\omega + Azdd\omega\sin\omega = 0\ ,$$

at aequatio VIII in

$$\text{X.}\quad (A+M)ddq + 2Adzd\omega\cos\omega + Azdd\omega\cos\omega = 0\ .$$

Iam aequatio VI integrata dat:

$$\text{XI.}\quad Azzd\omega + (A+M)kkd\omega = Edt\ .$$

Quodsi autem ab IX subtrahatur V per $A\cos\omega$ multiplicata, integrale erit:

$$\text{XII.}\quad (A+M)dp - Adz\cos\omega + Azd\omega\sin\omega = Fdt\ ,$$

sin autem ad X addatur V per $A\sin\omega$ multiplicata, summae integrale erit:

$$\text{XIII.}\quad (A+M)dq + Adz\sin\omega + Azd\omega\cos\omega = Gdt\ .$$

Hae postremae aequationes denuo integratae dabunt

$$\text{XIV.}\quad (A+M)p - Az\cos\omega = Ft + \mathfrak{F}\ ,$$
$$\text{XV.}\quad (A+M)q + Az\sin\omega = Gt + \mathfrak{G}\ .$$

Ex XI vero est

$$d\omega = \frac{E\,dt}{(A+M)\,kk + Azz}\ ,$$

qui in V substitutus dat:

$$\frac{ddz}{z} = \frac{E^2dt^2}{((A+M)\,kk + Azz)^2}\ ,\qquad \text{seu}\qquad \frac{dzddz}{dt^2} = \frac{E^2zdz}{((A+M)\,kk + Azz)^2}\ ,$$

cuius integrale est

$$\text{XVI.}\quad \frac{dz^2}{dt^2} = H - \frac{E^2 : A}{(A+M)\,kk + Azz}\ ,$$

unde fit

$$dt = dz\sqrt{\frac{A(A+M)\,kk + AAzz}{AH(A+M)\,kk - EE + AAHzz}}\ .$$

89. Ut istas constantes per integrationes ingressas debito modo definiamus, ad statum initialem est spectandum, in quo tubum EF rectae AB ita incubuisse assumimus, ut centrum gravitatis G in punctum A incidisset. Posito ergo $t=0$ fiet tam $p=0$ et $q=0$, quam $\omega=0$, tum autem sumamus celeritatem tubi angularem fuisse $=\vartheta$, ita ut facto $t=0$ fiat $\frac{d\omega}{dt}=\vartheta$, progressivum autem ita fuisse comparatum, ut essent celeritates

$$\frac{dp}{dt} = m \qquad \text{et} \qquad \frac{dq}{dt} = n\ .$$

Porro initio fuerit distantia corporis in tubo a centro gravitatis $=a$ et celeritas inde recedens $=\alpha$; ita ut posito $t=0$ fiat $z=a$ et $\frac{dz}{dt}=\alpha$. Hinc ex aequatione XI ad initium applicata erit

$$Aaa\vartheta + (A+M)kk\vartheta = E\ ;$$

ex XII erit

$$(A+M)m - A\alpha = F \qquad \text{et ex XIII}\qquad (A+M)n + Aa\vartheta = G\ .$$

Tum ex aequatione XIV fiet: $-Aa=\mathfrak{F}$ et ex XV $0=\mathfrak{G}$. Denique ex aequatione XVI habebitur:

$$\alpha^2 = H - \frac{E^2 : A}{(A+M)\,kk + Aaa}\qquad \text{seu}\qquad H = \alpha^2 + \frac{E^2 : A}{(A+M)\,k^2 + Aaa}\ ,$$

hincque singulae constantes sequentes valores habebunt:

$$E = \vartheta(Aaa + Akk + Mkk) \ ,$$
$$F = (A + M)m - A\alpha \ , \quad \mathfrak{F} = -Aa \ ,$$
$$G = (A + M)n + Aa\vartheta \ , \quad \mathfrak{G} = 0$$

et

$$H = \alpha^2 + (aa + kk)\vartheta\vartheta + \frac{Mkk\vartheta\vartheta}{A} \ ,$$

ex quibus denique oritur

$$dt = dz \sqrt{\frac{(A + M)\, kk + Azz}{((A + M)\, kk + Azz)\, \alpha\alpha + ((A + M)\, kk + Aaa)\, (zz - aa)\, \vartheta\vartheta}}$$

unde z ad datum tempus t definitur. Porro erit:

$$d\omega = \frac{((A + M)\, kk + Aaa)\, \vartheta dt}{(A + M)\, kk + Azz} \ ,$$

hincque ad datum tempus angulus ω cognoscitur; denique est

$$p = \frac{Az \cos \omega + ((A + M)\, m - Aa)\, t - Aa}{A + M}$$

et

$$q = -\frac{Az \sin \omega + ((A + M)\, n + Aa\vartheta)\, t}{A + M} \ .$$

90. Quo naturam huius solutionis clarius inspiciamus, quia est

$$dx = dp - dz \cos \omega + zd\omega \sin \omega \ ,$$

aequatio duodecima abibit in hanc $M dp + A dx = F dt$, quae si tota tubi massa in eius centro gravitatis G concipiatur collecta, indicat commune centrum gravitatis tubi et corporis uniformiter secundum directionem ipsi AB parallelam progredi. Deinde quia est

$$dy = dq + dz \sin \omega + zd\omega \cos \omega \ ,$$

aequatio XIII transit in hanc

$$M dq + A dy = G dt \ ,$$

quae indicat commune centrum gravitatis tubi et corporis secundum directionem ad AB normalem uniformiter progredi. Hinc conficitur communis centri gravitatis tubi et corporis motum esse uniformem et in directum progredientem, quod cum ex principiis mechanicis necessario evenire debeat, hinc duae aequationes sine ulteriori calculo statim colligi potuissent. Ex his quoque aequationibus patebit summam virium vivarum tubi et corporis, quae est

$$= M dp^2 + M dq^2 + M kk d\omega^2 + A dx^2 + A dy^2 ,$$

perpetuo esse constantem, ex hocque ergo principio tertia aequatio confici posset. Verum solutio huius quaestionis quatuor aequationes postulat, neque principium adhuc constat, unde quarta aequatio formari posset. Aequatio quidem undecima videtur ad constans quoddam principium deducere, quod analogum sit momento motus rotatorii supra explicato. Cum enim $\frac{z d\omega}{dt}$ sit celeritas corporis gyratoria, erit $\frac{A zz d\omega}{dt}$ eius momentum motus rotatorii et $\frac{M kk d\omega}{dt}$ est momentum motus rotatorii ipsius tubi; cum igitur sit

$$\frac{A zz d\omega}{dt} + \frac{M kk d\omega}{dt} + \frac{A kk d\omega}{dt} = E ,$$

summa momentorum motus rotatorii, una cum quantitate $\frac{A kk d\omega}{dt}$ (quae indicaret momentum motus rotatorii, si corpus A in distantia k ab axe versaretur) erit quantitas constans. Hoc autem principium commode verbis exprimi nequit.

91. Consideremus nunc tubum curvilineum quemcunque EPF super plano horizontali (Fig. 26), quod plano tabulae indicetur, libere mobilem. Sit eius centrum gravitatis in G, per quod pro lubitu recta ducatur GE, quae cum tubo moveatur et ad quam tubi curvedo referatur. Ponatur massa tubi $= M$ eiusque momentum inertiae ad axem gyrationis verticaliter per G transeuntem relatum $= Mkk$. Initio quidem motus recta EG inciderit in AB et centrum gravitatis G in punctum A, unde hanc rectam AB immobilem pro directrice principali assumemus. Corpus autem huic tubo inclusum initio versatum sit in E, cuius massa $= A$. Iam elapso tempore t teneat tubus EPF cum recta GE situm, quem figura repraesentat, corpus autem in eo verse-

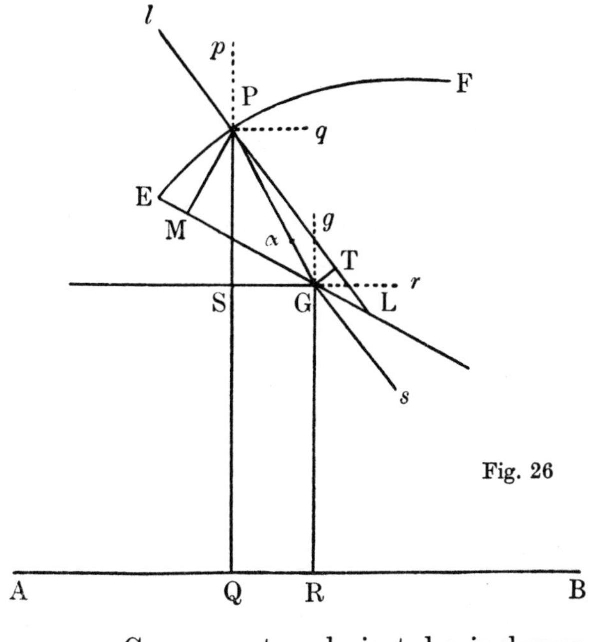

Fig. 26

tur in P. Ex G ad rectam AB perpendicularis demittatur Gr voceturque $AR = p$ et $RG = q$, eritque centri gravitatis G celeritas secundum directionem $Gr = \frac{dp}{dt}$ et secundum directionem $Gg = \frac{dq}{dt}$, unde ad corpus tubi ratione motus progressivi in directione Gr accelerandum requiritur vis $= \frac{2M\,ddp}{dt^2}$ et in directione Gg vis $= \frac{2M\,ddq}{dt^2}$. Porro ducatur recta GS rectae AB parallela, sitque angulus $EGS = \omega$, erit ω angulus, quem tubus ab initio motu gyratorio confecit, qui angulus tempusculo dt augebitur elemento $= d\omega$, quare ad accelerationem motus gyratorii requiritur momentum virium $= \frac{2Mkk\,dd\omega}{dt^2}$. Deinde sit corporis P a centro gravitatis G distantia $GP = z$ et angulus $EGP = \varphi$, erit ducta ad GE normali PM, haec

$$PM = z \sin \varphi \quad \text{et} \quad GM = z \cos \varphi\ ,$$

unde erit elementum curvae $EP = \sqrt{(dz^2 + zz\,d\varphi^2)}$. Quare si arcus EP, seu spatium a corpore ab initio in tubo percursum ponatur $= s$, erit

$$ds = \sqrt{(dz^2 + zz\,d\varphi^2)}\ .$$

Quodsi iam ad curvaturam tubi ducatur normalis PL, erit anguli ELP

$$\text{sinus} = \frac{-\,dz \cos \varphi + z\,d\varphi \sin \varphi}{ds}$$

et

$$\text{cosinus} = \frac{dz \sin \varphi + z\,d\varphi \cos \varphi}{ds}\ .$$

Hinc erit anguli GPL sinus $= \frac{dz}{ds}$ et cosinus $= \frac{z\,d\varphi}{ds}$, hancobrem ex G in PL demissum perpendiculum

$$GT = \frac{z\,dz}{ds} \quad \text{et} \quad PT = \frac{zz\,d\varphi}{ds}\ .$$

Sit $PT = v$ et $GT = u$ erit $zz = vv + uu$ et $u = \frac{z\,dz}{ds}$ atque $v = \frac{zz\,d\varphi}{ds}$, ideoque

$$ds = \frac{z\,dz}{u} \quad \text{et} \quad d\varphi = \frac{v\,dz}{uz}\ .$$

92. Demittatur nunc quoque ex P ad AB perpendiculum PQ et vocentur $AQ = x$ et $QP = y$, erit celeritas corporis secundum directionem $Pq = \frac{dx}{dt}$ et secundum directionem $Pp = \frac{dy}{dt}$. Unde ad accelerationem corporis requiritur in directione Pq vis $= \frac{2A\,ddx}{dt^2}$ et in directione Pp vis $= \frac{2A\,ddy}{dt^2}$.

At cum sit

$$\text{angulus } PGS = \omega + \varphi\,,$$

erit

$$PS = z\sin(\omega+\varphi) \quad \text{et} \quad GS = z\cos(\omega+\varphi)\,,$$

hincque erit

$$x = p - z\cos(\omega+\varphi) \quad \text{et} \quad y = q + z\sin(\omega+\varphi)\,,$$

ideoque

$$dx = dp - dz\cos(\omega+\varphi) + z(d\omega+d\varphi)\sin(\omega+\varphi)\,,$$
$$dy = dq + dz\sin(\omega+\varphi) + z(d\omega+d\varphi)\cos(\omega+\varphi)$$

et

$$ddx = ddp - ddz\cos(\omega+\varphi) + 2dz(d\omega+d\varphi)\sin(\omega+\varphi)$$
$$+ z(d\omega+d\varphi)^2\cos(\omega+\varphi) + z(dd\omega+dd\varphi)\sin(\omega+\varphi)\,,$$
$$ddy = ddq + ddz\sin(\omega+\varphi) + 2dz(d\omega+d\varphi)\cos(\omega+\varphi)$$
$$- z(d\omega+d\varphi)^2\sin(\omega+\varphi) + z(dd\omega+dd\varphi)\cos(\omega+\varphi)\,,$$

quos valores in formulis ante pro viribus inventis non substituamus, sed compendii causa retineamus litteras x et y donec commodum fuerit eas per substitutionem exterminare. Ab his autem duabus viribus corpus a centro gravitatis G directe repelletur

$$\text{vi} = \frac{2A}{dt^2}(ddy\sin(\omega+\varphi) - ddx\cos(\omega+\varphi))\,,$$

quae abit in

$$\frac{2A}{dt^2}(ddq\sin(\omega+\varphi) - ddp\cos(\omega+\varphi) + ddz - z(d\omega+d\varphi)^2)\,.$$

Deinde corpus ad directionem GP normaliter ad angulum EGP augendum sollicitabitur

$$\text{vi} = \frac{2A}{dt^2}(ddy\cos(\omega+\varphi) + ddx\sin(\omega+\varphi))\,,$$

quae abit in sequentem expressionem:

$$\frac{2A}{dt^2}(ddq\cos(\omega+\varphi) + ddp\sin(\omega+\varphi) + 2dz(d\omega+d\varphi) + z(dd\omega+dd\varphi))\,.$$

Hinc quoque vires determinari possent cum secundum directionem tubi tum secundum directionem ad illam normalem agentes, sed praestabit vires actu sollicitantes ad directiones ante usurpatas revocare, cum istae expressiones multo fiant simpliciores, quam illae si ad alias directiones transferrentur.

93. Ponamus nullas vires sollicitantes externas adesse, omnemque motus mutationem a sola pressione corporis in tubum proficisci, sit ista pressio

$= P$, et quia eius directio est ad tubum normalis, sit ea PL eiusque momentum ad motum gyratorium accelerandum erit

$$= Pz \sin GPL = \frac{Pzdz}{ds} = Pu\,.$$

Ut iam appareat, quantum haec vis motum tubi progressivum sit perturbatura, concipiatur eadem in directione Gs ipsi PL parallela applicata. Est vero

$$\text{ang. } LGr = EGS = \omega$$

et $LGs = GLP$, cuius sinus est

$$= \frac{-dz \cos\varphi + zd\varphi \sin\varphi}{ds}$$

et cosinus

$$= \frac{dz \sin\varphi + zd\varphi \cos\varphi}{ds}$$

hinc erit anguli sGr

$$\text{sinus} = \frac{-dz \cos(\omega+\varphi) + zd\varphi \sin(\omega+\varphi)}{ds}$$

et

$$\text{cosinus} = \frac{dz \sin(\omega+\varphi) + zd\varphi \cos(\omega+\varphi)}{ds}\,;$$

quare ex vi $Gs = P$ nascitur vis in directione Gr

$$= \frac{P(dz \sin(\omega+\varphi) + zd\varphi \cos(\omega+\varphi))}{ds}$$

et in directione Gg

$$= \frac{P(dz \cos(\omega+\varphi) - zd\varphi \sin(\omega+\varphi))}{ds}\,,$$

unde nascentur sequentes aequationes:

$$\frac{2M\,ddp}{dt^2} = \frac{P(dz \sin(\omega+\varphi) + zd\varphi \cos(\omega+\varphi))}{ds}\,,$$

$$\frac{2M\,ddq}{dt^2} = \frac{P(dz \cos(\omega+\varphi) - zd\varphi \sin(\omega+\varphi))}{ds}\,,$$

quae praebent sequentes formas:

$$\frac{2M}{dt^2}(ddp \cos(\omega+\varphi) - ddq \sin(\omega+\varphi)) = \frac{Pzd\varphi}{ds}\,,$$

$$\frac{2M}{dt^2}(ddp \sin(\omega+\varphi) + ddq \cos(\omega+\varphi)) = \frac{Pdz}{ds}\,.$$

Cum igitur ex prima aequatione sit $P = \frac{2Mkkdd\omega}{udt^2}$, si hic valor substituatur prodibunt hae aequationes:

$$ddp\cos(\omega+\varphi) - ddq\sin(\omega+\varphi) = \frac{kkzd\varphi dd\omega}{uds} = \frac{k^2 d\varphi dd\omega}{dz},$$

$$ddp\sin(\omega+\varphi) + ddq\cos(\omega+\varphi) = \frac{kkdzdd\omega}{uds} = \frac{kkdd\omega}{z}.$$

Est enim $uds = zdz$. Ad has igitur duas aequationes reducitur motus tubi cum progressivus tum gyratorius; cum quibus, si aequationes ex motu corporis oriundae coniungantur, problema resolvetur.

94. A pressionis autem reactione corpus tubo inclusum in P urgebitur in directione Pl vi $= -P$, quae pariter secundum directiones Pq et Pp resoluta dabit pro directione Pq vim

$$= -\frac{P(dz\sin(\omega+\varphi) + zd\varphi\cos(\omega+\varphi))}{ds}$$

et pro directione Pp vim

$$= -\frac{P(dz\cos(\omega+\varphi) - zd\varphi\sin(\omega+\varphi))}{ds}.$$

Hinc habebuntur istae aequationes:

$$\frac{2Addx}{dt^2} = -\frac{P(dz\sin(\omega+\varphi) + zd\varphi\cos(\omega+\varphi))}{ds},$$

$$\frac{2Addy}{dt^2} = -\frac{P(dz\cos(\omega+\varphi) - zd\varphi\sin(\omega+\varphi))}{ds}.$$

Ex his autem porro efficitur:

$$\frac{2A}{dt^2}(ddx\cos(\omega+\varphi) - ddy\sin(\omega+\varphi)) = -\frac{Pzd\varphi}{ds},$$

$$\frac{2A}{dt^2}(ddx\sin(\omega+\varphi) + ddy\cos(\omega+\varphi)) = -\frac{Pdz}{ds},$$

quae uti supra (§92) ostendimus abibunt in:

$$\frac{2A}{dt^2}(ddp\cos(\omega+\varphi) - ddq\sin(\omega+\varphi) - ddz + z(d\omega+d\varphi)^2) = -\frac{Pzd\varphi}{ds},$$

$$\frac{2A}{dt^2}(ddp\sin(\omega+\varphi) + ddq\cos(\omega+\varphi) + 2dz(d\omega+d\varphi) + z(dd\omega+dd\varphi)) = -\frac{Pdz}{ds}.$$

Hae aequationes cum binis ante inventis comparatae dabunt:

$$(A+M)ddp\cos(\omega+\varphi)-(A+M)ddq\sin(\omega+\varphi)-A\,ddz$$
$$+Az(d\omega+d\varphi)^2=0\ ,$$

$$(A+M)ddp\sin(\omega+\varphi)+(A+M)ddq\cos(\omega+\varphi)+2A\,dz(d\omega+d\varphi)$$
$$+Az(dd\omega+dd\varphi)=0\ ;$$

si harum aequationum prior per $\cos(\omega+\varphi)$ et posterior per $\sin(\varphi+\varphi)$ multiplicetur, summae integrale erit:

$$(A+M)dp-A\,dz\cos(\omega+\varphi)+Az(d\omega+d\varphi)\sin(\omega+\varphi)=F\,dt\ ,$$

porroque integrando erit:

$$(A+M)p-Az\cos(\omega+\varphi)=Ft+\mathfrak{F}\ ,$$

simili modo eruetur haec aequatio integralis

$$(A+M)dq+A\,dz\sin(\omega+\varphi)+Az(d\omega+d\varphi)\cos(\omega+\varphi)=G\,dt\ ,$$

quae denuo integrata dat:

$$(A+M)q+Az\sin(\omega+\varphi)=Gt+\mathfrak{G}\ ,$$

quas aequationes principium motus aequabilis in directum communis centri gravitatis quoque suppeditat.

95. Cum autem ex paragrapho 93 sit:

$$ddp\cos(\omega+\varphi)-ddq\sin(\omega+\varphi)=\frac{k^2d\varphi dd\omega}{dz}$$

et

$$ddp\sin(\omega+\varphi)+ddq\cos(\omega+\varphi)=\frac{k^2dd\omega}{z}\ ,$$

erit his valoribus in aequationibus differentio-differentialibus praecedentibus substituendis

$$\frac{(A+M)\,k^2d\varphi dd\omega}{dz}=A\,ddz-Az(d\omega+d\varphi)^2\ ,$$

$$\frac{(A+M)\,k^2dd\omega}{z}=-2A\,dz(d\omega+d\varphi)-Az(dd\omega+dd\varphi)\ ;$$

si haec aequatio multiplicetur per z erit

$$(A+M)k^2dd\omega+Azz(dd\omega+dd\varphi)+2Azdz(d\omega+d\varphi)=0\ ,$$

cuius integrale est:

$$(A + M)kkd\omega + Azz(d\omega + d\varphi) = Edt ,$$

unde fit

$$d\omega = \frac{Edt - Azzd\varphi}{(A + M)k^2 + Azz} \quad \text{et} \quad d\omega + d\varphi = \frac{Edt + (A + M)k^2 d\varphi}{(A + M)kk + Azz} ,$$

$$dd\omega = \frac{-A(A + M)k^2 zzdd\varphi - AAz^4 dd\varphi - 2A(A + M)k^2 zdzd\varphi - 2AEzdzdt}{((A + M)k^2 + Azz)^2} ,$$

qui valores in illa aequatione substituti praebent

$$\begin{aligned} E^2 zdzdt^2 &= (A + M)^2 k^4 zzd\varphi dd\varphi + A(A + M)k^2 z^4 d\varphi dd\varphi \\ &+ (A + M)^2 k^4 zdzd\varphi^2 + (A + M)^2 k^4 dzddz \\ &+ 2A(A + M)k^2 z^2 dzddz + A^2 z^4 dzddz , \end{aligned}$$

quae posito $d\varphi = rdz$ et $dt = \frac{dz}{\sqrt{R}}$ abibit in hanc:

$$\begin{aligned} E^2 zdz = &((A + M)k^2 + Azz)(A + M)k^2 Rzzrdr + (A + M)^2 k^4 Rzrrdz \\ &+ \tfrac{1}{2}((A + M)k^2 + Azz)(A + M)k^2 z^2 r^2 dR + \tfrac{1}{2}((A + M)k^2 + Az^2)^2 dR . \end{aligned}$$

Ex qua aequatione, cum φ ideoque r per z detur, definiri poterit valor quantitatis R ex sola variabili z, hincque porro tempus t per z, tumque angulus ω et quantitates p et q per z determinabuntur.

96. Quodsi autem aequatio differentialis secundi gradus ante inventa dividatur per

$$((A + M)kk + Azz)^2$$

orietur:

$$\frac{E^2 zdzdt^2 - (A + M)kkzzd\varphi dd\varphi((A + M)kk + Azz) - (A + M)^2 k^4 zdzd\varphi^2}{((A + M)kk + Azz)^2} = dzddz ,$$

cuius integrale est:

$$dz^2 = Hdt^2 - \frac{E^2 dt^2 : A + (A + M)k^2 z^2 d\varphi^2}{(A + M)kk + Azz}$$

seu

$$\begin{aligned} &(A + M)kkdz^2 + Azzdz^2 + (A + M)k^2 zzd\varphi^2 \\ &= dt^2 (H(A + M)k^2 + HAzz - E^2 : A) , \end{aligned}$$

unde fit:

$$dt = \sqrt{\frac{((A + M)kk + Azz)dz^2 + (A + M)k^2 zzd\varphi^2}{H(A + M)k^2 + HAzz - E^2 : A}} ,$$

quia igitur φ per z dari ponitur, ex hac aequatione ad datum tempus t, tam distantia z quam angulus φ, hoc est locus corporis in tubo assignari poterit; qua relatione inter t et z inventa, erit:

$$d\omega = \frac{E\,dt - Azz\,d\varphi}{(A+M)\,k^2 + Azz}\,.$$

Invento autem angulo ω, ideoque tubi motu gyratorio reperietur quoque motus progressivus tubi ex his aequationibus:

$$p = \frac{Ft + \mathfrak{F} + Az\cos(\omega+\varphi)}{A+M}\,,$$

$$q = \frac{Gt + \mathfrak{G} - Az\sin(\omega+\varphi)}{A+M}\,,$$

ubi constantes quantitates E, F, G, $\mathfrak{F}$, $\mathfrak{G}$ et H, ex situ et motu initiali cum tubi tum corporis in ipso definiri debent, eo scilicet modo, quo pro tubo recto sumus usi. Atque adeo hoc problema difficillimum, quod in ista sectione resolvere suscepimus, perfecte solutum dedimus.

97. Consideremus autem statum initialem, quem superiores formulae exhibere debent, si ponatur $t = 0$. Quia ergo hoc casu angulus EGS evanescit erit $\omega = 0$; celeritas autem gyratoria tubi tum fiat $\frac{d\omega}{dt} = \vartheta$. Deinde quia hoc tempore corpus in E haesisse posuimus, sit $GE = a$, hocque loco

$$dz = \zeta\,d\varphi \quad \text{seu} \quad d\varphi = \frac{dz}{\zeta}\,.$$

Quia porro celeritas corporis in tubo secundum tubi ductum est

$$= \frac{\sqrt{(dz^2 + zz\,d\varphi^2)}}{dt}\,,$$

erit ea initio motus

$$= \frac{d\varphi\sqrt{(\zeta\zeta + aa)}}{dt}\,.$$

Ponatur ista celeritas $= \alpha$, erit

$$\frac{d\varphi}{dt} = \frac{\alpha}{\sqrt{(aa+\zeta\zeta)}} \quad \text{et} \quad \frac{dz}{dt} = \frac{\alpha\zeta}{\sqrt{(aa+\zeta\zeta)}}\,,$$

si ponatur $t = 0$. Statuatur brevitatis gratia $A + M = N$, atque ex superioribus aequationibus constantes E et H ita determinabuntur, ut sit

$$E = (Nkk + Aaa)\vartheta + \frac{Aaa\alpha}{\sqrt{(aa+\zeta\zeta)}}$$

et

$$H = \alpha\alpha + \frac{2aa\alpha\vartheta}{\sqrt{(aa+\zeta\zeta)}} + \frac{(Nkk + Aaa)\,\vartheta\vartheta}{A}\,.$$

Sit porro $N = A + M = nA$, atque ultima aequatio integrata inter t et z abibit in hanc formam

$$\alpha^2 dt^2(nkk + zz) + (zz - aa)dt^2\left((nkk + aa)\vartheta^2 + \frac{2aa\alpha\vartheta}{\sqrt{(aa + \zeta\zeta)}}\right)$$
$$= (nkk + zz)dz^2 + nkkzzd\varphi^2 \ ,$$

unde oritur:

$$dt = \sqrt{\frac{(nkk + zz)\,dz^2 + nkkzzd\varphi^2}{\alpha^2(nkk + zz) + \vartheta(zz - aa)\left((nkk + aa)\vartheta + \frac{2aa\alpha}{\sqrt{(aa + \zeta\zeta)}}\right)}}\ ^{1)}\ .$$

Tum vero erit:

$$d\omega = \frac{(nkk + aa)\,\vartheta dt + aa\alpha dt : \sqrt{(aa + \zeta\zeta)} - zzd\varphi}{nkk + zz}\ .$$

98. Ponatur porro anguli GEP, quem tubus in E cum recta GE constituit, sinus $= \gamma$, erit

$$\gamma = \frac{ad\varphi}{\sqrt{(dz^2 + a^2d\varphi^2)}} = \frac{a}{\sqrt{(aa + \zeta\zeta)}}$$

et

$$\sqrt{(aa + \zeta\zeta)} = \frac{a}{\gamma}\ ,$$

quo valore substituto erit:

$$E = A\vartheta(nkk + aa) + Aa\alpha\gamma\ ,$$
$$H = \alpha\alpha + 2a\alpha\gamma\vartheta + (nkk + aa)\vartheta\vartheta\ ,$$

hincque porro:

$$dt = \sqrt{\frac{(nkk + zz)\,dz^2 + nkkzzd\varphi^2}{\alpha^2(nkk + zz - a^2\gamma^2) + \vartheta(zz - aa)\,(2a\alpha\gamma + (nkk + aa)\,\vartheta)}}\ ^{2)}\ .$$

Introducantur insuper lineae supra adhibitae $PT = v$ et $GT = u$, quarum illa est normalis ad curvam, hoc vero tangenti in P parallela, seu $PT = v$ aequatur perpendiculo ex G in tangentem demisso, et $GT = u$ portioni tan-

1) Est recte

$$\alpha^2 dt^2(nk^2 + z^2) + (z^2 - a^2)\,dt^2\left((nk^2 + a^2)\,\theta^2 + \frac{2a^2\alpha\theta}{\sqrt{a^2 + \zeta^2}}\right) - \frac{a^4\alpha^2}{a^2 + \zeta^2}dt^2\ ,$$

unde oritur

$$dt = \sqrt{\frac{(nk^2 + z^2)dz^2 + nk^2z^2d\varphi^2}{\alpha^2(nk^2 + z^2) + \theta(z^2 - a^2)\left((nk^2 + a^2)\theta + \frac{2a^2\alpha}{\sqrt{a^2 + \zeta^2}}\right) - \frac{a^4\alpha^2}{a^2 + \zeta^2}}}\ ;$$

sequuntur nonnulli errores, quos non emendo. C. B.

2) Editio princeps omittit $-a^2\gamma^2$ in denominatore. Correxit C. B.

gentis resectae; eritque $zd\varphi = \frac{vdz}{u}$ et

$$(nkk + zz)dz^2 + nkkzzd\varphi^2 = \frac{(nkk + uu)zzdz^2}{uu}$$

ob $vv + uu = zz$, hinc ergo erit:

$$dt = \frac{zdz\sqrt{(nkk + uu)}}{u\sqrt{(\alpha^2(nkk + zz - a^2\gamma^2)) + \vartheta(2a\alpha\gamma + (nkk + aa)\vartheta(zz - aa))}}\ ^{1)}$$

et

$$d\omega = \frac{dt(a\alpha\gamma + (nkk + aa)\vartheta)}{nkk + zz} - \frac{vzdz}{u(nkk + zz)}.$$

Cum denique commune centrum gravitatis tubi et corporis vel quiescat vel uniformiter in directum progrediatur, ponamus id in puncto A perpetuo quiescere fietque $F = 0$, $\mathfrak{F} = 0$, $G = 0$ et $\mathfrak{G} = 0$, et ob $A + M = nA$ erit:

$$p = \frac{z\cos(\omega + \varphi)}{n} \quad \text{et} \quad q = -\frac{z\sin(\omega + \varphi)}{n},$$

ideoque $pp + qq = \frac{zz}{nn}$, quae proprietas ex communis centri gravitatis quiete sponte sequitur. Recta autem GP semper transibit per punctum A seu α eritque $G\alpha = \frac{Az}{A + M}$, ut ex natura centri gravitatis notum est.

99. Si motus corporis in tubo initio ita temperetur, ut sit:

$$nk^2\alpha^2 = a^2\vartheta(2a\alpha\gamma + (nkk + aa)\vartheta)$$

seu

$$\alpha = \frac{a^3\gamma\vartheta \pm a\vartheta\sqrt{(a^4\gamma\gamma + nkkaa + n^2k^4)}}{nkk},$$

aequatio ante inventa multo fit simplicior abibitque in

$$dt = \frac{dz\sqrt{(nkk + uu)}}{u\sqrt{(\alpha^2 + 2a\alpha\gamma\vartheta + (nk^2 + aa)\vartheta\vartheta)}}.$$

Si igitur detur aequatio inter u et z, hinc relatio apparet inter binas variabiles t et z. Est vero

$$\sqrt{(\alpha^2 + 2a\alpha\gamma\vartheta + (nk^2 + aa)\vartheta\vartheta)} = \frac{\alpha\sqrt{(nkk + aa)}}{a}$$

ideoque

$$dt = \frac{adz\sqrt{(nkk + uu)}}{\alpha u\sqrt{(nkk + aa)}},$$

ad quod requiritur, ut sit:

$$\alpha : \vartheta = \alpha^3\gamma \pm a\sqrt{(a^4\gamma\gamma + nk^2r^2 + n^2k^4)} : nkk;$$

1) Editio princeps omittit $-a^2\gamma^2$ in denominatore. Correxit C. B.

si ergo ponamus curvam EPF ita esse comparatam ut in ea sit u constans, erit huius curvae evoluta circulus centro G descriptus, atque si in E huius curvae cuspis, ubi e circulo egreditur, statuatur, erit ubique $u = a$, et in initio $\gamma = 0$. Pro tali ergo tubo erit in genere

$$dt = \frac{zdz\sqrt{(nkk + aa)}}{a\sqrt{(\alpha^2(nkk + zz) + (nkk + aa)\vartheta\vartheta(zz - aa))}},$$

sin autem sit

$$\alpha : \vartheta = a\sqrt{(nkk + aa)} : \sqrt{nkk},$$

erit:

$$dt = \frac{dz}{\alpha} \quad \text{et} \quad t = \frac{z - a}{\alpha};$$

tum vero fiet:

$$d\omega = \frac{dz\sqrt{nkk}(nkk + aa)}{a(nkk + zz)} - \frac{zdz\sqrt{(zz - aa)}}{a(nkk + zz)},$$

cuius integrale est

$$\omega = -\frac{\sqrt{(zz - aa)}}{a} + \frac{\sqrt{(nkk + aa)}}{a}\,\text{A tang}\,\frac{\sqrt{(zz - aa)}}{\sqrt{(nkk + aa)}}\ ^{1)}$$

et ob

$$d\varphi = \frac{dz\sqrt{(zz - aa)}}{az},$$

erit

$$\varphi = \frac{\sqrt{(zz - aa)}}{a} + \text{A sin}\,\frac{a}{z},$$

unde

$$\omega + \varphi = \text{A sin}\,\frac{a}{z}$$

$$+ \frac{\sqrt{(nkk + aa)}}{a}\,\text{A cos}\sqrt{\frac{nkk + aa}{nkk + zz}},$$

sicque iste motus in huiusmodi tubo definiri poterit.

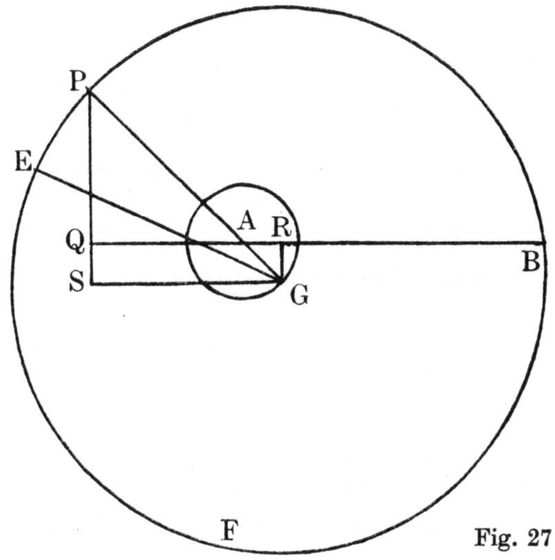

Fig. 27

100. Praecipue autem hic casus attendi meretur, quo curvatura tubi $EPBF$ est circulus centrum in G habens positum (Fig. 27). Erit ergo ubique

1) Recte

$$\omega = \frac{\sqrt{nk^2 + a^2}}{a}\,\text{Arc tang}\,\frac{z}{k\sqrt{n}} - \frac{\sqrt{z^2 - a^2}}{a} + \frac{\sqrt{nk^2 + a^2}}{a}\,\text{Arc tang}\,\frac{\sqrt{z^2 - a^2}}{\sqrt{nk^2 + a^2}}$$

$$- \frac{\sqrt{nk^2 + a^2}}{a}\,\text{Arc tang}\,\frac{a}{k\sqrt{n}}$$

C. B.

eius radius $GP = z = a$ et $\gamma = 1$, atque $u = 0$. Cum igitur sit $dz = 0$ fiet

$$dt = \frac{kad\varphi\sqrt{n}}{\alpha\sqrt{(nkk + aa)}}$$

et integrando

$$t = \frac{ka\varphi\sqrt{n}}{\alpha\sqrt{(nkk + aa)}}.$$

Deinde ob $\zeta = 0$ erit:

$$d\omega = \vartheta dt + \frac{a\alpha dt}{nkk + aa} - \frac{aad\varphi}{nkk + aa},$$

ergo

$$\omega = \vartheta t + \frac{a\alpha t}{nkk + aa} - \frac{aa\varphi}{nkk + aa},$$

et ob

$$\varphi = \frac{\alpha t\sqrt{(nkk + aa)}}{ka\sqrt{n}},$$

erit

$$\omega + \varphi = \vartheta t + \frac{a\alpha t}{nkk + aa} + \frac{akt\sqrt{n}}{a\sqrt{(nkk + aa)}}.$$

Denique est

$$p = \frac{a\cos(\omega + \varphi)}{n},$$

$$q = -\frac{a\sin(\omega + \varphi)}{n},$$

siquidem commune centrum gravitatis in puncto A quiescere assumatur. Erit ergo $pp + qq = \frac{aa}{nn}$, ideoque centrum circuli mobilis G circa punctum A circulum describet, cuius radius

$$AG = \frac{a}{n} = \frac{Aa}{A + M},$$

semper enim recta GP per commune centrum gravitatis A transire debet. Et quia huius circuli elementum est $\frac{a}{n}(d\omega + d\varphi)$, punctum G in hoc circulo motu uniformi progredietur. Tum vero etiam tam ipse tubus circa suum centrum G motu uniformi gyrabitur, quam corpus in ipso uniformiter procedet. Haec autem phaenomena ex ipsa motus consideratione facile colligi possunt, cum pressio, quae semper secundum GP est directa, neque motum tubi gyratorium neque motum corporis afficiat; quamobrem mirum non est hunc casum prae ceteris esse solutu facillimum.

DE ATTRACTIONE CORPORUM SPHAEROIDICO-ELLIPTICORUM

Commentatio 97 indicis ENESTROEMIANI
Commentarii academiae scientiarum Petropolitanae **10** (1738), 1747, p. 102–115

PROBLEMA 1

Sit in plano horizontali seu plano chartae ellipsis (Fig. 1), cuius singulae particulae uniformiter attrahant in ratione reciproca duplicata distantiarum; ellipsis vero huius axes sint AB, EF centrumque C, atque in recta verticali per C ducta CO, positum sit punctum O; de quo quaeritur quanta vi id ab ellipsi attrahatur.

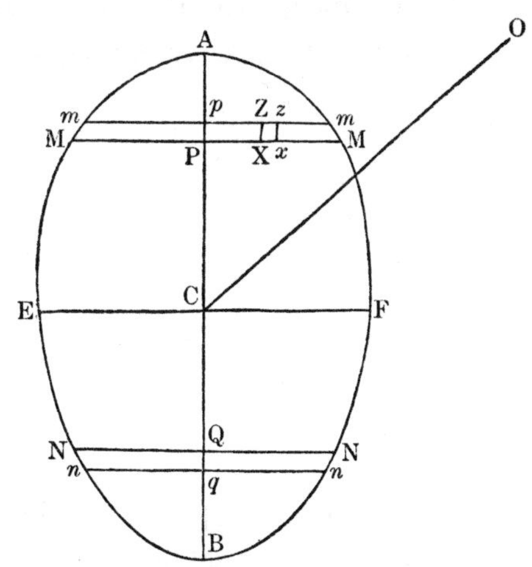

Fig. 1

SOLUTIO

Primo perspicuum est, quia singulae ellipsis particulae aequali vi attractiva praeditae ponuntur, et punctum O, quippe in verticali CO positum, centro ellipsis imminet, id ab omnibus viribus coniunctim ad centrum C tractum iri. Quamobrem vires, quibus ad singulas ellipsis particulas attrahitur, resolvendae sunt in laterales, quarum alterae in OC incidant, alterae directiones habeant horizontales, quae posteriores negligi possunt, cum omnes se mutuo destruant, ita ut ad problema solvendum sufficiat, vires eas considerare, quarum directiones in verticalem OC cadant.

Ponatur iam semiaxis $AC = a$, semiaxis $CF = b$ et distantia $CO = c$. Axi EF ducatur ordinata parallela MM, eique proxima mm; eodemque intervallo ex altera parte ordinatae NN et nn ut habeantur ellipsis elementa $MmmM$, $NnnN$, ad quae quanta vi punctum O in directione OC trahatur, investigemus. Sit igitur $CP = CQ = x$, $Pp = dx$; erit ex natura ellipsis

$$PM = QN = \frac{b}{a}\sqrt{(aa - xx)} \ .$$

In elemento $MmmM$ consideretur quaevis particula Xz existente $PX = z$ et $Xx = dz$; eritque ipsa particula $Xz = dxdz$, cuius a puncto O distantia est $\sqrt{(c^2 + x^2 + z^2)}$. Vis igitur, qua punctum O ad hanc particulam trahetur, erit ut

$$\frac{dxdz}{c^2 + x^2 + z^2};$$

ex qua obtinebitur vis lateralis, qua O in directione OC trahitur, si fiat ut $\sqrt{(cc + xx + zz)}$ ad c ita vis

$$\frac{dxdz}{c^2 + x^2 + z^2}$$

ad quaesitum quae ergo erit

$$= \frac{cdxdz}{(cc + xx + zz)^{\frac{3}{2}}},$$

quae integrata posito x constante dabit vim in directione OC, qua O ab elemento $PpZX$ trahitur; integrale vero est

$$\frac{czdx}{(cc + xx)\sqrt{(c^2 + x^2 + z^2)}}.$$

Ponatur

$$z = PM = \frac{b}{a}\sqrt{(a^2 - x^2)}$$

habebitur vis, qua O ab elemento $PpmM$ ad C urgetur, eritque

$$= \frac{bcdx\sqrt{(aa - xx)}}{(cc + xx)\sqrt{(aacc + aabb + aaxx - bbxx)}}.$$

Vis ergo, qua punctum O ad C urgebitur, ab utroque elemento $MmmM$ et $NnnN$ coniunctim, erit

$$= \frac{4bcdx\sqrt{(a^2 - x^2)}}{(cc + xx)\sqrt{(aa(bb + cc) + (aa - bb)xx)}}.$$

Huius ergo integrale ita sumtum, ut evanescat posito $x = 0$, dabit vim qua punctum O ad C attrahitur ab ellipsis portione $MENNFM$. Atque si tum ponatur $x = a$, prodibit vis attractiva ex tota ellipsi orta, quae postulatur.

Formula autem proposita differentialis ita est comparata, ut ad rationalitatem reduci et proinde integrari nequeat, nisi sit $a = b$, quo quidem casu, scilicet quando ellipsis abit in circulum, formula differentialis satis manet perplexa, ut difficulter inde attractio, quae alias facile considerandis elementis circularibus ipsi C concentricis eruitur, inveniri queat. Ingens autem in hoc negotio subsidium adhiberi posse observavi, si non integrale indefinitum formulae propositae, sed statim id integrale posito $x = a$ investigetur. Quod quo commode perfici queat, sequentes integrationes sunt praemittendae, quae ad hypothesin $x = a$ sunt accommodatae, ubi $\pi : 1$ denotat rationem peripheriae ad diametrum,

$$\int dx \quad \sqrt{(a^2 - x^2)} = \frac{\pi a^2}{4},$$

$$\int x^2 dx \sqrt{(a^2 - x^2)} = \frac{1}{4} \cdot \frac{\pi a^4}{4},$$

$$\int x^4 dx \sqrt{(a^2 - x^2)} = \frac{1 \cdot 3}{4 \cdot 6} \cdot \frac{\pi a^6}{4},$$

$$\int x^6 dx \sqrt{(a^2 - x^2)} = \frac{1 \cdot 3 \cdot 5}{4 \cdot 6 \cdot 8} \cdot \frac{\pi a^8}{4}.$$

Inventio harum expressionum hoc nititur fundamento, quod sit

$$\int x^{m+2} dx \sqrt{(aa - xx)} = -\frac{x^{m+1}(aa - xx)^{\frac{3}{2}}}{m+4} + \frac{(m+1)\,a^2}{m+4} \int x^m dx \sqrt{(aa - xx)}$$

generaliter quidem, uti differentialia sumenti patebit. Casu ergo quo $x = a$ erit

$$\int x^{m+2} dx \sqrt{(aa - xx)} = \frac{(m+1)\,a^2}{m+4} \int x^m dx \sqrt{(aa - xx)}.$$

Ut nunc formulas has adhibere queamus, resolvendus est factor ipsius

$$dx \sqrt{(aa - xx)}$$

in seriem, cuius termini teneant potestates ipsius x parium exponentium. Atque primo quidem est

$$\frac{4bc}{cc + xx} = \frac{4b}{c} - \frac{4bxx}{c^3} + \frac{4bx^4}{c^5} - \frac{4bx^6}{c^7} + \frac{4bx^8}{c^9} - \text{etc.}$$

atque

$$\frac{1}{\sqrt{(aa(bb + cc) + (aa - bb)\,xx)}} = \frac{1}{a\sqrt{(bb + cc)}} - \frac{1\,(aa - bb)\,xx}{2a^3(bb + cc)^{\frac{3}{2}}}$$
$$+ \frac{1 \cdot 3\,(aa - bb)^2\,x^4}{2 \cdot 4a^5(bb + cc)^{\frac{5}{2}}} - \text{etc.}$$

His seriebus in se ductis prodibit

$$\frac{4bcdx\sqrt{(aa - xx)}}{(cc + xx)\sqrt{(aa(bb + cc) + (aa - bb)\,xx)}} =$$

$$=4bdx\sqrt{(aa-xx)}\left\{\begin{array}{l}\dfrac{1}{ac\sqrt{(bb+cc)}}-\dfrac{xx}{ac^3\sqrt{(bb+cc)}}+\dfrac{x^4}{ac^5\sqrt{(bb+cc)}}-\dfrac{x^6}{ac^7\sqrt{(bb+cc)}}+\text{etc.}\\ \qquad-\dfrac{1(aa-bb)\,xx}{2a^3c(bb+cc)^{\frac{3}{2}}}+\dfrac{1(aa-bb)\,x^4}{2a^3c^3(bb+cc)^{\frac{3}{2}}}-\dfrac{1(aa-bb)\,x^6}{2a^3c^5(bb+cc)^{\frac{3}{2}}}+\text{etc.}\\ \qquad\qquad+\dfrac{1\cdot3(aa-bb)^2x^4}{2\cdot4\cdot a^5c(bb+cc)^{\frac{5}{2}}}-\dfrac{1\cdot3\cdot(aa-bb)^2x^6}{2\cdot4a^5c^3(bb+cc)^{\frac{5}{2}}}+\text{etc.}\\ \qquad\qquad\qquad-\dfrac{1\cdot3\cdot5(aa-bb)^3x^6}{2\cdot4\cdot6a^7c(bb+cc)^{\frac{7}{2}}}+\text{etc.}\end{array}\right.$$

Sive sequente forma succinctiori adhibita, habebitur

$$=4bdx\sqrt{(aa-xx)}\left\{\begin{array}{l}+\dfrac{1}{ac\sqrt{(bb+cc)}}\left(1-\dfrac{xx}{cc}+\dfrac{x^4}{c^4}-\dfrac{x^6}{c^6}+\dfrac{x^8}{c^8}-\text{etc.}\right)\\ +\dfrac{1(aa-bb)\,c}{2a^3(bb+cc)^{\frac{3}{2}}}\left(-\dfrac{xx}{cc}+\dfrac{x^4}{c^4}-\dfrac{x^6}{c^6}+\dfrac{x^8}{c^8}-\text{etc.}\right)\\ +\dfrac{1\cdot3(aa-bb)^2c^3}{2\cdot4\cdot a^5(bb+cc)^{\frac{5}{2}}}\left(+\dfrac{x^4}{c^4}-\dfrac{x^6}{c^6}+\dfrac{x^8}{c^8}-\text{etc.}\right)\\ +\dfrac{1\cdot3\cdot5(aa-bb)^3c^5}{2\cdot4\cdot6a^7(bb+cc)^{\frac{7}{2}}}\left(-\dfrac{x^6}{c^6}+\dfrac{x^8}{c^8}-\text{etc.}\right)\\ +\dfrac{1\cdot3\cdot5\cdot7\cdot(aa-bb)^4c^7}{2\cdot4\cdot6\cdot8a^9(bb+cc)^{\frac{9}{2}}}\left(+\dfrac{x^8}{c^8}-\dfrac{x^{10}}{c^{10}}+\text{etc.}\right)\\ +\dfrac{1\cdot3\cdot5\cdot7\cdot9(aa-bb)^5c^9}{2\cdot4\cdot6\cdot8\cdot10a^{11}(bb+cc)^{\frac{11}{2}}}\left(-\dfrac{x^{10}}{c^{10}}+\text{etc.}\right).\end{array}\right.$$

Si nunc huius expressionis singuli termini seorsim integrentur per formulas datas pro hypothesi $x=a$, attractio quaesita habebitur; at commode hic accidit, ut post integrationem singulae series summationem admittant; quod quo melius pateat, consideremus cuiusque seriei integrale seorsim, eritque integrale huius

$$4bdx\sqrt{(aa-xx)}\left(1-\frac{xx}{cc}+\frac{x^4}{c^4}-\frac{x^6}{c^6}+\frac{x^8}{c^8}-\text{etc.}\right),$$

quod reperietur

$$=\pi\left(a^2b-\tfrac{1}{4}\,\frac{a^4b}{cc}+\frac{1\cdot3}{4\cdot6}\cdot\frac{a^6b}{c^4}-\frac{1\cdot3\cdot5a^8b}{4\cdot6\cdot8c^6}+\frac{1\cdot3\cdot5\cdot7a^{10}b}{4\cdot6\cdot8\cdot10c^8}-\text{etc.}\right).$$

Simili modo erit

$$\int 4bdx\sqrt{(aa-xx)}\left(-\frac{xx}{cc}+\frac{x^4}{c^4}-\frac{x^6}{c^6}+\text{etc.}\right)$$

$$=\pi\left(-\tfrac{1}{4}\,\frac{a^4b}{c^2}+\frac{1\cdot3\cdot a^6b}{4\cdot6\cdot c^4}-\frac{1\cdot3\cdot5a^7b}{4\cdot6\cdot8c^6}+\text{etc.}\right)$$

atque

$$\int 4b\,dx\sqrt{(aa-xx)}\left(\frac{x^4}{c^4}-\frac{x^6}{c^6}+\frac{x^8}{c^8}-\text{etc.}\right)=\pi\left(\frac{1\cdot 3a^6b}{4\cdot 6c^4}-\frac{1\cdot 3\cdot 5a^7b}{4\cdot 6\cdot 8c^6}+\text{etc.}\right)\ \text{etc.}$$

Unde intelligitur, si unica serierum harum sit summabilis, etiam omnium summas exhiberi posse. Considero igitur primam, cui hanc do formam

$$\pi bcc\left(\frac{aa}{cc}-\frac{1a^4}{4c^4}+\frac{1\cdot 3a^6}{4\cdot 6c^6}-\frac{1\cdot 3\cdot 5a^8}{4\cdot 6\cdot 8c^8}+\text{etc.}\right),$$

positoque $\frac{a}{c}=r$ pono

$$r^2-\tfrac{1}{4}r^4+\frac{1\cdot 3}{4\cdot 6}r^6-\frac{1\cdot 3\cdot 5}{4\cdot 6\cdot 8}r^8+\text{etc.}=s\ ,$$

hinc erit differentiando

$$\frac{ds}{dr}=2r-1r^3+\frac{1\cdot 3}{4}r^5-\frac{1\cdot 3\cdot 5}{4\cdot 6}r^7+\text{etc.}$$

atque

$$\frac{ds}{r^3}=\frac{2dr}{r^2}-1dr+\frac{1\cdot 3}{4}r^2dr-\frac{1\cdot 3\cdot 5}{4\cdot 6}r^4dr+\text{etc.}$$

et integrando

$$\int\frac{ds}{r^3}=-\frac{2}{r}-r+\tfrac{1}{4}r^3-\frac{1\cdot 3}{4\cdot 6}r^5+\text{etc.}=-\frac{2}{r}-\frac{s}{r}\ .$$

Ex aequatione ergo

$$\int\frac{ds}{r^3}+\frac{2+s}{r}=0$$

oritur

$$\frac{ds}{r}+r\,ds-2dr-s\,dr=0$$

seu

$$ds-\frac{srdr}{1+rr}=\frac{2rdr}{1+rr}\ ,$$

quae per $\sqrt{(1+rr)}$ dividendo abit in

$$\frac{ds}{\sqrt{(1+rr)}}-\frac{srdr}{(1+rr)^{\frac{3}{2}}}=\frac{2rdr}{(1+rr)^{\frac{3}{2}}}\ ,$$

cuius integrale est

$$\frac{s}{\sqrt{(1+rr)}}=C-\frac{2}{\sqrt{(1+rr)}}=2-\frac{2}{\sqrt{(1+rr)}}\ ,$$

quia facto $r=0$ fit $s=0$. Erit igitur

$$s=2\sqrt{(1+rr)}-2=\frac{2\sqrt{(aa+cc)}-2c}{c}=\frac{aa}{cc}-\frac{1a^4}{4c^4}+\frac{1\cdot 3a^6}{4\cdot 6c^6}-\text{etc.}$$

Consequenter habebitur

$$\pi\left(aab - \frac{1a^4b}{4c^2} + \frac{1\cdot 3a^6b}{4\cdot 6c^4} - \frac{1\cdot 3\cdot 5a^8b}{4\cdot 6\cdot 8c^6} + \text{etc.}\right) = 2\pi bc\left(\sqrt{(aa+cc)} - c\right) .$$

Quocirca superiores integrationes erunt

$$\int 4bdx\sqrt{(aa-xx)}\left(1 - \frac{xx}{cc} + \frac{x^4}{c^4} - \text{etc.}\right) = \pi\left(2bc\sqrt{(aa+cc)} - 2bcc\right) ,$$

$$\int 4bdx\sqrt{(aa-xx)}\left(-\frac{xx}{cc} + \frac{x^4}{c^4} - \text{etc.}\right) = \pi\left(2bc\sqrt{(aa+cc)} - 2bcc - aab\right) ,$$

$$\int 4bdx\sqrt{(aa-xx)}\left(\frac{x^4}{c^4} - \frac{x^6}{c^6} + \text{etc.}\right) = \pi\left(2bc\sqrt{(aa+cc)} - 2bcc - aab + \frac{1a^4b}{4cc}\right),$$

$$\int 4bdx\sqrt{(aa-xx)}\left(-\frac{x^6}{c^6} + \frac{x^8}{c^8} - \text{etc.}\right)$$

$$= \pi\left(2bc\sqrt{(aa+cc)} - 2bcc - aab + \frac{1a^4b}{4cc} - \frac{1\cdot 3a^6b}{4\cdot 6c^4}\right)$$

etc.

Pro singularum ergo serierum superioris formulae differentialis, integralibus nacti sumus expressiones finitas. Tantum igitur superest, ut eas substituamus, quo facto pro integrali formula

$$\frac{4bcdx\sqrt{(aa-xx)}}{(cc+xx)\sqrt{(aa(bb+cc)+(aa-bb)xx)}}$$

atque ideo pro quantitate attractionis quaesitae puncti O ad centrum ellipsis $AEBFA$ sequens orietur valor:

$$\pi\left(\frac{2b\sqrt{(aa+cc)}}{a\sqrt{(bb+cc)}} - \frac{2bc}{a\sqrt{(bb+cc)}}\right.$$

$$\left. + \frac{bcc(aa-bb)\sqrt{(aa+cc)}}{a^3(bb+cc)^{\frac{3}{2}}} - \frac{bc^3(aa-bb)}{a^3(bb+cc)^{\frac{3}{2}}} - \frac{bc(aa-bb)}{2a(bb+cc)^{\frac{3}{2}}} + \text{etc.}\right) .$$

Vel cum ad applicationem ad computum expediat ipsas series retinere, quo singulorum terminorum integralia algebraice exhiberi queant, praecipue casibus, quibus a et b non multum a se invicem differunt, pono

$$\sqrt{(aa+cc)} = \sqrt{(bb+cc+aa-bb)}$$

eritque

$$\sqrt{(aa+cc)} = \sqrt{(bb+cc)} + \frac{1(aa-bb)}{2\sqrt{(bb+cc)}} - \frac{1\cdot 1(aa-bb)^2}{2\cdot 4(bb+cc)^{\frac{3}{2}}} + \frac{1\cdot 1\cdot 3(aa-bb)^3}{2\cdot 4\cdot 6(bb+cc)^{\frac{5}{2}}} - \text{etc.}$$

Quo substituto prodibit attractio quaesita

$$
=\pi\left\{\begin{array}{llll}
\dfrac{2b}{a} & +\dfrac{b(aa-bb)}{a(bb+cc)} & -\dfrac{1b(aa-bb)^2}{4a(bb+cc)^2} & +\dfrac{1\cdot 3b(aa-bb)^3}{4\cdot 6a(bb+cc)^3}\\[2ex]
\dfrac{-2bc}{a\sqrt{(bb+cc)}} & +\dfrac{bcc(aa-bb)}{a^3(bb+cc)} & +\dfrac{1bc^2(aa-bb)^2}{2a^3(bb+cc)^2} & -\dfrac{1\cdot 1bc^2(aa-bb)^3}{2\cdot 4a^3(bb+cc)^3}\\[2ex]
 & -\dfrac{bc^3(aa-bb)}{a^3(bb+cc)^{\frac{3}{2}}} & +\dfrac{3bc^4(aa-bb)^2}{4a^5(bb+cc)^2} & +\dfrac{1\cdot 3bc^4(aa-bb)^3}{2\cdot 4a^5(bb+cc)^3}\\[2ex]
 & -\dfrac{bc(aa-bb)}{2a(bb+cc)^{\frac{3}{2}}} & -\dfrac{3bc^5(aa-bb)^2}{4a^5(bb+cc)^{\frac{5}{2}}} & +\dfrac{3\cdot 5bc^6(aa-bb)^3}{4\cdot 6a^7(bb+cc)^3}\\[2ex]
 & & -\dfrac{1\cdot 3bc^3(aa-bb)^2}{2\cdot 4a^3(bb+cc)^{\frac{5}{2}}} & -\dfrac{3\cdot 5bc^7(aa-bb)^3}{4\cdot 6a^7(bb+cc)^{\frac{7}{2}}}\\[2ex]
 & & +\dfrac{1\cdot 1\cdot 3bc(aa-bb)^2}{4\cdot 2\cdot 4a(bb+cc)^{\frac{5}{2}}} & -\dfrac{1\cdot 3\cdot 5bc^5(aa-bb)^3}{2\cdot 4\cdot 6a^5(bb+cc)^{\frac{7}{2}}}\\[2ex]
 & & & +\dfrac{1\cdot 1\cdot 3\cdot 5bc^3(aa-bb)^3}{4\cdot 2\cdot 4\cdot 6a^3(bb+cc)^{\frac{7}{2}}}\\[2ex]
 & & & -\dfrac{1\cdot 3\cdot 1\cdot 3\cdot 5bc(aa-bb)^3}{4\cdot 6\cdot 2\cdot 4\cdot 6a(bb+cc)^{\frac{7}{2}}}
\end{array}\right.
$$

Huius progressionis altera terminorum pars est rationalis altera irrationalis, et quemadmodum singuli progrediantur exceptis unciis facile patet. Unciae autem rationalium ita formantur quaeque ex superiore, ut factor ad dextram reiiciatur et ad sinistram praecedens apponatur, sic ex $\frac{1\cdot 3}{4\cdot 6}$ reiiciendo $\frac{3}{6}$ fit $\frac{1}{4}$ et praecedens, qui prodit minuendo tam numeratorem quam denominatorem binario et est $-\frac{1}{2}$, appositus dat $-\frac{1\cdot 1}{2\cdot 4}$ unciam sequentem. Unciae vero irrationalium ex superioribus formantur sola appositione ad sinistram. Qua lege observata, quousque libuerit, hanc expressionem continuare licebit; termini autem, quos hic apposuimus, abunde sufficiunt, si differentia inter axes sit satis exigua seu ellipsis circulo propinqua, pro quibus casibus potissimum hoc problemate utemur. Q. E. I.

COROLLARIUM

Casu ergo, quo ellipsis abit in circulum, cuius semidiameter est $=b$, seu quo fit $a=b$, ob omnes terminos praeter primos evanescentes, attractio puncti O ad centrum circuli C erit

$$= \pi\left(2 - \frac{2c}{\sqrt{(bb + cc)}}\right),$$

prorsus ut altero modo, quo elementa circularia considerantur, facilius reperitur.

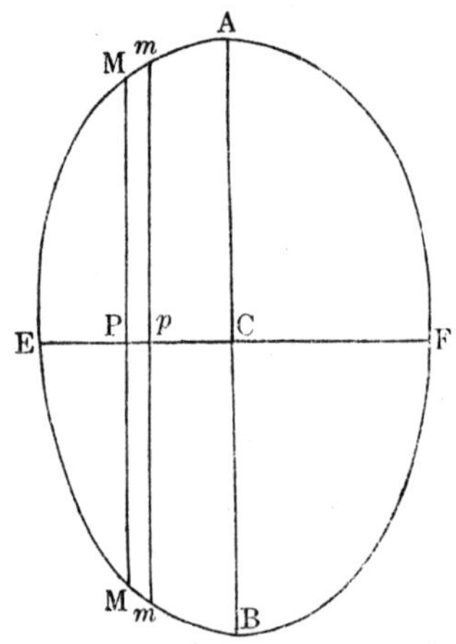

Fig. 2

PROBLEMA 2

Si sphaeroides generetur conversione ellipsis $AEBF$ (Fig. 2) circa suum axem minorem EF eiusque particulae omnes aequali vi attractiva praeditae fuerint, quae distantiarum quadratis reciproce sit proportionalis, invenire vim attractivam corporis in polo E siti, versus centrum sphaeroidis.

SOLUTIO

Posito semiaxe minore $CE = n$, maiore $AC = m$ et abscissa $EP = x$, erit

$$PM = \frac{m}{n}\sqrt{(2nx - xx)}\ .$$

Concipiatur sectio huius sphaeroidis ad axem EP normalis et per P transiens, erit ea circulus, cuius radius erit

$$PM = \frac{m}{n}\sqrt{(2nx - xx)}\ ,$$

a quo corpusculum in E distat intervallo $EP = x$. Facta ergo corollarii praecedentis applicatione erit ob

$$c = x \quad \text{et} \quad b = \frac{m}{n}\sqrt{(2nx - xx)}\ ,$$

attractio corporis in E ad hunc circulum

$$= \pi\left(2 - \frac{2nx}{\sqrt{(2mmnx + nnxx - mmxx)}}\right).$$

Atque ad discum rotundum elemento $PpmM$ genitum

$$= 2\pi\left(dx - \frac{nxdx}{\sqrt{(2mmnx - (mm - nn)xx)}}\right),$$

cuius integrale dabit attractionem portionis sphaeroidis ab EPM genitae, quod ut commode exprimatur, pono

$$(2m^2nx-(mm-nn)xx)^{-\frac{1}{2}}$$

$$=\frac{1}{m\sqrt{2nx}}+\frac{1(mm-nn)\sqrt{x}}{4m^3n\sqrt{2n}}+\frac{1\cdot 3(m^2-n^2)^2x\sqrt{x}}{4\cdot 8m^5n^2\sqrt{2n}}+\frac{1\cdot 3\cdot 5(m^2-n^2)^3x^2\sqrt{x}}{4\cdot 8\cdot 12m^7n^3\sqrt{2n}}+\text{etc.}$$

Unde integrale erit

$$2\pi\left(x-\frac{2nx^{\frac{3}{2}}}{3m\sqrt{2n}}-\frac{1(mm-nn)x^2\sqrt{2nx}}{4\cdot 5m^3n}-\frac{1\cdot 3(m^2-n^2)^2x^3\sqrt{2nx}}{4\cdot 8\cdot 7m^5n^2}-\text{etc.}\right)$$

Hincque ponendo $x=2n$ prodibit totalis attractio ad sphaeroides

$$2\pi\left(2n-\frac{4nn}{3m}-\frac{1\cdot(mm-nn)8n^2}{4\cdot 5m^3}-\frac{1\cdot 3(m^2-n^2)^2 16n^2}{4\cdot 8\cdot 7m^5}-\frac{1\cdot 3\cdot 5(mm-nn)^3 32n^2}{4\cdot 8\cdot 12\cdot 9\cdot m^7}-\text{etc.}\right)$$

$$=4\pi n-8\pi nn\left(\frac{1}{3m}+\frac{1(mm-nn)}{2\cdot 5m^3}+\frac{1\cdot 3(mm-nn)^2}{2\cdot 4\cdot 7m^5}+\frac{1\cdot 3\cdot 5(mm-nn)^3}{2\cdot 4\cdot 6\cdot 9m^7}+\text{etc.}\right),$$

quae series vehementer convergit et cito verum valorum exhibet, nisi sphaeroides multum a sphaera discrepet. Q. E. I.

COROLLARIUM 1

Si sphaeroides abeat in globum, cuius radius $=n$, fiet $m=n$ atque attractio in quoque eius superficiei puncto erit $=\frac{4\pi n}{3}$ evanescentibus reliquis terminis omnibus; attractiones ergo diversarum sphaerarum homogenearum in ipsis superficiebus sunt ut diametri.

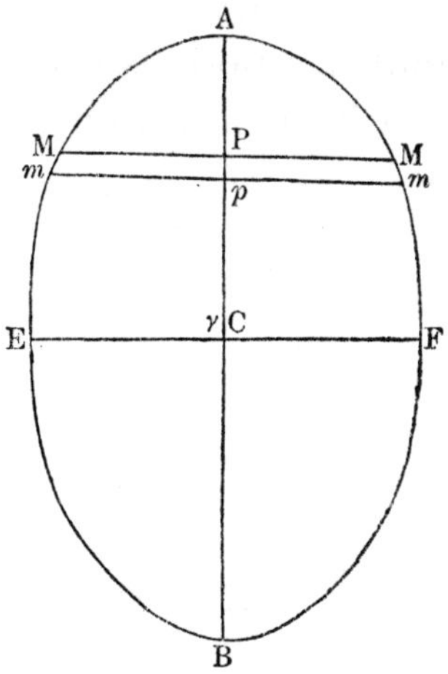

Fig. 3

COROLLARIUM 2

Si sphaeroides sit admodum propinquum sphaerae, ut differentia $m-n$ sit quasi infinite parva, ponatur $m=n+dz$; erit attractio in polis huius sphaeroidis

$$=4\pi\left(\frac{n}{3}+\frac{4dz}{15}-\frac{4dz^2}{42n}+\frac{4dz^3}{315n^2}-\text{etc.}^{1)}\right).$$

Qui termini abunde sufficiunt, si dz respectu n fuerit valde parvum.

1) Editio princeps: $\frac{199}{945}$ loco $\frac{4}{315}$. Correxit C. B.

PROBLEMA 3

In praecedente sphaeroide, quae generatur conversione ellipsis $AEBF$ circa axem EF (Fig. 3), invenire attractionem, qua corpus sub aequatore in A situm ad centrum C urgetur.

SOLUTIO

Maneat ut ante $AC = m$, $CE = n$ sitque abscissa $AP = x$ erit

$$PM = \frac{n}{m}\sqrt{(2mx - xx)} .$$

Per P concipiatur sectio facta ad AB normalis, quae erit ellipsis, cuius alter semiaxis erit

$$= \frac{n}{m}\sqrt{(2mx - xx)} ,$$

alter vero

$$= \sqrt{(2mx - xx)} ;$$

ad hanc ergo ellipsin quanta vi corpus in A positum attrahatur, determinari oportet; id quod subsidio primi problematis efficietur. Erit autem facta applicatione $c = x$,

$$b = \sqrt{(2mx - xx)} \quad \text{et} \quad a = \frac{n}{m}\sqrt{(2mx - xx)}$$

atque

$$\sqrt{(bb + cc)} = \sqrt{2mx} \quad \text{et} \quad aa - bb = - \frac{(mm - nn)(2mx - xx)}{mm} ,$$

quibus valoribus substitutis sequens prodibit expressio pro attractione quaesita in A, a sectione elliptica per MM facta

$$= \pi \left\{ \begin{aligned} & \frac{2m}{n} - \frac{\sqrt{2mx}}{n} - \frac{(mm - nn)}{mn} - \frac{(mm - nn)^2 x}{2mmn^3} \\ & + \frac{(mm - nn)}{4m^2n^3\sqrt{2m}}((2mm - nn)x\sqrt{x} + 2mnn\sqrt{x}) \\ & + \frac{(mm - nn)^2}{16m^5n^5}((3m^4 - 2mmnn - n^4)x^2 + 4mn^2(m^2 + n^2)x - 4m^2n^4) \\ & - \frac{3(mm - nn)^2}{128m^5n^5\sqrt{2m}}((8m^4 - 4mmnn - n^4)x^2\sqrt{x} \\ & \qquad + 4mn^2(2m^2 + n^2)x\sqrt{x} - 4m^2n^4\sqrt{x}) + \text{etc.} \end{aligned} \right.$$

Quae expressio multiplicata per dx dabit attractionem corpusculi in A siti ad discum ellipticum crassitiei dx. Huius ergo integrale, si ponatur $x = 2m$, dabit attractionem puncti A ad totam sphaeroidem, quae attractio sequentem habebit valorem

$$\pi\left\{\begin{aligned}&\frac{4mm}{n}-\frac{2(mm-nn)}{n}\\&-\frac{8mm}{3n}-\frac{(mm-nn)^2}{n^3}\\&+\frac{4(mm-nn)}{n^3}\left(\tfrac{1}{5}mm+\tfrac{1}{15}nn\right)\\&+\frac{(m^2-n^2)^2}{2m^2n^5}\left(m^4+\tfrac{1}{3}m^2n^2-\tfrac{1}{3}n^4\right)\\&-\frac{3(m^2-n^2)^2}{m^2n^5}\left(\frac{1}{7}m^4+\frac{1}{7\cdot 5}m^2n^2-\frac{1}{7\cdot 5\cdot 3}n^4\right)\end{aligned}\right.$$

qui reductus in sequentem formam abit

$$\pi\left(\frac{4mm}{3n}-\frac{(mm-nn)}{5n^3}(mm+\tfrac{11}{3}nn)+\frac{(mm-nn)^2}{14m^2n^5}(m^4+\tfrac{17}{15}m^2n^2-\tfrac{29}{15}n^4)+\text{etc.}\right)$$

Q. E. I.

COROLLARIUM

Si differentia inter m et n sit minima, ita ut sit $m=n+dz$, erit gravitas sub aequatore in nostra sphaeroide

$$=4\pi\left(\frac{n}{3}+\frac{dz}{5}-\frac{3dz^2}{35n}\right),$$

cum contra gravitas sub polo inventa sit

$$=4\pi\left(\frac{n}{3}+\frac{4dz}{15}-\frac{2dz^2}{21n}\right),$$

ita ut gravitas sub polo maior sit parte

$$4\pi\left(\frac{dz}{15}-\frac{dz^2}{105n}\right).$$

Si sit $n:m=100:101$, fiet gravitas sub polo ad gravitatem sub aequatore ut 504 ad 503[1]).

PROBLEMA 4

Si planeta constans ex materia uniformi, cuius singulae particulae attrahant in ratione reciproca duplicata distantiarum, habeat motum vertiginis

1) Editio princeps: 509 ad 508. Correxit C. B.

circa axem, indeque gravitas vera sub aequatore a vi centrifuga diminuatur parte sua $\frac{1}{k}$, invenire eius planetae rationem inter axes per polos et aequatorem ductos.

SOLUTIO

Ponamus decrementum gravitatis a vi centrifuga ortum tam esse exiguum ratione ipsius gravitatis, ut figura planetae non multum a sphaera discrepet. Si enim nulla esset vis centrifuga, dubium non est, quin planeta ipsam sphaericam figuram induere debeat. Cum ergo figura planetae tantillum a sphaerica discrepet, ea pro sphaeroide elliptica tuto haberi poterit, cuius ellipsis generantis axes non multum a se invicem discrepent. Erit vero planeta solidum rotundum circa axem per polos ductum; ita ut eius figura concipi queat, tanquam sphaerois elliptica, cuius poli cum polis planetae congruant. Sit ergo (Fig. 4) planetae figura, quam quaerimus, sphaerois elliptica genita conversione ellipsis $APBQ$ circa axem PQ, ita ut P et Q futuri sint poli planetae et PC semiaxis planetae et AC semidiameter aequatoris. Ponatur $PC = n$ et $AC = m$, et quia differentia inter hos semiaxes est valde parva, sit $m = n + dz$. Sit gravitas sub polo $P \; = g$, et sub aequatore, si nullum haberet motum vertiginis $= \gamma$, erit per corollarium praecedens

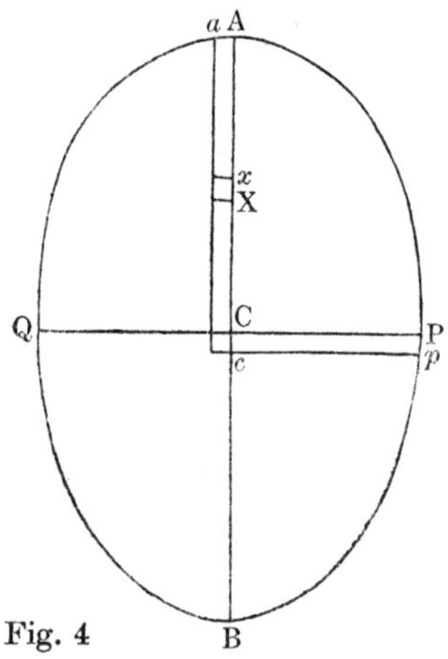

Fig. 4

$$g : \gamma = \left(\frac{n}{3} + \frac{4\,dz}{15} - \frac{2\,dz^2}{21\,n}\right) : \left(\frac{n}{3} + \frac{dz}{5} - \frac{3\,dz^2}{35\,n}\right)$$
$$= \left(n + \frac{4\,dz}{5} - \frac{2\,dz^2}{7\,n}\right) : \left(n + \frac{3\,dz}{5} - \frac{9\,dz^2}{35\,n}\right).$$

Figura autem planetae ita debet esse comparata, ut eam planeta conservare posset, etiamsi totus fluidus foret; quod eveniet, si omnes pressiones versus centrum tam ex vi gravitatis quam vi centrifuga ortae sese in aequilibrio teneant. Si ergo concipiatur tubus reflexus ACP a polo per centrum ad aequatorem pertingens atque aqua repletus, pondus aquae in tubo AC contentae aequale esse debebit ponderi aquae in tubo PC contentae, siquidem tubus ubique eandem habeat amplitudinem. Nam si pressio aquae in altero crure praevaleret, tum aqua ex altero efflueret figuramque planetae immutaret. Pressio vero aquae in utroque tubo contentae habebitur, si singularum particularum pondera colligantur; quo facto utrobique eadem summa emergere debebit. Ad quod praestandum notari debet in eodem crure gravitates seu nisus ad centrum esse distantiis a centro proportionales, siquidem figura a sphaerica non multum differat; et simili modo vim centrifugam eandem retinere rationem. Quamobrem aquae in canali AC vera pressio obtinebitur, si eius pondus a gravitate ortum diminuatur sui parte $\frac{1}{k}$. Ad utramque ergo pressionem inveniendam consideretur in tubo AC aquae particula $Xx = dx$, posita $CX = x$; cuius pondus, si in A esset posita, foret γdx; quod ergo se habebit ad pondus eiusdem particulae in suo loco X versantis ut $CA(m)$ ad $CX(x)$, ita ut pondus huius particulae futurum sit $= \frac{\gamma x dx}{m}$; cuius integrale $\frac{\gamma xx}{2m}$ dabit pondus columnae CX et posito $x = m$ habebitur pondus totius columnae $AC = \frac{\gamma m}{2}$ a sola gravitate ortum. Simili modo pondus columnae PC erit $= \frac{gn}{2}$. At inventum pondus columnae AC ob vim centrifugam minuendum est sui parte $\frac{1}{k}$, ita ut vera pressio columnae AC deorsum futura sit

$$= \frac{\gamma m}{2}\left(\frac{k-1}{k}\right),$$

quae aequalis esse debet pressioni columnae $PC = \frac{gn}{2}$; unde sequens obtinetur aequatio

$$\gamma mk - \gamma m = gnk\ .$$

Cum vero sit $m = n + dz$ et

$$g : \gamma = \left(n + \frac{4dz}{5} - \frac{2dz^2}{7n}\right) : \left(n + \frac{3dz}{5} - \frac{9dz^2}{35n}\right),$$

erit substituendo

$$nnk + \frac{4nkdz}{5} - \frac{2kdz^2}{7} = (n + dz)(k - 1)\left(n + \frac{3dz}{5} - \frac{9dz^2}{35n}\right)$$
$$= n^2k + \frac{8nkdz}{5} - \frac{12kdz^2}{35} - n^2 - \frac{8ndz}{5} + \frac{12dz^2}{35}\ ^{1)},$$

unde sequens concinnatur aequatio

$$\frac{4nkdz}{5} - \frac{2kdz^2}{35} = n^2 - \frac{8ndz}{5} + \frac{12dz^2}{35},$$

ex qua eruitur

$$dz = \frac{5n}{4(k+2)} + \frac{25n(k+6)}{8(k+2)(28k^2+107k+32)},$$

1) Recte: $n^2k + \frac{8nkdz}{5} + \frac{12kdz^2}{35} - n^2 - \frac{8ndz}{5} - \frac{12dz^2}{35}$. C. B.

qui posterior terminus ob k valde magnum facile negligitur. Erit itaque

$$AB : PQ = 4k + 13 : 4k + 8 \ .$$

Q. E. I.

COROLLARIUM 1

In terra ergo nostra, ubi vis centrifuga sub aequatore est pars $\frac{1}{289}$ ipsius gravitatis, fiet $k = 289$; ideoque per regulam inventam erit diameter aequatoris ad axem terrae ut 1169 ad 1164, hoc est proxime ut 234 ad 233, pro qua ratione NEWTON invenit ut 230 ad 229.

COROLLARIUM 2

In superficie solis ponit NEWTON pondus corporis cuiusque $\frac{1000}{41}$, quod in terra esset 1. Deinde cum sol vertatur circa axem suum diebus circiter 25 eiusque diameter sit ad diametrum terrae [ut] 10000 ad 104, erit vis centrifuga sub aequatore solis

$$= \frac{10000}{104} \cdot \frac{1}{625} \cdot \frac{1}{289} \quad \text{ideoque erit} \quad k = \frac{104 \cdot 625 \cdot 289}{410} = 45817^{1)} \ .$$

In sole ergo erit diameter aequatoris ad eius axem ut 14136 ad 14135.

COROLLARIUM 3

In Iove ponit NEWTON pondus corporis, quod in terra 1 esset, $= \frac{167}{82}$. Deinde cum Iupiter convertatur horis 9 56′ eiusque diameter sit ad diametrum terrae ut 1077 ad 104, erit vis centrifuga sub aequatore Iovis

$$= \frac{1077}{104} \cdot \frac{29}{5} \cdot \frac{1}{289} \ .$$

Ergo pro Iove fit

$$k = \frac{167 \cdot 104 \cdot 5 \cdot 289}{82 \cdot 29 \cdot 1077} = 9\tfrac{4}{5} \ .$$

Unde invenitur diameter aequatoris Iovis ad eius axem ut 261 ad 236 hoc est proxime ut $10 : 9$.

In his autem ponuntur corpora solis et planetarum horum ex materia uniformi composita.

1) Editio princeps: 17666. Correxit C. B.

DILUCIDATIONES DE TAUTOCHRONIS IN MEDIO RESISTENTE

Commentatio 299 indicis Enestroemiani
Novi commentarii academiae scientarum Petropolitanae **10** (1764), 1766, p. 156–178
Summarium ibidem p. 17–20

SUMMARIUM

Cum primum pendula ad tempus dimetiendum motumque horologiorum temperandum adhiberi sunt caepta, oscillationes non prorsus aequalibus temporibus absolvi, sed maiores excursiones aliquanto plus temporis insumere sunt deprehensa. Cuius inaequalitatis causa mox in eo posita esse reperiebatur, quod corpus super arcu circuli descendens aliquanto tardius ad punctum infimum pertingat, quo altius descensum inceperit, etiamsi discrimen sit tam exiguum, ut nonnisi accuratioribus observationibus animadverti queat. Cum igitur aequabile curvamen, quale in arcubus circularibus inest, non sit aptum ad omnes descensus isochronos efficiendos, facile colligere licebat, si loco circuli alia curva adhibeatur, cuius curvatura ascendendo continuo fieret maior, fieri posse, ut tum omnes descensus ad temporis aequalitatem perducerentur. Verum tam ob Analyseos quam Mechanicae defectum natura huius curvae definiri non poterat, donec Vir summo ingenii acumine praeditus ostendisset hanc proprietatem in cycloidem competere: et quoniam commodissime evenit, ut huius curvae evoluta iterum sit cyclois, inventi istius applicatio ad praxim eo facilior evaserat, quod tantum pendulum intra binas cycloides suspendi opus erat, siquidem tum imum penduli pondusculum iterum cycloidem esset descripturum. Verum tamen ne hoc quidem artificio omnis inaequalitas tolli videbatur, nisi motus fieret in vacuo, cum ob aëris resistentiam motus non mediocriter ab ea lege, cui Theoria innitebatur, recederet, quare quamdiu natura huius resistentiae minus erat perspecta, vera curva, quae omnes oscillationes paribus temporis intervallis ederet, ne investigari quidem poterat. Interim tamen summus Neutonus demonstraverat, sive aëris resistentia fuerit constans, vel, eius loquendi more, momentis temporis proportionalis, sive ipsam celeritatum rationem sequatur, nihilominus omnes oscillationes in cycloide factas inter se isochronas esse futuras, ita ut his casibus resistentia non impediret, quo minus cyclois pari successu in usum vocari posset, atque in vacuo. Deinde vero resistentiae natura tam experimentis quam ratione accuratius explorata, ea neutiquam celeritatibus, sed potius celeritatis quadratis proportionalis est deprehensa; quae proportio nullo amplius modo cum cycloidis natura consistere poterat, atque adeo iam non erat difficile per calculum accurate definire, quantum oscillationes in cycloide factae ob aëris resistentiam ab isochronismi ratione recederent. Quantumvis autem tum temporis Geometrae in eo elaboraverint, ut veram curvam, quae in medio resistente omnes oscillationes isochronas produceret, investigarent, tamen in ipsa Analysi tantas offenderunt difficultates, quae vix superari posse viderentur. At postquam etiam Auctor huius dissertationis diu multumque in hac investigatione desudavisset, voti tandem compos est factus veramque curvam tautochronam in medio, quod secundum rationem celeritatum duplicatam resistit, felici successu elicuit. Interim tamen methodus, qua in hac investigatione erat usus, nullo modo ad alias resistentiae hypotheses transferri poterat; tametsi enim certum videbatur in natura aliam resistentiae legem praeter duplicatam celeritatum rationem locum habere non posse, tamen eadem quaestio de tautochronis in aliis resistentiae hypothesibus non tam in Mechanica quam in ipsa Analysi merito maximi momenti iudicabatur, propterea quod tantae difficultates, quae hanc investigationem impedirent, superari non possunt, quin simul Analysis eximia inde accipiat incrementa. Verum quod in hoc negotio haud parum mirum videbitur, quod methodus Auctoris ne ad eam quidem hypothesin, qua resistentia ipsi celeritati proportionalis fingitur, extendatur, cum tamen hic casus iam pridem fuisset exploratus. At hic quidem imprimis notari convenit a NEWTONO tautochronam in hac resistentiae hypothesi non a priori esse inventam, sed potius, cum forte in motum super cycloide inquireret, quasi inopinato deprehendisse tautochronismi proprietatem ab hac resistentia non turbari; quamobrem hactenus methodus directa merito desiderabatur, qua simul tam in ratione celeritatum simplici, quam duplicata curvae tautochronae inveniri queant. Quo in negotio quidem Auctor sibi nihil laudis vindicat, cum talis methodus a Celeberrimo FONTAINO sit excogitata, neque tamen ideo abs re fore est arbitratus, si idem argumentum suo more pertractaverit, hancque aeque novam ac maxime ingeniosam methodum luculenter exposuerit, quo eius amplissimus usus in Analysi magis in apricum collocaretur. Interim tamen maxime est dolendum, ne hanc quidem methodum ultra eas hypotheses resistentiae, quibus tautochronae iam erant cognitae, patere.

---

1. Difficillima est quaestio de inveniendis curvis tautochronis in medio resistente, quae scilicet hanc habeant proprietatem, ut corpus super iis descendens semper eodem tempore ad punctum infimum perveniat, ex quocunque curvae puncto descensum inceperit. Curva autem hac proprietate praedita vocari solet tautochrona descensuum; dum ea curva, quae ad ascensus aequidiurnos est accomodata, tautochrona ascensuum appellatur. Neque

enim hae duae curvae in medio resistente, uti fit in vacuo, inter se conveniunt; verum utraque seorsim investigari debet, ubi quidem commode usu venit, ut, si altera fuerit reperta, eadem methodo altera expedite assignari possit; ex quo sufficiet hanc inquisitionem vel pro solo descensu vel ascensu suscepisse.

2. Pro vacuo quidem HUGENIUS immortalem laudem est assecutus, dum demonstravit, in motu corporum super cycloide, tam omnes descensus, quam ascensus, aequalibus absolvi temporibus. Deinde NEWTONUS ostendit, eandem tautochronismi proprietatem cycloidi etiam nunc convenire in medio, quod resistat in ratione simplici celeritatum, ita ut etiam hoc casu tautochrona ascensuum non discrepet a tautochrona descensuum, perinde uti fit in vacuo. Hanc insignem cycloidis proprietatem NEWTONUS geometrice demonstravit, quo ipse summas difficultates, quae in investigatione Analytica occurrunt, feliciter superavit. Neque vero ambo hi summi Viri quaestionem a priori aggressi negotium confecerunt, sed, dum sibi proposuerant motum corporum super cycloide scrutari, quasi praeter expectationem tautochronismi proprietatem deprehenderunt.

3. In aliis medii resistentis hypothesibus diu frustra tautochronae sunt investigatae, donec tandem mihi contigit pro mediis, quae in duplicata ratione celeritatum resistunt, tautochronas definire[1]), in quo quidem negotio usus sum methodo directa, quae me ad cognitionem harum curvarum deduxit. Verum haec methodus ita est comparata, quoniam expressionem finitam pro celeritate corporis in quovis curvae loco requirit, ut ad alias resistentiae hypotheses, quibus talem expressionem exhibere non licet, accommodari non possit. Neque etiam ei locus relinquitur in medio, cuius resistentia ipsam celeritatum rationem sequitur, etsi aliunde constet tautochronismi proprietatem in cycloidem competere. Interim tamen, si resistentia sit quam minima, per methodum approximandi in omnibus hypothesibus tautochronas assignavi, quod argumentum fusius pertractavi in Mechanicae meae Tomo secundo[2]). Inde tamen nullum subsidium suppeditabatur ad tautochronas determinandas, si resistentia fuerit maior; ita ut hoc problema pro aliis hypothesibus praeter eas, quae vel ipsis celeritatibus, vel earum quadratis sint proportionales, adhuc pro insoluto sit habendum.

1) Confer commentationem E 13, p. 32 huius voluminis. C. B.

2) *Mechanica sive motus scientia analytice exposita*, Tomus alter, Opera omnia, series II, vol. 2, p. 302 et sequ. C. B.

4. Quoniam autem hae duae hypotheses diversissimas methodos requirunt, eaque methodus, qua tautochronam in medio, quod resistit in duplicata ratione celeritatum, elicui, nullum usum praestat in medio, quod in ipsa celeritatum ratione resistit; haud parum is praestitisse erit censendus, qui eiusmodi methodum tradiderit, quae ad ambas has hypotheses pari cum successu adhiberi queat. Talem autem methodum Clarissimo FONTAINIO[1]) acceptam referre debemus, quae uti a summa ingenii sagacitate est profecta, ita etiam omnino digna videtur, quae diligentius perpendatur, eiusque usus uberius explicetur; praesertim cum eius ope etiam in medio, cuius resistentia partim rationem simplicem, partim rationem duplicatam celeritatum sequitur, tautochrona inveniri possit, quod mea methodo praestari nequit.

5. In curva igitur tautochrona investiganda, Vir Celeberrimus considerat (Fig. 1) duos arcus AF et AF' infinite parum a se invicem discrepantes, in eamque curvae affectionem inquirit, ut tempora, quibus hi arcus absolvuntur, fiant inter se aequalia. Ponamus ergo arcum $AF = a$ et $AF' = a + da$, ut sit $FF' = da$; et quoniam duos motus per AF et AF' eodem tempore absolvendos inter se comparari oportet, sit t portio quaecunque indefinita huius temporis, cui in motu per AF respondeat arcus $AM = s$, in altero autem motu per AF' arcus $AM' = s'$; ita ut in motu per AF arcus AM et in motu per AF' arcus AM', eodem tempore t percurratur. Ex quo sequitur, si tempus t evanescat, utrumque arcum $AM = s$ et $AM' = s'$ in nihilum abire, ideoque eorum differentiam $MM' = s' - s$ evanescere debere; sin autem pro t assumatur tempus totius motus, necesse est, ut tum arcus $AM = s$ abeat in $AF = a$ et arcus $AM' = s'$ in $AF' = a + da$, eorumque ergo differentia MM' fiat $= da$. Crescente ergo arcu AM crescet particula $MM' = s' - s$, ita, ut sumto $s = 0$, fiat $s' - s = 0$, et sumto $s = a$, fiat $s' - s = da$.

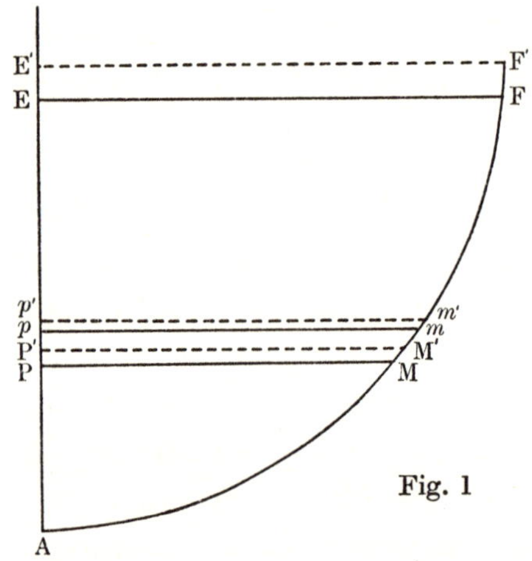

Fig. 1

6. Quodsi autem arcus indefinitus $AM = s$ valorem quemcunque minorem quam AF obtineat, differentia $MM' = s' - s$ minor erit quam

1) A. FONTAINE, *Sur les courbes tautochrones*, Mém. de l'acad. des sciences de Paris, (1734), 1736, p. 371–379. C. B.

$FF' = da$, atque a da ita pendebit, ut quo maius extiterit elementum FF', in eadem ratione elementum MM' crescat. Statuatur ergo

$$MM' = s' - s = Q\,da\,;$$

et quantitas Q pendebit certo quodam modo tam ab arcu $AM = s$, quam ab arcu toto $AF = a$, ita ut, si fiat $s = 0$, simul ipsa evanescat, at posito $s = a$ ut evadat $Q = 1$. Quare cum Q sit functio quantitatum s et a, posita utraque variabili, statuatur $dQ = M\,ds + N\,da$. Unde patet, si arcui $AM = s$ incrementum tribuatur ds, manente puncto F fixo, tum functionem Q abire in $Q + M\,ds$. Capiatur ergo $Mm = ds$, simulque $M'm' = ds'$; et cum sit $\frac{MM'}{da} = Q$, pro statu proximo, quo s abit in $s + ds$, habebitur

$$\frac{mm'}{da} = Q + M\,ds \quad \text{ideoque} \quad M\,ds = \frac{mm' - MM'}{da} = \frac{ds' - ds}{da}\,.$$

Hinc igitur indoles functionis Q nobis praebet $ds' - ds = M\,ds\,da$, cum esset $s' - s = Q\,da$, existente $dQ = M\,ds + N\,da$.

7. Ponamus iam in motu per arcum AF celeritatem corporis in M esse $= v$, et in $m = v + dv$, ita ut curvae elementum Mm conficiatur tempusculo $dt = \frac{ds}{v}$; eodem autem tempusculo necesse est, ut in motu per arcum AF' conficiatur elementum $M'm' = ds'$; si ergo in hoc motu statuatur celeritas corporis in $M' = v'$ et in $m' = v' + dv'$, erit etiam $dt = \frac{ds'}{v'}$, unde sequitur fore $\frac{ds'}{v'} = \frac{ds}{v}$ hincque $v' = \frac{v\,ds'}{ds}$, et

$$v' - v = \frac{v(ds' - ds)}{ds} = M\,v\,da\,, \quad \text{ob} \quad ds' - ds = M\,ds\,da\,.$$

Quam ob rem habebimus $v' = v(1 + M\,da)$, sicque si functio Q esset cognita, ex celeritate in puncto M pro motu per AF innotesceret celeritas in puncto homologo M' pro motu per AF', sumtis arcubus AM et AM' in utroque motu isochronis. Verum ex ratione resistentiae et viribus sollicitantibus per principia motus elicitur aequatio differentialis, qua acceleratio elementaris in utroque motu per AF et AF' definitur. Posito ergo $dM = L\,ds$, dum arcus s incrementum ds capit, celeritasque v abit in $v + dv$, erit

$$dv' = dv(1 + M\,da) + L\,v\,ds\,da\,.$$

8. His pro conditione motus ad tautochronismum obtinendum in genere praemissis, progrediamur ad ipsam motus determinationem, ac tantum qui-

dem consideremus casum gravitatis naturalis, qua corpus perpetuo deorsum urgetur, quia vires sollicitantes absolutae investigationem tautochronarum parum afficiunt; resistentia vero sit functioni cuicunque celeritatis v, quae denotetur per V, proportionalis, designetque V' similem functionem ipsius v'. Hunc in finem capiatur axis verticalis AE, super quo sit abscissa arcui $AM = s$ respondens $AP = x$; ac natura curvae certa quadam relatione inter s et x continebitur, quae ubique immunis esse debet a quantitate arcus $AF = a$, quandoquidem utcunque arcus a varietur, omnes sive ascensus sive descensus toti eodem tempore super eadem curva absolvi debent. Si igitur ponamus $dx = pds$, necesse est, ut quantitas p arcum a non involvat, sed sit functio ipsius s tantum, et quantitatum vere constantium.

9. Nunc autem, posita littera g pro gravitate deorsum sollicitante, leges motus pro motu per arcum AF praebent hanc aequationem:

$$2vdv = -gdx \pm Vds = -gpds \pm Vds \ ,$$

ubi signum superius ad descensum, inferius vero ad ascensum refertur. Neglecta ergo hac ambiguitate, quippe quae commode ipsi quantitati V involvitur, consideremus hanc aequationem:

$$2vdv = -gpds + Vds \ ,$$

ex qua pro motu per arcum AF' habebimus hanc:

$$2v'dv' = -gp'ds' + V'ds' \ ,$$

quae ex illa nascitur, si pro v scribamus v', et arcui s incrementum tribuamus $s' - s = Qda$. Quodsi ergo p eiusmodi sit functio ipsius s, ut fiat $dp = qds$, erit $p' = p + qQda$. Tum vero iam obtinuimus

$$ds' = ds(1 + Mda) \ , \quad v' = v(1 + Mda)$$

et

$$dv' = dv(1 + Mda) + Lvdsda \ .$$

10. Substituamus igitur hos valores in posteriori aequatione, ac prodibit

$$\begin{aligned} &2vdv(1 + Mda)^2 + 2Lvvdsda(1 + Mda) \\ &= -gpds(1 + Mda) - gqQdsda(1 + mda) + V'ds(1 + Mda) \ , \end{aligned}$$

quae per $(1 + Mda)^2$ divisa dat

$$2vdv = -\frac{2Lvvdsda - gpds - gqQdsda + V'ds}{1 + Mda} \ .$$

Cum igitur ex priori sit

$$2vdv = -gpds + Vds \, ,$$

erit aequatione facta

$$-2Lvvdsda - gqQdsda + V'ds = -gpMdsda + Vds + Vdsda \, ,$$

quae per $dsda$ divisa praebet

$$2Lvv + gqQ - gpM + MV = \frac{1}{da}(V' - V) \, .$$

Totum ergo hoc negotium huc redit, ut ista aequatio conficiatur, quod quo commodius fieri possit, cum sit V functio ipsius v, ponamus $dV = Udv$, et cum V' oriatur ex V, si pro v ponatur $v' = v + Mvda$, erit

$$V' = V + MUvda \, ,$$

nostra aequatio adimplenda erit

$$2Lvv + gqQ - gpM + MV - MUv = 0 \, ,$$

cui quomodo satisfieri possit, in sequentibus exemplis videamus.

PROBLEMA 1

11. *In hypothesi gravitatis uniformis g, si nulla fuerit resistentia, corpusve in vacuo moveatur, invenire curvam tautochronam.*

SOLUTIO

Quia resistentia est nulla, erit $V = 0$ et $U = 0$, ideoque habebitur haec aequatio:

$$2Lvv + gqQ - gpM = 0 \, ,$$

ubi est $dp = qds$; tum vero $dQ = Mds$ et $dM = Lds$, siquidem a pro constante accipiatur, ubi notandum est quantitates Q, M et L involvere posse a, at p et q ab a liberas esse debere. Cum igitur v tantum insit in primo termino, fiat $L = 0$, eritque $M = f$ et $Q = fs + g$; quia vero posito $s = 0$ fieri oportet $Q = 0$, et casu $s = a$, $Q = 1$, evidens est poni debere $g = 0$ et $f = \frac{1}{a}$, ita ut sit $M = \frac{1}{a}$ et $Q = \frac{s}{a}$, quibus valoribus substitutis aequatio nostra abit in

$$\frac{gqs}{a} - \frac{gp}{a} = 0 \, ,$$

seu $p = qs$. At est $q = \frac{dp}{ds}$, eritque $pds = sdp$ hincque $p = \frac{s}{c}$, existente c constante ab a non pendente; ex quo pro curva quaesita resultat haec aequatio:

$$dx = pds = \frac{sds}{c}$$

seu $ss = 2cx$, quae est pro cycloide.

PROBLEMA 2

12. *In hypothesi gravitatis uniformis* g, *si resistentia fuerit constans, seu momentis temporum proportionalis, invenire curvam tautochronam.*

SOLUTIO

Sit igitur resistentia $V = k$, quae quantitas constans utique non implicat a, eritque $U = 0$, et aequatio adimplenda est

$$2Lvv + gqQ - gpM + kM = 0 ,$$

existente $dp = qds$, $dQ = Mds$ et $dM = Lds$. Fiat ergo iterum $L = 0$, eritque ut ante

$$M = \frac{1}{a} \quad \text{et} \quad Q = \frac{s}{a} ,$$

unde adipiscimur hanc aequationem:

$$\frac{gqs}{a} - \frac{gp}{a} + \frac{k}{a} = 0 \quad \text{seu} \quad gqs - gp + k = 0 ,$$

quae per ds multiplicata ob $qds = dp$ praebet

$$gsdp - gpds + kds = 0$$

et integrando

$$\frac{gp}{s} = \frac{k}{s} + \frac{g}{c} \quad \text{sive} \quad p = \frac{s}{c} + \frac{k}{g} = \frac{dx}{ds} ,$$

unde denuo integrando obtinebitur

$$ss + \frac{2kcs}{g} = 2cx ,$$

quae aequatio iterum est pro cycloide, in qua punctum A ibi est capiendum, ubi tangens cum verticali AE angulum facit, cuius cosinus est $= \frac{k}{g}$; nisi ergo resistentia k minor sit gravitate g, quaestio absurdum implicat, ac si esset $k = g$, punctum A in cuspidem cycloidis incideret arcusque motui destinatus evanesceret.

PROBLEMA 3

13. *In hypothesi gravitatis uniformis g, si resistentia ipsis celeritatibus fuerit proportionalis, invenire curvam tautochronam.*

SOLUTIO

Sit igitur resistentia $V = mv$, erit $U = m$ et aequatio habebitur

$$2Lvv + gqQ - gpM + mvM - mvM = 0 ,$$

quae ergo ad eam, quam pro vacuo invenimus, reducitur; ita ut esse debeat: $L = 0$, $M = \frac{1}{a}$ et $Q = \frac{s}{a}$, sicque, ut ibi, prodit $p = qs$, porroque $p = \frac{s}{c}$ et $ss = 2cx$. Hoc ergo casu perinde atque in vacuo cyclois tautochronismi proprietatem conservat.

PROBLEMA 4

14. *In hypothesi gravitatis uniformis g, si resistentia fuerit quadratis celeritatum proportionalis, invenire curvam tautochronam.*

SOLUTIO

Statuatur resistentia $V = nv^2$, ut sit $U = 2nv$, habebiturque haec aequatio:

$$2Lvv + gqQ - gpM + nMv^2 - 2nMv^2 = 0$$

seu

$$2Lvv - nMv^2 + g(qQ - pM) = 0 .$$

Iam primo ut termini continentes vv tollantur, fiat $2L = nM$, et cum sit $dQ = Mds$ et $dM = Lds$, considerata hic quantitate a ut constante, conficietur

$$2Lds = 2dM = nMds ,$$

et integrando $M = \alpha e^{\frac{ns}{2}}$, porroque

$$Q = \frac{2\alpha}{n}(e^{\frac{ns}{2}} - 1) ,$$

ut fiat $Q = 0$, si $s = 0$, at quia sumto $s = a$, fieri debet $Q = 1$, erit

$$\alpha = \frac{n}{2(e^{\frac{na}{2}} - 1)} .$$

His autem valoribus inventis consequimur $qQ - pM = 0$, quae per α divisa dat

$$\frac{2q}{n}(e^{\frac{ns}{2}} - 1) = e^{\frac{ns}{2}} p \,,$$

et per ds multiplicando, ob $qds = dp$

$$2dp(e^{\frac{ns}{2}} - 1) = ne^{\frac{ns}{2}} pds$$

seu

$$\frac{dp}{p} = \frac{ne^{\frac{ns}{2}} ds}{2(e^{\frac{ns}{2}} - 1)} \,,$$

unde fit

$$p = \frac{1}{c}(e^{\frac{ns}{2}} - 1) = \frac{dx}{ds} \,.$$

Quare aequatio pro tautochrona erit

$$cdx = ds(e^{\frac{ns}{2}} - 1) \quad \text{et} \quad \frac{2}{n}(e^{\frac{ns}{2}} - 1) - s = cx \,,$$

quae est eadem, quam ex diversissimis principiis olim inveni[1]).

PROBLEMA 5

15. *In hypothesi gravitatis uniformi g, si resistentia fuerit partim constans, partim ipsis celeritatibus, partim vero quadratis celeritatum proportionalis, invenire curvam tautochronam.*

SOLUTIO

Statuatur ergo resistentia

$$V = k + mv + nvv \,;$$

et cum sit $U = m + 2nv$, nostra aequatio erit

$$2Lvv + g(qQ - pM) + kM + mMv + nMvv - mMv - 2nMvv = 0 \,,$$

sive

$$2Lvv - nMvv + g(qQ - pM) + kM = 0 \,.$$

Fiat ergo iterum $2L = nM$, et ob $dQ = Mds$, $dM = Lds$, erit, ut ante

$$M = \alpha e^{\frac{ns}{2}} \quad \text{et} \quad Q = \frac{2\alpha}{n}(e^{\frac{ns}{2}} - 1)$$

1) Confer commentationem E 13, p. 32 huius voluminis. C. B.

existente

$$\alpha = \frac{n}{2(e^{\frac{na}{2}} - 1)},$$

quibus valoribus substitutis et aequatione per α divisa habebimus

$$\frac{2gq}{n}(e^{\frac{ns}{2}} - 1) - gpe^{\frac{ns}{2}} + ke^{\frac{ns}{2}} = 0\ ,$$

quae per ds multiplicata, ob $qds = dp$, dat

$$\frac{2gdp}{n}(e^{\frac{ns}{2}} - 1) - gpe^{\frac{ns}{2}}\,ds + ke^{\frac{ns}{2}}\,ds = 0$$

seu

$$\frac{gdp}{gp - k} = \frac{ne^{\frac{ns}{2}}\,ds}{2(e^{\frac{ns}{2}} - 1)},$$

cuius integrale est

$$gp - k = \frac{g}{c}(e^{\frac{ns}{2}} - 1) \quad \text{hincque} \quad gcdx = ckds + g(e^{\frac{ns}{2}} - 1)ds,$$

unde tautochrona quaesita hac continebitur aequatione

$$gcx = cks + \frac{2g}{n}(e^{\frac{ns}{2}} - 1) - gs$$

seu

$$x = \frac{(ck - g)}{gc} + \frac{2}{nc}(e^{\frac{ns}{2}} - 1)\ .$$

16. En ergo methodum a Celeberrimo FONTANIO excogitatam, cui eo maior debetur laus, quod pari successu tam pro resistentia celeritatibus, quam earum quadratis proportionali, tautochronas exhibeat, dum mea methodus ad resistentiam celeritatibus ipsis proportionalem nullo modo accommodari patitur. Cum igitur casus postremi problematis neque mea methodo, neque ulla alia etiamnunc cognita, expediri possit, plurimum profecto Vir Acutissimus praestitisse est censendus, quod tam eximiam methodum in medium attulerit, quae ad alias non minus arduas investigationes viam parare videtur. Interim tamen non sine dolore fateri cogimur hanc ingeniosam methodum non ultra hos quinque casus, vel saltem ultimum, qui reliquos omnes in se complectitur, extendi posse; si enim resistentia alii celeritatum dignitati proportionalis assumatur, non amplius celeritatem ex aequatione eliminare, neque idcirco ex ea aequationem pro tautochrona elicere licet. Nihilo vero minus id ipsum, quod haec methodus nobis largitur, grato animo agnoscere debemus.

17. Curva igitur tautochrona, quam pro resistentia $V = k + mv + nvv$ sumus adepti, utique meretur, quae accuratius examinetur, motus super ea, ex quo tautochronismus nascitur, diligentius perpendatur. Quod quidem ad ipsam curvam attinet, eius natura hac exprimitur aequatione finita:

$$c(gx - ks) = \frac{2g}{n}(e^{\frac{ns}{2}} - 1) - gs\ ,$$

quam ex hac aequatione differentiali eruimus:

$$c(gdx - kds) = g\,(e^{\frac{ns}{2}} - 1)\,ds\ .$$

Hinc igitur, si quantitatem exponentialem eliminemus, obtinebimus hanc aequationem differentialem:

$$gdx - kds = \frac{n}{2}ds(gx - ks) + \frac{ng}{2c}sds\ ,$$

circa quas aequationes imprimis notandum est quantitatem m in determinationem tautochronae non ingredi, ita ut resistentia ipsis celeritatibus proportionalis naturam tautochronae non immutet.

18. Cognita iam curva videamus, quomodo motus corporis super ea sit comparatus; ac si celeritatem in M ponamus $= v$, erit ex conditione motus

$$2vdv = -gdx + (k + mv + nvv)ds\ ;$$

cum autem sit

$$gdx - kds = \frac{g}{c}(e^{\frac{ns}{2}} - 1)\,ds\ ,$$

eliminando dx, habebimus

$$2vdv + \frac{g}{c}(e^{\frac{ns}{2}} - 1)ds - mvds - nvvds = 0\ ,$$

unde ad quodvis curvae punctum celeritas corporis determinatur. Phaenomena autem huius motus, quatenus arcus $AF = a$ et $AF' = a + da$ inter se comparantur, ita se habebunt, ut sit, sumtis arcubus AM et AM' aequidiurnis, in hoc gemino motu

$$MM' = \frac{e^{\frac{ns}{2}} - 1}{e^{\frac{na}{2}} - 1} \cdot FF'\ , \qquad M'm' = Mm + \frac{ne^{\frac{ns}{2}} \cdot Mm \cdot FF'}{2(e^{\frac{na}{2}} - 1)}\ .$$

Celeritas vero in puncto M' pro motu per AF' erit

$$v' = v + \frac{ne^{\frac{ns}{2}} v \cdot FF'}{2(e^{\frac{na}{2}} - 1)} .$$

At $\frac{ds}{v}$ dat elementum temporis t, quo arcus AM absolvitur, quod integratum et per totum arcum AM extensum erit constans.

19. Quanquam autem hinc certi sumus omnes sive descensus, sive ascensus, super hac curva inter se esse aequidiurnos, tamen ipsum tempus difficulter assignatur, multoque minus in promtu est ex aequatione inter s et v rationem tautochronismi demonstrare, quod tamen facile praestari posset, si pars illa resistentiae, quae ipsis celeritatibus est proportionalis, abesset, seu si esset $m = 0$; atque in hoc ipso causa latet, quod ista resistentiae hypothesis meam methodum respuat. Operae ergo pretium erit investigare, quemadmodum expressio temporis pro motu corporis super hac curva in genere futura sit comparata, et quomodo ea ad tautochronismum perducatur. Hunc in finem integratio huius aequationis:

$$2vdv - mvds - nvvds + \lambda(e^{\frac{ns}{2}} - 1)\,ds = 0$$

investigari debet, in qua pro $\frac{g}{c}$ posui λ, ita ut λ iam sit constans arbitraria.

20. Primo quidem intuitu haec aequatio tractatu admodum difficilis videtur; verum haec substitutio $v = (e^{\frac{ns}{2}} - 1)u$, qua fit

$$dv = (e^{\frac{ns}{2}} - 1)\,du + \frac{n}{2}\, e^{\frac{ns}{2}} u ds ,$$

felici cum successu adhibebitur; fiet enim

$$2udu(e^{\frac{ns}{2}} - 1) - muds + nuuds + \lambda ds = 0 ,$$

quae sponte variabilium separationem offert, cum prodeat

$$\frac{ds}{e^{\frac{ns}{2}} - 1} + \frac{2udu}{\lambda - mu + nuu} = 0 ,$$

tum vero ob $dt = \frac{ds}{v}$ et $v = (e^{\frac{ns}{2}} - 1)u$ simul pro tempore t determinando obtinebimus

$$dt + \frac{2du}{\lambda - mu + nuu} = 0 .$$

Hic primum observo formulae $\dfrac{ds}{e^{\frac{ns}{2}}-1}$, quia huic est aequalis

$$\frac{e^{-\frac{ns}{2}}ds}{1-e^{-\frac{ns}{2}}},$$

integrale esse

$$=\frac{2}{n}l(1-e^{-\frac{ns}{2}}),$$

quocirca erit

$$-\frac{2}{n}l(1-e^{-\frac{ns}{2}})=\int\frac{2udu}{\lambda-mu+nuu}=\frac{1}{n}l(\lambda-mu+nuu)+\frac{m}{n}\int\frac{du}{\lambda-mu+nuu}$$

et

$$t=-\int\frac{2du}{\lambda-mu+nuu}.$$

21. Quod nunc ad tautochronismum attinet, quia posito $s=0$ fieri debet $v=b$, denotante b celeritatem corporis in ipso puncto A, pro hoc loco fiet $u=\frac{b}{0}=\infty$; deinde, quia in puncto F celeritas v evanescit, fit ibi $u=0$; unde pro tempore primum per arcum AM indefinite inveniendo formulae

$$-\int\frac{2du}{\lambda-mu+nuu}$$

integrale ita capi debet, ut evanescat posito $u=\infty$, quo facto totum tempus per arcum AF resultabit, si ponatur $u=0$; his autem operationibus manifestum est neque quantitatem b neque quantitatem arcus $AF=a$ in calculum ingredi, sicque totum tempus evidenter prodit constans. Per integrationem autem reperitur

$$t=\frac{4}{\sqrt{(4\lambda n-mm)}}\left(-\operatorname{A tang}\frac{\sqrt{(4\lambda n-mm)}}{m}+\operatorname{A tang}\frac{u\sqrt{(4\lambda n-mm)}}{-2\lambda+mu}\right),$$

posito ergo $u=0$, erit totum tempus per AF

$$\frac{4}{\sqrt{(4\lambda n-mm)}}\left(\pi-\operatorname{A tang}\frac{\sqrt{(4\lambda n-mm)}}{m}\right).$$

22. Quo hae formulae quoque ad casum, quo $n=0$, accommodari queant, loco constantis arbitrariae λ ponamus $\frac{\alpha}{n}$, et cum resistentia fuerit

$$V=k+mv+nvv,$$

aequatio pro curva tautochrona, et quidem descensuum, erit

$$gdx - kds = \frac{\alpha}{n}(e^{\frac{ns}{2}} - 1)\, ds$$

seu

$$gx - ks = \frac{2\alpha}{nn}(e^{\frac{ns}{2}} - 1) - \frac{\alpha s}{n} .$$

Tum vero tempus uniuscuiusque descensus, ob $\lambda n = \alpha$, erit

$$\frac{4}{\sqrt{(4\alpha - mm)}}\left(\pi - \operatorname{A tang} \frac{\sqrt{(4\alpha - mm)}}{m}\right).$$

At pro tautochrona ascensuum, sumendis k, m, n negative, habebitur haec aequatio:

$$gdx + kds = \frac{\alpha}{n}(1 - e^{-\frac{ns}{2}})\, ds ,$$

et integrando

$$gx + ks = \frac{\alpha s}{n} - \frac{2\alpha}{nn}(1 - e^{-\frac{ns}{2}}) .$$

Tempus autem, quo singuli ascensus absolvuntur, erit

$$\frac{4}{\sqrt{(4\alpha - mm)}} \operatorname{A tang} \frac{\sqrt{(4\alpha - mm)}}{m} ,$$

ubi notandum est me hic loco

$$- \operatorname{A tang} \frac{\sqrt{(4\alpha - mm)}}{m} ,$$

quia hic angulus maior est quadrante, posuisse

$$\pi - \operatorname{A tang} \frac{\sqrt{(4\alpha - mm)}}{m} ,$$

ut capi queat minimus arcus, cuius tangens est

$$\frac{\sqrt{(4\alpha - mm)}}{m} ;$$

pro ascensibus autem hac reductione non erat opus.

23. Hic notatu dignum deprehendimus, quod in aequatione pro curva tautochrona littera m, in expressione autem temporis littera n non reperiatur, neque etiam littera k; ita ut, manente constante α eadem, tempus tantum a parte resistentiae, quae ipsi celeritati est proportionalis, afficiatur. Quodsi haec pars penitus absit, seu $m = 0$ ob $\operatorname{A tang} \infty = \frac{\pi}{2}$, fit tam descensus

quam ascensus tempus $=\frac{\pi}{\sqrt{\alpha}}$, at existente quantitate m quam minima, tempus descensus colligitur $=\frac{\pi}{\sqrt{\alpha}}+\frac{m}{\alpha}$, tempus vero ascensus $=\frac{\pi}{\sqrt{\alpha}}-\frac{m}{\alpha}$. Crescente autem porro quantitate m, donec fiat $m=2\sqrt{\alpha}$, tempus descensus in infinitum excrescit, quia corpus nunquam usque ad punctum infimum super curva pervenire potest, ascensus vero tempus hoc casu fit $=\frac{4}{m}=\frac{2}{\sqrt{\alpha}}$. Si fieret $m>2\sqrt{\alpha}$, tum multo magis descensus nunquam finirentur, ascensus autem tempus a logarithmis pendebit, eritque

$$=\frac{2}{\sqrt{(mm-4\alpha)}}\, l\, \frac{m+\sqrt{(mm-4\alpha)}}{m-\sqrt{(mm-4\alpha)}}\,.$$

24. Pro descensu autem celeritas in singulis curvae punctis per hanc aequationem integralem determinabitur:

$$l\,\frac{\frac{\alpha}{n}(1-e^{-\frac{na}{2}})^2}{\frac{\alpha}{n}(1-e^{-\frac{ns}{2}})^2-me^{-\frac{ns}{2}}v(1-e^{-\frac{ns}{2}})+ne^{-ns}vv}$$

$$=\frac{2m}{\sqrt{(4\alpha-mm)}}\left(\pi-\mathrm{A\ tang}\frac{e^{-\frac{ns}{2}}v\sqrt{(4\alpha-mm)}}{me^{-\frac{ns}{2}}v-\frac{2\alpha}{n}(1-e^{-\frac{ns}{2}})}\right).$$

Pro ascensu vero haec habebitur celeritatis determinatio

$$l\,\frac{\frac{\alpha}{n}(e^{\frac{na}{2}}-1)^2}{\frac{\alpha}{n}(e^{\frac{ns}{2}}-1)^2+me^{\frac{ns}{2}}v(e^{\frac{ns}{2}}-1)+ne^{ns}vv}$$

$$=\frac{2m}{\sqrt{(4\alpha-mm)}}\,\mathrm{A\ tang}\frac{e^{\frac{ns}{2}}v\sqrt{(4\alpha-mm)}}{me^{\frac{ns}{2}}v+\frac{2\alpha}{n}(e^{\frac{ns}{2}}-1)}\,,$$

quae formulae, si in resistentia

$$V=k+mv+nvv$$

terminus mv evanescat, multo fiunt simpliciores; nam ob $m=0$ erit pro descensu:

$$\alpha(1-e^{-\frac{na}{2}})^2=\alpha(1-e^{-\frac{ns}{2}})^2+nne^{-ns}vv$$

et pro ascensu:

$$\alpha(e^{\frac{na}{2}}-1)^2=\alpha(e^{\frac{ns}{2}}-1)^2+nne^{ns}vv\,,$$

sin autem sit $n = 0$, erit pro descensu:

$$l\frac{\frac{1}{4}\alpha aa}{\frac{1}{4}\alpha ss - \frac{1}{2}mvs + vv} = \frac{2m}{\sqrt{(4\alpha - mm)}}\left(\pi - \text{A tang}\,\frac{v\sqrt{(4\alpha - mm)}}{mv - \alpha s}\right)$$

et pro ascensu:

$$l\frac{\frac{1}{4}\alpha aa}{\frac{1}{4}\alpha ss + \frac{1}{2}mvs + vv} = \frac{2m}{\sqrt{(4\alpha - mm)}}\,\text{A tang}\,\frac{v\sqrt{(4\alpha - mm)}}{mv + \alpha s}\,.$$

25. Tum vero si tempus per arcum quemcunque $AM = s$ ponatur $= t$, erit pro descensu super tautochrona descensuum:

$$t = \frac{4}{\sqrt{(4\alpha - mm)}}\left(\text{A tang}\,\frac{e^{-\frac{ns}{2}}v\sqrt{(4\alpha - mm)}}{me^{-\frac{ns}{2}}v - \frac{2\alpha}{n}(1 - e^{-\frac{ns}{2}})} - \text{A tang}\,\frac{\sqrt{(4\alpha - mm)}}{m}\right)$$

et pro ascensu super tautochrona ascensuum

$$t = \frac{4}{\sqrt{(4\alpha - mm)}}\left(\text{A tang}\,\frac{\sqrt{(4\alpha - mm)}}{m} - \text{A tang}\,\frac{e^{\frac{ns}{2}}v\sqrt{(4\alpha - mm)}}{me^{\frac{ns}{2}}v + \frac{2\alpha}{n}(e^{\frac{ns}{2}} - 1)}\right).$$

Unde si sit $m = 0$, erit pro descensu:

$$t = \frac{2}{\sqrt{\alpha}}\left(\frac{\pi}{2} - \text{A tang}\,\frac{ne^{-\frac{ns}{2}}v}{(1 - e^{-\frac{ns}{2}})\sqrt{\alpha}}\right)$$

et pro ascensu:

$$t = \frac{2}{\sqrt{\alpha}}\left(\frac{\pi}{2} - \text{A tang}\,\frac{ne^{\frac{ns}{2}}v}{(e^{\frac{ns}{2}} - 1)\sqrt{\alpha}}\right),$$

ubi quidem valores ipsius v ex superioribus aequationibus per arcum s determinari debent.

26. Ex his igitur perspicuum est, quomodo curvae, per methodum Celeberrimi FONTANII inventae, tautochronismum producant, id quod ex ipsa investigationis ratione minus intelligitur. At vero in hoc ipso praestantia huius methodi consistit, quod non indigeat indefinita temporis expressione, ita ut, etiamsi eius ope curvae tautochronae sint inventae, tamen inde nihil certi, neque de motu corporis super his curvis, neque de ipsa temporis quantitate, innotescat. Has igitur res demum post inventas curvas tautochronas per calculum peculiarem investigare licuit; ac nisi modus se obtulisset hanc aequa-

tionem differentialem resolvendi:

$$2vdv - mvds - nvvds + \lambda(e^{\frac{ns}{2}} - 1)ds = 0,$$

hanc illustrationem ne quidem absolvere in potestate fuisset, quod eo magis mirandum videtur, quod etiam sine huius aequationis resolutione convicti fuerimus curvas inventas revera tautochronismi proprietate esse praeditas, etiamsi ipsa motus determinatio latuisset; quam ob causam haec methodus tautochronas investigandi summis laudibus digna est censenda.

27. Si autem attentius examinemus, in quanam re vis huius admirabilis methodi consistat, eam in hoc positam reperiemus, quod non ex ipsa aequatione fundamentali

$$2vdv + gpds - Vds = 0\ ,$$

qua motus natura in genere exprimitur, tautochronismi conditio petatur, sed ex ea per indolem tautochronismi alia aequatio, in qua non amplius insit differentiale dv, eliciatur, cui sit satisfaciendum. Introducta scilicet functione indefinita ipsarum s et a, quae erat Q et quam ita comparatam esse oportet, ut posito $s = 0$ fiat $Q = 0$, posito autem $s = a$ fiat $Q = 1$, posuimus $dQ = Mds$ et $dM = Lds$, tum vero $dp = qds$ et $dV = Udv$; quibus positis satisfieri oportebat huic aequationi:

$$2Lvv + g(qQ - pM) + M(V - Uv) = 0\ ,$$

ita ut etiamsi quantitates Q, M et L involvant quantitatem a, tamen quantitates p et q ab ea immunes resultent.

28. Cum autem haec aequatio adhuc celeritatem v contineat, quae quemadmodum ab s et a pendeat, ex aequatione principali

$$2vdv + gpds - Vds = 0$$

definiri deberet, in quo ipso autem summa difficultas versatur: dispiciendum est, utrum illa aequatio non sine huius subsidio resolvi possit. Quod si in genere praestari posset, haberetur methodus latissime patens omnes tautochronas in quocunque medio resistenti inveniendi; verum talis resolutio iis tantum casibus succedit, quibus functionem Q cum suis derivatis ita per s et a determinare licet, ut quantitas v prorsus ex calculo exterminetur; tum enim cuiuscunque ea fuerit naturae, quae quidem aequatione principali determinatur, quoniam non amplius in calculo inest, aequatio residua definiet quantitates p et q, unde ob $dx = pds$ et $dp = qds$, natura curvae quaesitae determinatur, simodo quantitas a ex ea penitus abierit, uti usu venit in exemplis supra allatis.

29. Facile autem perspicitur hoc commodum locum habere non posse, nisi resistentia eiusmodi celeritatis functionem sequatur, ut sit

$$V = k + mv + nvv\,;$$

tum enim ob $U = m + 2nv$, fit $V - Uu = k - nvv$, et aequatio nostra induit hanc formam:

$$2Lvv + g(qQ - pM) + kM - nMvv = 0\ ,$$

in qua cum nonnisi eadem potestas ipsius v insit, ea ex calculo tollitur sola positione $2L = nM$, remanetque tum aequatio ab v liberata

$$g(qQ - pM) + kM = 0\ ,$$

quae determinat naturam curvae, quomodocunque etiam celeritas v per aequationem principalem determinetur, ita ut eius resolutione his casibus non indigeamus ad curvas tautochronas inveniendas. Nisi autem quantitas $V - Uv$ ad hanc formam $k - nvv$ rediisset, altera ista aequatio nullam utilitatem attulisset.

30. Si enim exempli gratia resistentia cubis celeritatum esset proportionalis, ut haberemus $V = nv^3$, ob $U = 3nvv$ foret $V - Uv = -2nv^3$, hincque nostra aequatio abiret in

$$2Lvv + g(qQ - pM) - 2nMv^3 = 0\ ,$$

in qua iam functio Q nullo modo per s et a ita definiri potest, et termini $2Lvv$ et $2nmv^3$ ex aequatione expellantur. Quamobrem huic aequationi satisfieri nequit, nisi simul aequatio principalis: $2vdv + gpds - Vds = 0$ in computum trahatur, quae cum expediri nequaquam possit, hinc etiam nullum lucrum consequimur. Etsi enim ex combinatione harum aequationum conficitur ista:

$$4Mvdv - 2Lvvds + 3gMpds - gqQds = 0\ ,$$

cuius integrale est

$$vv = \tfrac{1}{2}gM\int\frac{(qQ - 3pM)\,ds}{MM}\ ,$$

quod integrale ita est capiendum, ut, posito $s = a$, fiat $v = 0$; tamen si hinc valores pro vv et v^3 in aequatione

$$2Lvv + g(qQ - pM) - 2nMv^3 = 0$$

substituatur, quantitates a et s ita erunt inter se permixtae, ut nulla via pateat functionem Q ita definiendi, ut quantitas a prorsus ex calculo exstirpetur litteraeque p et q per solam variabilem s determinari possint. Per differentiationem quidem etiam celeritas v eliminari potest; nam posito $dL = Kds$ et $dq = rds$ reperitur:

$$3nLv^3 + 4Kvv + 3ng(qQ + pM)v + g(rQ - 3pL) = 0$$ [1])

quae cum hac:

$$2Lvv + g(qQ - pM) - 2nMv^3 = 0$$

perducet ad aequationem ab v liberam. Verum haec ita fiet complicata, ut negotium resolutionis frustra suscipiatur.

1) Recte: $6nLv^3 - 4Kv^2 + 3ng(qQ - 3pM)v - 2g(rQ - 3pL) = 0$. C. B.

DE MOTU CORPORIS AD DUO CENTRA VIRIUM FIXA ATTRACTI

Commentatio 301 indicis ENESTROEMIANI
Novi commentarii academiae scientiarum Petropolitanae **10** (1764), 1766, p. 207–242
Summarium ibidem p. 26–30

SUMMARIUM

Argumentum huius dissertationis Auctor in eius praefatione tam dilucide et copiose explicavit, ut superfluum foret de eius eximio usu, cum in Astronomia tum vero in Analysi, hic quicquam commemorare. Priorem ergo huius dissertationis partem uberiori istius quaestionis explicatione destinatam hic transcriptam putemus, cum cuique a calculis etiam abhorrenti eam ante huius recensionis lectionem evolvere liceat. In quaestione igitur, quam Auctor hic tractat, duo puncta fixa assumuntur. Ad quae corpus quodpiam attrahatur in ratione reciproca duplicata distantiarum, et postquam huic corpori motus quicunque fuerit impressus, qua lege deinceps sit progressurum, quaeritur. Neutiquam vero Auctor in solutione imperfecta et ad veritatem tantum appropinquante, qua ratione huiusmodi quaestiones adhuc tractari sunt solitae, acquiescit, sed potius omnes cum ingenii tam calculi vires eo intendit, ut motum illius corporis ad duo virium centra fixa attracti omni rigore geometrico definiat atque adeo aequationem pro curva descripta eliciat, ex qua eius constructio confici queat. Postquam autem aequationes differentiales secundi gradus, quas principia motus statim suppeditant, felici successu ad primum gradum perduxisset, aequationem tantopere complicatam est assecutus, ut inde vix plus subsidii quam ex primis formulis differentio-differentialibus expectandum videretur, propterea quod binae variabiles maxime inter se erant permixtae. Cum igitur quasi de ulteriori successu desperaret, eum casum, quo alterutra vis centripeta evanescit, evolvendum suscepit; quoniam aliunde constabat curvam hoc casu descriptam sectionem conicam esse debere: in qua investigatione, quae adhuc maximis difficultatibus erat implicata, Auctori usu venit, ut in enormem errorem illaberetur. Quem lapsum, tantum abest, ut occultandum et reticendum putaret, ut eum potius ingenue confiteatur, cum huic ipsi errori, perfecta huius quaestionis solutio unice accepta, sit referenda. Postquam enim omni studio in originem huius erroris inquisivisset molestissimosque calculos expedivisset, praeter omnem expectationem in eiusmodi methodum incedit, cuius beneficio ipsa quaestio latissimo sensu accepta ita ad exoptatum finem perduci posset, ut in solutione nihil amplius esset desiderandum, ad quod eximium inventum, quod non solum in Astronomia, sed etiam in Analysi maximi certe est momenti, nunquam pertigisset, nisi felicissimo eventu in errorem illum incidisset. Totam autem huius problematis solutionem perduxit ad hanc aequationem differentialem primi gradus, in qua binae variabiles adeo a se invicem sunt separatae,

$$\frac{dr}{\sqrt{r(A+B+D+2Er-(A+B-D)rr)}} = \frac{ds}{\sqrt{s(-A+B-D+2Es+(A-B-D)ss)}},$$

ubi litterae A et B intensiones utriusque centri virium denotant. D vero et E sunt constantes a prima motus impressione pendentes, at variabiles r et s per angulos $BAM = \zeta$ et $ABM = \eta$ ita definiuntur, ut sit

$$r = \operatorname{tang} \tfrac{1}{2}\zeta \operatorname{tang} \tfrac{1}{2}\eta$$

et

$$s = \frac{\operatorname{tang} \frac{1}{2}\zeta}{\operatorname{tang} \frac{1}{2}\eta},$$

ex quo, ope aequationis inventae, curva a corpore descripta facile construi potest. Alio loco autem Auctor ostendet hanc aequationem infinitis casibus algebraice integrari posse, ita ut infinitis modis fieri queat, ut corpus circa duo haec centra virium A et B curvam adeo algebraicam describat. Manifesto scilicet haec sequuntur ex iis, quae Auctor est commentatus de aequatione hac:

$$\frac{m\,dx}{\sqrt{(\alpha+\beta x+\gamma xx+\delta x^3+\varepsilon x^4)}} = \frac{n\,dy}{\sqrt{(\alpha+\beta y+\gamma yy+\delta y^3+\varepsilon y^4)}},$$

cuius integrale ostendit semper algebraice assignari posse, quoties numeri m et n sunt inter se commensurabiles. Verum praeter hos casus innumerabiles dantur alii duo maxime simplices, quos immediate ex aequatione differentiali inventa derivare licet. Ostendit enim Auctor alibi, quoties habeatur aequatio differentialis separata inter binas variabiles r et s, ei semper duobus modis satisfieri posse, altero, quo ipsi r, altero vero ipsi s certus tribuitur valor constans. Secundum praecepta autem, quae in hac investigatione observari oportet, si fiat $r = \alpha$, necesse est ut $\alpha - r$ sit factor quantitatis

$$\sqrt{r(A+B+D+2Er-(A+B-D)rr)}$$

ideoque ipsa quantitas

$$A+B+D+2Er-(A+B-D)rr$$

factorem habeat $(\alpha - r)^2$, hinc divisa illa forma per $D-A-B$ statuatur

$$\frac{A+B+D}{D-A-B} = \alpha\alpha \quad \text{et} \quad \frac{E}{D-A-B} = -\alpha,$$

et constantes ambae D et E a motus initio pendentes ita definiuntur, ut sit

$$D = \frac{(\alpha\alpha + 1)(A + B)}{\alpha\alpha - 1} \quad \text{et} \quad E = \frac{-2\alpha(A + B)}{\alpha\alpha - 1}.$$

Quare si motus corpori initio impressus his valoribus fuerit conformis, curva deinceps descripta hac exprimetur aequatione: $\operatorname{tang} \frac{1}{2}\zeta \operatorname{tang} \frac{1}{2}\eta = \alpha$; unde cum positis $AP = x$, $BP = a - x = t$, $AM = v$ et $BM = u$ sit

$$\operatorname{tang} \tfrac{1}{2}\zeta = \frac{v - x}{y} = \frac{y}{v + x}$$

et

$$\operatorname{tang} \tfrac{1}{2}\eta = \frac{u - t}{y} = \frac{y}{u + t},$$

fiet $\alpha = \dfrac{v - x}{u + t}$. Hinc cum sit

$$x = \frac{aa + vv - uu}{2a} \quad \text{et} \quad t = \frac{aa - vv + uu}{2a},$$

erit

$$v - x = (u + v - a)(a + u - v)$$

et

$$u + t = (u + v + a)(a + u - v),$$

ita ut iam sit

$$\alpha = \frac{u + v - a}{u + v + a} \quad \text{et} \quad u + v = \frac{(\alpha + 1)a}{1 - \alpha}$$

seu $AM + BM$ constans. Ex quo manifestum est hoc casu curvam a corpore descriptam fore ellipsin, cuius ambo foci in ipsis binis centris virium A et B sint constituti.

En ergo observationem notatu maxime dignam, qua nunc quidem constat fieri posse, ut corpus ad duo virium centra attractum etiam in conica sectione revolvatur, cuius adeo foci in illa centra virium incidant: ad hoc quippe requiritur, ut corpus initio certa quadam ratione proiiciatur, quam insignem proprietatem haud memini a quoquam esse animadversam.

Quemadmodum autem hic ponendo $r = \alpha$ omnis generis ellipses sumus adepti, ita, si pro altera aequationis parte statuamus $s = \beta$, simili modo ad hyperbolas perveniemus, quarum foci itidem in centris virium reperiuntur.

Ceterum Auctor hic assumsit motum fieri in eodem plano cum ambobus virium centris, verum etiamsi motus non absolvatur in eodem plano, tamen methodus, qua hic Auctor est usus, pari successu adhibetur, quemadmodum alia occasione ab ipso ostendetur, quo simul spes Astronomorum non mediocriter confirmari videtur, fore aliquando, ut omnes perturbationes motuum coelestium ab actione plurium virium oriundae per calculum accurate queant definiri.

1. Cum nunc quidem nullum amplius dubium supersit, quin corpora coelestia perinde moveantur, ac si se mutuo attraherent in ratione reciproca duplicata distantiarum, theoria Astronomiae ad summum fastigium eveheretur, si motum quotcunque corporum se mutuo in ista ratione attrahentium definire liceret. Hinc Astronomiae perfectio a Mechanica est expectanda, ex cuius principiis cum motus illi facile ad aequationes differentiales revocentur, totum negotium ab Analysi pendet, eaque eius parte, quae in resolutione aequationum differentialium consumitur. Quae ergo in Astronomia nondum satis sunt explorata, eorum cognitio ex sola Analysi est haurienda, cuius adhuc insignis promotio desideratur, antequam vel unici phaenomeni perfectam explicationem reddere valeamus.

2. Quod autem in hoc negotio adhuc praestare licuit, tam exiguam universae theoriae particulam complectitur, quae fere pro nihilo sit reputanda; plus enim ab Auctoribus, qui hoc argumentum tractaverunt, non est effectum, quam ut motum tantum duorum corporum, quae se mutuo in ratione reciproca distantiarum duplicata attrahunt, accurate definire docuerint. Statim ac tria corpora se hac lege attrahentia proponuntur, qui tamen casus a scopo praefixo adhuc longissime abest, cum numerus corporum in mundo se mutuo attrahentium sit maximus, omnia artificia, quae quidem adhuc in Analysi sunt inventa, ei enodando minime sufficiunt. Et qui hoc problema sunt aggressi, plus non praestiterunt, quam ut casu, quo unius corporis vis prae duobus reliquis valde est exigua, eorum motus vero tantum proxime assignaverint.

3. Ex hoc fonte omnia sunt hausta, quae adhuc de motu Lunae, ac de perturbationibus, quibus motus planetarum afficiuntur, sunt explorata, ubi commode usu venit, ut vis, qua Luna ad Terram urgetur, plurimum superet vim ad Solem directam, in planetis autem vis ad Solem tendens multo maior sit viribus, quibus in se invicem agunt. Quae circumstantia nisi accederet, omnis opera in motuum determinatione frustra impenderetur. Quod ad Lunam attinet, cuius motum adhuc per approximationes satis exacte definire licuit, si longius a Terra esset remota, non video, quomodo vix ullam eius motus notitiam adipisci possemus, si scilicet tam longe a Terra esset remota, ut sortem satellitis Terrae esset amissura, iam in ordinem planetarum primariorum transitura. Tum nimirum eius motus mediam quandam legem sequeretur inter motum satelliti telluris et motum planetae primarii, cuius autem rationem vix ullo modo perspicere liceret, quandoquidem approximationibus nullus amplius locus relinqueretur.

4. Quodsi Luna Terrae esset vicinior, quam re vera est, vis perturbans a Sole profecta minueretur, ideoque Luna in motu suo circa Terram exactius leges KEPLERIANAS sequeretur; aberrationes autem facilius certiusque definirentur. Quo longius autem Lunam a Terra removeri fingamus, eo maiores aberrationes eius motum inquinabunt, quoad in eiusmodi regionem perveniat, ubi vis ad Solem tendens multum superet vim Terrae, ibique quasi Terram deserens, incipiet rationem motus planetarum primariorum sequi, verum tamen quasdam adhuc perturbationes a vi Terrae patietur, quas denuo, sed alio modo, per approximationes investigare licebit, perinde ac perturbationes in motibus planetarum primariorum repraesentari solent.

5. Motus autem Lunae maxime foret indeterminabilis, si quater vel quinquies a Terra magis esset remota, quam re vera est, ac si creatori libuisset, Lunae motum in tali regione assignare, Astronomi certe miris modis in eius investigatione, ac fortasse in cassum, defatigarentur, qui cum nunc sine auxilio Theoriae locum Lunae ad datum tempus sine notabili errore definire haud potuerint, eo casu semper in Lunae locis assignandis enormes errores essent commissuri, etiamsi fortasse innumerabiles observationes collegissent. Quin etiam ne suspicari quidem licet, qualem formam tum tabulis Astronomicis induci conveniret, neque patet, quomodo tabula mediorum motuum construi queat, cum eos neque ad Terram neque ad Solem referre liceat, multo minus intelligitur, quibusnam argumentis pro anomaliis definiendis esset utendum. Ita tanquam eximium Astronomiae commodum spectare debemus, quod in systemate saltem nostro solari non eiusmodi dentur corpora, de quibus dubium sit, utrum planetis primariis an secundariis annumerari debeant.

6. In crassissima autem ignorantia circa motus coelestes versaremur, si ipsa Terra ita inter reliqua corpora fuisset disposita, ut neque legem planetarum primariorum neque secundariorum sequeretur; quoniam tum motus Solis apparens, cui cognitio reliquorum motuum innititur, nobis omnino esset inexplicabilis, quamvis plurium saeculorum observationes collegissemus. Unica via ad Astronomiae notitiam perveniendi utique per Analysin pateret, cuius beneficio problema de motu trium pluriumve corporum se mutuo attrahentium resolvi deberet, neque hoc subsidio destituti quicquam in hac scientia praestare possemus. Verum etiamnum solutio huius problematis summam esset allatura utilitatem, dum motus coelestes, quos iam proxime tantum agnoscere datur, accurate assignare valeremus; ita ut tum demum Astronomiae studium ad summum perfectionis gradum evehi sit censendum.

7. Cum igitur evolutio casus plurium corporum nequicquam ante sit expectanda, quam casus trium fuerit expeditus, hic tanquam fundamentum plenioris cognitionis astronomicae spectari debet, qui propterea omnino dignus est iudicandus, ad cuius resolutionem omnes Geometrae vires suas coniunctim impendant. Maximae quidem occurrunt difficultates, quas frustra adhuc superare conati sunt Geometrae, verum fructu inde sperandi nimis sunt pretiosi, quam ut ab ulteriori investigatione deterreri quemquam conveniat. Ac si hoc ipsum problema tentantes omnes vias penetrandi occlusas offendimus, quod in aliis laboribus saepe usui fuit adminiculum, dum tractatio aliarum quaestionum affinium tandem ad quaesitum scopum perduxit, eodem et hic utamur, atque vires in aliis quaestionibus similibus, etiamsi per se nullum usum habiturae videantur, exerceamus, certa spe freti inde quicquam luminis ad tenebras illas dissipandas esse affulsurum.

8. Hoc igitur institutum sequens, istud problema tractandum suscepi, ut propositis duobus corporibus fixis motum tertii cuiusdam corporis, quod ad utrumque attrahatur, investigarem. Sint scilicet corpora fixa in A et B (Fig. 1), quorum massae iisdem litteris A et B indicentur, tertium autem corpus, cuius motum in eodem plano cum punctis A et B absolvi assumo, iam elapso aliquo tempore t versetur in M, cuius motus assignari debeat.

Fig. 1

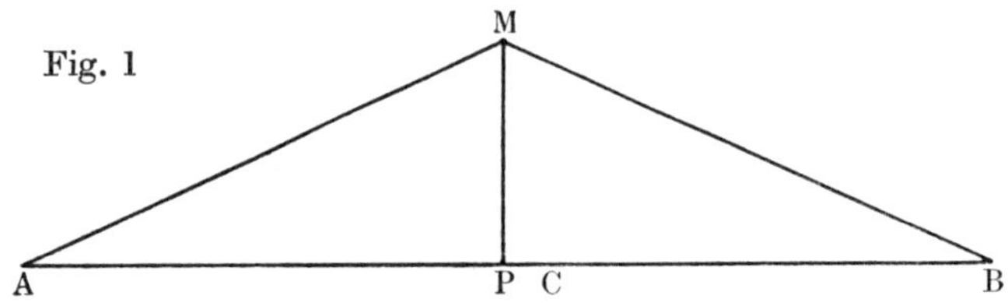

Quod problema, etsi in mundo casus similis non occurrat, similibus tamen difficultatibus, atque id, cui universa Astronomia innititur, implicatum deprehenditur, quae autem propterea, quod hic duo corpora A et B immota finguntur, facilius superari posse videntur; casus enim continet aliquos per se perspicuos, quorum consideratio ad evolutionem generalem perducere videatur.

9. Primum enim observo, si massa alterius corporis A vel B evanescat, motum corporis M leges KEPLERIANAS esse secuturum, ita ut sectionem conicam circa alterutrum punctum B vel A esset descripturum. Quod idem proxime eveniet, si corpus M ita fuerit proiectum, ut alteri corpori maneat valde vicinum, ab altero autem tantopere semper distet, ut vis eo tendens prae altera sit minima. Unde patet motum eo magis a regulis KEPLERIANIS abhorrere, quominus distantiae a punctis A et B futurae sint inaequales; hocque casu motus corporis M non adeo dissimilis videtur ei, quem secuturus esset, si corpora A

et B non forent fixa, ut inde nihil luminis sperari posset. Tum vero etiam hic notari meretur casus, quo ambo corpora A et B inter se sunt aequalia corpusque M ita movetur, ut eius orbita ad ambo aequaliter referatur; hoc enim casu motus quoque in sectione conica fieri deprehendetur.

10. His igitur observatis statuamus distantiam constantem $AB = a$ et variabiles $AM = v$, $BM = u$; tum vero demisso ab M in AB perpendiculo MP, sit $AP = x$ et $PM = y$, hincque $BP = a - x$ et

$$v = \sqrt{(xx + yy)} \quad \text{atque} \quad u = \sqrt{((a - x)^2 + yy)} \ .$$

Cum iam vis acceleratrix, qua corpus M ad A attrahitur, sit $\frac{A}{vv}$, et qua ad B attrahitur, ut $\frac{B}{uu}$, hinc nascetur vis secundum directionem PA

$$= \frac{Ax}{v^3} - \frac{B(a-x)}{u^3}$$

et secundum directionem MP

$$= \frac{Ay}{v^3} + \frac{By}{u^3} \ ;$$

ex quibus sumto elemento temporis dt constante principia mechanica has suppeditant formulas:

$$\text{I.} \quad ddx = -2g\,dt^2\left(\frac{Ax}{v^3} - \frac{B(a-x)}{u^3}\right),$$

$$\text{II.} \quad ddy = -2g\,dt^2\left(\frac{Ay}{v^3} + \frac{By}{u^3}\right),$$

quae motus determinationem continent, ubi g est certa quaedam quantitas constans pro mensuris absolutis introducta.

11. Cum neutra harum aequationum integrationem admittat, videndum est, num eas ita inter se combinare liceat, ut inde aequatio integrabilis exsurgat, hocque duplici modo praestari necesse est. Atque una quidem huiusmodi combinatio in promtu est; priore enim per dx et altera per dy multiplicata summa prodit

$$dx\,ddx + dy\,ddy = -2g\,dt^2\left(\frac{A(xdx + ydy)}{v^3} + \frac{B(ydy - (a-x)\,dx)}{u^3}\right),$$

quae ob

$$vdv = xdx + ydy \quad \text{et} \quad udu = ydy - (a - x)dx$$

et

$$dy = \frac{ad\zeta \sin\eta^2 + ad\eta \sin\zeta^2}{\sin(\zeta+\eta)^2},$$

unde fit

$$dx^2 + dy^2 = \frac{aa(d\zeta^2 \sin\eta^2 + d\eta^2 \sin\zeta^2 - 2d\zeta d\eta \sin\zeta \sin\eta \cos(\zeta+\eta))}{\sin(\zeta+\eta)^4} = dv^2 + vvd\zeta^2 .$$

15. Si ope horum valorum aequationem nostram ad solos binos angulos ζ et η reducamus, nanciscemur:

$$(d\zeta^2 \sin\eta^2 + d\eta^2 \sin\zeta^2 - 2d\zeta d\eta \sin\zeta \sin\eta \cos(\zeta+\eta))(A\cos\zeta + B\cos\eta + D)$$
$$= 2d\zeta d\eta \sin\zeta^2 \sin\eta^2 \left(\frac{A\sin(\zeta+\eta)}{\sin\eta} + \frac{B\sin(\zeta+\eta)}{\sin\zeta} + C\right)$$
$$= 2d\zeta d\eta \sin\zeta \sin\eta (A\sin\zeta \sin(\zeta+\eta) + B\sin\eta \sin(\zeta+\eta) + C\sin\zeta \sin\eta),$$

quae revocatur ad hanc formam multo simpliciorem:

$$(d\zeta^2 \sin\eta^2 + d\eta^2 \sin\zeta^2)(A\cos\zeta + B\cos\eta + D)$$
$$= 2d\zeta d\eta \sin\zeta \sin\eta (A\cos\eta + B\cos\zeta + C\sin\zeta\sin\eta + D\cos(\zeta+\eta)) .$$

Vel ob

$$\cos(\zeta+\eta) = \cos\zeta\cos\eta - \sin\zeta\sin\eta$$

statuamus $C - D = E$, ut habeamus:

$$d\zeta^2 \sin\eta^2 + d\eta^2 \sin\zeta^2 = \frac{2d\zeta d\eta \sin\zeta \sin\eta (A\cos\eta + B\cos\zeta + D\cos\zeta\cos\eta + E\sin\zeta\sin\eta)}{A\cos\zeta + B\cos\eta + D},$$

unde, si ponamus brevitatis gratia

$$A\cos\eta + B\cos\zeta + D\cos\zeta\cos\eta + E\sin\zeta\sin\eta = P$$

et

$$A\cos\zeta + B\cos\eta + D = Q ,$$

deducimus radicem extrahendo:

$$\frac{d\zeta \sin\eta}{d\eta \sin\zeta} = \frac{P \pm \sqrt{(PP - QQ)}}{Q} .$$

16. Cum nulla via pateat huiusmodi aequationes resolvendi, contemplemur casus, quibus resolutio est in potestate, qui sunt, quando vel $A = 0$, vel $B = 0$; tametsi enim etiam his casibus aequatio postrema parum tractabilis videtur, tamen ex formulis principalibus solutio facile deducitur. Si enim ponamus $B = 0$, prior integratio praebet:

$$dx^2 + dy^2 = 4gdt^2\left(\frac{A}{v} + \frac{C}{a}\right),$$

tum vero ex paragrapho 12 ob $B = 0$ impetramus

$$xddy - yddx = 0 \quad \text{hincque} \quad xdy - ydx = \text{Const.}\, dt\ ,$$

ponamus ergo

$$(xdy - ydx)^2 = 4gFadt^2\ ,$$

fietque

$$Fa(dx^2 + dy^2) = (xdy - ydx)^2\left(\frac{A}{v} + \frac{C}{a}\right) = v^4 d\zeta^2\left(\frac{A}{v} + \frac{C}{a}\right) \text{ [1)]}$$

et factis substitutionibus supra indicatis:

$$F\,(d\zeta^2 \sin\eta^2 + d\eta^2 \sin\zeta^2 - 2d\zeta d\eta \sin\zeta \sin\eta \cos(\zeta + \eta))$$
$$= d\zeta^2 \sin\eta^4\left(\frac{A \sin(\zeta + \eta)}{\sin\eta} + C\right)$$

seu

$$d\zeta^2 \sin\eta^2\left(1 - \frac{A \sin\eta \sin(\zeta + \eta) + C \sin\eta^2}{F}\right) + d\eta^2 \sin\zeta^2$$
$$= 2d\zeta d\eta \sin\zeta \sin\eta \cos(\zeta + \eta)\ ,$$

cuius quidem resolutio vix facilior videtur, quam praecedentis; at extracta radice quadrata satis fit manifesta.

17. Verum antequam ad hanc ultimam aequationem inter ζ et η pertigimus, iam assecuti eramus aequationem duabus tantum litteris v et ζ constantem, hanc:

$$Fa(dv^2 + vvd\zeta^2) = v^4 d\zeta^2\left(\frac{A}{v} + \frac{C}{a}\right),$$

ex qua statim elicitur

$$Fadv^2 = vvd\zeta^2\left(Av + \frac{Cvv}{a} - Fa\right)$$

seu

$$Fadv^2 = v^4\, d\zeta^2\left(\frac{C}{a} + \frac{A}{v} - \frac{Fa}{vv}\right),$$

unde fit

$$\frac{dv}{vv}\sqrt{Fa} = d\zeta\sqrt{\left(\frac{C}{a} + \frac{A}{v} - \frac{Fa}{vv}\right)},$$

ex qua indoles sectionum conicarum more solito elici solet. Posito nempe $\frac{1}{v} = \frac{z}{a}$, fit

$$-dz = d\zeta\sqrt{\left(\frac{C + Az}{F} - zz\right)},$$

1) Editio princeps: $Fa(dx^2 + dy^2)^2 = 2(xdy - ydx)^2\left(\frac{A}{v} + \frac{C}{a}\right)$. Correxit C. B.

unde sequitur

$$\zeta + \alpha = \text{Arc cos}\,\frac{2Fz - A}{\sqrt{(AA + 4CF)}}$$

hincque

$$2Fz = A + \cos(\zeta + \alpha)\sqrt{(AA + 4CF)}\ ,$$

ita ut sit

$$v = \frac{2Fa}{A + \cos(\zeta + \alpha)\sqrt{(AA + 4CF)}} = \frac{a \sin\eta}{\sin(\zeta + \eta)}\ .$$

18. Hinc ergo aequatio integralis inter angulos ζ et η ita exprimitur, ut sit

$$\frac{2F\sin(\zeta + \eta)}{\sin\eta} = A + \cos(\zeta + \alpha)\sqrt{(AA + 4CF)}$$

seu, quo ex dato angulo ζ angulus η facilius inveniri possit, ob

$$\sin(\zeta + \eta) = \sin\zeta\cos\eta + \cos\zeta\sin\eta\ ,$$

erit

$$2F\sin\zeta\cot\eta + 2F\cos\zeta = A + \cos(\zeta + \alpha)\sqrt{(AA + 4CF)}$$

seu mutata forma constantium:

$$\cot\eta + \cot\zeta = \frac{A + M\cos\zeta + N\sin\zeta}{2F\sin\zeta}\ .$$

Atque hinc simul intelligimus, si ponamus $A = 0$, fore

$$\cot\zeta + \cot\eta = \frac{B + M'\cos\eta + N'\sin\eta}{2F'\sin\eta}\ .$$

Quare iam constant formae, ad quas integrale aequationis differentialis paragrapho 15 datae casibus vel $A = 0$ vel $B = 0$ perducatur, quo ipso via ad haec integralia perveniendi investigari poterit.

PRO CASU $B = 0$

19. Hoc casu aequatio nostra principalis paragrapho 15 inventa abit in hanc formam:

$$d\zeta^2\sin\eta^2 + d\eta^2\sin\zeta^2 = \frac{2d\zeta d\eta\sin\zeta\sin\eta(A\cos\eta + D\cos\zeta\cos\eta + E\sin\zeta\sin\eta)}{A\cos\zeta + D}\ ,$$

cuius ergo novimus integralem huiusmodi formam esse habituram:

$$\cot\eta + \cot\zeta = \frac{A + M\cos\zeta + N\sin\zeta}{2F\sin\zeta}$$

seu brevius

$$\cot\eta = \alpha + \frac{\beta + \gamma\cos\zeta}{\sin\zeta}\ ,$$

quae igitur quomodo ex differentiali sit eruenda, investigari oportet. Quod etiamsi non difficulter per calculum statim ab initio ad hunc casum accommodatum perspiciatur, tamen consideratio corporis B calculum ita immutavit, ut haec conclusio non nisi per ambages inde colligi posse videatur. Primum autem intelligimus loco anguli η non inutiliter eius cotangentem introductum iri; aequatione ergo per $\sin\eta^4$ divisa habemus

$$\frac{d\zeta^2}{\sin\eta^2} + \sin\zeta^2(d\cot\eta)^2 = -\frac{2d\zeta\sin\zeta\, d\cot\eta(A\cot\eta + D\cos\zeta\cot\eta + E\sin\zeta)}{A\cos\zeta + D}.$$

20. Ponamus $\cot\eta = z$, ob

$$\sin\eta = \frac{1}{\sqrt{(1+zz)}}$$

erit:

$$d\zeta^2(1+zz) + dz^2\sin\zeta^2 = -\frac{2d\zeta dz\sin\zeta(z(A + D\cos\zeta) + E\sin\zeta)}{A\cos\zeta + D},$$

unde radicem extrahendo fit

$$\frac{dz\sin\zeta}{d\zeta} =$$

$$\frac{-z(A+D\cos\zeta) - E\sin\zeta + \sqrt{((AA-DD)zz\sin\zeta^2 + 2E(A+D\cos\zeta)z\sin\zeta + EE\sin\zeta^2 - (A\cos\zeta + D)^2)}}{A\cos\zeta + D},$$

ubi notetur quantitatem signo radicali involutam ita referri posse:

$$\left(z\sin\zeta\sqrt{(AA-DD)} + \frac{E(A+D\cos\zeta)}{\sqrt{(AA-DD)}}\right)^2 - \frac{(AA-DD+EE)(A\cos\zeta + D)^2}{AA-DD}.$$

Quare posito

$$z\sin\zeta\sqrt{(AA-DD)} + \frac{E(A+D\cos\zeta)}{\sqrt{(AA-DD)}} = \frac{s(A\cos\zeta + D)\sqrt{(AA-DD+EE)}}{\sqrt{(AA-DD)}},$$

ut sit

$$z\sin\zeta = \frac{-E(A+D\cos\zeta) + s(A\cos\zeta + D)\sqrt{(AA-DD+EE)}}{AA-DD},$$

erit quantitas signo radicali implicata

$$\frac{(A\cos\zeta + D)\sqrt{(AA-DD+EE)}}{\sqrt{(AA-DD)}}\sqrt{(ss-1)}.$$

21. Ponatur brevitatis gratia haec quantitas formulae irrationali aequalis $= V$, et cum nostra aequatio sit

$$dz\sin\zeta(A\cos\zeta + D) + zd\zeta(A + D\cos\zeta) + Ed\zeta\sin\zeta = Vd\zeta,$$

dividatur ea per $(A\cos\zeta + D)^2$ et ita repraesentari poterit

$$d\,\frac{Az\sin\zeta + E}{A(A\cos\zeta + D)} = \frac{Vd\zeta}{(A\cos\zeta + D)^2}\,.$$

At per nostram substitutionem est

$$Az\sin\zeta + E = \frac{-DE(A\cos\zeta + D) + As(A\cos\zeta + D)\sqrt{(AA - DD + EE)}}{AA - DD}\,,$$

quo valore substituto simulque valore ipsius V restituto erit

$$d\cdot\frac{-DE + As\sqrt{(AA - DD + EE)}}{A(AA - DD)} = \frac{d\zeta\sqrt{(AA - DD + EE)}}{(A\cos\zeta + D)\sqrt{(AA - DD)}}\sqrt{(ss - 1)}$$

seu

$$\frac{ds}{\sqrt{(AA - DD)}} = \frac{d\zeta\sqrt{(ss - 1)}}{A\cos\zeta + D} \quad \text{vel} \quad \frac{ds}{\sqrt{(ss - 1)}} = \frac{d\zeta(AA - DD)}{A\cos\zeta + D}$$

quae etiam ita repraesentari potest:

$$-\frac{ds}{\sqrt{(1 - ss)}} = \frac{d\zeta\sqrt{(DD - AA)}}{A\cos\zeta + D}\,,$$

cuius integrale est

$$\text{Arc}\cos s = \text{Arc}\cos\frac{A + D\cos\zeta}{A\cos\zeta + D} + \alpha\,.$$

22. Cum iam sit

$$\text{Arc}\cos\frac{A + D\cos\zeta}{A\cos\zeta + D} = \text{Arc}\sin\frac{\sin\zeta\sqrt{(DD - AA)}}{A\cos\zeta + D}\,,$$

fiet

$$s = \frac{(A + D\cos\zeta)\cos\alpha - \sin\alpha\sin\zeta\sqrt{(DD - AA)}}{A\cos\zeta + D}$$

sive hoc modo:

$$s = \frac{n(A + D\cos\zeta) - \sin\zeta\sqrt{(1 - nn)(DD - AA)}}{A\cos\zeta + D}\,,$$

ubi si fuerit $D < A$, numerum $n > 1$ capi convenit.

Hoc itaque valore substituto aequatio integralis quaesita erit:

$$\sin\zeta\cot\eta = \frac{E(A + D\cos\zeta)}{DD - AA}$$

$$+\frac{-n(A + D\cos\zeta) + \sin\zeta\sqrt{(1 - nn)(DD - AA)}}{DD - AA}\sqrt{(AA - DD + EE)}$$

et posito

$$n = \frac{E - F}{\sqrt{(AA - DD + EE)}}$$

erit

$$\sin\zeta\cot\eta=\frac{F(A+D\cos\zeta)}{DD-AA}+\frac{\sin\zeta\,\sqrt{(AA-DD+2EF-FF)}}{\sqrt{(DD-AA)}}\,,$$

ubi F est quantitas constans arbitraria per novam integrationem introducta. Ea autem mutata erit

$$\sin\zeta\cot\eta=\frac{A+D\cos\zeta}{G}+\sin\zeta\sqrt{\left(\frac{2E}{G}+\frac{AA-DD}{GG}-1\right)}\,.$$

PRO CASU $A=B$ ET $D=E=0$

23. Simili modo expeditur casus $A=0$, et aequatio integralis non differt a praecedente, nisi quod litterae A et B, item anguli ζ et η, inter se permutentur. Verum hoc casu, quo $A=B$ atque $D=E=0$, aequatio nostra fit

$$d\zeta^2\sin\eta^2+d\eta^2\sin\zeta^2=2d\zeta d\eta\sin\zeta\sin\eta\,,$$

quae manifesto praebet $d\zeta\sin\eta=d\eta\sin\zeta$, hincque integrando

$$l\,\text{tang}\,\tfrac{1}{2}\zeta=\text{Const.}+l\,\text{tang}\,\tfrac{1}{2}\eta\,,$$

unde fit

$$m\,\text{tang}\,\tfrac{1}{2}\zeta=n\,\text{tang}\,\tfrac{1}{2}\eta\qquad\text{seu}\qquad m(1-\cos\zeta)\sin\eta=n(1-\cos\eta)\sin\zeta\,,$$

ita ut tangentes semissium angulorum BAM et ABM perpetuo eandem rationem servent. Cum iam coordinatis x et y introductis sit $\cos\zeta=\frac{x}{v}$, $\sin\zeta=\frac{y}{v}$, $\cos\eta=\frac{a-x}{u}$ et $\sin\eta=\frac{y}{u}$, erit

$$\frac{m(v-x)y}{vu}=\frac{n(u-a+x)y}{vu}$$

seu

$$m(v-x)=n(u-a+x)\,,$$

ita ut sit $m(AM-AP)=n(BM-BP)$.

24. Cum igitur sit $m(v-x)=n(u-a+x)$, notetur esse

$$x=\frac{aa+vv-uu}{2a}\quad\text{et}\quad a-x=\frac{aa+uu-vv}{2a}\,,$$

unde fit

$$m\left(uu-(a-v)^2\right)=n\left(vv-(a-u)^2\right)$$

seu

$$m(u+v-a)(u+a-v)=n(v+u-a)(v+a-u)\,,$$

quae divisa per $(u+v-a)$ praebet

$$m(a+u-v)=n(a+v-u) \quad \text{seu} \quad (m+n)(u-v)=(n-m)a\ ,$$

ita ut sit

$$u-v=\frac{(n-m)\,a}{m+n}\ ,$$

quae comparetur cum hac:

$$nu-mv=na-(m+n)x\ ,$$

unde colligitur

$$(n-m)u=\frac{(mm+nn)\,a}{m+n}-(m+n)x$$

et

$$(n-m)v=\frac{2mna}{m+n}-(m+n)x\ ,$$

quae quadrata suppeditat

$$(n-m)^2yy+(n-m)^2xx=\frac{4mmnnaa}{(m+n)^2}-4mnax+(m+n)^2xx$$

seu

$$(n-m)^2yy=\frac{4mmnnaa}{(m+n)^2}-4mnax+4mnxx\ .$$

25. Sumamus abscissas a puncto medio C, sitque $CA=CB=b$ ideoque $a=2b$ et ponatur $CP=z$; tum vero statuatur $m+n=b$ et $n-m=c$, et habebimus, ob $x=b-z$

$$cv=bz-cc \quad \text{et} \quad cu=bz+cc$$

hincque

$$yy=\frac{bb-cc}{cc}(zz-cc)\ ,$$

unde patet curvam esse hyperbolam centro C descriptam, cuius semiaxis $=c$, et distantia focorum a centro $CA=CB=b$, foreque

$$\text{tang}\,\tfrac{1}{2}\zeta:\text{tang}\,\tfrac{1}{2}\eta=b+c:b-c\ .$$

Cum porro sit

$$dy=\frac{zdz}{\sqrt{(zz-cc)}}\cdot\frac{\sqrt{(bb-cc)}}{c}\ ,$$

erit

$$dx^2+dy^2=dy^2+dz^2=\frac{dz^2(bbzz-c^4)}{cc(zz-cc)}\ ;$$

unde quia ob $C=D+E=0$ et $B=A$ habemus

$$dx^2+dy^2=4Agdt^2\left(\frac{c}{bz-cc}+\frac{c}{bz+cc}\right)=\frac{8Abcgzdt^2}{bbzz-c^4}\ ,$$

erit celeritas in M
$$=\frac{\sqrt{(dx^2+dy^2)}}{dt}=\frac{2\sqrt{2Abcgz}}{\sqrt{(bbzz-c^4)}};$$

et posito $z=c$, prodit celeritas in vertice hyperbolae
$$=\frac{2\sqrt{2Abg}}{\sqrt{(bb-cc)}}.$$

Etsi ergo hyperbola abeat in ellipsin sumendo $c>b$, tamen evidens est motum in ellipsi absolvi non posse, quia celeritas foret imaginaria, ita ut hoc casu corpus M nonnisi in hyperbola moveri possit.

26. Quemadmodum autem iste motus in hyperbola futurus sit comparatus, ex temporis ratione colligetur. Scilicet cum sit
$$\sqrt{(dx^2+dy^2)}=\frac{dz}{c}\sqrt{\frac{bbzz-c^4}{zz-cc}},$$

erit
$$2dt\sqrt{2Abcg}=\frac{dz(bbzz-c^4)}{c\sqrt{z(zz-cc)}}$$

ideoque
$$2ct\sqrt{2Abcg}=\int\frac{dz(bbzz-c^4)}{\sqrt{z(zz-cc)}}.$$

Per reductionem autem integralium constat esse:
$$\int\frac{zzdz}{\sqrt{z(zz-cc)}}=\tfrac{2}{3}\sqrt{z(zz-cc)}+\tfrac{1}{3}cc\int\frac{dz}{\sqrt{z(zz-cc)}},$$

unde tempus t ita determinatur, ut sit
$$2ct\sqrt{2Abcg}=\tfrac{2}{3}bb\sqrt{z(zz-cc)}+\tfrac{1}{3}cc(bb-3cc)\int\frac{dz}{\sqrt{z(zz-cc)}}.$$

Pendet ergo determinatio temporis ab integratione formulae
$$\int\frac{dz}{\sqrt{z(zz-cc)}},$$

quam neque ad quadraturam circuli neque hyperbolae reduci posse constat.

27. Reducamus hanc determinationem quoque ad angulum $BAM=\zeta$, et cum sit
$$\operatorname{tang}\tfrac{1}{2}\zeta=\frac{v-x}{y}=\frac{v-b+z}{y},$$

habebimus
$$\operatorname{tang}\tfrac{1}{2}\zeta=\sqrt{\frac{b+c}{b-c}\cdot\frac{z-c}{z+c}}$$

hincque

$$z = \frac{c(b - c\cos\zeta)}{c - b\cos\zeta},$$

unde fit

$$v = \frac{bb - cc}{c - b\cos\zeta}.$$

Quare porro nanciscimur

$$\sqrt{(zz - cc)} = \frac{c\sin\zeta\sqrt{(bb - cc)}}{c - b\cos\zeta}$$

et

$$dz = -\frac{c(bb - cc)d\zeta\sin\zeta}{(c - b\cos\zeta)^2}.$$

Ergo

$$\frac{dz}{\sqrt{(zz - cc)}} = -d\zeta\sqrt{(bb - cc)}\ ^{1})$$

et

$$\frac{dz}{\sqrt{z(zz - cc)}} = -\frac{d\zeta\sqrt{(bb - cc)}\,(c - b\cos\zeta)}{\sqrt{c(b - c\cos\zeta)}},$$

unde colligimus

$$2ct\sqrt{2Abcg} = \frac{2bbc\sin\zeta\sqrt{(bb - cc)}c(b - c\cos\zeta)}{3(c - b\cos\zeta)\sqrt{(c - b\cos\zeta)}}$$

$$-\tfrac{1}{3}cc(bb - 3cc)\int\frac{d\zeta\sqrt{(bb - cc)}\,(c - b\cos\zeta)}{\sqrt{c(b - c\cos\zeta)}}\ ^{2})$$

sive

$$\frac{2t\sqrt{2Abg}}{\sqrt{(bb - cc)}} = \frac{2bb\sin\zeta\sqrt{(b - c\cos\zeta)}}{3(c - b\cos\zeta)^{\frac{3}{2}}} - \tfrac{1}{3}(bb - 3cc)\int\frac{d\zeta\sqrt{(c - b\cos\zeta)}}{\sqrt{(b - c\cos\zeta)}}\ ^{3}).$$

28. Casus hic notatu dignus occurrit, quo $bb = 3cc$, quoniam eo tempus algebraice assignari potest. Tum autem erit celeritas in vertice hyperbolae

$$= 2\sqrt{\frac{Ag\sqrt{3}}{c}} = 2\sqrt{\frac{3Ag}{b}}.$$

Quae celeritas si dicatur $= k$, erit

$$kt = \frac{2cc\sin\zeta}{c - b\cos\zeta}\sqrt{\frac{b - c\cos\zeta}{c - b\cos\zeta}} = \frac{2c\sin\zeta}{1 - \cos\zeta\cdot\sqrt{3}}\sqrt{\frac{\sqrt{3} - \cos\zeta}{1 - \cos\zeta\cdot\sqrt{3}}},$$

vel brevius ita:

$$\frac{t}{c}\sqrt{2Abcg} = \sqrt{z(zz - cc)},$$

---

1) Recte: $\dfrac{dz}{\sqrt{(zz - cc)}} = -\dfrac{\sqrt{(bb - cc)}}{c - b\cos\zeta}d\zeta$. C. B.

2) Recte: $\displaystyle\int\frac{d\zeta\sqrt{(bb - cc)}}{\sqrt{c(b - c\cos\zeta)(c - b\cos\zeta)}}$. C. B.

3) Recte: $\displaystyle\int\frac{d\zeta}{\sqrt{(b - c\cos\zeta)(c - b\cos\zeta)}}$. C. B.

unde ut ad datum tempus t definiatur locus corporis M, resolvi oportet hanc aequationem cubicam:

$$z^3 - ccz = \frac{2Abcgtt}{cc} = 2Agtt\sqrt{3}\ ^{1)} .$$

Pro aliis autem casibus praeter tractatos vix quicquam circa motum definire licebit; hic vero occasio se obtulit eiusmodi artificia adhibendi, quae forte in uberiore huius argumenti tractatione utilitatem afferre poterunt. Adiungamus tamen adhuc casum, quo corpus in ellipsi, cuius ambo foci sint in punctis A et B, movebitur.

DE MOTU CORPORIS M IN ELLIPSI

29. Quoniam casu praecedente vidimus corpus in hyperbola moveri posse, dubium est nullum, quin etiam certo quodam casu motus in ellipsi fieri queat, qui autem diversus erit a praecedenti, quo erat $D = 0$ et $E = 0$, existente $A = B$. Ut autem ellipsis prodeat, necesse est, ut fiat

$$\operatorname{tang} \tfrac{1}{2}\zeta \operatorname{tang} \tfrac{1}{2}\eta = m ,$$

seu retentis valoribus $CP = z$ et $CA = CB = b$, ut fiat

$$(v - b + z)(u - b - z) = myy .$$

Cum autem sit vel

$$yy = vv - (b - z)^2 = (v - b + z)(v + b - z) ,$$

vel

$$yy = uu - (b + z)^2 = (u - b - z)(u + b + z) ,$$

erit, utroque seorsim adhibito vel

$$u - b - z = m(v + b - z) ,$$

vel

$$v - b + z = m(u + b + z) ,$$

quibus additis prodit

$$u + v - 2b = m(u + v + 2b) ,$$

ita ut sit

$$u + v = \frac{2(1 + m)b}{1 - m} = 2c ,$$

seu

$$m = \frac{c - b}{c + b} ,$$

1) Editio princeps: $= \frac{2Acgtt}{cc} = \frac{2Agtt\sqrt{3}}{c}$. Correxit C. B.

denotante $2c$ axem transversum. Cum igitur sit $uu - vv = 4bz$, erit hac per illam divisa

$$u - v = \frac{2bz}{c} \quad \text{ideoque} \quad v = c - \frac{bz}{c}$$

et $u = c + \frac{bz}{c}$, hincque

$$yy = \frac{cc - bb}{cc}(cc - zz) .$$

30. Cum nunc sit

$$l \operatorname{tang} \tfrac{1}{2}\zeta + l \operatorname{tang} \tfrac{1}{2}\eta = lm ,$$

erit differentiando

$$\frac{d\zeta}{\sin \zeta} + \frac{d\eta}{\sin \eta} = 0 ,$$

hincque

$$\frac{d\zeta \sin \eta}{d\eta \sin \zeta} = -1 .$$

Quare ex paragrapho 15 necesse est, ut sit

$$\frac{P - \sqrt{(PP - QQ)}}{Q} = -1 ,$$

ideoque $P + Q = 0$, unde esse oportet

$$(A + B)(\cos \zeta + \cos \eta) + D + D \cos \zeta \cos \eta + E \sin \zeta \sin \eta = 0 ,$$

ubi constantes ita sunt definiendae, ut haec aequatio conveniat cum natura ellipsis

$$\operatorname{tang} \tfrac{1}{2}\zeta \operatorname{tang} \tfrac{1}{2}\eta = m = \frac{c - b}{c + b}$$

seu hac

$$\frac{(1 - \cos \zeta)(1 - \cos \eta)}{\sin \zeta \sin \eta} = m = \frac{c - b}{c + b} .$$

Cum ergo sit

$$\sin \zeta \sin \eta = \frac{1 - \cos \zeta - \cos \eta + \cos \zeta \cos \eta}{m} ,$$

hoc valore ibi substituto fit

$$m(A + B)(\cos \zeta + \cos \eta) + mD + mD \cos \zeta \cos \eta - E(\cos \zeta + \cos \eta) + E + E \cos \zeta \cos \eta = 0 ,$$

quocirca hae conditiones requiruntur, ut sit

$$E = m(A + B) \quad \text{et} \quad D = -\frac{E}{m} = -A - B$$

hincque

$$E = \frac{c-b}{c+b}(A+B) \quad \text{et} \quad C = D + E = -\frac{2b}{c+b}(A+B)\ ^{1)}.$$

31. Ut iam motus rationem in hac ellipsi definiamus, ob

$$dy = -\frac{zdz}{\sqrt{(cc-zz)}} \cdot \frac{\sqrt{(cc-bb)}}{c}$$

erit

$$dz^2 + dy^2 = \frac{dz^2(c^4 - bbzz)}{c\sqrt{(cc-zz)}}$$

et

$$\sqrt{(dz^2 + dy^2)} = \frac{dz\sqrt{(c^4 - bbzz)}}{c\sqrt{(cc-zz)}},$$

supra autem invenimus esse

$$dx^2 + dy^2 = 4g\,dt^2\left(\frac{A}{v} + \frac{B}{u} + \frac{C}{2b}\right)$$

seu

$$dx^2 + dy^2 = 4g\,dt^2\left(\frac{Ac}{cc-bz} + \frac{Bc}{cc+bz} - \frac{A+B}{c+b}\right),$$

quae transit in hanc formam:

$$dx^2 + dy^2 = \frac{4bg\,dt^2(A(c+z)(cc+bz) + B(c-z)(cc-bz))}{(c+b)(c^4 - bbzz)},$$

unde colligimus

$$\frac{4bccg\,dt^2}{b+c} = \frac{dz^2(c^4-bbzz)^2}{(cc-zz)(A(c+z)(cc+bz) + B(c-z)(cc-bz))}$$

hincque integrando

$$2ct\sqrt{\frac{bg}{b+c}} = \int \frac{(c^4-bbzz)dz}{\sqrt{(cc-zz)}(A(c+z)(cc+bz) + B(c-z)(cc-bz))}.$$

32. Si ponamus $B = 0$, casus reducitur ad unicum centrum virium A, cuius calculum supra expedivimus; verum haec solutio cum illa minime convenit, unde methodus hic usurpata non parum suspecta redditur. Cuius singularis phaenomeni causam investigaturus observo, per superiorem aequationem (paragrapho 30) ne ambas quidem litteras D et E determinari. Ex aequatione enim

$$(1-\cos\zeta)(1-\cos\eta) = m\sin\zeta\sin\eta$$

quadrata colligimus

$$(1-\cos\zeta)(1-\cos\eta) = mm(1+\cos\zeta)(1+\cos\eta),$$

1) Hoc noc valet; confer infra p. 231 et praefationem. C. B.

unde fit

$$(1 - mm)(1 + \cos\zeta \cos\eta) = (1 + mm)(\cos\zeta + \cos\eta)\,.$$

Cum nunc esse debeat

$$(E + mD)(1 + \cos\zeta \cos\eta) = (E - m(A + B))(\cos\zeta + \cos\eta)\,,$$

sufficit, ut sit

$$E(1 + mm) + Dm(1 + mm) = E(1 - mm) - (A + B)m(1 - mm)\,,$$

unde fit

$$2Em + D(1 + mm) + (A + B)(1 - mm) = 0\,,$$

seu

$$E = -\frac{(A + B)(1 - mm)}{2m} - \frac{D(1 + mm)}{2m}$$

hincque

$$C = D + E = -\frac{(A + B)(1 - mm)}{2m} - \frac{D(1 - m)^2}{2m}\,.$$

33. Hinc vitium methodi, qua hic sum usus, eo clarius in oculos incurrit. Cum enim quantitas D maneat indeterminata, etiamsi curva a corpore M descripta sit data, celeritas corporis M in quolibet orbitae suae puncto non esset determinata, sed quasi arbitrio nostro relinqueretur. Nam pro vertice ellipsis foco A propiore, quo est distantia $v = c - b$ et $u = c + b$, seu ob

$$\frac{c - b}{c + b} = m\,, \quad v = \frac{2mb}{1 - m} \quad \text{et} \quad u = \frac{2b}{1 - m}\,,$$

erit celeritatis quadratum

$$\frac{dx^2 + dy^2}{dt^2} = \frac{2g}{b}\left(\frac{A(1 - m)}{2m} + \frac{B(1 - m)}{2} - \frac{(A + B)(1 - mm)}{2m} - \frac{D(1 - m)^2}{2m}\right)$$
$$= \frac{g}{mb}(-Am(1 - m) - B(1 - m) - D(1 - m)^2)\ ^{1)}$$

ideoque ipsa celeritas

$$\frac{\sqrt{(dx^2 + dy^2)}}{dt} = \sqrt{\frac{(1 - m)g}{mb}}(-Am - B - D(1 - m))\,,^{2)}$$

1) Recte: $\frac{dx^2 + dy^2}{dt^2} = \frac{2g}{b}\left(\frac{A(1 - m)}{m} + \frac{B(1 - m)}{1} - \frac{(A + B)(1 - mm)}{2m} - \frac{D(1 - m)^2}{2m}\right)$
$= \frac{g}{mb}(A(1 - m)^2 - B(1 - m)^2 - D(1 - m)^2)$. C. B.

2) Recte: $\frac{\sqrt{(dx^2 + dy^2)}}{dt} = \sqrt{\frac{(1 - m)^2 g}{mb}}(A - B - D)$. C. B.

quae cum indefinita esse nullo modo possit, manifestum est, methodum paragrapho 30 adhibitam esse vitiosam, id quod adhuc clarius perspicitur, si ambo corpora A et B evanescentia statuamus, quo casu certe corpus M in linea recta esset incessurum, neque ergo ellipsim, quam hic assumsimus, describere poterit, etiamsi calculus noster aliter ostendat. Plurimum igitur intererit vitium huius methodi nosse, ne simili methodo alias utentes in errores delabamur.

34. Quoniam in calculo nullum vitium deprehenditur, ipsum ratiocinium, quo usus sum, fallax sit necesse est, quod isti innititur fundamento, quod aequationi differentiali

$$\frac{d\zeta \sin \eta}{d\eta \sin \zeta} = \frac{P + \sqrt{(PP - QQ)}}{Q}$$

inde paragrapho 15 satisfaciat aequatio finita

$$(1 - \cos \zeta)(1 - \cos \eta) = m \sin \zeta \sin \eta$$

(quae utique est pro ellipsi), siquidem una constantium D et E certo modo assumatur. Verum iam alia occasione observavi fieri posse, ut aequationi cuipiam differentiali aequatio quaedam finita satisfaciat, quae tamen in aequatione per integrationem inde deducta minime contineatur. Veluti aequationi

$$ds \sqrt{(1 - zz)} = dz$$

manifesto satisfacit valor $z = 1$, qui tamen in aequatione integrali

$$s = \alpha + \text{Arc} \sin z$$

vel $z = \sin (s - \alpha)$ neutiquam continetur, quicunque valor constanti arbitrariae α tribuatur. Nullum ergo est dubium, quin ob similem causam methodus hic adhibita in errorem induxerit.

35. Cum in originem huius erroris accuratius inquirerem, praeter expectationem incidi in completam problematis propositi solutionem, ex qua omnia, quae hactenus in hoc argumento erant desiderata, perspicue cognoscentur, simulque origo erroris hic commissi ita dilucide intelligetur, ut haud difficulter in aliis similibus casibus huiusmodi errores evitare queamus. Atque hoc modo tractatio problematis mechanici tantas dilucidationes in ipsa Analysi suppeditavit, quas alias forte frustra quaesivissemus, quod quidem non insolitum est censendum, cum pleraque artificia, quae adhuc in Analysi sunt inventa,

quaestionibus Mechanicis ac Physicis accepta sint referenda. In his enim saepe eiusmodi investigationes occurrunt, quae occasionem praebent, indolem aequationum accuratius rimandi, atque adeo non raro commissio errorum illustribus inventis fuit compensata, quemadmodum mihi hoc problema tractanti usu venit, cuius solutionem, nisi in praedictum errorem fuissem delapsus, certe nunquam invenissem.

SOLUTIO COMPLETA PROBLEMATIS PROPOSITI

36. Cum problema propositum pendeat ab integratione istius aequationis differentialis:

$$\frac{d\zeta \sin\eta}{d\eta \sin\zeta} = \frac{P + \sqrt{(PP - QQ)}}{Q},$$

posito brevitatis gratia

$$\begin{aligned} P &= A\cos\eta + B\cos\zeta + D\cos\zeta\cos\eta + E\sin\zeta\sin\eta, \\ Q &= A\cos\zeta + B\cos\eta + D, \end{aligned}$$

eam redigo ad hanc formam:

$$\frac{d\zeta \sin\eta + d\eta \sin\zeta}{d\zeta \sin\eta - d\eta \sin\zeta} = \frac{P + Q + \sqrt{(PP - QQ)}}{P - Q + \sqrt{(PP - QQ)}} = \frac{\sqrt{(P + Q)}}{\sqrt{(P - Q)}}.$$

Tum vero posito $\operatorname{tang}\frac{1}{2}\zeta = p$ et $\operatorname{tang}\frac{1}{2}\eta = q$, unde cum sit

$$\frac{d\zeta}{\sin\zeta} = \frac{dp}{p} \quad \text{et} \quad \frac{d\eta}{\sin\eta} = \frac{dq}{q},$$

nostra aequatio resolvenda erit

$$\frac{qdp + pdq}{qdp - pdq} = \sqrt{\frac{P + Q}{P - Q}}.$$

37. At posito $\operatorname{tang}\frac{1}{2}\zeta = p$ et $\operatorname{tang}\frac{1}{2}\eta = q$, erit

$$\sin\zeta = \frac{2p}{1 + pp}, \quad \cos\zeta = \frac{1 - pp}{1 + pp}, \quad \sin\eta = \frac{2q}{1 + qq}, \quad \cos\eta = \frac{1 - qq}{1 + qq}.$$

Quare cum sit

$$P + Q = (A + B)(\cos\zeta + \cos\eta) + D(1 + \cos\zeta\cos\eta) + E\sin\zeta\sin\eta,$$

fiet

$$P + Q = \frac{2(A + B)(1 - ppqq) + 2D(1 + ppqq) + 4Epq}{(1 + pp)(1 + qq)}.$$

Deinde quia

$$P - Q = (A - B)(\cos\eta - \cos\zeta) - D(1 - \cos\zeta\cos\eta) + E\sin\zeta\sin\eta\,,$$

fiet

$$P - Q = \frac{2(A-B)(pp-qq) - 2D(pp+qq) + 4Epq}{(1+pp)(1+qq)}\,.$$

His ergo valoribus introductis, nostra aequatio resolvenda erit

$$\frac{qdp + pdq}{qdp - pdq} = \sqrt{\frac{(A+B)(1-ppqq) + D(1+ppqq) + 2Epq}{(A-B)(pp-qq) - D(pp+qq) + 2Epq}}$$

quam facile patet ad separationem variabilium perduci posse, cum posterioris membri numerator sit functio ipsius pq, in denominatore autem quantitates p et q ubique duas dimensiones compleant.

38. Hunc in finem statuamus

$$pq = r \quad \text{et} \quad \frac{p}{q} = s\,,$$

ut sit

$$p = \sqrt{rs} \quad \text{et} \quad q = \sqrt{\frac{r}{s}}\,,$$

unde ob $pdq + qdp = dr$ et $qdp - pdq = qqds$ fiet

$$\frac{dr}{qqds} = \sqrt{\frac{(A+B)(1-rr) + D(1+rr) + 2Er}{qq((A+B)(ss-1) - D(ss+1) + 2Es)}}$$

seu

$$\frac{dr}{ds} = \sqrt{\frac{r((A+B)(1-rr) + D(1+rr) + 2Er)}{s((A-B)(ss-1) - D(ss+1) + 2Es)}}\,,$$

ex qua forma separatio variabilium r et s manifesta est, erit enim

$$\frac{dr}{\sqrt{r(A+B+D+2Er-(A+B-D)rr)}} = \frac{ds}{\sqrt{s(-A+B-D+2Es+(A-B-D)ss)}}\,.$$

Vel si ponamus $r = xx$ et $s = yy$, habebitur

$$\frac{dx}{\sqrt{(A+B+D+2Exx-(A+B-D)x^4)}} = \frac{dy}{\sqrt{(-A+B-D+2Eyy+(A-B-D)y^4)}}\,.$$

Quia autem r et s valores habere possent negativos, haec transformatio incommodum implicare posset.

39. Verum etsi hoc modo ad aequationem separatam pervenimus, tamen utriusque partis integratio magna laborat difficultate, cum neque per circuli quadraturam, neque per logarithmos absolvi possit; constructio autem per

arcus sectionum conicarum hic parum lucis esset allatura. Atque haec difficultas non minuitur, etsi statuamus $B = 0$, quo tamen casu solutio aliunde est nota; quin etiam casus $A = 0$ et $B = 0$, quo linea a corpore M descripta certo est recta, haud minore difficultate impeditur. Necesse igitur est, ut his casibus ambae quantitates transcendentes, quae ex utraque integratione nascuntur, eiusmodi inter se teneant relationem, ut adeo aequationem algebraicam inter r et s complectantur. Ex quo novus aperitur campus in aequationes algebraicas, quae forte in huiusmodi aequationibus differentialibus continentur, inquirendi. Atque in hoc negotio alia adhuc methodus non constat praeter eam, quam ante aliquot annos exposui, et cuius ope infinitos arcus, tam ellipticos, quam hyperbolicos, inter se comparavi, quae mihi iam tum maximum usum aliquando habitura videbatur[1]).

40. Sed antequam ad hanc methodum confugiam, haud abs re erit originem erroris supra commissi indicare, quae nunc quidem est manifesta. Cum enim ad aequationem differentialem separatam inter r et s pervenerimus, evidens est, ei satisfieri, si vel ipsi r eiusmodi valor constans α tribuatur, ut fiat

$$A + B + D + 2Er - (A + B - D)rr = 0 ,$$

vel ipsi s eiusmodi valor constans β, ut fiat

$$-A + B - D + 2Es + (A - B - D)ss = 0 ,$$

quod utrumque duobus modis fieri potest. Atque inde quidem $r = \alpha$, sequitur

$$pq = \operatorname{tang} \tfrac{1}{2}\zeta \operatorname{tang} \tfrac{1}{2}\eta = \alpha ,$$

quae est aequatio pro ellipsi, hinc autem $s = \beta$ prodit $\frac{p}{q} = \beta$ seu

$$\operatorname{tang} \tfrac{1}{2}\zeta = \beta \operatorname{tang} \tfrac{1}{2}\eta ,$$

quae est aequatio pro hyperbola. Neque vero hae curvae problema solvunt, nisi iidem valores in aequatione integrata contineantur. Evidens ergo est nos in similem errorem illapsuros fuisse, si corporis M motum in hyperbola fieri assumsissemus.

41. Perpendamus iam aequationem integralem, quam casu $B = 0$ supra paragrapho 22 ex nostra aequatione differentiali elicuimus, quae erit

1) Confer commentationes E 251 „*De integratione aequationis differentialis* $\frac{m\,dx}{\sqrt{(1-x^4)}} = \frac{n\,dy}{\sqrt{(1-y^4)}}$", et E 261 „*Specimen alterum methodi novae quantitates transcendentes inter se comparandi: De comparatione arcuum ellipsis*", Opera omnia series I, vol. 20, pp. 58 et 153. C. B.

$$\frac{\sin\zeta\cos\eta}{\sin\eta} = \frac{A + D\cos\zeta}{G} + \sin\zeta\sqrt{\left(\frac{2E}{G} + \frac{AA - DD}{GG} - 1\right)}$$

haecque, posito $\tang\frac{1}{2}\zeta = p$ et $\tang\frac{1}{2}\eta = q$, porroque $pq = r$ et $\frac{p}{q} = s$, abit in hanc formam:

$$\left.\begin{array}{r} GG(r+s)^2 + 2G(A+D)(r-s) - 8EGrs + (A+D)^2 \\ + 2G(A-D)rs(r-s) - 2(AA-DD)rs + (A-D)^2 rrss \end{array}\right\} = 0\,,$$

quae est ergo aequatio integralis completa, huic aequationi differentiali conveniens

$$\frac{dr}{\sqrt{r(A + D + 2Er - (A - D)rr)}} = \frac{ds}{\sqrt{s(-A - D + 2Es + (A - D)ss)}}\,,$$

quandoquidem in illa nova constans arbitraria G continetur.

42. Ut generaliter in talem aequationem integralem inquiramus, ponamus brevitatis gratia

$$\frac{A+B}{2E} = m\,,\quad \frac{A-B}{2E} = n \quad \text{et} \quad \frac{D}{2E} = k\,,$$

ut aequatio hoc modo integranda, siquidem id fieri potest, sit

$$\frac{dr}{\sqrt{r(m + k + r - (m - k)rr)}} = \frac{ds}{\sqrt{s(-n - k + s + (n - k)ss)}}\,,$$

cuius integralem in hac forma contineri fingamus:

$$\mathfrak{A} + 2\mathfrak{B}r + 2\beta s + \mathfrak{C}rr + \gamma ss + 2\mathfrak{D}rs + 2\mathfrak{E}rrs + 2\varepsilon rss + \mathfrak{F}rrss = 0\,,$$

unde deducimus:

$$rr = \frac{-2\mathfrak{B}r - 2\mathfrak{D}rs - 2\varepsilon rss - \mathfrak{A} - 2\beta s - \gamma ss}{\mathfrak{C} + 2\mathfrak{E}s + \mathfrak{F}ss}$$

et

$$ss = \frac{-2\beta s - 2\mathfrak{D}rs - 2\mathfrak{E}rrs - \mathfrak{A} - 2\mathfrak{B}r - \mathfrak{C}rr}{\gamma + 2\varepsilon r + \mathfrak{F}rr}\,.$$

Tum vero est differentiando:

$$\begin{array}{l} dr(\mathfrak{B} + \mathfrak{C}r + \mathfrak{D}s + 2\mathfrak{E}rs + \varepsilon ss + \mathfrak{F}rss) \\ + ds(\beta + \gamma s + \mathfrak{D}r + \mathfrak{E}rr + 2\varepsilon rs + \mathfrak{F}rrs) = 0\,. \end{array}$$

43. Ex illis autem aequationibus radicem extrahendo obtinemus

$$\begin{array}{l} r(\mathfrak{C} + 2\mathfrak{E}s + \mathfrak{F}ss) + \mathfrak{B} + \mathfrak{D}s + \varepsilon ss = S \\ = \sqrt{((\mathfrak{B} + \mathfrak{D}s + \varepsilon ss)^2 - (\mathfrak{A} + 2\beta s + \gamma ss)(\mathfrak{C} + 2\mathfrak{E}s + \mathfrak{F}ss))} \end{array}$$

atque

$$s(\gamma + 2\varepsilon r + \mathfrak{F}rr) + \beta + \mathfrak{D}r + \mathfrak{E}rr = -R$$
$$= -\sqrt{((\beta + \mathfrak{D}r + \mathfrak{E}rr)^2 - (\mathfrak{A} + 2\mathfrak{B}r + \mathfrak{C}rr)(\gamma + 2\varepsilon r + \mathfrak{F}rr))}\ ,$$

qui valores in differentiali adhibito praebent

$$S dr - R ds = 0 \quad \text{seu} \quad \frac{dr}{R} = \frac{ds}{S}\ .$$

Superest ergo tantum, ut formulae irrationales R et S iis, quas nostra aequatio resolvenda continet, aequales efficiantur, seu ut fiat

$$R = \sqrt{((m+k)r + rr - (m-k)r^3)}$$

et

$$S = \sqrt{(-(n+k)s + ss + (n-k)s^3)}\ .$$

44. Cum igitur hic utrinque tam termini primi constantes quam ultimi r^4 et s^4 continentes sint nulli, fieri debet

$$\mathfrak{B}\mathfrak{B} - \mathfrak{A}\mathfrak{C} = 0\ , \quad \varepsilon\varepsilon - \gamma\mathfrak{F} = 0\ , \quad \beta\beta - \mathfrak{A}\gamma = 0\ , \quad \mathfrak{E}\mathfrak{E} - \mathfrak{C}\mathfrak{F} = 0\ .$$

Erit ergo

$$\mathfrak{C} = \frac{\mathfrak{B}\mathfrak{B}}{\mathfrak{A}} = \frac{\mathfrak{E}\mathfrak{E}}{\mathfrak{F}} \quad \text{et} \quad \gamma = \frac{\varepsilon\varepsilon}{\mathfrak{F}} = \frac{\beta\beta}{\mathfrak{A}}$$

hincque

$$\frac{\mathfrak{A}}{\mathfrak{F}} = \frac{\mathfrak{B}\mathfrak{B}}{\mathfrak{E}\mathfrak{E}} = \frac{\beta\beta}{\varepsilon\varepsilon}\ .$$

Porro ob terminos rr et ss fieri oportet

$$\mathfrak{D}\mathfrak{D} + 2\mathfrak{B}\varepsilon - \mathfrak{A}\mathfrak{F} - 4\beta\mathfrak{E} - \gamma\mathfrak{C} = 1\ ,$$
$$\mathfrak{D}\mathfrak{D} + 2\beta\mathfrak{E} - \mathfrak{A}\mathfrak{F} - 4\mathfrak{B}\varepsilon - \gamma\mathfrak{C} = 1\ ,$$

unde fit

$$6\mathfrak{B}\varepsilon = 6\beta\mathfrak{E} \quad \text{seu} \quad \frac{\mathfrak{B}}{\mathfrak{E}} = \frac{\beta}{\varepsilon}\ ,$$

tum vero

$$\mathfrak{D}\mathfrak{D} - 2\beta\mathfrak{E} - \mathfrak{A}\mathfrak{F} - \gamma\mathfrak{C} = 1\ ,$$

seu

$$\mathfrak{D}\mathfrak{D} - 2\beta\mathfrak{E} - \mathfrak{A}\mathfrak{F} - \frac{\beta\beta\mathfrak{E}\mathfrak{E}}{\mathfrak{A}\mathfrak{F}} = 1\ ,$$

hincque

$$\mathfrak{A}\mathfrak{F}(\mathfrak{D}\mathfrak{D} - 1) = (\beta\mathfrak{E} + \mathfrak{A}\mathfrak{F})^2$$

vel

$$\beta\mathfrak{E} = -\mathfrak{A}\mathfrak{F} + \sqrt{\mathfrak{A}\mathfrak{F}(\mathfrak{D}\mathfrak{D} - 1)} = \mathfrak{B}\varepsilon$$

sive, cum sit

$$\mathfrak{F} = \frac{\mathfrak{A}\mathfrak{E}\mathfrak{E}}{\mathfrak{B}\mathfrak{B}},$$

erit

$$\mathfrak{D}\mathfrak{D} = 2\beta\mathfrak{E} + \frac{\mathfrak{A}\mathfrak{A}\mathfrak{E}\mathfrak{E}}{\mathfrak{B}\mathfrak{B}} + \frac{\mathfrak{B}\mathfrak{B}\beta\beta}{\mathfrak{A}\mathfrak{A}} + 1 = \left(\frac{\mathfrak{A}\mathfrak{E}}{\mathfrak{B}} + \frac{\mathfrak{B}\beta}{\mathfrak{A}}\right)^2 + 1 .$$

45. Reliqui termini dant

$$\begin{aligned}
2\beta\mathfrak{D} - 2\mathfrak{A}\varepsilon - 2\mathfrak{B}\gamma &= m + k ,\\
2\mathfrak{D}\mathfrak{E} - 2\mathfrak{C}\varepsilon - 2\mathfrak{B}\mathfrak{F} &= -m + k ,\\
2\mathfrak{B}\mathfrak{D} - 2\mathfrak{A}\mathfrak{E} - 2\beta\mathfrak{C} &= -n - k ,\\
2\mathfrak{D}\varepsilon - 2\gamma\mathfrak{E} - 2\beta\mathfrak{F} &= n - k ,
\end{aligned}$$

quarum summa praebet hanc aequalitatem:

$$\mathfrak{D}(\beta + \mathfrak{B} + \varepsilon + \mathfrak{E}) - \mathfrak{A}(\varepsilon + \mathfrak{E}) - \mathfrak{F}(\beta + \mathfrak{B}) - \mathfrak{C}\varepsilon - \gamma\mathfrak{E} - \mathfrak{B}\gamma - \beta\mathfrak{C} = 0 .$$

Cum nunc invenerimus $\frac{\mathfrak{B}}{\mathfrak{E}} = \frac{\beta}{\varepsilon}$, ponamus $\mathfrak{B} = \lambda\beta$, et $\mathfrak{E} = \lambda\varepsilon$, erit

$$\mathfrak{C} = \frac{\lambda\lambda\beta\beta}{\mathfrak{A}}, \quad \gamma = \frac{\beta\beta}{\mathfrak{A}} \quad \text{et} \quad \mathfrak{F} = \frac{\varepsilon\varepsilon}{\beta\beta}\mathfrak{A},$$

unde ponatur porro $\mathfrak{A} = \mu\beta\beta$ et $\mathfrak{F} = \mu\varepsilon\varepsilon$, ut sit

$$\mathfrak{C} = \frac{\lambda\lambda}{\mu} \quad \text{et} \quad \gamma = \frac{1}{\mu},$$

hincque

$$\mathfrak{D}\mathfrak{D} = 1 + \left(\mu\beta\varepsilon + \frac{\lambda}{\mu}\right)^2,$$

quibus valoribus, praeter hunc ultimum, ibi substitutis obtinebimus

$$\mathfrak{D}(\lambda + 1)(\beta + \varepsilon) - \mu\beta\varepsilon(\lambda + 1)(\beta + \varepsilon) - \frac{\lambda(\lambda + 1)(\beta + \varepsilon)}{\mu} = 0 ,$$

seu

$$(\lambda + 1)(\beta + \varepsilon)\left(\mathfrak{D} - \mu\beta\varepsilon - \frac{\lambda}{\mu}\right) = 0 ,$$

cuius aequationis tres factores totidem praebent solutiones.

46. *Resolutio I.* Sit $\lambda = -1$, erit $\mathfrak{B} = -\beta$, $\mathfrak{E} = -\varepsilon$, $\mathfrak{C} = \frac{1}{\mu}$, $\gamma = \frac{1}{\mu}$, $\mathfrak{A} = \mu\beta\beta$, $\mathfrak{F} = \mu\varepsilon\varepsilon$, hincque

$$\mathfrak{D}\mathfrak{D} = \left(\mu\beta\varepsilon - \frac{1}{\mu}\right)^2 + 1 ,$$

unde conditiones adimplendae erunt:

$$k = \mathfrak{D}(\beta - \varepsilon) + \frac{\beta - \varepsilon}{\mu} - \mu\beta\varepsilon(\beta - \varepsilon) = (\beta - \varepsilon)\left(\mathfrak{D} + \frac{1}{\mu} - \mu\beta\varepsilon\right),$$

$$m = \mathfrak{D}(\beta + \varepsilon) + \frac{\beta + \varepsilon}{\mu} - \mu\beta\varepsilon(\beta + \varepsilon) = (\beta + \varepsilon)\left(\mathfrak{D} + \frac{1}{\mu} - \mu\beta\varepsilon\right),$$

$$n = \mathfrak{D}(\beta + \varepsilon) + \frac{\beta + \varepsilon}{\mu} - \mu\beta\varepsilon(\beta + \varepsilon) = (\beta + \varepsilon)\left(\mathfrak{D} + \frac{1}{\mu} - \mu\beta\varepsilon\right).$$

Hinc ergo foret $m = n$ et $B = 0$, ita ut haec resolutio tantum ad casum $B = 0$ accommodari possit. Hoc igitur casu cum sit

$$\frac{m}{k} = \frac{\beta + \varepsilon}{\beta - \varepsilon},$$

ponatur $\beta + \varepsilon = m$ et $\beta - \varepsilon = k$, ut sit

$$\beta = \frac{k + m}{2} \quad \text{et} \quad \varepsilon = \frac{m - k}{3};$$

oportetque esse $\mathfrak{D} + \frac{1}{\mu} - \mu\beta\varepsilon = 1$, unde oritur

$$1 + 2\left(\mu\beta\varepsilon - \frac{1}{\mu}\right) + \left(\mu\beta\varepsilon - \frac{1}{\mu}\right)^2 = 1 + \left(\mu\beta\varepsilon - \frac{1}{\mu}\right)^2$$

ideoque

$$\mu\mu = \frac{1}{\beta\varepsilon} = \frac{4}{mm - kk} \quad \text{et} \quad \mu = \frac{2}{\sqrt{(mm - kk)}}.$$

Unde colligimus $\mathfrak{D} = 1$, eritque pro casu $m = n$ aequatio integralis

$$\mathfrak{A} + 2\mathfrak{B}r + 2\beta s + \mathfrak{C}rr + \gamma ss + 2\mathfrak{D}rs + 2\mathfrak{E}rrs + 2\varepsilon rss + \mathfrak{F}rrss = 0.$$

47. At haec aequatio integralis, quia nulla nova inest constans, non est completa; cuius ratio est, quod quantitates $\beta - \varepsilon$ et $\beta + \varepsilon$ ipsis numeris k et m non aequales, sed tantum proportionales statui debent. Sit ergo

$$\beta - \varepsilon = \frac{k}{\nu}, \quad \beta + \varepsilon = \frac{m}{\nu}, \quad \text{erit} \quad \beta = \frac{m + k}{2\nu}, \quad \varepsilon = \frac{m - k}{2\nu}$$

et

$$\mathfrak{D} = \nu + \mu\beta\varepsilon - \frac{1}{\mu} = \sqrt{\left(1 + \left(\mu\beta\varepsilon - \frac{1}{\mu}\right)^2\right)},$$

unde fit

$$\mu\beta\varepsilon - \frac{1}{\mu} = \frac{1 - \nu\nu}{2\nu} \quad \text{et} \quad \mathfrak{D} = \frac{1 + \nu\nu}{2\nu}$$

ubi ν est quantitas arbitraria, per quam numerus μ definiri debet. Quoniam ergo β et ε per m et k cum ν dantur, aequatio integralis erit

$$0 = \mu\beta\beta + 2\beta(s - r) + \frac{1}{\mu}(rr + ss) + \frac{1 + \nu\nu}{\nu} rs + 2\varepsilon rs(s - r) + \mu\varepsilon\varepsilon rrss ,$$

quae pro β et ε substitutis valoribus, per μ multiplicando abit in hanc formam:

$$0 = \frac{\mu\mu(m + k)^2}{4\nu\nu} + \frac{\mu}{\nu}(m + k)(s - r) + rr + ss + \frac{\mu\mu}{4\nu\nu}(m - k)^2 rrss$$
$$+ \frac{\mu}{\nu}(m - k)rs(s - r) + \frac{\mu(1 + \nu\nu)}{\nu} rs .$$

Sit $\frac{\mu}{\nu} = 2f$, ut f sit constans arbitraria, sumtoque

$$f(mm - kk) = \frac{1}{f} + 1 - \nu\nu ,$$

erit aequatio integralis completa

$$0 = ff(m + k)^2 + 2f(m + k)(s - r) + rr + ss + ff(m - k)^2 rrss$$
$$+ 2f(m - k)rs(s - r) + 2f(1 + \nu\nu)rs .$$

48. Cum vero sit

$$\nu\nu = 1 + \frac{1}{f} - f(mm - kk) ,$$

erit

$$2f(1 + \nu\nu) = 4f + 2 - 2ff(mm - kk) ;$$

hincque aequatio integralis completa ita se evoluta habebit:

$$0 = ff(m + k)^2 + 2f(m + k)(s - r) + (r + s)^2 + ff(m - k)^2 rrss$$
$$+ 2f(m - k)rs(s - r) + 4frs - 2ff(mm - kk)rs ,$$

quae extracta radice induit hanc formam:

$$s - r + f(m + k) + f(m - k)rs = 2\sqrt{rs}\,(ff(mm - kk) - f - 1)$$

et facta restitutione $s = \frac{p}{q}$, $r = pq$ fit

$$\frac{p(1 - qq)}{q} + f(m + k) + f(m - k)pp = 2p\sqrt{(ff(mm - kk) - f - 1)} ,$$

quae cum integrali completo supra exhibito convenit. Verum probe notandum hoc integrale tantum ad casum $B = 0$ pertinere.

49. *Resolutio II.* Ponamus nunc $\varepsilon = -\beta$, habebimusque primo $\mathfrak{B} = \lambda\beta$, $\mathfrak{E} = -\lambda\beta$, $\mathfrak{C} = \frac{\lambda\lambda}{\mu}$ [1]), $\gamma = \frac{1}{\mu}$, $\mathfrak{A} = \mu\beta\beta$, $\mathfrak{F} = \mu\beta\beta$ et

1) Editio princeps: $\mathfrak{C} = \frac{\lambda}{\mu}$. Correxit C. B.

$$\mathfrak{D}\mathfrak{D} = 1 + \left(\frac{\lambda}{\mu} - \mu\beta\beta\right)^2.$$

Tum vero hinc concludimus:

$$k = \beta(1 - \lambda)\left(\mathfrak{D} - \frac{\lambda}{\mu} + \mu\beta\beta\right),$$

$$m = \beta(1 + \lambda)\left(\mathfrak{D} - \frac{\lambda}{\mu} + \mu\beta\beta\right) = -n,$$

ita ut haec resolutio locum non inveniat, nisi sit $m + n = 0$, ideoque $A = 0$. Pro hoc autem casu erit porro

$$\frac{k}{m} = \frac{1-\lambda}{1+\lambda} \quad \text{hincque} \quad \lambda = \frac{m-k}{m+k},$$

unde sequitur

$$k = \frac{2\beta k}{m+k}\left(\mathfrak{D} - \frac{\lambda}{\mu} + \mu\beta\beta\right) \quad \text{seu} \quad \mathfrak{D} = \frac{\lambda}{\mu} - \mu\beta\beta + \frac{m+k}{2\beta};$$

ergo

$$1 = \frac{m+k}{\beta}\left(\frac{\lambda}{\mu} - \mu\beta\beta\right) + \frac{(m+k)^2}{4\beta\beta}$$

et

$$\frac{\lambda}{\mu} - \mu\beta\beta = \frac{\beta}{m+k} - \frac{(m+k)}{4\beta},$$

ideoque

$$\mathfrak{D} = \frac{\beta}{m+k} + \frac{m+k}{4\beta}.$$

Littera β manet indefinita et μ definitur per hanc aequationem:

$$\frac{m-k}{\mu(m+k)} - \mu\beta\beta = \frac{\beta}{m+k} - \frac{(m+k)}{4\beta}.$$

50. His valoribus substitutis resultat aequatio integralis completa pro casu $A = 0$:

$$0 = \mu\beta\beta + 2\lambda\beta r + 2\beta s + \frac{\lambda\lambda}{\mu}rr + \frac{1}{\mu}ss + \frac{2\beta rs}{m+k} + \frac{(m+k)}{2\beta}rs$$
$$- 2\lambda\beta rrs - 2\beta rss + \mu\beta\beta rrss.$$

Statuamus $\mu\beta = f$, erit

$$\frac{m-k}{m+k} - ff = \frac{f}{m+k} - \frac{\mu\mu(m+k)}{4f}$$

et illa aequatio per μ multiplicata erit

$$0 = ff + 2\lambda fr + 2fs + \lambda\lambda rr + ss + \frac{2frs}{m+k} + \frac{\mu\mu(m+k)}{2f}rs$$
$$- 2\lambda frrs - 2frss + ffrrss,$$

quae ob

$$\frac{\mu\mu(m+k)}{2f} = \frac{2f}{m+k} + 2ff - 2\lambda$$

induit hanc formam:

$$0 = ff(1+rs)^2 + (\lambda r - s)^2 + \frac{4frs}{m+k} + 2f(\lambda r + s) - 2frs(\lambda r + s)$$

seu hanc:

$$0 = ff(1-rs)^2 + (\lambda r + s)^2 + 2f(1-rs)(\lambda r + s) + \frac{4frs}{m+k} + 4ffrs - 4\lambda rs,$$

quae extracta radice praebet

$$f(1-rs) + \lambda r + s = 2\sqrt{rs\left(\frac{m-k}{m+k} - ff - \frac{f}{m+k}\right)}.$$

Estque haec solutio similis omnino praecedenti, dum illa ad casum $B = 0$, haec vero ad casum $A = 0$, adstringitur.

51. Tertius factor

$$\mathfrak{D} - \mu\beta\varepsilon - \frac{\lambda}{\mu}$$

nihil monstrat, quia eius annihilatio cum aequatione

$$\mathfrak{D}\mathfrak{D} = 1 + \left(\mu\beta\varepsilon + \frac{\lambda}{\mu}\right)^2$$

consistere nequit, sicque duos tantum casus habemus, resolutionem algebraicam admittentes, scilicet si vel $B = 0$ vel $A = 0$. Praeterea vero etiam tertius casus supra evolutus, quo erat $A = B$ et $D = 0$, $E = 0$, hic sponte se offert, tum enim aequatio paragraphi 38 abit in hanc:

$$\frac{dr}{\sqrt{(A+B)r(1-rr)}} = \frac{ds}{\sqrt{s \cdot 0}},$$

quae subsistere nequit, nisi sit $ds = 0$, ideoque

$$s = \frac{p}{q} = \frac{\operatorname{tang}\frac{1}{2}\zeta}{\operatorname{tang}\frac{1}{2}\eta} = \text{Const.},$$

qua aequatione hyperbola definitur. Reliquis casibus constructio aequationis

$$\frac{dr}{\sqrt{r(A+B+D+2Er-(A+B-D)rr)}} = \frac{ds}{\sqrt{s(B-A-D+2Es-(B-A+D)ss)}}$$

in subsidium est vocanda. Quod enim haec aequatio in genere integrale algebraicum non admittat, vel ex casu $D = A + B$ patet, quo prius membrum a quadratura sectionum conicarum pendet, posterius vero altiores quadraturas postulat.

52. Inventa autem relatione inter r et s, unde simul ratio angulorum ζ et η innotescit, cognitio motus per tempus hauritur. Cum enim sit

$$vvuud\zeta d\eta = 2gadt^2(A\cos\zeta + B\cos\eta + D)\,,$$

ob

$$v = \frac{a\sin\eta}{\sin(\zeta+\eta)} \quad \text{et} \quad u = \frac{a\sin\zeta}{\sin(\zeta+\eta)}\,,$$

atque

$$\operatorname{tang}\tfrac{1}{2}\zeta = p \quad \text{et} \quad \operatorname{tang}\tfrac{1}{2}\eta = q\,,$$

erit

$$d\zeta = \frac{dp\sin\zeta}{p} \quad \text{et} \quad d\eta = \frac{dq\sin\eta}{q}\,,$$

seu

$$d\zeta = \frac{2dp}{1+pp} \quad \text{et} \quad d\eta = \frac{2dq}{1+qq}\,,$$

hincque porro

$$v = \frac{aq(1+pp)}{(p+q)(1-pq)} \quad \text{et} \quad u = \frac{ap(1+qq)}{(p+q)(1-pq)}\,,$$

unde fit

$$\frac{4a^3ppqq(1+pp)(1+qq)dpdq}{(p+q)^4(1-pq)^4} = 2gdt^2\left(\frac{A(1-pp)}{1+pp} + \frac{B(1-qq)}{1+qq} + D\right).$$

Fiat iam porro $pq = r$, $\dfrac{p}{q} = s$, seu $pp = rs$ et $qq = \dfrac{r}{s}$, erit

$$2pdp = rds + sdr \quad \text{et} \quad 2qdq = \frac{sdr - rds}{ss}\,,$$

ergo

$$4pqdpdq = \frac{ssdr^2 - rrds^2}{ss}\,,$$

hincque tandem:

$$\frac{a^3(r+s)(1+rs)(ssdr^2 - rrds^2)}{rs(1+s)^4(1-r)^4} = 2gdt^2\left(\frac{A(1-rs)}{1+rs} + \frac{B(s-r)}{r+s} + D\right).$$

53. Ponamus nunc brevitatis gratia

$$RR = r(A+B+D+2Er-(A+B-D)rr)\,,$$
$$SS = s(B-A-D+2Es-(B-A+D)ss)\,,$$

ut sit $\dfrac{dr}{R} = \dfrac{ds}{S}$, statuamusque

$$\frac{dr}{R} = \frac{ds}{S} = dV,$$

ut sit $dr = RdV$ et $ds = SdV$, fietque

$$2gdt^2 = \frac{a^3(r+s)^2(1+rs)^2(RRss - SSrr)dV^2}{rs(1+s)^4(1-r)^4(A(r+s)(1-rs) + B(s-r)(1+rs) + D(s+r)(1+rs))}.$$

Est vero

$$RRss - SSrr = rs(A(r+s)(1-rs) + B(s-r)(1+rs) + D(r+s)(1+rs)),$$

quo valore substituto prodit

$$2gdt^2 = \frac{a^3(r+s)^2(1+rs)^2 dV^2}{(1+s)^4(1-r)^4},$$

ideoque

$$dt\sqrt{\frac{2g}{a}} = \frac{a(r+s)(1+rs)dV}{(1+s)^2(1-r)^2} = adV\left(\frac{r}{(1-r)^2} + \frac{s}{(1+s)^2}\right)^{1)},$$

ita ut sit

$$\frac{dt\sqrt{2g}}{a\sqrt{a}} = \frac{dr\sqrt{r}}{(1-r)^2\sqrt{(A+B+D+2Er-(A+B-D)rr)}} + \frac{ds\sqrt{s}}{(1+s)^2\sqrt{(B-A-D+2Es-(B-A+D)s^2)}},$$

sicque etiam determinatio temporis ad integrationem formularum simplicium est perducta.

54. Cum igitur hoc problema, quod primo aspectu vix facilius quam id, quo omnia tria corpora mobilia assumuntur, visum erat, perfecte resolvere licuerit, maiorem spem concipimus fore aliquando, ut et istud problema, cui tanquam fundamento universa Astronomia inniti est censenda, resolvatur. Equidem fateor me hinc nullam adhuc viam ad hunc scopum perveniendi perspicere, sed etiam ad hoc plurimos ac fortasse operosissimos conatus requiri agnosco. Caeterum circa hoc ipsum problema, quod hic tractavi, observationem Geometris forte haud ingratam adiicio, scilicet praeter casus hic evolutos innumerabiles alios dari, quibus curva, a corpore M descripta, futura sit algebraica, quarum investigatio Analysi haud contemnenda incrementa allatura videtur.

55. Quanquam autem solutionem huius problematis ad quadraturas curvarum perduximus, tamen molestum foret curvam a corpore M descriptam definire multoque magis ad datum tempus locum corporis assignare. Sin autem

1) Editio princeps: $\frac{r}{(1+s)^2}$ loco $\frac{s}{(1+s)^2}$. Correxit C. B.

huiusmodi casus in mundo existeret, operae pretium esset hanc solutionem accuratius evolvere, quod hoc modo commodissime fieri posse videtur. Pro tali scilicet casu, postquam per plura tentamina constantes A, B, D, E proxime saltem innotuerint deinceps corrigendae, tabula condi debebit pro singulis valoribus ipsius r valores convenientes litterae s referens, cui deinceps tabula tempora t exhibens adiungi deberet, ex qua porro vicissim pro dato tempore t valores litterarum r et s, hincque angulos ζ et η concludere liceret. Quae determinatio si cum observationibus minus conveniret, indicio id esset constantes non recte esse assumtas, sicque tandem pluribus huiusmodi tabulis constructis, veritas inde non difficulter erueretur.

56. Cum autem inprimis et corporis M loca nosse conveniat, ubi eius distantia ab alterutro punctorum fixorum A et B est maxima vel minima, quemadmodum hoc definiri oporteat videamus. Quia distantia AM est

$$v = \frac{a \sin \eta}{\sin(\zeta + \eta)},$$

eius differentiale

$$\frac{dv}{a} = \frac{d\eta \cos \eta \sin(\zeta + \eta) - (d\zeta + d\eta) \sin \eta \cos(\zeta + \eta)}{\sin(\zeta + \eta)^2} = \frac{d\eta \sin \zeta - d\zeta \sin \eta \cos(\zeta + \eta)}{\sin(\zeta + \eta)^2}$$

nihilo aequale positum, seu

$$\frac{d\eta}{\sin \eta} = \frac{d\zeta}{\sin \zeta} \cos(\zeta + \eta)$$

indicabit loca, quibus distantia AM est vel maxima, vel minima. Posito ergo $\operatorname{tang} \frac{1}{2}\zeta = p$ et $\operatorname{tang} \frac{1}{2}\eta = q$, ob

$$\cos(\zeta + \eta) = \frac{(1 - pp)(1 - qq) - 4pq}{(1 + pp)(1 + qq)},$$

habebimus

$$\frac{dq}{q} = \frac{dp}{p} \cdot \frac{(1 - pq)^2 - (p + q)^2}{(1 + pp)(1 + qq)}.$$

Factoque porro $pq = r$, $\frac{p}{q} = s$, seu $p = \sqrt{rs}$, $q = \sqrt{\frac{r}{s}}$, fiet

$$\left(\frac{dr}{r} - \frac{ds}{s}\right)(s(1 + rr) + r(1 + ss)) = \left(\frac{dr}{r} + \frac{ds}{s}\right)(s(1 - r)^2 - r(1 + s)^2)$$

seu

$$dr(1 + s)^2 = ds(1 - r)^2.$$

Ubi ergo est

$$\frac{dr}{(1-r)^2} = \frac{ds}{(1+s)^2}\,,$$

ibi distantia $AM = v$ est vel maxima vel minima.

57. Cum igitur supra invenerimus $\frac{dr}{R} = \frac{ds}{S}$, pro his locis habemus

$$\frac{R}{(1-r)^2} = \frac{S}{(1+s)^2}\,,$$

unde relatio inter quantitates finitas r et s eruitur, quae est:

$$\begin{aligned} &r(1+s)^4(A+B+D+2Er-(A+B-D)rr)\\ &= s(1-r)^4(B-A-D+2Es-(B-A+D)ss)\,, \end{aligned}$$

unde posito brevitatis gratia

$$\frac{A+B+D}{2E} = m\,, \qquad \frac{B-A-D}{2E} = n\,,$$

$$\frac{A+B-D}{2E} = \mu\,, \qquad \frac{B-A+D}{2E} = \nu\,,$$

ut sit $\mu + \nu = m + n$, enascitur haec aequatio

$$\left.\begin{array}{lllllll} mr+rr & -\mu r^3 & +4(n-\mu)r^4s & -nr^4s & & -r^4ss & \\ ns+4(m+n)rs & +(4-6n)rrs & +4(m-\nu)rs^3 & +(4-6\mu)r^3ss & -4(\mu+\nu)r^3s^3 & +\nu r^4s^3 & \\ -ss & +(4+6m)rss & & +(4+6\nu)rrs^3 & +rrs^4 & & -\mu r^3s^4 \\ & +\nu s^3 & & +mrs^4 & & & \end{array}\right\} = 0 \text{ [1]}$$

quae aequatio in genere nullos factores habere videtur. At aequatio inter p et q erit

$$(p+q)^4(m+pq-\mu ppqq) = (1-pq)^4(nqq+pq-\nu pp)\,.$$

58. Restitutis autem ipsis angulis ζ et η, inter eos aequatio pro hoc casu, quo distantia v fit vel maxima vel minima, ita se habebit:

$$\begin{aligned} &\sin\left(\frac{\zeta+\eta}{2}\right)^4(D(1+\cos\zeta\cos\eta)+(A+B)(\cos\zeta+\cos\eta)+E\sin\zeta\sin\eta)\\ &=\cos\left(\frac{\zeta+\eta}{2}\right)^4(D(\cos\zeta\cos\eta-1)+(B-A)(\cos\zeta-\cos\eta)+E\sin\zeta\sin\eta), \end{aligned}$$

ubi est

$$\sin\left(\frac{\zeta+\eta}{2}\right)^4 = \tfrac{1}{4}(1-\cos(\zeta+\eta))^2 \quad \text{et} \quad \cos\left(\frac{\zeta+\eta}{2}\right)^4 = \tfrac{1}{4}(1+\cos(\zeta+\eta))^2,$$

1) Editio princeps: $+\mu r^3s^4$ loco $-\mu r^3s^4$. Correxit C. B.

unde colligimus:

$$(1 + \cos(\zeta + \eta)^2)(A \cos\zeta + B \cos\eta + D)$$
$$= 2 \cos(\zeta + \eta)(A \cos\eta + B \cos\zeta + D \cos\zeta \cos\eta + E \sin\zeta \sin\eta)\ ,$$

quae autem aequatio aeque parum resolutionem admittit. Caeterum quia permutatis angulis ζ, η et massis A et B aequatio non mutatur, eadem loca indicat, ubi distantia $BM = u$ sit vel maxima vel minima. Verum radice quadrata extracta bini casus a se invicem separantur.

DE MOTU CORPORIS AD DUO CENTRA VIRIUM FIXA ATTRACTI

Commentatio 328 indicis ENESTROEMIANI
Novi commentarii academiae scientiarum Petropolitanae **11** (1765), 1767, p. 152–184.
Summarium adiunctum est ad commentationem E 327, opera omnia II 25.

Quaestionem hic tractare aggredior, quae ab omnibus, qui adhuc in determinatione motuum a viribus centripetis genitorum operam suam consumserunt, frustra tentata vires adeo Analyseos superare videbatur. Quanquam enim summo NEUTONO motus corporum ad unicum virium centrum attractorum felici successu est definitus, quippe quem in sectione conica fieri demonstravit, si vis centripeta rationem duplicatam inversam distantiarum sequatur, tamen statim atque haec quaestio ad duo virium centra extenditur, nulla via patere est visa ad solutionem perveniendi. Ad formulas quidem analyticas quaestio facile deducitur, quae cum differentialia secundi gradus involvant, primo per integrationem ad differentialia primi gradus est ascendendum, quod negotium iam insignibus difficultatibus implicatur; atque his etiam superatis, tum demum quantitatum variabilium multitudo et complicatio vix ullam spem ad earum separationem pertingendi relinquit, unde lineam curvam a corpore descriptam assignare liceret.

2. Cum autem semper cuiusquam problematis, quod a summis ingeniis frustra est tentatum, solutio maximi est momenti, tum vero haec quaestio ad eam Analyseos partem pertinet, ex qua sola nunc quidem omnia Astronomiae incrementa sunt expectanda; quam ob causam, solutionem istius quaestionis eo confidentius iactare non dubito, quod ad eam nonnisi gravissimis impedimentis remotis tandem mihi quidem penetrare contigerit. Minime etiam est dubitandum, quin artificia analytica, quibus in hoc negotio sum usus, ad enodationem aliorum problematum huius generis, plurimum lucis sint allatura.

3. Considero igitur duo centra virium, quorum utrumque attrahat in ratione duplicata distantiae reciproca, quandoquidem aliae virium attrahentium hypotheses omni usu destituuntur: ac si corpus quodpiam initio utcun-

que fuerit proiectum, eius motum secuturum viamque in qua incedet, investigare constitui. Hic quidem primum observo, si motus directio semel fuerit cum binis virium centris in eodem plano, universum motum in eodem plano absolutum iri. Atque hunc casum iam aliquot ab hinc annis ita expedivi[1]), ut non solum pro curva a corpore descripta constructionem ope quadraturae curvae satis simplicis exhibuerim, verum etiam innumerabiles casus elicuerim, quibus haec curva adeo algebraica evadat. Nunc igitur ut huic quaestioni plene satisfaciam, investigationem meam quoque ad eos casus extendam, quibus corporis motus non in eodem plano cum binis centris virium absolvitur; ubi quidem novae eaeque maximae difficultates successui adversantur, quas superari oportet.

STATUS QUAESTIONIS

4. Sint igitur (Fig. 1) A et B centra virium, seu duo corpora in his punctis fixa, quae attrahant in ratione reciproca duplicata distantiarum secundum massas, quae iisdem litteris A et B denotentur; statuaturque distantia $AB = a$.

Fig. 1

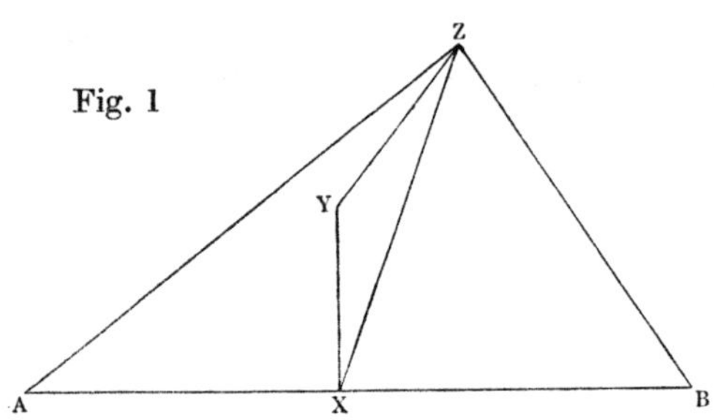

Tum vero utcunque aliud quoddam corpus initio fuerit proiectum, id nunc quidem elapso tempore $= \tau$ versetur in Z, unde ad planum quodpiam fixum per puncta A et B ductum demittatur perpendiculum ZY, ductaque ex Y ad rectam AB normali YX, vocentur lineae:

$$ZY = z\ , \quad YX = y\ , \quad AX = x\ , \quad BX = t\ ,$$

ita ut sit $t + x = a$, ideoque $dt + dx = 0$.

Ad motus igitur cognitionem requiritur, ut ad quodvis tempus hae quantitates determinari queant.

5. Vocentur porro distantiae $AZ = v$ et $BZ = u$, ut sit

$$vv = xx + yy + zz \quad \text{et} \quad uu = tt + yy + zz\ .$$

Iam quia corpus Z urgetur ad centra virium A et B viribus

$$\frac{A}{vv} \quad \text{et} \quad \frac{B}{uu}\ ,$$

1) Confer commentationem E 301, p. 209 huius voluminis. C. B.

hinc motus principia sequentes suppeditant formulas differentio-differentiales sumto temporis elemento $d\tau$ constante:

$$\text{I.}\quad \frac{ddx}{d\tau^2} = -\frac{Ax}{v^3} + \frac{Bt}{u^3} \quad \text{seu} \quad \frac{ddt}{d\tau^2} = +\frac{Ax}{v^3} - \frac{Bt}{u^3},$$

$$\text{II.}\quad \frac{ddy}{d\tau^2} = -\frac{Ay}{v^3} - \frac{By}{u^3}$$

et

$$\text{III.}\quad \frac{ddz}{d\tau^2} = -\frac{Az}{v^3} - \frac{Bz}{u^3},$$

ex quibus tribus aequationibus omnia motus phaenomena sunt deducenda. Nihil autem inde concludere licet, nisi ante omnia totidem aequationes differentiales primi gradus inde per integrationem eliciantur.

INVESTIGATIO AEQUATIONUM DIFFERENTIALIUM PRIMI GRADUS MOTUM CORPORIS QUAESITUM DETERMINANTIUM

6. Ex aequationibus quidem II. et III. statim una aequatio differentialis primi gradus obtinetur; illa enim per z haec vero per y multiplicata, differentia dat:

$$\frac{yddz - zddy}{d\tau^2} = 0,$$

unde colligitur

$$d\tau = \alpha(ydz - zdy),$$

ex qua discimus, si motus corporis in planum ad rectam AB normale proiiciatur, areas in hoc plano circa punctum quo a recta AB traiicitur descriptas esse tempori proportionales; quod quidem ex prima indole motuum a viribus centripetis oriundorum per se est manifestum.

7. Alia etiam aequatio integralis haud difficulter eruitur multiplicando aequationem I. per $dx = -dt$, II. per dy et III. per dz; tum enim his aequationibus in unam summam collectis, ob

$$xdx + ydy + zdz = vdv \quad \text{et} \quad tdt + ydy + zdz = udu,$$

habebimus hanc aequationem

$$\frac{dxddx + dyddy + dzddz}{d\tau^2} = -\frac{Adv}{vv} - \frac{Bdu}{uu},$$

quae integrata praebet

$$\frac{dx^2 + dy^2 + dz^2}{2d\tau^2} = \frac{A}{v} + \frac{B}{u} + \frac{C}{a},$$

ita ut iam duas aequationes differentiales primi gradus simus adepti; tertia autem qua adhuc indigemus, maiorem sagacitatem postulat.

8. Ex prima, quatenus duplici forma exhibetur, et secunda geminas aequationes elicimus istas:

$$\frac{xddy - yddx}{d\tau^2} = -\frac{By(x+t)}{u^3} = -\frac{Bay}{u^3}$$

et

$$\frac{tddy - yddt}{d\tau^2} = -\frac{Ay(x+t)}{u^3} = -\frac{Aay}{v^3}$$

simili modo prima aequatio cum tertia combinata sequentes nobis suppeditat:

$$\frac{xddz - zddx}{d\tau^2} = -\frac{Bz(x+t)}{u^3} = -\frac{Bax}{u^3},$$

$$\frac{tddz - zddt}{d\tau^2} = -\frac{Az(x+t)}{v^3} = -\frac{Aaz}{v^3},$$

unde quidem parum lucri redundare videtur. Has autem quatuor aequationes sequenti modo repraesentari plurimum intererit:

$$\text{I.}\quad \frac{d\cdot(xdy - ydx)}{d\tau^2} = -\frac{Bay}{u^3},$$

$$\text{II.}\quad \frac{d\cdot(tdy - ydt)}{d\tau^2} = -\frac{Aay}{v^3},$$

$$\text{III.}\quad \frac{d\cdot(xdz - zdx)}{d\tau^2} = -\frac{Baz}{u^3},$$

$$\text{IV.}\quad \frac{d\cdot(tdz - zdt)}{d\tau^2} = -\frac{Aaz}{v^3}.$$

9. Ex harum prima et secunda formemus aequationem istam:

$$\frac{(tdy - ydt)d\cdot(xdy - ydx)}{d\tau^2} + \frac{(xdy - ydx)d\cdot(tdy - ydt)}{d\tau^2}$$
$$= -\frac{Aay(xdy - ydx)}{v^3} - \frac{Bay(tdy - ydt)}{u^3}$$

similique modo ex tertia et quarta hanc:

$$\frac{(tdz - zdt)d\cdot(xdz - zdx)}{d\tau^2} + \frac{(xdz - zdx)d\cdot(tdz - zdt)}{d\tau^2}$$
$$= -\frac{Aaz(xdz - zdx)}{v^3} - \frac{Baz(tdz - zdt)}{u^3},$$

ubi prius membrum utriusque aequationis est integrabile, ibi scilicet integrale est

$$= \frac{(xdy - ydx)(tdy - ydt)}{d\tau^2},$$

hic vero

$$= \frac{(xdz - zdx)(tdy - ydt)}{d\tau^2};$$

posteriora vero membra in neutra integrationem admittunt. At vero hic commode usu venit, ut ambo posteriora membra in unam summam collecta integrationem admittant.

10. Cum enim sit

$$d \cdot \frac{x}{v} = d \cdot \frac{x}{\sqrt{(xx + yy + zz)}} = \frac{y(ydx - xdy) + z(zdx - xdz)}{v^3}$$

et

$$d \cdot \frac{t}{u} = d \cdot \frac{t}{\sqrt{(tt + yy + zz)}} = \frac{y(ydt - tdy) + z(zdt - tdz)}{u^3},$$

evidens est illorum posteriorum membrorum iunctim sumtorum integrale fore

$$= \frac{Aax}{v} + \frac{Bat}{u} + \text{Const.}$$

Quocirca hinc sequentem aequationem integratam nanciscimur:

$$\frac{(xdy - ydx)(tdy - ydt) + (xdz - zdx)(tdz - zdt)}{d\tau^2} = \frac{Aax}{v} + \frac{Bat}{u} + Da .$$

11. En ergo tres aequationes differentiales primi gradus, quibus motus corporis quaesitus continetur, scilicet:

I. $d\tau = \alpha(ydz - zdy)$

II. $\dfrac{dx^2 + dy^2 + dz^2}{2d\tau^2} = \dfrac{A}{v} + \dfrac{B}{u} + \dfrac{C}{a},$

III. $\dfrac{(xdy - ydx)(tdy - ydt) + (xdz - zdx)(tdz - zdt)}{d\tau^2} = a\left(\dfrac{Ax}{v} + \dfrac{Bt}{u} + D\right),$

in quas tres novae constantes arbitrariae sunt ingressae. Hinc autem iam facile tempus τ exterminatur, quo facto via a corpore descripta binis sequentibus aequationibus determinatur:

$$\frac{dx^2 + dy^2 + dz^2}{2\alpha\alpha(ydz - zdy)^2} = \frac{A}{v} + \frac{B}{u} + \frac{C}{a},$$

$$\frac{(xdy - ydx)(tdy - ydt) + (xdz - zdx)(tdz - zdt)}{\alpha\alpha(ydz - zdy)^2} = a\left(\frac{Ax}{v} + \frac{Bt}{u} + D\right),$$

ad quarum resolutionem totum negotium est perductum.

12. In his aequationibus ternae adhuc insunt variabiles x, y et z, dum reliquae t, v et u per eas dantur, quae autem tantopere sunt inter se permixtae, ut nulla methodus eas resolvendi tentari queat. Omnino autem necesse est, ut una variabili elisa, ex his binis aequationibus una eliciatur duas tantum variabiles involvens; ad hoc autem utique idonea transformatio requiritur, cum satis sit perspicuum nullam harum trium x, y, z eliminari posse, praeter quam quod nulla foret ratio, cur una potius quam reliquae ad hoc eligeretur.

REDUCTIO AEQUATIONUM INVENTARUM AD UNICAM BINAS TANTUM VARIABILES CONTINENTEM

13. Ad hunc scopum perveniemus, si loco variabilium y et z in calculum introducamus rectam ZX a puncto Z ad rectam AB normaliter ductam una cum angulo ZXY, quem haec recta cum plano assumto ABY facit. Sit ergo recta $ZX = w$ et angulus $ZXY = \varphi$, erit $z = w \sin \varphi$ et $y = w \cos \varphi$, tum ob $yy + zz = ww$ habebitur

$$v = \sqrt{(xx + ww)} \quad \text{et} \quad u = \sqrt{(tt + ww)} \; .$$

Porro vero ob

$$dz = dw \sin \varphi + w d\varphi \cos \varphi$$

et

$$dy = dw \cos \varphi - w d\varphi \sin \varphi$$

hinc colligimus

$$ydz - zdy = wwd\varphi \; ,$$

ita ut iam prodeat elementum temporis $d\tau = \alpha wwd\varphi$.

14. Deinde vero cum sit

$$dy^2 + dz^2 = dw^2 + wwd\varphi^2 \; ,$$

prior aequatio induit hanc formam:

$$\frac{dx^2 + dw^2 + wwd\varphi^2}{2\alpha\alpha w^4 d\varphi^2} = \frac{A}{v} + \frac{B}{u} + \frac{C}{a} \; .$$

Pro altera vero aequatione evolvatur primo numerator membri antecedentis, et quia fit:

$$(xdy - ydx)(tdy - ydt) = txdy^2 - xydtdy - tydxdy + yydtdx \; ,$$

$$(xdz - zdx)(tdz - zdt) = txdz^2 - xzdtdz - tzdxdz + zzdtdx \; ,$$

ob $dy^2 + dz^2 = dw^2 + wwd\varphi^2$, $ydy + zdz = wdw$ et $yy + zz = ww$ erit hic numerator

$$tx(dw^2 + wwd\varphi^2) - (xdt + tdx)wdw + wwdtdx\ ,$$

ex quo altera aequatio transformabitur in hanc:

$$\frac{txdw^2 + txwwd\varphi^2 - (xdt + tdx)wdw + wwdtdx}{\alpha\alpha w^4 d\varphi^2} = a\left(\frac{Ax}{v} + \frac{Bt}{u} + D\right).$$

15. Iam ex binis hisce aequationibus facile eliminatur elementum $d\varphi^2$, siquidem hac substitutione id sumus lucrati, ut ipse angulus φ excesserit. Prior autem aequatio dat:

$$d\varphi^2 = (dx^2 + dw^2) : \left(2\alpha\alpha w^4\left(\frac{A}{v} + \frac{B}{u} + \frac{C}{a}\right) - ww\right),$$

posterior vero:

$$d\varphi^2 = \frac{(txdw^2 - (xdt + tdx)wdw + wwdtdx)}{\alpha\alpha a w^4\left(\frac{Ax}{v} + \frac{Bt}{u} + D\right) - txww},$$

ubi pro analogia observanda notetur ob $dt = -dx$ esse $dx^2 = -dtdx$. His igitur valoribus inter se aequatis resultabit aequatio binas tantum variabiles x seu t et w involvens.

16. Ad calculum contrahendum statuamus:

$$\frac{A}{v} + \frac{B}{u} + \frac{C}{a} = \frac{P}{a}$$

et

$$\frac{Ax}{v} + \frac{Bt}{u} + D = Q$$

atque reperimus:

$$\begin{aligned}&(-dxdt + dw^2)(\alpha\alpha aQww - tx)\\ &= (txdw^2 - (xdt + tdx)wdw + wwdtdx)\left(\frac{2\alpha\alpha}{a}Pww - 1\right),\end{aligned}$$

unde evolvendo concludimus:

$$\begin{aligned}dtdx\left(\frac{2\alpha\alpha}{a}Pw^4 + \alpha\alpha aQww - tx - ww\right) - (xdt + tdx)wdw\left(\frac{2\alpha\alpha}{a}Pww - 1\right)\\ + wwdw^2\left(\frac{2\alpha\alpha}{a}Ptx - \alpha\alpha aQ\right) = 0\ ,\end{aligned}$$

quae aequatio adhuc ingentibus difficultatibus laborat cum ob variabilium confusam permixtionem, tum vero ob valores irrationales quantitatum v et u.

TRANSFORMATIO AEQUATIONIS MODO INVENTAE

17. Cum introductio angulorum saepenumero calculos mirifice contrahere soleat, idem hic faciamus, vocemusque angulos $BAZ = \eta$ et $ABZ = \vartheta$, eritque hinc

$$AX = x = w \cot \eta \quad \text{et} \quad BX = t = w \cot \vartheta \ ,$$

unde ob $x + t = a$ deducimus statim:

$$w = \frac{a}{\cot \eta + \cot \vartheta} = \frac{a \sin \eta \sin \vartheta}{\sin(\eta + \vartheta)}$$

et differentiando

$$dw = a\left(\frac{d\eta}{\sin \eta^2} + \frac{d\vartheta}{\sin \vartheta^2}\right) : (\cot \eta + \cot \vartheta)^2 = \frac{a(d\eta \sin \vartheta^2 + d\vartheta \sin \eta^2)}{\sin(\eta + \vartheta)^2} \ .$$

Deinde oritur

$$x = \frac{a \cot \eta}{\cot \eta + \cot \vartheta} = \frac{a \cos \eta \sin \vartheta}{\sin(\eta + \vartheta)}$$

hincque

$$dx = a\left(\frac{d\vartheta \cot \eta}{\sin \eta^2} - \frac{d\eta \cot \vartheta}{\sin \eta^2}\right) : (\cot \eta + \cot \vartheta)^2 = \frac{a(d\vartheta \sin \eta \cos \eta - d\eta \sin \vartheta \cos \vartheta)}{\sin(\eta + \vartheta)^2}$$

et

$$dx^2 + dw^2 = \frac{aa(d\eta^2 \sin \vartheta^2 + d\vartheta^2 \sin \eta^2 - 2d\eta d\vartheta \sin \eta \sin \vartheta \cos(\eta + \vartheta))}{\sin(\eta + \vartheta)^4}$$

pro priore valore ipsius $d\varphi^2$.

18. Pro altero valore notetur esse numeratorem:

$$(tdw - wdt)(xdw - wdx) \ ,$$

cuius valor facillime elicitur ex formulis

$$\frac{t}{w} = \cot \vartheta \quad \text{et} \quad \frac{x}{w} = \cot \eta \ ,$$

unde fit

$$\frac{tdw - wdt}{ww} = \frac{d\vartheta}{\sin \vartheta^2} \quad \text{et} \quad \frac{xdw - wdx}{ww} = \frac{d\eta}{\sin \eta^2}$$

sicque numerator ille fit:

$$\frac{w^4 d\eta d\vartheta}{\sin \eta^2 \sin \vartheta^2} = \frac{a^4 d\eta d\vartheta \sin \eta^2 \sin \vartheta^2}{\sin(\eta + \vartheta)^4} \ .$$

Porro autem est

$$v = \frac{w}{\sin \eta} = \frac{a \sin \vartheta}{\sin(\eta + \vartheta)} \quad \text{et} \quad u = \frac{a \sin \eta}{\sin(\eta + \vartheta)} \ .$$

Ergo
$$\frac{A}{v}+\frac{B}{u}+\frac{C}{a}=\frac{A\sin(\eta+\vartheta)}{a\sin\vartheta}+\frac{B\sin(\eta+\vartheta)}{a\sin\eta}+\frac{C}{a}$$
et
$$\frac{Ax}{v}+\frac{Bt}{u}+D=A\cos\eta+B\cos\vartheta+D\,.$$

19. Sit insuper $\alpha\alpha=\frac{m}{a}$, eritque pro priore valore ipsius $d\varphi^2$ denominator
$$=2maa\left(\frac{A\sin(\eta+\vartheta)}{\sin\vartheta}+\frac{B\sin(\eta+\vartheta)}{\sin\eta}+C\right)\frac{\sin\eta^4\sin\vartheta^4}{\sin(\eta+\vartheta)^4}-\frac{aa\sin\eta^2\sin\vartheta^2}{\sin(\eta+\vartheta)^2}$$
et pro posteriori
$$=m(A\cos\eta+B\cos\vartheta+D)\frac{a^4\sin\eta^4\sin\vartheta^4}{\sin(\eta+\vartheta)^4}-\frac{a^4\sin\eta^3\sin\vartheta^3\cos\eta\cos\vartheta}{\sin(\eta+\vartheta)^4}\,.$$
Quocirca ambo valores ita se habebunt:
$$d\varphi^2=\frac{d\eta^2\sin\vartheta^2+d\vartheta^2\sin\eta^2-2d\eta d\vartheta\sin\eta\sin\vartheta\cos(\eta+\vartheta)}{2m\sin\eta^3\sin\vartheta^3(A\sin\eta\sin(\eta+\vartheta)+B\sin\vartheta\sin(\eta+\vartheta)+C\sin\eta\sin\vartheta)-\sin\eta^2\sin\vartheta^2\sin(\eta+\vartheta)^2},$$
$$d\varphi^2=\frac{d\eta d\vartheta}{m\sin\eta^2\sin\vartheta^2\,(A\cos\eta+B\cos\vartheta+D)-\sin\eta\sin\vartheta\cos\eta\cos\vartheta}\,.$$
His binis valoribus coaequatis, aequatio oritur primo quidem satis intricata, quae autem notis angulorum proprietatibus in subsidium vocatis, ad sequentem formam reducitur:
$$d\eta^2\sin\vartheta^2+d\vartheta^2\sin\eta^2$$
$$=\frac{d\eta d\vartheta\sin\eta\sin\vartheta\,(2m\sin\eta\sin\vartheta\,(A\cos\vartheta+B\cos\eta+C\sin\eta\sin\vartheta+D\cos(\eta+\vartheta))-\cos\eta^2-\cos\vartheta^2)}{m\sin\eta\sin\vartheta\,(A\cos\eta+B\cos\vartheta+D)-\cos\eta\cos\vartheta}$$ [1].

20. Parum equidem hac substitutione profecisse videor, cum in hac aequatione non solum binae variabiles η et ϑ maxime sint inter se permixtae, sed etiam adhuc necesse sit per radicis extractionem ipsam differentialium $d\eta$ et $d\vartheta$ rationem elicere, quo quidem ad formulam irrationalem maxime intricatam pervenitur. Quo minus ergo resolutio huius aequationis speranda videtur, eo magis mirari oportet sequentem substitutionem, cuius beneficio adeo ad aequationem, in qua variabiles admittunt separationem, deducimur.

1) Editio princeps: in numeratore, $2m(\ldots)$ loco $2m\sin\eta\sin\vartheta(\ldots)$. Correxit C. B.

CONSTRUCTIO HUIUS AEQUATIONIS PER SEPARATIONEM VARIABILIUM

21. Singulari prorsus substitutione inopinato hunc scopum sum assecutus, posui enim

$$\operatorname{tang} \tfrac{1}{2}\eta = \sqrt{pq} \quad \text{et} \quad \operatorname{tang} \tfrac{1}{2}\vartheta = \frac{\sqrt{p}}{\sqrt{q}},$$

unde sequentes promanant determinationes:

$$\sin\eta = \frac{2\sqrt{pq}}{1+pq}, \quad \cos\eta = \frac{1-pq}{1+pq}, \quad \sin\vartheta = \frac{2\sqrt{pq}}{p+q}, \quad \cos\vartheta = \frac{q-p}{p+q},$$

$$\sin(\eta+\vartheta) = \frac{2(1-p)(1+q)\sqrt{pq}}{(p+q)(1+pq)}, \quad \cos(\eta+\vartheta) = \frac{(q-p)(1-pq)-4pq}{(p+q)(1+pq)},$$

$$x = \frac{a(1-pq)}{(1-p)(1+q)}, \quad t = \frac{a(q-p)}{(1-p)(1+q)}, \quad w = \frac{2a\sqrt{pq}}{(1-p)(1+q)},$$

$$v = \frac{a(1+pq)}{(1-p)(1+q)}, \quad u = \frac{a(p+q)}{(1-p)(1+q)},$$

hincque differentiando elicimus:

$$d\eta = \frac{pdq+qdp}{(1+pq)\sqrt{pq}}, \quad d\vartheta = \frac{qdp-pdq}{(p+q)\sqrt{pq}},$$

$$d\eta\sin\vartheta = \frac{2(pdq+qdp)}{(p+q)(1+pq)}, \quad d\vartheta\sin\eta = \frac{2(qdp-pdq)}{(p+q)(1+pq)},$$

$$d\eta^2\sin\vartheta^2 + d\vartheta^2\sin\eta^2 = \frac{8(qqdp^2+ppdq^2)}{(p+q)^2(1+pq)^2},$$

$$d\eta d\vartheta\sin\eta\sin\vartheta = \frac{4(qqdp^2-ppdq^2)}{(p+q)^2(1+pq)^2}\ ^{1)}.$$

22. Si iam has expressiones in binis pro $d\varphi^2$ inventis valoribus substituamus, reperiemus:

$$\text{I.}\ d\varphi^2 = \frac{(p+q)(1+pq)}{4ppqq}\cdot\frac{qdp^2(1+q)^2+pdq^2(1-p)^2}{8mpq\left(\frac{A(1-p)(1+q)}{1+pq}+\frac{B(1-p)(1+q)}{p+q}+C\right)-(1-p)^2(1+q)^2},$$

$$\text{II.}\ d\varphi^2 = \frac{(p+q)(1+pq)}{4ppqq}\cdot\frac{qqdp^2-ppdq^2}{4mpq\left(\frac{A(1-pq)}{1+pq}+\frac{B(q-p)}{p+q}+D\right)-(q-p)(1-pq)},$$

1) Editio princeps: $(p-q)^2$ loco $(p+q)^2$. Correxit C. B.

quibus invicem coaequatis per operosos admodum ac taediosos calculos tandem adipiscimur hanc aequationem:

$$\begin{aligned} &dp^2\,(4m(B-A)q(1-qq)+8mCqq-4mDq(1+q)^2-(1-qq)^2)\\ &=dq^2\,(4m(A+B)p(1-pp)+8mCpp+4mDp(1-p)^2-(1-pp)^2)\,, \end{aligned}$$

in qua ambae variabiles p et q manifesto a se invicem separari possunt.

23. Cum autem huc per tantas ambages pervenerim, dubium est nullum, quin via planior eodem perveniendo pateat, quam quidem sine hac praevia evolutione vix suspicari licuisset. Nunc autem cum substitutiones hic in usum vocatae praebeant

$$v+u=\frac{a(1+p)}{1-p} \quad \text{et} \quad v-u=\frac{a(1-q)}{1+q}\,,$$

facile colligitur, si $v+u$ et $v-u$ pro binis novis variabilibus introducantur, inde tandem aequationem, in qua variabiles a se invicem sint separatae, resultare debere. Cum igitur pulchrius sit unica substitutione hunc scopum attingere, iam totum negotium sequenti modo sum expediturus.

METHODUS SUCCINCTIOR AD AEQUATIONEM SEPARABILEM PERVENIENDI

24. Posito igitur statim $\alpha\alpha=\frac{m}{a}$, et introducendo rectam $ZX=w$ cum angulo $YXZ=\varphi$, ut sit $y=w\cos\varphi$ et $z=w\sin\varphi$, habemus primo elementum temporis $d\tau=wwd\varphi\sqrt{\frac{m}{a}}$; et aequationes resolvendae erunt:

$$\text{I.}\quad dx^2+dw^2+wwd\varphi^2=\frac{2m}{aa}w^4d\varphi^2\Big(\frac{Aa}{v}+\frac{Ba}{u}+C\Big)\,,$$

$$\text{II.}\quad (xdw-wdx)(tdw-wdt)+txwwd\varphi^2=mw^4d\varphi^2\Big(\frac{Ax}{v}+\frac{Bt}{u}+D\Big)\,.$$

Nunc ergo sequenti substitutione utamur:

$$v=\tfrac{1}{2}a(r+s) \quad \text{et} \quad u=\tfrac{1}{2}a(r-s)\,,$$

ut sit

$$v+u=ar \quad \text{et} \quad v-u=as\,,$$

indeque colligimus:

$$x=\frac{aa+vv-uu}{2a}=\tfrac{1}{2}a(1+rs) \quad \text{et} \quad t=\tfrac{1}{2}a(1-rs)$$

atque

$$w = \sqrt{(vv - xx)} = \tfrac{1}{2}a\sqrt{(rr-1)(1-ss)} \ .$$

25. Differentialibus ergo sumendis reperimus:

$$dx = \tfrac{1}{2}a(rds + sdr) \ , \quad dt = -\tfrac{1}{2}a(rds + sdr)$$

atque

$$dw = \frac{a(rdr(1-ss) - sds(rr-1))}{2\sqrt{(rr-1)(1-ss)}} \, ,$$

unde fit:

$$dx^2 + dw^2 = \frac{aa(rr-ss)(dr^2(1-ss) + ds^2(rr-1))}{4(rr-1)(1-ss)}$$

seu

$$\frac{dx^2 + dw^2}{ww} = \frac{(rr-ss)(dr^2(1-ss) + ds^2(rr-1))}{(rr-1)^2(1-ss)^2} \, .$$

Tum vero:

$$xdw - wdx = \frac{aa(r+s)(dr(1-ss) - ds(rr-1))}{4\sqrt{(rr-1)(1-ss)}} \, ,$$

$$tdw - wdt = \frac{aa(r-s)(dr(1-ss) + ds(rr-1))}{4\sqrt{(rr-1)(1-ss)}}$$

hincque

$$\frac{(xdw - wdx)(tdw - wdt)}{ww} = \frac{aa(rr-ss)(dr^2(1-ss)^2 - ds^2(rr-1)^2)}{4(rr-1)^2(1-ss)^2} \, .$$

26. His valoribus substitutis nostrae aequationes in sequentes transformabuntur:

$$\text{I.} \quad \frac{(rr-ss)(dr^2(1-ss)+ds^2(rr-1))}{(rr-1)^2(1-ss)^2} + d\varphi^2 = \frac{2m}{aa}w^2 d\varphi^2\left(\frac{2A}{r+s} + \frac{2B}{r-s} + C\right)$$

$$\text{II.} \quad \frac{aa(rr-ss)(dr^2(1-ss)^2 - ds^2(rr-1)^2)}{4(rr-1)^2(1-ss)^2} + \tfrac{1}{4}aa(1-rrss)d\varphi^2$$

$$= mw^2 d\varphi^2\left(\frac{A(1+rs)}{r+s} + \frac{B(1-rs)}{r-s} + D\right)$$

seu utramque adhuc per

$$ww = \tfrac{1}{4}aa(rr-1)(1-ss)$$

dividendo:

$$\text{I.} \quad \frac{2(rr-ss)(dr^2(1-ss)+ds^2(rr-1))}{(rr-1)^3(1-ss)^3} = md\varphi^2\left(\frac{2A}{r+s} + \frac{2B}{r-s} + C\right) - \frac{2d\varphi^2}{(rr-1)(1-ss)} \, ,$$

$$\text{II.} \quad \frac{(rr-ss)(dr^2(1-ss)^2 - ds^2(rr-1)^2)}{(rr-1)^3(1-ss)^3} = md\varphi^2\left(\frac{A(1+rs)}{r+s} + \frac{B(1-rs)}{r-s} + D\right) - \frac{(1-rrss)d\varphi^2}{(rr-1)(1-ss)} \, .$$

27. Hinc iam utriusque differentialis dr et ds ratio ad $d\varphi$ definiri potest; scilicet haec combinatio I. $(rr-1)$ + II. 2 dat

$$\frac{2(rr-ss)^2(1-ss)dr^2}{(rr-1)^3(1-ss)^3}=md\varphi^2(2Ar+2Br+C(rr-1)+2D)-\frac{2rrd\varphi^2}{rr-1}\,,$$

haec vero I. $(1-ss)$ — II. 2 dat

$$\frac{2(rr-ss)^2(rr-1)ds^2}{(rr-1)^3(1-ss)^3}=md\varphi^2(-2As+2Bs+C(1-ss)-2D)-\frac{2ssd\varphi^2}{1-ss}\,.$$

Nunc illam per hanc dividendo efficitur:

$$\frac{(1-ss)dr^2}{(rr-1)ds^2}=\frac{2m(B+A)r+mC(rr-1)+2mD-\frac{2rr}{rr-1}}{2m(B-A)s+mC(1-ss)-2mD-\frac{2ss}{1-ss}}\,.$$

Consequenter aequatio separata ita erit comparata:

$$\frac{dr}{\sqrt{(m(rr-1)(2(B+A)r+C(rr-1)+2D)-2rr)}}$$
$$=\frac{ds}{\sqrt{(m(1-ss)(2(B-A)s+C(1-ss)-2D)-2ss)}}\,,$$

unde per quadraturas relatio inter binas variabiles r et s definiri potest.

28. Statuamus brevitatis gratia:

$$\sqrt{(m(rr-1)((B+A)r+\tfrac{1}{2}C(rr-1)+D)-rr)}=R\,,$$
$$\sqrt{(m(1-ss)((B-A)s+\tfrac{1}{2}C(1-ss)-D)-ss)}=S\,,$$

ut aequatio nostra separata sit

$$\frac{dr}{R}=\frac{ds}{S}$$

et binae praecedentes aequationes fient:

$$\frac{(rr-ss)^2dr^2}{(rr-1)^2(1-ss)^2}=RRd\varphi^2 \quad \text{seu} \quad d\varphi=\frac{(rr-ss)dr}{(rr-1)(1-ss)R}\,,$$

$$\frac{(rr-ss)^2ds^2}{(rr-1)^2(1-ss)^2}=SSd\varphi^2 \quad \text{seu} \quad d\varphi=\frac{(rr-ss)ds}{(rr-1)(1-ss)S}\,,$$

hincque elementum temporis ob

$$\alpha ww=\tfrac{1}{4}a\sqrt{am}(rr-1)(1-ss)$$

ita exprimetur:

$$d\tau = \tfrac{1}{4}a\sqrt{ma}\,\frac{(rr-ss)dr}{R} \quad \text{vel} \quad d\tau = \tfrac{1}{4}a\sqrt{ma}\,\frac{(rr-ss)ds}{S}\,.$$

29. Ut etiam angulus φ per formulas simpliciter integrales exhiberi possit, binarum formularum differentialium pro $d\varphi$ inventarum prior multiplicetur per $\frac{1-ss}{rr-ss}$ posterior vero per $\frac{rr-1}{rr-ss}$ et productorum summa dabit:

$$d\varphi = \frac{dr}{(rr-1)R} + \frac{ds}{(1-ss)S} \quad \text{ideoque} \quad \varphi = \int \frac{dr}{(rr-1)R} + \int \frac{ds}{(1-ss)S}\,,$$

simili modo ob $\frac{dr}{R} = \frac{ds}{S}$ pro tempore fiet:

$$d\tau = \frac{a\sqrt{ma}}{4}\left(\frac{rrdr}{R} - \frac{ssds}{S}\right) \quad \text{ideoque} \quad \tau = \frac{a\sqrt{ma}}{4}\left(\int \frac{rrdr}{R} - \int \frac{ssds}{S}\right)$$

quae est problematis solutio aeque simplex ac perfecta, cum hinc ad quodvis tempus τ ex constructa aequatione

$$\int \frac{dr}{R} = \int \frac{ds}{S}$$

non solum utraque variabilis r et s, indeque distantiae v et u, sed etiam angulus φ assignari possint.

30. Eo maiore autem haec solutio attentione digna est, quod non solum motum corporis in eodem plano, quem casum equidem iam ante aliquot annos evolvi, complectatur, sed etiam ad omnes plane motus, qui quidem in corpus pro motus ipsi initio impressi ratione cadere possunt, extendatur. Quare quo vis huius solutionis clarius perspiciatur, primo quidem eam ad casum, quo motus corporis in eodem plano absolvitur, in quo bina virium centra sunt sita, accommodabo; ubi simul insignia quaedam huius motus phaenomena annotabo, dum fieri potest, ut corpus adeo in sectione conica circa bina virium centra tanquam focos descripta moveatur, de quo quidem casu non dubito, quin iam ab aliis sit observatus. Deinde vero imprimis docebo simile phaenomenon etiam in motu non ad idem planum relato contingere posse, ut corpus in superficie sphaeroidis elliptici vel conoidis hyperbolici circumferatur.

I. CASUS, QUO CORPUS IN EODEM PLANO MOTUM SUUM PERAGIT

31. Eiusmodi scilicet hic planum intelligitur, in quo simul ambo virium centra A et B sint sita. Cum igitur angulus φ sit constans, ideoque nihilo

aequalis assumi possit, ut motus in ipso tabulae plano fieri concipiatur, sitque perpendiculum $ZY = z = 0$; ob $d\varphi = 0$ necesse est ut tam R quam S fiat quantitas infinita. Ne autem simul temporis elementum $d\tau$ evanescat, manifestum est quantitatem m infinitam statui debere. Si enim altera constantium C et D infinita sumeretur, celeritas corporis fieret infinite magna, quem casum utique hinc excludi convenit.

32. Hunc ergo casum adipiscimur ponendo $m = \infty$ tum vero posito ad abbreviandum:

$$\sqrt{(rr-1)((B+A)r+\tfrac{1}{2}C(rr-1)+D)} = P\ ,$$
$$\sqrt{(1-ss)((B-A)s+\tfrac{1}{2}C(1-ss)-D)} = Q\ ,$$

erit aequatio nostra principalis

$$\int\frac{dr}{P} = \int\frac{ds}{Q}\ ,$$

qua natura curvae a corpore descriptae determinatur et quae non discrepat ab ea, quam iam pridem inveneram. Pro ipso autem motu cognoscendo prodit haec temporis determinatio

$$\tau = \frac{a\sqrt{a}}{4}\left(\int\frac{rrdr}{P} - \int\frac{ssds}{Q}\right),$$

quam quidem formulam tum temporis per plures ambages eram consecutus. Ibi quidem innumerabiles casus, quibus curva adeo fit algebraica, assignavi, quibus hic idcirco non immoror, verum hic casus multo simpliciores expendam, quibus corpus adeo vel in ellipsi vel hyperbola promovetur.

DE MOTU CORPORIS IN ELLIPSI

33. Cum pertigerimus ad hanc aequationem

$$\frac{dr}{P} = \frac{ds}{Q} \quad \text{seu} \quad Qdr - Pds = 0\ ,$$

evidens est huic aequationi satisfieri, si sit r eiusmodi quantitas constans, quae simul reddat $P = 0$. Cum autem P binas constantes arbitrarias C et D contineat, pro lubitu ipsi r valor constans puta $r = n$ tribui potest, indeque statui oportet:

$$(nn-1)((B+A)n+\tfrac{1}{2}C(nn-1)+D) = 0\ ,$$

unde constans D ita definitur, ut sit:

$$D = -(B + A)n - \tfrac{1}{2}C(nn - 1)\ ,$$

altera autem C adhuc indeterminata manere videtur, cum tamen hoc casu, quo curva per aequationem $r = n$ seu $v + u = na$ determinatur, etiam in motu nihil indeterminati relinqui possit.

34. Iam dudum autem observavi huiusmodi aequatione differentiali $Qdr - Mds(r - n)^{\lambda} = 0$ proposita valorem $r = n$ minime pro integrale haberi posse, nisi exponens λ sit unitati aequalis vel ea maior. Quare ut nostro casu valor $r = n$ locum habeat, non sufficit, ut formula

$$(rr - 1)((B + A)r + \tfrac{1}{2}C(rr - 1) + D)$$

factorem habeat $r - n$, quia inde quantitatis P factor tantum esset $(r - n)^{\frac{1}{2}}$, sed necesse est, ut etiam $(r - n)^2$ eius sit factor, seu quod idem est, ut illius formulae differentiale:

$$2rdr((B + A)r + \tfrac{1}{2}C(rr - 1) + D) + dr(rr - 1)(B + A + Cr)$$

factorem habeat $r - n$. Hinc igitur facto $r = n$ fit

$$C = -\frac{1}{n}(B + A) \quad \text{ideoque} \quad D = -\frac{(B + A)(nn + 1)}{2n}\ .$$

35. His iam valoribus substitutis concluditur:

$$Q = \sqrt{(1 - ss)}\left((B - A)s - \frac{(B + A)(1 - ss)}{2n} + \frac{(B + A)(nn + 1)}{2n}\right)$$

seu

$$Q = \sqrt{(1 - ss)}\left((B - A)s + \frac{(B + A)(nn + ss)}{2n}\right),$$

unde pro motu corporis in ellipsi elementum temporis ita exprimitur, ut sit:

$$d\tau = \frac{+a\sqrt{a}}{4} \cdot \frac{(nn - ss)ds\sqrt{2n}}{\sqrt{(1 - ss)}\,(2n(B - A)s + (B + A)(nn + ss))}\ ,$$

quod cum elemento curvae comparatum:

$$\sqrt{(dx^2 + dw^2)} = \frac{ads\sqrt{(nn - ss)}}{2\sqrt{(1 - ss)}}$$

praebet celeritatem corporis in puncto Z

$$\frac{\sqrt{(dx^2 + dw^2)}}{d\tau} = \frac{2\sqrt{(2n(B - A)s + (B + A)(nn + ss))}}{\sqrt{2na}(nn - ss)}$$

seu
$$\frac{\sqrt{(dx^2+dw^2)}}{d\tau}=\frac{2\sqrt{(A(n-s)^2+B(n+s)^2)}}{\sqrt{2na}(nn-ss)}.$$

36. Curva igitur a corpore descripta est ellipsis, cuius bini foci in ipsis virium centris A et B existunt, et axis transversus est $v+u=na$ et coniugatus $=a\sqrt{(nn-1)}$. Atque in huiusmodi ellipsi corpus ad utrumque focum attractum libere moveri potest, dummodo ipsi initio eiusmodi celeritas fuerit impressa, ut deinceps pro quovis loco Z eius celeritas prodeat
$$=\frac{2\sqrt{(A(n-s)^2+B(n+s)^2)}}{\sqrt{2na}(nn-ss)}$$
seu
$$=\sqrt{\frac{2}{a}}\cdot\frac{Auu+Bvv}{vu(v+u)}=\sqrt{\frac{2}{a}}\cdot\frac{vu}{v+u}\left(\frac{A}{vv}+\frac{B}{uu}\right).$$
In vertice ergo foco A propiore, ubi $s=1$, est celeritas
$$=\sqrt{\frac{2}{na}}\left(\frac{n-1}{n+1}A+\frac{n+1}{n-1}B\right),$$
in altero vero vertice foco B propiori, ubi $s=-1$, est celeritas
$$=\sqrt{\frac{2}{na}}\left(\frac{n+1}{n-1}A+\frac{n-1}{n+1}B\right).$$
Ad axem vero coniugatum celeritas est
$$=\frac{2n\sqrt{(A+B)}}{n\sqrt{2na}}=\sqrt{\frac{2(A+B)}{na}}.$$

DE MOTU CORPORIS IN HYPERBOLA

37. Hyperbola oritur, si s constans assumatur. Sit ergo $s=n$ seu $v-u=na$, atque ut hic valor satisfaciat, tam haec formula:
$$(1-ss)((B-A)s+\tfrac{1}{2}C(1-ss)-D)$$
quam eius differentialis ita debet esse comparata, ut posito $s=n$ in nihilum abeat. Primo ergo erit
$$(B-A)-Cn=0 \quad \text{seu} \quad C=\frac{B-A}{n},$$
tum vero
$$D=(B-A)n+\frac{(B-A)(1-nn)}{2n}$$

seu
$$D = \frac{(B - A)(1 + nn)}{2n};$$
unde conficitur
$$P = \sqrt{(rr - 1)}\left((B + A)r + \frac{(B - A)(nn + rr)}{2n}\right) = \sqrt{(rr - 1)}\,\frac{B(r + n)^2 + A(r - n)^2}{2n}$$
hincque
$$d\tau = \frac{a\sqrt{a}}{4}\int \frac{(rr - nn)dr\sqrt{2n}}{\sqrt{(rr - 1)}\,(A(r - n)^2 + B(r + n)^2)},$$
unde motus ratio facile colligitur, quoniam haec formula ex praecedente nascitur, si loco n et r scribantur $-n$ et $-s$. Axis quidem transversus huius hyperbolae est $u - v = na$ existente $n < 1$, et puncta A et B sunt eius foci.

II. CASUS QUO CORPUS NON IN EODEM PLANO MOVETUR

Ac primo quidem de motu in sphaeroide elliptico

38. Simili modo circa formulas generales supra inventas est operandum; ac primo aequationi $\frac{dr}{R} = \frac{ds}{S}$ satisfieri potest ponendo $r = n$, ut sit
$$v + u = na,$$
ideoque punctum Z perpetuo versetur in superficie sphaeroidis elliptici ex rotatione ellipsis circa axem maiorem, in quo puncta A et B sunt foci, geniti. Tum autem facto $r = n$ non solum quantitas R sed etiam eius differentiale evanescere debet, unde sequentes duae aequationes nascuntur
$$\text{I.}\quad m(nn - 1)((B + A)n + \tfrac{1}{2}C(nn - 1) + D) - nn = 0$$
$$\text{II.}\quad 2mn((B + A)n + \tfrac{1}{2}C(nn - 1) + D) + m(nn - 1)((B + A) + Cn) - 2n = 0,$$
quae altera ex prima per eliminationem quantitatis D praebet:
$$\frac{2n^3}{nn - 1} - 2n + m(nn - 1)(A + B + Cn) = 0$$
seu
$$\frac{2n}{m(nn - 1)^2} + A + B + Cn = 0.$$
Ergo
$$C = -\frac{1}{n}(A + B) - \frac{2}{m(nn - 1)^2};$$

tum vero est
$$D = -\frac{(A+B)(nn+1)}{2n} + \frac{nn+1}{m(nn-1)}.$$

39. Definitis his binis constantibus C et D et facta substitutione tandem nanciscimur:
$$S = \sqrt{\left(\frac{m(1-ss)}{2n}(A(n-s)^2 + B(n+s)^2) - \frac{(nn-ss)^2}{(nn-1)^2}\right)},$$
ex quo angulus $ZXY = \varphi$ ex hac formula differentiali definiri debet
$$d\varphi = \frac{(nn-ss)ds}{(nn-1)(1-ss)S}$$
sive hac
$$d\varphi = \frac{ds}{(nn-1)(1-ss)} : \sqrt{\left(\frac{m(1-ss)}{2n}\left(\frac{A}{(n+s)^2} + \frac{B}{(n-s)^2}\right) - \frac{1}{(nn-1)^2}\right)}$$
seu
$$d\varphi = \frac{ds}{1-ss} : \sqrt{\left(\frac{m(nn-1)^2(1-ss)}{2n}\left(\frac{A}{(n+s)^2} + \frac{B}{(n-s)^2}\right) - 1\right)}.$$
Pro tempore autem habetur:
$$d\tau = \tfrac{1}{4}a\sqrt{ma}\,\frac{(nn-ss)ds}{S}$$
seu
$$d\tau = \tfrac{1}{4}a\sqrt{ma}(nn-1)ds : \sqrt{\left(\frac{m(nn-1)^2(1-ss)}{2n}\left(\frac{A}{(n+s)^2} + \frac{B}{(n-s)^2}\right) - 1\right)}.$$

De motu super conoide hyperbolico

40. Hic casus ex formulis generalibus deducitur ponendo $s = n$, ut sit $v - u = na$, proditque hyperbola circa ambos focos A et B descripta, cuius axis transversus est $= na$, existente $n < 1$, tum vero haec hyperbola circa axem revoluta id conoides generabit, in cuius superficie corpus Z movebitur. Perspicuum autem est formulas praecedentes ad hunc casum transferri, si ibi loco n et s scribatur $-n$ et $-r$. Quare posito
$$R = \sqrt{\left(\frac{m(rr-1)}{2n}(A(r-n)^2 + B(r+n)^2) - \frac{(rr-nn)^2}{(1-nn)^2}\right)}$$
pro angulo φ obtinetur:
$$d\varphi = \frac{(rr-nn)dr}{(1-nn)(rr-1)R} \text{ [1]},$$

1) Editio princeps: in denominatore, $rr - nn$ loco $rr - 1$. Correxit C. B.

pro tempore vero τ

$$d\tau = \frac{a\sqrt{ma}}{4} \cdot \frac{(rr - nn)dr}{R}.$$

41. Etsi autem his duobus casibus superficies, in qua corpus motum suum peragit, facillime assignatur, eius tamen vera via, quam percurret, vix algebraice definiri posse videtur, propterea quod anguli φ sinum ex formulis inventis algebraice exprimere non licet: neque tamen adhuc asseverare ausim hoc nonnisi transcendenter praestari posse. Pro motu quidem in ellipsoide si ponamus

$$\frac{2n}{m(nn-1)^2} = M, \text{ [1]}$$

angulus φ ita simplicius exprimitur, ut sit:

$$d\varphi = \frac{ds(nn - ss)\sqrt{M}}{(1 - ss)\sqrt{(A(1 - ss)(n - s)^2 + B(1 - ss)(n + s)^2 - M(nn - ss)^2)}},$$

ubi quidem observo, si sit $B = 0$, quo quidem casu integrale aliunde patet, fore:

$$\frac{A}{M}\cos(\zeta - \varphi)^2 + (nn - 1)\sin(\zeta - \varphi)^2 = \frac{(n + s)^2}{1 - ss}$$

seu

$$\cos 2(\zeta - \varphi) = \frac{M((nn + 1)(1 + ss) + 4ns) - A(1 - ss)}{(A - (nn - 1)M)(1 - ss)}$$

sive

$$\cos(\zeta - \varphi) = \frac{(1 + ns)\sqrt{M}}{\sqrt{(A - (nn - 1)M)(1 - ss)}}$$

et

$$\sin(\zeta - \varphi) = \frac{\sqrt{(A(1 - ss) - M(n + s)^2)}}{\sqrt{(A - (nn - 1)M)(1 - ss)}}.$$

42. In genere etiam, si fuerit vel $A = 0$ vel $B = 0$, quoniam motus corporis ad unicum centrum virium attracti algebraice assignari potest, necesse est, ut formulae nostrae integrationem admittant, etiamsi ratio integrandi minus perspiciatur. Quam ob rem hic ipse casus haud contemnendum usum in Analysi praestare est censendus, cum inde formularum, quae primo intuitu integrationi vehementer adversari videntur, integralia tamen commode exhiberi queant. Haud ergo abs re fore arbitror, si hos casus accuratius examini subiecero.

---

1) Editio princeps: $\frac{an}{m(nn-1)} = M$. Correxit C. B.

APPLICATIO FORMULARUM INVENTARUM AD CASUM, QUO ALTERA VIRIUM CENTRIPETARUM EVANESCIT

43. Statuamus ergo $B = 0$, ita ut sit:

$$R = \sqrt{(m(rr-1)(Ar + \tfrac{1}{2}C(rr-1) + D) - rr)}$$

et

$$S = \sqrt{(m(1-ss)(-As + \tfrac{1}{2}C(1-ss) - D) - ss)}\ ,$$

atque ad motum corporis definiendum sequentes aequationes resolvi oportet:

$$\text{I.}\quad \frac{dr}{R} = \frac{ds}{S}\,,$$

$$\text{II.}\quad d\varphi = \frac{(rr-ss)dr}{(rr-1)(1-ss)R} \quad \text{seu} \quad \varphi = \int\frac{dr}{(rr-1)R} + \int\frac{ds}{(1-ss)S}\,,$$

$$\text{III.}\quad d\tau = \frac{a\sqrt{ma}}{4}\cdot\frac{(rr-ss)dr}{R} \quad \text{seu} \quad \tau = \frac{a\sqrt{ma}}{4}\left(\int\frac{rrdr}{R} - \int\frac{ssds}{S}\right),$$

ubi certe nulla methodus est obvia has aequationes tractandi, cum tamen aliunde earum integralia innotescant, quae igitur considerasse plurimum intererit.

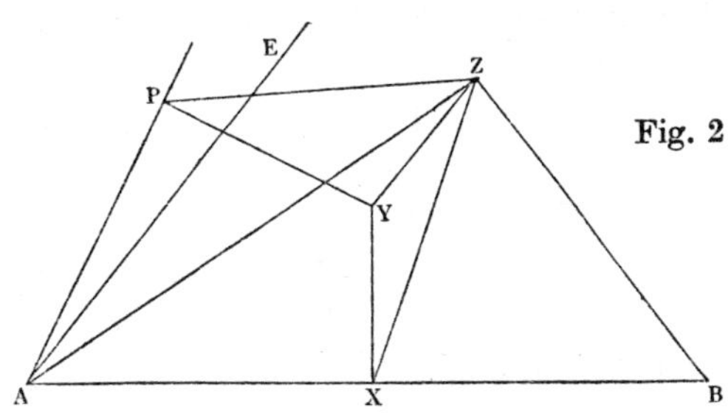

Fig. 2

44. Quoniam vis centripeta in B evanescit, tam rectae AB positio, quam quantitas $AB = a$, precario in calculum inducitur, et corpus movebitur in plano per centrum virium A transeunte. Sit ergo (Fig. 2) recta AP intersectio huius plani cum plano tabulae, et quia punctum Z in illo existit plano, si ab Y ad rectam AP ducatur normalis YP iungaturque recta ZP pariter ad AP normalis, angulus ZPY erit inclinatio orbitae descriptae ad planum tabulae ideoque constans. Statuamus ergo angulos constantes $BAP = \gamma$ et $ZPY = \delta$. Tum sit orbitae semiparameter $= b$ et excentricitas $= e$, ob $AZ = v$ erit ex natura sectionum

$$v = \frac{b}{1 + e\cos w}\,,$$

denotante w anomaliam veram. Sit ergo AE linea absidum et angulus $PAE = \zeta$ erit $w = PAZ - \zeta$, ideoque

$$\cos w = \frac{AP\cos\zeta + PZ\sin\zeta}{v}\,,$$

unde fit

$$v + e \cdot AP \cos\zeta + e \cdot PZ \sin\zeta = b\ ,$$

hincque

$$AP = \frac{(b-v)\cos\zeta + \sin\zeta \cdot \sqrt{(eevv - (b-v)^2)}}{e}\ {}^{1)}$$

et

$$PZ = \frac{(b-v)\sin\zeta - \cos\zeta \sqrt{(eevv - (b-v)^2)}}{e}\ .$$

45. His binis valoribus inventis ex posteriori cum angulo $ZPY = \delta$ erit

$$PY = PZ\cos\delta \quad \text{et} \quad ZY = PZ\sin\delta\ ,$$

deinde ex illo cum angulo $BAP = \gamma$ colligitur:

$$AX = AP\cos\gamma + PY\sin\gamma \quad \text{et} \quad XY = AP\sin\gamma - PY\cos\gamma\ ,$$

ideoque ob angulum $ZXY = \varphi$ erit:

$$\operatorname{tang}\varphi = \frac{PZ\sin\delta}{AP\sin\gamma - PY\cos\gamma} = \frac{PZ\sin\delta}{AP\sin\gamma - PZ\cos\gamma\cos\delta}\ .$$

Temporis autem elementum $d\tau$ est proportionale formulae:

$$AP \cdot d \cdot PZ - PZ \cdot d \cdot AP = -\frac{bvdv}{\sqrt{(eevv - (b-v)^2)}}\ ,$$

ita ut sit

$$d\tau = \frac{abvdv}{\sqrt{(eevv - (b-v)^2)}}\ ,$$

at pro angulo φ habetur:

$$\operatorname{tang}\varphi = \frac{(b-v)\sin\delta\sin\zeta - \sin\delta\cos\zeta\sqrt{(eevv-(b-v)^2)}}{(b-v)(\sin\gamma\cos\zeta - \cos\gamma\sin\zeta\cos\delta) + (\sin\gamma\sin\zeta + \cos\gamma\cos\zeta\cos\delta)\sqrt{(eevv-(b-v)^2)}}\ ,$$

unde etiam valor ipsius $d\varphi$ per dv exprimi potest.

46. Porro ob

$$AX = AP\cos\gamma + PZ\sin\gamma\cos\delta$$

erit:

$$BX = a - AP\cos\gamma - PZ\sin\gamma\cos\delta$$

hincque

$$BZ^2 = uu = BX^2 + vv - AX^2 = vv + a(BX - AX)$$

seu

$$uu - vv = aa - 2a(AP\cos\gamma + PZ\sin\gamma\cos\delta)$$

1) Editio princeps: $\sqrt{(eev^2(b-v)^2)}$. Correxit C. B.

hincque

$$\frac{e}{2a}(aa + vv - uu) = (b - v)(\cos\gamma\cos\zeta + \sin\gamma\sin\zeta\cos\delta)$$
$$+ (\cos\gamma\sin\zeta - \sin\gamma\cos\zeta\cos\delta)\sqrt{(eevv - (b-v)^2)}\ ,$$

sit iam $v = \frac{1}{2}a(r+s)$ et $u = \frac{1}{2}a(r-s)$ eritque

$$\tfrac{1}{2}ea(1+rs) = (b - \tfrac{1}{2}a(r+s))(\cos\gamma\cos\zeta + \sin\gamma\sin\zeta\cos\delta)$$
$$+ (\cos\gamma\sin\zeta - \sin\gamma\cos\zeta\cos\delta)\sqrt{(\tfrac{1}{4}eeaa(r+s)^2 - (b - \tfrac{1}{2}a(r+s))^2)}\ .$$

47. Quo hanc aequationem facilius evolvamus, ponamus brevitatis gratia:

$$\cos\gamma\cos\zeta + \sin\gamma\sin\zeta\cos\delta = \mu \quad \text{et} \quad \cos\gamma\sin\zeta - \sin\gamma\cos\zeta\cos\delta = \nu$$

et aequatio ad rationalitatem perducta huiusmodi formam induet:

$$E + 2Frs + Grrss + 2H(r+s) + 2Irs(r+s) + K(rr+ss) = 0$$

existente:

$$\begin{aligned} E &= \tfrac{1}{4}eeaa - \mu eab + (\mu\mu + \nu\nu)bb\ , \\ F &= \tfrac{1}{4}(\mu\mu + \nu\nu + ee - ee\nu\nu)aa - \tfrac{1}{2}\mu eab\ ,^{1)} \\ G &= \tfrac{1}{4}eeaa\ , \\ H &= \tfrac{1}{4}\mu eaa - \tfrac{1}{2}(\mu\mu + \nu\nu)ab\ , \\ I &= \tfrac{1}{4}\mu eaa\ , \\ K &= \tfrac{1}{4}(\mu\mu + \nu\nu)aa - \tfrac{1}{4}\nu\nu eeaa \end{aligned}$$

et haec aequatio pro integrali completo formulae differentialis

$$\frac{dr}{R} = \frac{ds}{S}$$

haberi debet.

48. Mirum omnino hoc videretur, nisi iam dudum huiusmodi aequationum differentialium integralia inveniendi methodum tradidissem. Methodus quidem, qua hoc praestiti, nondum ita est perfecta, ut a priori procedat, sed proposita eiusmodi aequatione differentiali

$$\frac{dr}{R} = \frac{ds}{S}\ ,$$

ubi quidem formulae irrationales R et S simili modo per r et s determinantur, assumere cogor aequationem algebraicam generalem eiusdem formae ac supra exposita, in qua litteras constantes E, F, G etc. deinceps ita definio, ut inde

1) Editio princeps: $F = \frac{1}{4}(\mu\mu + \nu\nu)aa - \frac{1}{2}\mu eab$. Conexit C. B.

ipsa aequatio differentialis conficiatur. Istam ergo methodum ad hunc casum insignem, qui praeter expectationem hic se offert, accommodabo; siquidem inde eadem integratio, quae iam aliunde constat, obtinebitur.

49. Primum igitur ex aequatione algebraica assumta definio valorem ipsarum s et r seorsim:

$$s = \frac{-Irr - Fr - H + \sqrt{((Irr + Fr + H)^2 - (Grr + 2Ir + K)(Krr + 2Hr + E))}}{Grr + 2Ir + K},$$

$$r = \frac{-Iss - Fs - H + \sqrt{((Iss + Fs + H)^2 - (Gss + 2Is + K)(Kss + 2Hs + E))}}{Gss + 2Is + K}$$

atque formularum radicalium illam ipsi R hanc vero ipsi S ex paragrapho 43 aequalem facio, unde fit

$$\begin{array}{l|l} r^4 & II - GK = \tfrac{1}{2}mC \ , \\ r^3 & 2FI - 2IK - 2GH = mA \ , \\ r^2 & 2HI + FF - EG - 4HI - KK = -mC + mD - 1 \ , \\ r^1 & 2FH - 2EI - 2HK = -mA \ , \\ r^0 & HH - EK = \tfrac{1}{2}mC - mD \ . \end{array}$$

50. Hinc aequationum secundae et quartae summa dat:

$$FI + FH - IK - EI - GH - HK = 0 \ ,$$

unde fit

$$\frac{H}{I} = \frac{E + K - F}{F - K - G}.$$

Statuatur ergo

$$H = n(E + K - F) \quad \text{et} \quad I = -n(G + K - F) \ ,$$

qui valores in alterutra substituti praebent:

$$\frac{mA}{2n} = (K - F)^2 - EG \ .$$

Porro primae, tertiae et quintae summa suppeditat:

$$(I - H)^2 + FF - (E + K)(G + K) = -1$$

seu

$$nn(E + G + 2K - 2F)^2 = (E + K)(G + K) - FF - 1 \ .$$

Hoc autem modo calculus fit nimis intricatus; ex quo expediet determinationem coefficientium in genere suscipere.

51. Considerentur ergo sequentes formulae:

$$\begin{aligned} &\text{I.} \quad II - GK = a = \tfrac{1}{2}mC \\ &\text{II.} \quad I(F-K) - GH = b = \tfrac{1}{2}mA \\ &\text{III.} \quad FF - KK - EG - 2HI = c = -mC + mD - 1 \\ &\text{IV.} \quad H(F-K) - EI = d = -\tfrac{1}{2}mA \\ &\text{V.} \quad HH - EK = e = \tfrac{1}{2}mC - mD , \end{aligned}$$

unde ex prima et quinta statim elicimus:

$$G = \frac{II - a}{K} \quad \text{et} \quad E = \frac{HH - e}{K} .$$

Deinde ex II et IV est primo

$$bH - dI = EII - GHH = \frac{aHH - eII}{K} ,$$

tum

$$bEI - dGH = (EII - GHH)(F-K) = \frac{(F-K)(aHH - eII)}{K} ,$$

seu

$$HI(bH - dI) + adH - beI = (F-K)(aHH - eII) ,$$

unde colligitur:

$$K = \frac{aHH - eII}{bH - dI} \quad \text{et} \quad F = K + \frac{HI(bH - dI) + adH - beI}{aHH - eII} .$$

Ergo

$$G = \frac{(bH - dI)(II - a)}{aHH - eII} \quad \text{et} \quad E = \frac{(bH - dI)(HH - e)}{aHH - eII} .$$

52. Cum igitur sit:

$$F = K + \frac{bI(HH - e) - dH(II - a)}{aHH - eII} ,$$

facta substitutione in tertia fiet

$$\left.\begin{array}{r} FF \\ \\ \\ -KK \\ -2HI \\ -EG \\ \\ =c \end{array}\right| \begin{array}{l} KK + \dfrac{2bI(HH-e) - 2dH(II-a)}{bH - dI} + \dfrac{bbII(HH-e)^2 + ddHH(II-a)^2}{(aHH - eII)^2} \\ \qquad\qquad\qquad\qquad\qquad\qquad - \dfrac{2bdHI(HH-e)(II-a)}{(aHH-eII)^2} \\ -KK \\ \qquad -2HI \\ \qquad - \dfrac{(bbHH + ddII)(II-a)(HH-e)}{(aHH-eII)^2} + \dfrac{2bdHI(HH-e)(II-a)}{(aHH-eII)^2} \\ \\ = c , \end{array}$$

quae aequatio reducitur ad hanc formam:

$$c = \frac{2adH - 2beI}{bH - dI} + \frac{bb(HH - e) - dd(II - a)}{aHH - eII},$$

ex qua binas litteras H et I definiri oportet, ita ut altera maneat indeterminata, atque aequatio assumta una littera abundet prae differentiali, quod est criterium aequationis integralis completae.

53. Quo haec aequatio facilius resolvatur, ratio inter binas litteras H et I nostro arbitrio relinquatur, sitque $I = nH$, unde obtinemus:

$$c = \frac{2ad - 2ben}{b - dn} + \frac{bb - ddnn}{a - enn} + \frac{add - bbe}{a - enn} \cdot \frac{1}{HH},$$

sicque littera H definitur per simplicem extractionem radicis quadratae; qua inventa erit $I = nH$ et reliquae litterae:

$$K = \frac{a - enn}{b - dn} \cdot H, \quad F = K + \frac{n(b - dn)}{a - enn} \cdot H + \frac{ad - ben}{a - enn} \cdot \frac{1}{H},$$

$$G = \frac{nnHH - a}{K} \quad \text{et} \quad E = \frac{HH - e}{K}.$$

54. Pro casu ergo oblato, si loco litterarum a, b, c, d, e valores debiti substituantur, quantitatem H ex hac aequatione definiri oportet:

$$-mC + mD - 1 = \frac{-mC - mn(C - 2D)}{1 + n}$$
$$+ \frac{\frac{1}{2}mAA(1 - nn)}{C(1 - nn) + 2Dnn} + \frac{\frac{1}{2}mmAAD}{C(1 - nn) + 2Dnn} \cdot \frac{1}{HH}$$

seu

$$-1 + \frac{mD(1 - n)}{1 + n} - \frac{\frac{1}{2}mAA(1 - nn)}{C(1 - nn) + 2Dnn} = \frac{\frac{1}{2}mmAAD}{C(1 - nn) + 2Dnn} \cdot \frac{1}{HH},$$

unde colligitur:

$$H = mA : \sqrt{\left(2\left(\frac{C}{D}(1 - nn) + 2nn\right)\left(\frac{mD(1 - n)}{1 + n} - 1\right) - \frac{mAA(1 - nn)}{D}\right)}$$

hincque porro:

$$I = nH, \quad K = \frac{C(1 - nn) + 2Dnn}{A(1 + n)} \cdot H,$$

$$F = K + \frac{nHH}{K} - \frac{\frac{1}{2}mA(C(1 + n) - 2Dn)}{C(1 - nn) + 2Dnn} \cdot \frac{1}{H},$$

$$G = \frac{nnHH}{K} - \frac{mC}{2K} \quad \text{et} \quad E = \frac{HH}{K} - \frac{m(C - 2D)}{2K}.$$

55. His iam valoribus definitis aequationis nostrae primae $\frac{dr}{R} = \frac{ds}{S}$ aequatio integralis completa est:

$$E + 2Frs + Grrss + 2H(r+s) + 2Irs(r+s) + K(rr+ss) = 0 ,$$

in qua littera n est constans per integrationem ingressa. Deinde vero est

$$s = \frac{-Irr - Fr - H + R}{Grr + 2Ir + K} \quad \text{vel} \quad r = \frac{-Iss - Fs - H - S}{Gss + 2Is + K} ,$$

unde habemus:

$$R = \quad Grrs + 2Irs + Ks + Irr + Fr + H$$

et

$$S = -Grss - 2Irs - Kr - Iss - Fs - H ,$$

tum enim aequatio nostra differentiata dat:

$$2ds \cdot R - 2dr \cdot S = 0 \quad \text{seu} \quad \frac{dr}{R} = \frac{ds}{S} ,$$

quae erat prima aequatio in paragrapho 43 integranda.

56. Cum nunc inventa sit aequatio inter r et s, unde ob $x = \frac{1}{2}a(1 + rs)$ et $v = \frac{1}{2}a(r + s)$ relatio algebraica inter x et v facile elicitur, hinc calculo quidem prolixo tam angulus φ quam tempus τ, artificia alibi exposita in subsidium vocando, definiri poterit; quam evolutionem, cum ad quaestionem hic tractatam minus pertineat, praetermitto, contentus viam eo perveniendi indicasse.

PROBLEME
UN CORPS ETANT ATTIRE EN RAISON RECIPROQUE QUARREE DES DISTANCES VERS DEUX POINTS FIXES DONNES TROUVER LES CAS OU LA COURBE DECRITE PAR CE CORPS SERA ALGEBRIQUE
RESOLU PAR M. EULER

Commentatio 337 indicis ENESTROEMIANI
Mémoires de l'académie des sciences de Berlin [16] (1760), 1767, p. 228–249

Voilà un problème qui paroit aussi important que difficile. On convient aujourd'hui, que l'Astronomie seroit portée au plus haut degré de perfection, si l'on trouvoit moyen de déterminer le mouvement de trois corps, qui s'attirent mutuellement en raison réciproque quarrée des distances. Mais tous les soins que les Géomètres ont apportés jusqu'ici pour cet effet ont été inutiles; ils y ont rencontré du côté de l'Analyse des obstacles invincibles, malgré les grands progrès qu'on a déjà faits dans cette étude. Donc tous les pas qu'on puisse faire pour approcher de ce grand but, seront très importans. C'est dans cette vue, que je me suis appliqué à la question, où deux corps étant supposés fixes, on demande le mouvement d'un troisième, qui y seroit attiré suivant la loi mentionnée. Je crois que tous ceux, qui voudront entreprendre la solution de ce problème, y trouveront des difficultés, qui leur paroitront presque aussi insurmontables, que dans le grand problème fondamental de l'Astronomie. Du moins, tant qu'on ne sauroit surmonter ces moindres difficultés, on espéreroit en vain de surmonter les plus grandes. Or c'est après bien des essais inutiles, que je suis enfin parvenu à la solution de ce dernier problème par un hazard occasionné par une erreur singulière qui m'y a conduit[1]). Ayant trouvé cette solution j'ai remarqué, que parmi l'infinie variété des courbes, que le corps attiré vers deux centres fixes peut décrire, selon la vitesse et direction qui lui aura été imprimée au commencement, il y a des courbes algébriques,

1) Voir le mémoire E 301, ce volume, p. 209. C. B.

dont la recherche demandant une adresse toute nouvelle de l'Analyse me paroit à tous égards digne de l'attention des Géomètres, et c'est le sujet du problème que je me propose de traiter.

Pour y réussir il faut expédier les articles suivans:

Premièrement, il faut chercher les formules différentio-différentielles, qui renferment en général la détermination du mouvement du corps.

En second lieu, il faut intégrer ces formules pour avoir des équations differentielles du premier degré, qui contiennent les loix du mouvement.

En troisième lieu, il faut ramener ces équations à la séparation des variables, pour construire le problème par des quadratures.

En quatrième lieu enfin, il s'agit de déterminer les cas, où la courbe décrite devient algébrique.

Ces quatre articles, dont je développerai chacun séparément, mèneront à la solution du problème proposé.

PREMIER ARTICLE

1. Soient A et B les deux centres de force (Fig. 1), et qu'un corps à la distance $= z$ soit attiré vers A par la force $= \frac{A}{zz}$ et vers B par la force $= \frac{B}{zz}$, de sorte que A et B marquent la vertu attractive absolue de ces deux centres. Soit outre cela leur distance $AB = a$, et que le corps attiré par ces deux centres, du mouvement duquel il est question, se trouve à présent en M. Nommons ses distances aux centres de forces $AM = v$ et $BM = u$, les angles $BAM = \zeta$ et $ABM = \eta$, de sorte que

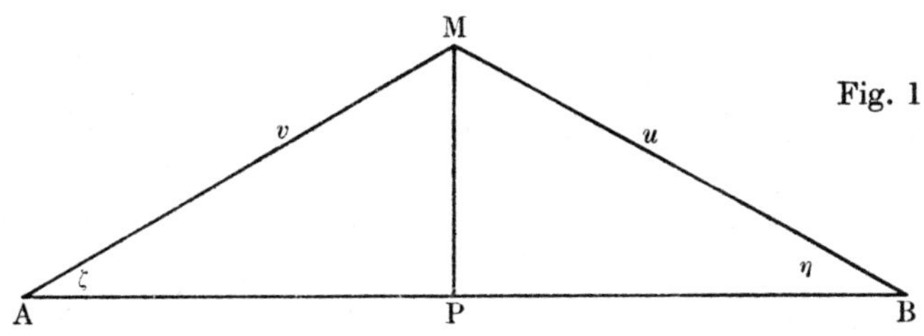

Fig. 1

$$v = \frac{a \sin \eta}{\sin(\zeta + \eta)} \quad \text{et} \quad u = \frac{a \sin \zeta}{\sin(\zeta + \eta)}\ .$$

Ayant tiré de M à AB la perpendiculaire MP, posons outre cela $AP = x$ et $PM = y$, et nous aurons:

$$x = v \cos \zeta\ , \quad y = v \sin \zeta = u \sin \eta \quad \text{et} \quad BP = a - x = u \cos \eta\ .$$

2. Cela posé, le corps M étant attiré vers A par la force $= \frac{A}{vv}$, la décomposition de cette force donne pour la direction AP la force

$$= -\frac{Ax}{v^3} = -\frac{A\cos\zeta}{vv}$$

et pour la direction PM la force

$$= -\frac{Ay}{v^3} = -\frac{A\sin\zeta}{vv}.$$

Ensuite l'attraction du centre B dont la force est $= \frac{B}{uu}$ donne par une semblable décomposition pour la direction AP la force

$$= +\frac{B(a-x)}{u^3} = +\frac{B\cos\eta}{uu}$$

et pour la direction PM la force

$$= -\frac{By}{u^3} = -\frac{B\sin\eta}{uu},$$

de sorte que le corps M est sollicité selon les directions fixes de nos coordonnées AP et PN en tout:

$$\text{selon } AP \text{ par la force } = -\frac{Ax}{v^3} + \frac{B(a-x)}{v^3} \;{}^{1)},$$

$$\text{selon } PM \text{ par la force } = -\frac{Ay}{v^2} - \frac{By}{u^3}.$$

Il est évident que je parle ici des forces accélératrices et que je suppose le mouvement du corps M se faire dans le même plan avec les centres de forces A et B.

3. Soit maintenant l'élément du tems $= dt$, qui étant pris pour constant, les principes de Mécanique nous fournissent ces deux équations différentio-différentielles:

$$ddx = 2g\,dt^2\left(-\frac{Ax}{v^3} + \frac{B(a-x)}{u^3}\right),$$

$$ddy = 2g\,dt^2\left(-\frac{Ay}{v^3} - \frac{By}{u^3}\right),$$

où g marque une certaine constante introduite pour ramener les conclusions à des mesures absolues. Mais, comme ici il ne s'en agit point, il n'est pas

1) Première édition: $(a + x)$. Corrigé par C. B.

nécessaire d'expliquer ce qui regarde la valeur de cette lettre g, il suffit de la regarder en général comme une constante.

SECOND ARTICLE

4. Pour trouver les intégrales de ces deux équations différentielles du second degré, je remarque d'abord que, puisque

$$vv = xx + yy \quad \text{et} \quad uu = (a - x)^2 + yy \ ,$$

il y a, en différentiant

$$vdv = xdx + ydy \quad \text{et} \quad udu = -(a - x)dx + ydy \ .$$

Donc, multipliant la première équation par $2dx$ et l'autre par $2dy$, leur somme donnera:

$$2dxddx + 2dyddy = 4gdt^2\left(-\frac{A(xdx + ydy)}{v^3} - \frac{B(-(a - x)dx + ydy)}{u^3}\right),$$

qui se réduit à cette équation intégrable:

$$2dxddx + 2dyddy = 4gdt^2\left(-\frac{Adv}{vv} - \frac{Bdu}{uu}\right),$$

dont l'intégrale est évidemment:

$$dx^2 + dy^2 = 4gdt^2\left(\frac{A}{v} + \frac{B}{u} + \frac{C}{a}\right),$$

où C est une constante introduite pour rendre l'intégrale complette.

5. Si l'on veut, outre les distances v et u, introduire les angles ζ et η, à cause de

$$dx = dv \cos\zeta - vd\zeta \sin\zeta \quad \text{et} \quad dy = dv \sin\zeta + vd\zeta \cos\zeta \ ,$$

on aura

$$dx^2 + dy^2 = dv^2 + vvd\zeta^2 \ ,$$

et encore par une semblable manière:

$$dx^2 + dy^2 = du^2 + uud\eta^2 \ ,$$

où il faut remarquer que $\sqrt{(dx^2 + dy^2)}$ marque l'élément de la courbe, décrit pendant le tems dt; et partant le quarré de la vitesse, que le corps aura en M, sera proportionnel à cette formule

$$\frac{A}{v} + \frac{B}{u} + \frac{C}{a} \ .$$

Au reste l'équation trouvée dans le paragraphe précédent sera

$$dv^2 + vvd\zeta^2 = 4gdt^2\left(\frac{A}{v} + \frac{B}{u} + \frac{C}{a}\right).$$

6. Mais, ayant deux équations différentio-différentielles, il en faut chercher encore une intégrale, ce qui ne paroit pas si aisé. Pour cet effet je change les équations principales dans les formes suivantes:

$$xddy - yddx = 2gdt^2\left(-\frac{Bay}{u^3}\right) = -2gBadt^2\cdot\frac{\sin\eta}{uu},$$

$$(a-x)ddy + yddx = 2gdt^2\left(-\frac{Aay}{v^3}\right) = -2gAadt^2\cdot\frac{\sin\zeta}{vv},$$

où je remarque que

$$xddy - yddx$$

est le différentiel de

$$xdy - ydx \quad \text{et} \quad (a-x)ddy + yddx$$

le différentiel de

$$(a-x)dy + ydx\ .$$

Or, puisque $x = v\cos\zeta$ et $y = v\sin\zeta$, nous avons

$$xdy - ydx = vvd\zeta$$

et puisque $a - x = u\cos\eta$ et $y = u\sin\eta$, nous avons

$$(a-x)dy + ydx = uud\eta\ ,$$

d'où nous tirons ces deux équations:

$$d(vvd\zeta) = -2gBadt^2\cdot\frac{\sin\eta}{uu}$$

et

$$d(uud\eta) = -2gAadt^2\cdot\frac{\sin\zeta}{vv}\ .$$

7. Multiplions-en la première par $uud\eta$ et l'autre par $vvd\zeta$, pour avoir leur somme

$$uud\eta\cdot d(vvd\zeta) + vvd\zeta\cdot d(uud\eta) = +2gadt^2(-Ad\zeta\sin\zeta - Bd\eta\sin\eta)\ ,$$

dont l'intégration fournit:

$$vvuud\zeta d\eta = 2gadt^2(A\cos\zeta + B\cos\eta + D)\ ,$$

qui étant jointe à celle que nous venons de trouver

$$dv^2 + vvd\zeta^2 = 4gdt^2\left(\frac{A}{v} + \frac{B}{u} + \frac{C}{a}\right),$$

renferme la détermination du mouvement. Or maintenant il est aisé d'en éliminer l'élément du tems dt, d'où nous parviendrons à cette équation

$$a(dv^2 + vvd\zeta^2)(A\cos\zeta + B\cos\eta + D) = 2vvuud\zeta d\eta\left(\frac{A}{v} + \frac{B}{u} + \frac{C}{a}\right),$$

qui exprime la nature de la courbe décrite par le corps M indépendamment du tems.

TROISIEME ARTICLE

8. Pour intégrer cette équation, si cela se pouvoit, ou pour en trouver seulement la construction, il faut observer qu'elle ne contient en effet que deux variables, puisque les angles ζ et η, dépendent des distances v et u, et réciproquement. Si nous en voulions éliminer les angles ζ et η, nous parviendrions à cette équation entre v et u

$$((vdv-udu)(udv-vdu)+aadvdu)\left(\frac{A(aa+vv-uu)}{v} + \frac{B(aa+uu-vv)}{u} + 2Da\right)$$
$$= ((aa-vv-uu)dv + 2uvdu)((aa-vv-uu)du + 2uvdv)\left(\frac{A}{v} + \frac{B}{u} + \frac{C}{a}\right).$$

Mais je crains fort que toutes les peines ne seroient inutiles, qu'on voudroit bien se donner pour résoudre cette équation si embarrassée, où même les différentiels dv et du montent à deux dimensions.

9. Il vaudra donc mieux éliminer les distances v et u par les formules

$$v = \frac{a\sin\eta}{\sin(\zeta+\eta)} \quad \text{et} \quad u = \frac{a\sin\zeta}{\sin(\zeta+\eta)}.$$

Or, pour la formule

$$dv^2 + vvd\zeta^2 = dx^2 + dy^2,$$

servons-nous plutôt des expressions

$$x = v\cos\zeta = \frac{a\cos\zeta\sin\eta}{\sin(\zeta+\eta)}$$

et

$$y = v\sin\zeta = \frac{a\sin\zeta\sin\eta}{\sin(\zeta+\eta)},$$

d'où nous tirons par la différentiation

$$dx = \frac{-ad\zeta \sin\eta \cos\eta + ad\eta \sin\zeta \cos\zeta}{\sin(\zeta+\eta)^2}$$

et

$$dy = \frac{ad\zeta \sin\eta^2 + ad\eta \sin\zeta^2}{\sin(\zeta+\eta)^2},$$

et en ajoutant les quarrés, nous aurons:

$$dx^2 + dy^2 = \frac{aa(d\zeta^2 \sin\eta^2 + d\eta^2 \sin\zeta^2 - 2d\zeta d\eta \sin\zeta \sin\eta \cos(\zeta+\eta))}{\sin(\zeta+\eta)^4},$$

qu'il faut multiplier par $a(A\cos\zeta + B\cos\eta + D)$ pour avoir le premier membre de notre équation.

10. Ensuite, ayant

$$vvuu = \frac{a^4 \sin\zeta^2 \sin\eta^2}{\sin(\zeta+\eta)^4},$$

nous aurons

$$2vvuud\zeta d\eta = \frac{2a^4 d\zeta d\eta \sin\zeta^2 \sin\eta^2}{\sin(\zeta+\eta)^4},$$

qu'il faut multiplier par

$$\left(\frac{A\sin(\zeta+\eta)}{\sin\eta} + \frac{B\sin(\zeta+\eta)}{\sin\zeta} + C\right)\frac{1}{a},$$

pour avoir le second membre de notre équation, lequel sera par conséquent:

$$\frac{2a^3 d\zeta d\eta \sin\zeta \sin\eta}{\sin(\zeta+\eta)^4}(A\sin\zeta\sin(\zeta+\eta) + B\sin\eta\sin(\zeta+\eta) + C\sin\zeta\sin\eta),$$

qui doit être égal à

$$\frac{a^3(d\zeta^2 \sin\eta^2 + d\eta^2 \sin\zeta^2 - 2d\zeta d\eta \sin\zeta \sin\eta \cos(\zeta+\eta))}{\sin(\zeta+\eta)^4}(A\cos\zeta + B\cos\eta + D).$$

Divisons de part et d'autre par

$$\frac{a^3}{\sin(\zeta+\eta)^4}$$

et nous aurons

$$\begin{aligned}&(d\zeta^2 \sin\eta^2 + d\eta^2 \sin\zeta^2 - 2d\zeta d\eta \sin\zeta \sin\eta \cos(\zeta+\eta))(A\cos\zeta + B\cos\eta + D)\\ &= 2d\zeta d\eta \sin\zeta \sin\eta(A\sin\zeta\sin(\zeta+\eta) + B\sin\eta\sin(\zeta+\eta) + C\sin\zeta\sin\eta),\end{aligned}$$

qui se réduit à cette forme plus simple:

$$\begin{aligned}&(d\zeta^2 \sin\eta^2 + d\eta^2 \sin\zeta^2)(A\cos\zeta + B\cos\eta + D)\\ &= 2d\zeta\, d\eta \sin\zeta \sin\eta(A\cos\eta + B\cos\zeta + C\sin\zeta\sin\eta + D\cos(\zeta+\eta)).\end{aligned}$$

11. Puisque

$$\cos(\zeta + \eta) = \cos\zeta\cos\eta - \sin\zeta\sin\eta\,,$$

posons $C - D = E$, de sorte que $C = D + E$ et notre équation sera représentée en sorte

$$d\zeta^2 \sin\eta^2 + d\eta^2 \sin\zeta^2$$
$$= 2d\zeta d\eta \sin\zeta\sin\eta \frac{A\cos\eta + B\cos\zeta + D\cos\zeta\cos\eta + E\sin\zeta\sin\eta}{A\cos\zeta + B\cos\eta + D}\,.$$

Posons pour abréger

$$A\cos\eta + B\cos\zeta + D\cos\zeta\cos\eta + E\sin\zeta\sin\eta = P\,,$$
$$A\cos\zeta + B\cos\eta + D = Q$$

et l'extraction de racine de notre équation donnera

$$d\zeta\sin\eta = \frac{d\eta\sin\zeta\,(P + \sqrt{(PP - QQ)})}{Q}\,,$$

ou bien

$$\frac{d\zeta\sin\eta}{d\eta\sin\zeta} = \frac{P + \sqrt{(PP - QQ)}}{Q}\,.$$

Or, puisque

$$\frac{P + Q + \sqrt{(PP - QQ)}}{P - Q + \sqrt{(PP - QQ)}} = \frac{\sqrt{(P + Q)}}{\sqrt{(P - Q)}}\,,$$

notre équation sera réduite à cette forme moins embarrassée

$$\frac{d\zeta\sin\eta + d\eta\sin\zeta}{d\zeta\sin\eta - d\eta\sin\zeta} = \frac{\sqrt{(P + Q)}}{\sqrt{(P - Q)}}\,.$$

12. Puisque les variables ζ et η sont encore extrêmement mêlées ensemble, pour voir plus clair, faisons ces substitutions

$$\operatorname{tang}\tfrac{1}{2}\zeta = p \quad \text{et} \quad \operatorname{tang}\tfrac{1}{2}\eta = q$$

pour avoir

$$\frac{d\zeta}{\sin\zeta} = \frac{dp}{p} \quad \text{et} \quad \frac{d\eta}{\sin\eta} = \frac{dq}{q}\,,$$

et notre équation prendra cette formule:

$$\frac{qdp + pdq}{qdp - pdq} = \sqrt{\frac{P + Q}{P - Q}}\,.$$

Or il y a

$$P + Q = (A + B)(\cos\zeta + \cos\eta) + D(\cos\zeta\cos\eta + 1) + E\sin\zeta\sin\eta$$

et

$$P - Q = (-A + B)(\cos\zeta - \cos\eta) + D(\cos\zeta\cos\eta - 1) + E\sin\zeta\sin\eta\,.$$[1])

Mais, ayant en vertu de notre substitution

$$\sin\tfrac{1}{2}\zeta = \frac{p}{\sqrt{(1+pp)}}\,, \qquad \cos\tfrac{1}{2}\zeta = \frac{1}{\sqrt{(1+pp)}}\,,$$
$$\sin\tfrac{1}{2}\eta = \frac{q}{\sqrt{(1+qq)}}\,, \qquad \sin\tfrac{1}{2}\eta = \frac{1}{\sqrt{(1+qq)}}\,,$$

nous en tirons

$$\sin\zeta = \frac{2p}{1+pp}\,, \qquad \cos\zeta = \frac{1-pp}{1+pp}\,, \qquad \sin\eta = \frac{2q}{1+qq}\,, \qquad \cos\eta = \frac{1-qq}{1+qq}\,,$$

et il reste à substituer ces valeurs dans les formules de $P+Q$ et $P-Q$.

13. Or ces substitutions donnent

$$\cos\zeta + \cos\eta = \frac{1-pp}{1+pp} + \frac{1-qq}{1+qq} = \frac{2-2ppqq}{(1+pp)(1+qq)}\,,$$
$$\cos\zeta\cos\eta + 1 = \frac{(1-pp)(1-qq)}{(1+pp)(1+qq)} + 1 = \frac{2+2ppqq}{(1+pp)(1+qq)}\,,$$
$$\sin\zeta\sin\eta = \frac{4pq}{(1+pp)(1+qq)}\,,$$
$$\cos\eta - \cos\zeta = \frac{1-qq}{1+qq} - \frac{1-pp}{1+pp} = \frac{2pp-2qq}{(1+pp)(1+qq)}\,,$$
$$\cos\zeta\cos\eta - 1 = \frac{(1-pp)(1-qq)}{(1+pp)(1+qq)} - 1 = \frac{-2pp-2qq}{(1+pp)(1+qq)}\,.$$

De là nous tirons

$$\frac{P+Q}{P-Q} = \frac{(A+B)(1-ppqq) + D(1+ppqq) + 2Epq}{(A-B)(pp-qq) - D(pp+qq) + 2Epq}\,,$$

où il arrive fort à propos, que le numérateur est une fonction de pq, et le dénominateur une fonction homogène de deux dimensions de p et q.

14. Cette belle propriété nous engage à cette substitution $pq = r$ et $\frac{p}{q} = s$, de sorte que $pp = rs$ et $qq = \frac{r}{s}$; et de là nous aurons

$$\frac{P+Q}{P-Q} = \frac{(A+B)(1-rr) + D(1+rr) + 2Er}{(A-B)(ss-1) - D(ss+1) + 2Es} \cdot \frac{1}{qq}\,,$$

1) Première édition: $(A+B)$ au lieu de $(-A+B)$. Corrigé par C. B.

ou bien $$\frac{P+Q}{P-Q}=\frac{s}{r}\cdot\frac{A+B+D+2Er-(A+B-D)rr}{B-A-D+2Es-(B-A+D)ss}\,.$$

Or les mêmes substitutions fournissent

$$qdp+pdq=dr\,,\qquad qdp-pdq=qqds=\frac{rds}{s}\,,$$

donc $$\frac{qdp+pdq}{qdp-pdq}=\frac{sdr}{rds}\,.$$

Par conséquent, nous obtiendrons par ce moyen cette équation séparée

$$\frac{dr}{\sqrt{((A+B+D)r+2Err-(A+B-D)r^3)}}$$
$$=\frac{ds}{\sqrt{((B-A-D)s+2Ess-(B-A+D)s^3)}}\,,$$

laquelle pouvant être construite par des quadratures, ou même par des arcs de sections coniques, elle fournit la construction de la courbe cherchée.

15. Ayant ainsi réussi à trouver une équation différentielle séparée pour la courbe décrite par le corps M, je ne m'arrêterai pas à déterminer la loi du mouvement. On n'a qu'à prendre l'une ou l'autre des équations du paragraphe 7 et en tirer la valeur du tems t. En faisant le calcul, qui pourroit paroitre d'abord fort ennuyant, mais qui se réduit à la fin à une belle simplicité, on trouve

$$\frac{dt\sqrt{2g}}{a\sqrt{a}}=\frac{dr\sqrt{r}}{(1-r)^2\sqrt{(A+B+D+2Er-(A+B-D)rr)}}$$
$$+\frac{ds\sqrt{s}}{(1+s)^2\sqrt{(B-A-D+2Es-(B-A+D)ss)}}\,.$$

Au reste les deux lettres D et E marquent des quantités constantes, qui dépendent du mouvement qui aura été imprimé au corps dans le commencement. D'où il est clair que, selon les diverses valeurs de ces deux lettres D et E, les courbes décrites peuvent varier à l'infini, dont la plupart seront ouvertement des courbes transcendantes, cependant il y en a aussi d'algébriques, comme nous le verrons bientôt.

QUATRIEME ARTICLE

16. Il s'agit donc de déterminer les cas, ou les valeurs des constantes D et E, où le rapport des quantités r et s puisse être exprimé par une équation

algébrique. Or le rapport de leurs différentiels étant

$$\frac{dr}{\sqrt{((A+B+D)r+2Err-(A+B-D)r^3)}}$$
$$=\frac{ds}{\sqrt{((B-A-D)s+2Ess-(B-A+D)s^3)}},$$

je le représenterai pour abréger en sorte

$$\frac{dr}{\sqrt{(\alpha r+2Err+\beta r^3)}}=\frac{ds}{\sqrt{(\gamma s+2Ess+\delta s^3)}},$$

de sorte que

$$\alpha=A+B+D,\quad \beta=D-A-B,\quad \gamma=B-A-D,\quad \delta=A-B-D,$$

où j'observe que, s'il étoit $\alpha=\gamma$ et $\beta=\delta$, le rapport entre r et s pourroit être exprimé algébriquement. Mais ce cas ne sauroit avoir lieu, à moins qu'il ne fût $A=0$ et $D=0$, ce qui est le cas où le corps M seroit attiré au seul centre B, qui est déjà très connu d'ailleurs.

17. Mais cette ressemblance des dénominateurs peut avoir lieu plus généralement $r=mx$ et $s=ny$, pour avoir

$$\frac{dx\sqrt{m}}{\sqrt{(\alpha x+2Emxx+\beta mmx^3)}}=\frac{dy\sqrt{n}}{\sqrt{(\gamma y+2Enyy+\delta nny^3)}},$$

ou bien

$$\frac{dx\sqrt{\gamma m}}{\sqrt{(\alpha\gamma x+2E\gamma mxx+\beta\gamma mmx^3)}}=\frac{dy\sqrt{\alpha n}}{\sqrt{(\alpha\gamma y+2E\alpha nyy+\alpha\delta nny^3)}}.$$

Maintenant les dénominateurs seront semblables, si $\gamma m=\alpha n$ et $\beta\gamma mm=\alpha\delta nn$, ou $\alpha\alpha\beta\gamma=\alpha\gamma\gamma\delta$, donc $\alpha\beta=\gamma\delta$ et partant

$$DD-(A+B)^2=DD-(B-A)^2,$$

d'où il s'ensuit, ou $A=0$, ou $B=0$, ce qui encore est le cas où le corps est attiré vers un seul centre de force, et qui n'a aucune difficulté, puisque la courbe est toujours une section conique. D'où il semble, que d'autres cas ne sont pas possibles.

18. Cette conséquence est aussi juste, tant que la constante E n'est pas zéro. Mais, dès que nous prenons $E=0$, pour la ressemblance des dénominateurs, il suffit qu'il soit $\beta\gamma mm=\alpha\delta nn$. Soit donc $E=0$, $mm=\alpha\delta k$ et $nn=\beta\gamma k$, ou bien $r=x\sqrt{\alpha\delta k}$ et $s=y\sqrt{\beta\gamma k}$; et l'équation à résoudre

aura cette forme

$$\frac{dx\sqrt[4]{\alpha\gamma\gamma\delta k}}{\sqrt{(\alpha\gamma x + \alpha\beta\gamma\delta k x^3)}} = \frac{dy\sqrt[4]{\alpha\alpha\beta\gamma k}}{\sqrt{(\alpha\gamma y + \alpha\beta\gamma\delta k y^3)}},$$

ou

$$\frac{dx\sqrt[4]{\gamma\delta}}{\sqrt{(x + \beta\delta k x^3)}} = \frac{dy\sqrt[4]{\alpha\beta}}{\sqrt{(y + \beta\delta k y^3)}},$$

où les dénominateurs sont semblables, ce qui est une condition requise pour rendre le rapport algébrique. Mais il faut outre cela que les coefficiens des numérateurs aient un rapport rationnel, lequel étant posé comme μ à ν nous aurons $\gamma\delta : \alpha\beta = \mu^4 : \nu^4$, et partant

$$DD - (A - B)^2 : DD - (A + B)^2 = \mu^4 : \nu^4 .$$

19. Je dis donc que, toutes les fois que la constante E évanouit et que

$$DD = \frac{\mu^4(A + B)^2 - \nu^4(A - B)^2}{\mu^4 - \nu^4},$$

ou bien $E = 0$ et

$$DD = AA + BB + \frac{2AB(\mu^4 + \nu^4)}{\mu^4 - \nu^4},$$

les lettres μ et ν signifiant des nombres entiers; dans tous ces cas je dis que la courbe décrite par le corps M sera algébrique. Car, posant $k = \frac{1}{\beta\delta} h$ et partant

$$r = x\sqrt{\frac{D + A + B}{D - A - B}h} \quad \text{et} \quad s = y\sqrt{\frac{D + A - B}{D - A + B}h},$$

notre équation à résoudre sera

$$\frac{\mu dx}{\sqrt{(x + hx^3)}} = \frac{\nu dy}{\sqrt{(y + hy^3)}},$$

de laquelle j'ai démontré ailleurs, que son intégrale et même la complette, est algébrique[1]). Mais cette intégrale sera d'autant plus compliquée, plus le rapport des nombres μ et ν est composé. Or cela mérite d'être développé plus en détail.

20. Rien n'empêche qu'on ne mette $h = 1$; car, quand même les quantités x et y deviendroient imaginaires, en remontant aux quantités primitives

1) Voir les mémoires cités p. 234 ainsi que E 345 „*Integratio aequationis* $\frac{dx}{\sqrt{(A + Bx + Cx^2 + Dx^3 + Ex^4)}} = \frac{dy}{\sqrt{(A + By + Cy^2 + Dy^3 + Ey^4)}}$", Opera omnia, series I, vol. 20, p. 302. C. B.

ζ, η ou v, u, il n'en résultera aucun inconvénient et la réalité y sera toujours rétablie. Or, ayant trouvé l'intégrale de cette équation

$$\frac{\mu dx}{\sqrt{(x+x^3)}} = \frac{\nu dy}{\sqrt{(y+y^3)}} ,$$

et prenant

$$D = \sqrt{\left(AA + BB + \frac{2AB(\mu^4+\nu^4)}{\mu^4-\nu^4}\right)} ,$$

on n'a qu'à substituer dans l'intégrale

$$x\sqrt{\frac{D+A+B}{D-A-B}} = r = pq = \operatorname{tang}\tfrac{1}{2}\zeta \operatorname{tang}\tfrac{1}{2}\eta$$

$$= \frac{\sin\zeta\sin\eta}{(1+\cos\zeta)(1+\cos\eta)} = \sqrt{\frac{(1-\cos\zeta)(1-\cos\eta)}{(1+\cos\zeta)(1+\cos\eta)}} ,$$

$$y\sqrt{\frac{D+A-B}{D-A+B}} = s = \frac{p}{q} = \operatorname{tang}\tfrac{1}{2}\zeta \cot\tfrac{1}{2}\eta$$

$$= \frac{\sin\zeta\sin\eta}{(1+\cos\zeta)(1-\cos\eta)} = \sqrt{\frac{(1-\cos\zeta)(1+\cos\eta)}{(1+\cos\zeta)(1-\cos\eta)}} ,$$

pour arriver à l'équation algébrique de la courbe décrite. Il ne s'agit donc que de trouver l'intégrale de l'équation

$$\frac{\mu dx}{\sqrt{(x+x^3)}} = \frac{\nu dy}{\sqrt{(y+y^3)}} ,$$

et pour cet effet il faut commencer par le cas $\mu = \nu = 1$, et de là monter successivement à des plus grands nombres.

Intégration de l'équation

$$\frac{dx}{\sqrt{(x+x^3)}} = \frac{dy}{\sqrt{(y+y^3)}} .$$

21. Au défaut d'une méthode directe de trouver le rapport entre les variables x et y, je me servirai de la même méthode indirecte, que j'ai expliquée autrefois en supposant l'intégrale

$$0 = \mathfrak{A} + 2\mathfrak{B}(x+y) + \mathfrak{C}(xx+yy) + 2\mathfrak{D}xy + 2\mathfrak{E}xy(x+y) + \mathfrak{F}xxyy ,$$

dont l'extraction de racine donne:

$$x = \frac{-\mathfrak{B} - \mathfrak{D}y - \mathfrak{E}yy + \sqrt{((\mathfrak{B}+\mathfrak{D}y+\mathfrak{E}yy)^2 - (\mathfrak{A}+2\mathfrak{B}y+\mathfrak{C}yy)(\mathfrak{C}+2\mathfrak{E}y+\mathfrak{F}yy))}}{\mathfrak{C}+2\mathfrak{E}y+\mathfrak{F}yy} ,$$

$$y = \frac{-\mathfrak{B} - \mathfrak{D}x - \mathfrak{E}xx - \sqrt{((\mathfrak{B}+\mathfrak{D}x+\mathfrak{E}xx)^2 - (\mathfrak{A}+2\mathfrak{B}x+\mathfrak{C}xx)(\mathfrak{C}+2\mathfrak{E}x+\mathfrak{F}xx))}}{\mathfrak{C}+2\mathfrak{E}x+\mathfrak{F}xx} .$$

Donc, posant pour abréger les formules irrationnelles:

$$\sqrt{((\mathfrak{B}+\mathfrak{D}x+\mathfrak{E}xx)^2-(\mathfrak{A}+2\mathfrak{B}x+\mathfrak{C}xx)(\mathfrak{C}+2\mathfrak{E}x+\mathfrak{F}xx))}=X\ ,$$
$$\sqrt{((\mathfrak{B}+\mathfrak{D}y+\mathfrak{E}yy)^2-(\mathfrak{A}+2\mathfrak{B}y+\mathfrak{C}yy)(\mathfrak{C}+2\mathfrak{E}y+\mathfrak{F}yy))}=Y\ ,$$

nous aurons

$$\mathfrak{B}+\mathfrak{D}x+\mathfrak{E}xx+\mathfrak{C}y+2\mathfrak{E}xy+\mathfrak{F}xxy=-X$$

et

$$\mathfrak{B}+\mathfrak{D}y+\mathfrak{E}yy+\mathfrak{C}x+2\mathfrak{E}xy+\mathfrak{F}xyy=Y\ .$$

22. Or l'équation supposée étant différentiée donne

$$\left.\begin{aligned}&+dx(\mathfrak{B}+\mathfrak{C}x+\mathfrak{D}y+2\mathfrak{E}xy+\mathfrak{E}yy+\mathfrak{F}xyy)\\&+dy(\mathfrak{B}+\mathfrak{C}y+\mathfrak{D}x+2\mathfrak{E}xy+\mathfrak{E}xx+\mathfrak{F}xxy)\end{aligned}\right\}=0\ ,$$

laquelle, en introduisant les valeurs irrationnelles X et Y, se change en cette forme

$$Ydx-Xdy=0 \quad \text{ou bien} \quad \frac{dx}{X}=\frac{dy}{Y}\ .$$

Voilà donc une équation différentielle entre x et y, où les variables sont séparées et dont l'intégrale est précisément l'équation algébrique supposée. Cette équation est aussi infiniment plus générale que la proposée et on voit bien que celle-ci y est comprise.

23. Donc, pour rendre les formules X et Y semblables aux proposées $\sqrt{(x+x^3)}$ et $\sqrt{(y+y^3)}$, les coefficiens $\mathfrak{A}$, $\mathfrak{B}$, $\mathfrak{C}$ etc. doivent être déterminés en sorte qu'il devienne:

$$\mathfrak{B}\mathfrak{B}-\mathfrak{A}\mathfrak{C}=0\ ,\qquad \mathfrak{E}\mathfrak{E}-\mathfrak{C}\mathfrak{F}=0 \quad \text{et} \quad \mathfrak{D}\mathfrak{D}-2\mathfrak{B}\mathfrak{E}-\mathfrak{A}\mathfrak{F}-\mathfrak{C}\mathfrak{C}=0\ .$$

Donc

$$\mathfrak{B}=\sqrt{\mathfrak{A}\mathfrak{C}}\ ,\qquad \mathfrak{E}=\sqrt{\mathfrak{C}\mathfrak{F}}\ ,\qquad \mathfrak{D}\mathfrak{D}=\mathfrak{C}\mathfrak{C}+\mathfrak{A}\mathfrak{F}+2\mathfrak{C}\sqrt{\mathfrak{A}\mathfrak{F}}\ ,$$

ou

$$\mathfrak{D}=\pm(\mathfrak{C}+\sqrt{\mathfrak{A}\mathfrak{F}})\ .$$

De là nous aurons

$$X=\sqrt{(2x(\mathfrak{B}\mathfrak{D}-\mathfrak{A}\mathfrak{E}-\mathfrak{B}\mathfrak{C})+2x^3(\mathfrak{D}\mathfrak{E}-\mathfrak{C}\mathfrak{E}-\mathfrak{B}\mathfrak{F}))}\ ,$$

ou

$$X=\sqrt{(2x(\mathfrak{D}\sqrt{\mathfrak{A}\mathfrak{C}}-\mathfrak{A}\sqrt{\mathfrak{C}\mathfrak{F}}-\mathfrak{C}\sqrt{\mathfrak{A}\mathfrak{C}})+2x^3(\mathfrak{D}\sqrt{\mathfrak{C}\mathfrak{F}}-\mathfrak{F}\sqrt{\mathfrak{A}\mathfrak{C}}-\mathfrak{C}\sqrt{\mathfrak{C}\mathfrak{F}}))}\ ,$$

qui se réduit à cette forme

$$X=\sqrt{2(\mathfrak{D}\sqrt{\mathfrak{C}}-\sqrt{\mathfrak{A}\mathfrak{C}\mathfrak{F}}-\mathfrak{C}\sqrt{\mathfrak{C}})(x\sqrt{\mathfrak{A}}+x^3\sqrt{\mathfrak{F}})}\ .$$

Il faut donc prendre

$$\mathfrak{D} = -\mathfrak{C} - \sqrt{\mathfrak{A}\mathfrak{F}} ,$$

pour avoir

$$X = 2\sqrt{-}(\sqrt{\mathfrak{A}\mathfrak{C}\mathfrak{F}} + \mathfrak{C}\sqrt{\mathfrak{C}})(x\sqrt{\mathfrak{A}} + x^3\sqrt{\mathfrak{F}})$$

et

$$Y = 2\sqrt{-}(\sqrt{\mathfrak{A}\mathfrak{C}\mathfrak{F}} + \mathfrak{C}\sqrt{\mathfrak{C}})(y\sqrt{\mathfrak{A}} + y^3\sqrt{\mathfrak{F}}) .$$

24. Posons donc $\mathfrak{F} = \mathfrak{A}$ et nous aurons

$$\mathfrak{D} = -\mathfrak{A} - \mathfrak{C} , \quad \mathfrak{B} = \sqrt{\mathfrak{A}\mathfrak{C}} \quad \text{et} \quad \mathfrak{E} = \sqrt{\mathfrak{A}\mathfrak{C}} ,$$

et partant

$$X = 2\sqrt{-}(\mathfrak{A} + \mathfrak{C})(x + x^3)\sqrt{\mathfrak{A}\mathfrak{C}} ,$$
$$Y = 2\sqrt{-}(\mathfrak{A} + \mathfrak{C})(y + y^3)\sqrt{\mathfrak{A}\mathfrak{C}} ,$$

d'où notre équation intégrable sera

$$\frac{dx}{\sqrt{(x + x^3)}} = \frac{dy}{\sqrt{(y + y^3)}} ,$$

dont l'intégrale est exprimée en sorte:

$$0 = \mathfrak{A} + 2(x + y)\sqrt{\mathfrak{A}\mathfrak{C}} + \mathfrak{C}(xx + yy)$$
$$- 2(\mathfrak{A} + \mathfrak{C})xy + 2xy(x + y)\sqrt{\mathfrak{A}\mathfrak{C}} + \mathfrak{A}xxyy .$$

Ou posons $\mathfrak{C} = 1$ et $\mathfrak{A} = nn$, pour avoir

$$0 = nn + 2n(x + y) + xx + yy$$
$$- 2(1 + nn)xy + 2nxy(x + y) + nnxxyy ,$$

laquelle contenant la constante arbitraire, n, doit être censée l'intégrale complette de l'équation différentielle proposée.

25. Soit $n = -m$, pour avoir

$$\mathfrak{A} = mm, \quad \mathfrak{B} = -m, \quad \mathfrak{C} = 1, \quad \mathfrak{D} = -1 - mm, \quad \mathfrak{E} = -m \quad \text{et} \quad \mathfrak{F} = mm,$$

de sorte que l'équation intégrale soit:

$$0 = mm - 2m(x + y) + xx + yy - 2(1 + mm)xy$$
$$- 2mxy(x + y) + mmxxyy ,$$

d'où nous concluons

$$x = \frac{m + (1 + mm)y + myy + 2\sqrt{(m + m^3)(y + y^3)}}{1 - 2my + mmyy}$$

et

$$y = \frac{m + (1 + mm)x + mxx - 2\sqrt{(m + m^3)(x + x^3)}}{1 - 2mx + mmxx} .$$

On pourra donc exprimer algébriquement tant x par y, que y par x, pour satisfaire à l'équation différentielle proposée

$$\frac{dx}{\sqrt{(x+x^3)}} = \frac{dy}{\sqrt{(y+y^3)}},$$

où je remarque que, posant $y = 0$, on aura $x = m$ et si $x = 0$, on aura $y = m$.

26. Que $\Pi \cdot x$ marque l'intégrale

$$\int \frac{dx}{\sqrt{(x+x^3)}}$$

prise en sorte, qu'elle évanouisse au cas $x = 0$, de sorte que $\Pi \cdot x$ indique une fonction déterminée de x, mais transcendante. De même manière soit

$$\Pi \cdot y = \int \frac{dy}{\sqrt{(y+y^3)}},$$

prenant cette intégrale en sorte que, posant $y = 0$, elle évanouisse; et l'intégrale de notre équation différentielle pourra être représentée de cette façon:

$$\Pi \cdot x = \Pi \cdot y - \Pi \cdot m,$$

puisque, si l'on met $x = 0$, il devient $y = m$. Et cette équation finie, quoique transcendante, doit être censée équivalente à l'équation algébrique entre x et y. Donc, pour qu'il soit $\Pi \cdot y = \Pi \cdot x + \Pi \cdot m$, il faut prendre

$$y = \frac{(m+x)(1+mx) - 2\sqrt{(m+m^3)(x+x^3)}}{(1-mx)^2}.$$

Intégration de l'équation

$$\frac{2dx}{\sqrt{(x+x^3)}} = \frac{dy}{\sqrt{(y+y^3)}}.$$

27. En employant les fonctions transcendantes expliquées, nous venons de voir, que l'égalité $\Pi \cdot q = \Pi \cdot p + \Pi \cdot m$, répond à cette équation:

$$q = \frac{(m+p)(1+mp) - 2\sqrt{(m+m^3)(p+p^3)}}{(1-mp)^2}.$$

Donc, posant $m = p$, pour qu'il soit $\Pi \cdot q = 2\Pi \cdot p$, nous aurons

$$q = \frac{2p(1+pp) - 2\sqrt{(p+p^3)^2}}{(1-pp)^2},$$

où il est évident, qu'il faut changer de signe le radical, comme étant ambigu en soi-même, et partant

$$q = \frac{4p(1+pp)}{(1-pp)^2} .$$

Posons maintenant $\Pi \cdot r = \Pi \cdot q + \Pi \cdot m$ et nous aurons

$$r = \frac{(m+q)(1+mq) + 2\sqrt{(m+m^3)(q+q^3)}}{(1-mq)^2} ,$$

ce qui sera le rapport qui convient à cette égalité $\Pi \cdot r = 2\Pi \cdot p + \Pi \cdot m$, prenant

$$q = \frac{4p(1+pp)}{(1-pp)^2} .$$

28. Ou bien, sans nous embarrasser de l'extraction de racine, l'égalité $\Pi \cdot q = \Pi \cdot p + \Pi \cdot m$ demande cette équation

$$0 = mm - 2m(p+q) + pp + qq - 2(1+mm)pq \\ - 2mpq(p+q) + mmppqq ,$$

qui se réduit à cette forme

$$(m + mpq - p - q)^2 = 4(1+mm)pq .$$

Faisons maintenant $m = p$ et l'égalité $\Pi \cdot q = 2\Pi \cdot p$ renferme cette équation

$$q(1-pp)^2 = 4p(1+pp) ,$$

et prenant outre cela

$$(m + mqr - q - r)^2 = 4(1+mm)qr ,$$

l'équation entre p et r convient à cette égalité $\Pi \cdot r = 2\Pi \cdot p + \Pi \cdot m$. Or, puisque m marque une constante quelconque, cette égalité est l'intégrale complette de cette équation

$$\frac{dr}{\sqrt{(r+r^3)}} = \frac{2dp}{\sqrt{(p+p^3)}} .$$

29. Ecrivons maintenant x pour p et y pour r, pour avoir l'équation différentielle proposée

$$\frac{2dx}{\sqrt{(x+x^3)}} = \frac{dy}{\sqrt{(y+y^3)}} ,$$

et il est clair que le rapport entre x et y est algébrique et exprimé par ces équations

$$y = \frac{(m+q)(1+mq) + 2\sqrt{(m+m^3)(q+q^3)}}{(1-mq)^2} ,$$

et

$$q = \frac{4x(1+xx)}{(1-xx)^2},$$

ou, en remettant pour q cette valeur, on aura

$$y = \frac{(m(1-xx)^2 + 4x(1+xx))\,((1-xx)^2 + 4mx(1+xx)) + 4(1-xx)(1+6xx+x^4)\sqrt{(m+m^3)(x+x^3)}}{((1-xx)^2 - 4mx(1+xx))^2}.$$

Ou conservant la lettre

$$q = \frac{4x(1+xx)}{(1-xx)^2},$$

l'équation intégrale sera

$$0 = (y-q)^2 - 2m(1+qy)(q+y) + mm(1-qy)^2,$$

qui est en même tems complette.

Intégration de l'équation

$$\frac{3dx}{\sqrt{(x+x^3)}} = \frac{dy}{\sqrt{(y+y^3)}}.$$

30. Posons $\Pi\cdot z = 2\Pi\cdot x + \Pi\cdot m$ et nous venons de voir que le rapport algébrique entre x et z est exprimé en sorte:

$$z = \frac{(m+p)(1+mp) + 2\sqrt{(m+m^3)(p+p^3)}}{(1-mp)^2},$$

prenant

$$p = \frac{4x(1+xx)}{(1-xx)^2}.$$

Soit maintenant $m = x$, ou $\Pi\cdot z = 3\Pi\cdot x$ et on aura

$$z = \frac{(x+p)(1+px) + 2\sqrt{(p+p^3)(x+x^3)}}{(1-px)^2},$$

prenant

$$p = \frac{4x(1+xx)}{(1-xx)^2}.$$

Faisons de plus $\Pi\cdot y = \Pi\cdot z + \Pi\cdot m = 3\Pi\cdot x + \Pi\cdot m$ et nous aurons

$$y = \frac{(m+z)(1+mz) + 2\sqrt{(m+m^3)(z+z^3)}}{(1-mz)^2},$$

31. Donc, puisque cette égalité est l'intégrale complette de l'équation différentielle proposée

$$\frac{3dx}{\sqrt{(x+x^3)}} = \frac{dy}{\sqrt{(y+y^3)}},$$

le rapport entre x et y sera exprimé algébriquement en sorte

$$p = \frac{4x(1+xx)}{(1-xx)^2},$$

$$q = \frac{(p+x)(1+px) + 2\sqrt{(p+p^3)(x+x^3)}}{(1-px)^2},$$

$$y = \frac{(m+q)(1+mq) + 2\sqrt{(m+m^3)(q+q^3)}}{(1-mq)^2},$$

où il faut remarquer que, substituant la valeur de p, on aura

$$q = \frac{x(3+6xx-x^4)^2}{(1-6xx-3x^4)^2}.$$

Intégration de l'équation

$$\frac{4dx}{\sqrt{(x+x^3)}} = \frac{dy}{\sqrt{(y+y^3)}}.$$

32. En poursuivant la même méthode, le rapport entre les variables x et y sera exprimé par les équations algébriques suivantes:

$$p = \frac{4x(1+xx)}{(1-xx)^2},$$

$$q = \frac{(p+x)(1+px) + 2\sqrt{(p+p^3)(x+x^3)}}{(1-px)^2},$$

$$r = \frac{(q+x)(1+qx) + 2\sqrt{(q+q^3)(x+x^3)}}{(1-qx)^2},$$

$$y = \frac{(m+r)(1+mr) + 2\sqrt{(m+m^3)(r+r^3)}}{(1-mr)^2},$$

d'où il est évident, comme il faut continuer ces intégrations pour toutes les formules

$$\frac{\mu dx}{\sqrt{(x+x^3)}} = \frac{dy}{\sqrt{(y+y^3)}},$$

où μ marque un nombre entier quelconque.

Intégration de l'équation

$$\frac{\mu dx}{\sqrt{(x+x^3)}} = \frac{\nu dy}{\sqrt{(y+y^3)}}.$$

33. Qu'on cherche premièrement par la méthode précédente les intégrales de ces deux égalités

$$\frac{\mu dx}{\sqrt{(x+x^3)}} = \frac{dz}{\sqrt{(z+z^3)}} \quad \text{et} \quad \frac{\nu dy}{\sqrt{(y+y^3)}} = \frac{dz}{\sqrt{(z+z^3)}},$$

où il suffit de prendre l'une complette et de supposer dans l'autre la constante $= 0$. Alors, ayant le rapport entre x et z, et entre y et z, on n'a qu'à éliminer z, pour avoir la relation requise entre x et y, ce qui se fera aisément, puisque l'une et l'autre intégration donne une valeur pour z, l'une par x et l'autre par y, et ces deux valeurs étant égalées entr'elles donnent d'abord l'équation cherchée.

CONCLUSION

34. Voilà donc une solution parfaite du problème que je me suis proposé, d'où il est clair que, parmi toutes les courbes possibles, que le corps M puisse décrire étant sollicité vers deux centres de forces, il y en a une infinité qui sont algébriques. Cela arrive toutes les fois qu'il y a dans la solution générale $E = 0$, et l'autre constante

$$D = \sqrt{\frac{\mu^4(A+B)^2 - \nu^4(A-B)^2}{\mu^4 - \nu^4}},$$

les lettres μ et ν marquant des nombres entiers quelconques. Dans ces cas on n'a qu'à chercher l'intégrale de l'égalité

$$\frac{\mu dx}{\sqrt{(x+x^3)}} = \frac{\nu dy}{\sqrt{(y+y^3)}},$$

qui sera toujours algébrique, comme je viens de le faire voir, et ensuite posant

$$x = \operatorname{tang} \tfrac{1}{2}\zeta \operatorname{tang} \tfrac{1}{2}\eta \cdot \sqrt{\frac{D-A-B}{D+A+B}}$$

et

$$y = \operatorname{tang} \tfrac{1}{2}\zeta \cot \tfrac{1}{2}\eta \cdot \sqrt{\frac{D-A+B}{D+A-B}},$$

on aura une équation algébrique entre $\operatorname{tang} \frac{1}{2}\zeta$ et $\operatorname{tang} \frac{1}{2}\eta$, d'où l'on tirera ensuite aisément une entre les coordonnées AP et PM.

SUR LE TEMS DE LA CHUTE D'UN CORPS ATTIRE VERS UN CENTRE DE FORCES EN RAISON RECIPROQUE DES DISTANCES PAR M. J. A. EULER

Traduit du Latin
Commentatio A 16 indicis ENESTROEMIANI
Mémoires de l'académie des sciences de Berlin [16] (1760), 1767, p. 250–260

Quoique ce problème ait déjà été souvent traité, il mérite bien qu'on le reprenne encore d'une manière abrégée, puisque par sa solution on parvient à une formule différentielle que personne n'a encore intégrée directement et pour l'intégration de laquelle il faut un artifice particulier, dont l'usage ne se borne pas à la solution de ce seul problème, mais peut revenir fréquemment dans toute l'Analyse. C'est ce que nous allons mettre dans un jour suffisant par cette solution même.

En effet cette hypothèse, parmi toutes les autres qui supposent que le centre de forces attire en raison des puissances des distances, est principalement sujette à l'inconvénient, que la valeur intégrale de la vitesse ne sauroit être exprimée par des quantités algébriques, mais qu'elle dépend des logarithmes; d'où il arrive que la valeur différentielle du tems, parce qu'elle dépend de la vitesse, ne sauroit absolument être intégrée, à cause de la quantité logarithmique qui y entre, de laquelle on tire par conséquent la racine quarrée. Car c'est surtout dans l'intégration des formules différentielles qui renferment des quantités transcendantes, que l'Analyse se trouve fort défectueuse; et il est extrêmement rare que ces formules soyent susceptibles d'intégration.

En particulier, dans le cas proposé, on ne sauroit espérer que le tems indéfini dans lequel une portion d'espace quelconque est parcourue, puisse jamais être exprimé par des quantités, soit algébriques, soit de celles qui renferment la quadrature du cercle ou de l'hyperbole; ce qui sert à rendre d'autant plus remarquable, que le tems entier de la descente puisse être exprimé par cette formule simple qui dépend de la quadrature du cercle.

Soit la distance du centre de forces du point où le corps commence à tomber, a, et qu'au bout d'un certain tems t il parvienne à quelque point du milieu qu'il parcourt, dont la distance au point où le mouvement a commencé soit $= x$; la distance de ce même point du milieu au centre des forces sera $= a - x$.

A présent pour définir la force qui meut le corps dans ce point du milieu, soit f la distance où la force centripète est égale à la gravité: en posant donc la masse du corps $= A$, en sorte que A dénote le poids que le corps auroit à la surface de la terre, la force centripète du corps à la distance f du centre sera $= A$.

Soit de plus dans ce point du milieu et à la distance $a - x$ du corps au centre, sa force centripète $= P$, on voit par l'hypothèse que la force qui chasse le corps vers en bas sera à la distance f du centre, que nous avons appelée A, comme $\frac{1}{f}$ et à la distance $a - x$ du centre, que nous avons appelée P, comme $\frac{1}{a-x}$.

Nous aurons donc la proportion suivante

$$\frac{1}{f} : A = \frac{1}{a-x} : P\,,$$

de laquelle nous obtiendrons la valeur de la force qui sollicite le corps à la distance $a - x$ du centre de forces $P = \frac{Af}{a-x}$.

Or, la force P étant trouvée, les principes connus du mouvement nous fournissent cette équation

$$\frac{2ddx}{dt^2} = \frac{P}{A} = \frac{f}{a-x}\,,$$

en prenant le différentiel du tems dt pour constant et en exprimant les espaces par des parties millièmes du pied du Rhin, l'unité à laquelle la mesure du tems se rapporte sera la 250 [-ième] partie d'une seconde.

Nous aurons donc à definir le tems t par l'équation différentielle du second degré

$$\frac{2ddx}{dt^2} = \frac{f}{a-x}\,;$$

et afin d'en venir plus aisément à bout, posons pour abréger la distance du corps pour le tems t du centre $a - x = y$, et notre équation, à cause de $ddx = -ddy$, revêtira cette forme $-\frac{2ddy}{dt^2} = \frac{f}{y}$.

Présentement, afin que cette équation soit rendue intégrable, qu'on la multiplie par dy et nous obtiendrons

$$-\frac{2dyddy}{dt^2}=\frac{fdy}{y},$$

laquelle étant intégrée nous fournira cette égalité

$$\text{Const.}-\frac{dy^2}{dt^2}=fly\ .$$

Or $-\frac{dy}{dt}$ exprime la vitesse par laquelle le corps parcourt, à la distance y du centre de forces, le petit espace $-dy$. Posons-la $\sqrt{v}$, ou soit v la hauteur par laquelle le corps, s'il tomboit à la surface de la terre, acquerroit cette vitesse. On aura donc $v=\frac{dy^2}{dt^2}$, laquelle valeur étant substituée, l'équation revêtira cette forme

$$\text{Const.}-v=fly\ .$$

A présent, pour déterminer la quantité constante qui a été introduite par l'intégration, que l'on considère quelque état du corps qui nous soit connu et que la quantité constante soit déterminée de façon qu'elle satisfasse à cet état du corps. Pour cet effet, que l'on considère l'état du corps au commencement, où il étoit encore distant du centre de forces de la quantité a; et comme nous avons supposé que le corps n'avoit encore eu aucun mouvement et par conséquent aucune vitesse, nous devons satisfaire à cette condition et accommoder notre équation de sorte que v évanouisse, en posant $y=a$. Posons donc dans notre équation $\text{Const.}-v=fly$, $y=a$ et $v=0$, et nous aurons cette équation $\text{Const.}-0=fla$, par laquelle on trouve d'abord que la quantité constante est $=fla$.

Ainsi substituons la valeur trouvée pour la quantité constante, dans l'équation $\text{Const.}-v=fly$; et elle se changera en celle-ci, $fla-v=fly$; d'où l'on tire la hauteur due à la vitesse du corps à la distance y du centre $v=fl\frac{a}{y}$, et de là la vitesse même

$$\sqrt{v}=\sqrt{fl\frac{a}{y}}\ .$$

Si présentement dans cette formule on pose $y=0$, on trouve la vitesse du corps au centre même de forces $=\sqrt{fl\frac{a}{0}}$, qui est une quantité infinie pour ainsi dire du plus bas ordre, parce que la racine quarrée se tire du logarithme d'un infini, qui est déjà infiniment plus petit que $\frac{a}{0}$.

Mais revenons à notre but, et cherchons le tems de la descente t. Pour cet effet, qu'on substitue de nouveau dans l'équation $v=fl\frac{a}{y}$, pour v sa valeur $\frac{dy^2}{dt^2}$, et elle revêtira cette forme $\frac{dy^2}{dt^2} = fl\frac{a}{y}$. De là $\frac{dy}{dt} = \sqrt{fl\frac{a}{y}}$, par laquelle équation l'élément du tems est aussitôt défini, en sorte qu'il est

$$dt = \frac{dy}{\sqrt{fl\frac{a}{y}}} = \frac{1}{\sqrt{f}} \cdot \frac{dy}{\sqrt{l\frac{a}{y}}},$$

d'où en intégrant, le tems indéfini de la descente du corps, qui répond à la distance y du centre de forces, sera

$$t = \frac{1}{\sqrt{f}} \int \frac{dy}{\sqrt{l\frac{a}{y}}},$$

dans laquelle formule on doit remarquer qu'il faut intégrer de façon qu'en posant $y = a$, le tems t évanouisse, parce que dans la détermination de la quantité constante précédente, nous avons déjà posé que le mouvement du corps, lorsqu'il étoit encore distant de la quantité a du centre de forces, avoit été nul.

Toute la solution de ce problème dépend donc de l'intégration de la formule

$$\frac{dy}{\sqrt{l\frac{a}{y}}},$$

ou, en posant $y = az$, afin que le tems de la descente soit

$$t = \frac{a}{\sqrt{f}} \cdot \int \frac{dz}{\sqrt{l\frac{1}{z}}} = \frac{a}{\sqrt{f}} \cdot \int \frac{dz}{\sqrt{-lz}},$$

de l'intégration de la formule

$$\frac{dz}{\sqrt{-lz}},$$

et même seulement sa valeur qui naît si après l'intégration on pose $z = 1$, vû que c'est le tems de la descente entière qu'on désire.

Et c'est là cette formule même de laquelle j'ai fait mention au commencement et dont personne n'a encore donné l'intégration *a priori*, quoiqu'on la cherche seulement pour le cas $z = 1$.[1])

Or notre formule $\frac{dz}{\sqrt{-lz}}$ peut être considérée comme un cas de cette formule générale $dz(-lz)^n$, qui en naîtroit en posant $n = \frac{1}{2}$; de façon que, si sa valeur $\int dz(-lz)^n$ nous étoit connue, nous connoitrions aussi d'abord sa valeur $\int \frac{dz}{\sqrt{-lz}}$. En effet, ce qui est alors produit sera la valeur cherchée dont

1) L. Euler avait pourtant déterminé la valeur de cette intégrale vers 1730. Voir la préface.
C. B.

nous avons besoin pour indiquer le tems de la descente du corps par la distance a du [centre] de forces.

Considérons donc cette formule qui a plus d'étendue, pour nous occuper de la recherche des cas où elle admet l'intégration; et comme on a en général, quoi que ce soit qu'on écrive au lieu de x et de y

$$\int y dx = xy - \int x dy \ ,$$

après l'application faite à la formule proposée $\int dz(-lz)^n$, nous aurons

$$\int dz(-lz)^n = z(-lz)^n + n\int dz(-lz)^{n-1} \ ;$$

et en posant de nouveau pour $\int dz(-lz)^{n-1}$ sa valeur équivalente

$$z(-lz)^{n-1} + (n-1)\int dz(-lz)^{n-2} \ ,$$

nous aurons

$$\int dz(-lz)^n = z(-lz)^n + nz(-lz)^{n-1} + n(n-1)\int dz(-lz)^{n-2} \ .$$

De plus, comme on a pareillement

$$\int dz(-lz)^{n-2} = z(-lz)^{n-2} + (n-2)\int dz(-lz)^{n-3} \ ,$$

en substituant de nouveau cette valeur nous obtiendrons

$$\int dz(-lz)^n = z(-lz)^n + nz(-lz)^{n-1} + n(n-1)z(-lz)^{n-2} + (n-1)(n-2)\int dz(-lz)^{n-3} \ .$$

D'où il paroit qu'en continuant cette substitution à l'infini, on auroit

$$\int dz(-lz)^n = z(-lz)^n + nz(-lz)^{n-1} + n(n-1)z(-lz)^{n-2} + n(n-1)(n-2)z(-lz)^{n-3} + \text{etc.}$$

ou

$$\int dz(-lz)^n = z\left((-lz)^n + n(-lz)^{n-1} + n(n-1)(-lz)^{n-2} + n(n-1)(n-2)(-lz)^{n-3} + \text{etc.}\right) \ .$$

Cette série trouvée au lieu de son intégrale $\int dz(-lz)^n$ se continue réellement à l'infini, à moins que n ne soit un nombre entier. Considérons donc tout d'abord le cas où n est un nombre entier et voyons si, des valeurs de cette formule intégrale, qu'elle revêt quand on pose pour n un nombre entier, nous pouvons conclurre quelque chose par rapport à la valeur qui naît si n est posé $-\frac{1}{2}$.

Or il est manifeste que, toutes les fois que n est un nombre entier, la série trouvée pour $\int dz(-lz)^n$ est toujours interrompue, et que le dernier terme seroit

$$n(n-1)(n-2)(n-3)\ldots 1.z\ ,$$

ou en renversant, $1.2.3.4.5\ldots nz$. Mais tous les termes précédens seront multipliés par la puissance de $-lz$ même, et par conséquent ils évanouiront tous à l'exception du dernier, si au lieu de z on met l'unité. Nous aurons donc la valeur suivante pour

$$\int dz(-lz)^n = 1.2.3.4.5\ldots n\ .$$

Ainsi, toutes les fois que n est un nombre entier, nous aurons le nombre absolu pour la valeur de $\int dz(-lz)^n$; et même tous ces nombres qui naissent de la formule $\int dz(-lz)^n$, si l'on pose successivement pour n tous les nombres entiers, constitueront une progression hypergéométrique; car ils seront

si

n	$=0$	1	2	3	4	5	etc.
$\int dz(-lz)^n$	$=1$	1	1.2	1.2.3	1.2.3.4	1.2.3.4.5	etc.

ou

$\int dz(-lz)^n$	$=1$	1	2	6	24	120	etc.

Or tout cela devient d'abord manifeste par l'équation ci-dessus trouvée

$$\int dz(-lz)^n = z(-lz)^n + n\int dz(-lz)^{n-1}\ ,$$

laquelle, si, dans le terme absolument intégrable, on pose pour z l'unité, se change en celle-ci

$$\int dz(-lz)^n = n\int dz(-lz)^{n-1}\ .$$

Mais, si dans cette équation on pose successivement pour n tous les nombres entiers, comme quand $n=0$, $\int dz(-lz)^0 = z$ devient $=1$, parce qu'après l'intégration nous posons $z=1$, nous aurons

si

$$n=1,\quad \int dz(-lz)^1 = 1\int dz(-lz)^0 = 1 = 1\ ,$$
$$n=2,\quad \int dz(-lz)^2 = 2\int dz(-lz)^1 = 1.2 = 2\ ,$$
$$n=3,\quad \int dz(-lz)^3 = 3\int dz(-lz)^2 = 1.2.3 = 6\ ,$$
$$n=4,\quad \int dz(-lz)^4 = 4\int dz(-lz)^3 = 1.2.3.4 = 24\ ,$$
$$n=5,\quad \int dz(-lz)^5 = 5\int dz(-lz)^4 = 1.2.3.4.5 = 120\ ,$$

etc.

qui sont les mêmes nombres que nous avons trouvés ci-dessus.

Ainsi notre valeur desirée n'est autre chose que le terme qui dans la même progression répond à l'indice $n = -\frac{1}{2}$. D'où s'ensuit que tout à présent se réduit à ce que nous nous efforcions de dégager ce terme par l'interpolation.

Posons dans ce dessein que x soit le terme de cette série hypergéométrique qui répond à l'indice $-\frac{1}{2}$ et par conséquent la valeur même de notre formule intégrale proposée: donc, par la nature de la série hypergéométrique, en vertu de laquelle chaque terme dont l'indice surpasse d'une unité l'indice du terme précédent, est égal au terme précédent multiplié par l'indice du suivant, on aura

le terme qui répond à l'indice $-\frac{1}{2} = x$,

le terme qui répond à l'indice $+\frac{1}{2} = \frac{1}{2}x$,

le terme qui répond à l'indice $+\frac{3}{2} = \frac{1\cdot 3}{2\cdot 2}x$,

le terme qui répond à l'indice $+\frac{5}{2} = \frac{1\cdot 3\cdot 5}{2\cdot 2\cdot 2}x$,

le terme qui répond à l'indice $+\frac{7}{2} = \frac{1\cdot 3\cdot 5\cdot 7}{2\cdot 2\cdot 2\cdot 2}x$

etc.

Nous aurons donc les valeurs de $\int dz(-lz)^n$ même, qu'elle revêt si, au lieu de n, on écrit tous les nombres qui croissent de la moitié d'une unité; et ils seront, si

$n = 0,\quad \int dz(-lz)^0 = 1$	$n = -\frac{1}{2},\quad \int dz(-lz)^{-\frac{1}{2}} = x$
$n = 1,\quad \int dz(-lz)^1 = 1$	$n = +\frac{1}{2},\quad \int dz(-lz)^{\frac{1}{2}} = \frac{1}{2}x$
$n = 2,\quad \int dz(-lz)^2 = 1.2$	$n = 1+\frac{1}{2},\quad \int dz(-lz)^{\frac{3}{2}} = \frac{1\cdot 3}{2\cdot 2}x$
$n = 3,\quad \int dz(-lz)^3 = 1.2.3$	$n = 2+\frac{1}{2},\quad \int dz(-lz)^{\frac{5}{2}} = \frac{1\cdot 3\cdot 5}{2\cdot 2\cdot 2}x$
$n = 4,\quad \int dz(-lz)^4 = 1.2.3.4$	$n = 3+\frac{1}{2},\quad \int dz(-lz)^{\frac{7}{2}} = \frac{1\cdot 3\cdot 5\cdot 7}{2\cdot 2\cdot 2\cdot 2}x$
	$n = 4+\frac{1}{2},\quad \int dz(-lz)^{\frac{9}{2}} = \frac{1\cdot 3\cdot 5\cdot 7\cdot 9}{2\cdot 2\cdot 2\cdot 2\cdot 2}x$

etc.

Et en général, si n est un nombre quelconque entier

le terme qui répond à l'indice n sera $= 1.2.3.4.5 \quad \ldots n$,

le terme qui répond à l'indice $n + \frac{1}{2} = \frac{1\cdot 3\cdot 5\cdot 7\cdot 9\cdot 11}{2\cdot 2\cdot 2\cdot 2\cdot 2\cdot 2} \ldots (2n+1)x$,

le terme qui répond à l'indice $n + 1 = 1.2.3.4.5 \quad \ldots n(n+1)$.

Mais, si n est un nombre infini, il est manifeste par le caractère de la série, que les termes qui répondent aux indices n, $n+1$, $n+2$ etc. suivront une progression géométrique. C'est pourquoi le terme qui répond à l'indice $n + \frac{1}{2}$ sera moyen proportionnel entre les termes qui répondent aux indices n et $n+1$. Ainsi nous en tirerons l'équation suivante par laquelle le nombre x même peut être défini.

$$\frac{1\cdot 3\cdot 5\cdot 7\cdots(2n+1)}{2\cdot 2\cdot 2\cdot 2\cdots 2}\, x = \sqrt{1.2.3.4\ldots n.1.2.3.4\ldots n(n+1)}$$

ou

$$\frac{1\cdot 3\cdot 5\cdot 7\cdots(2n+1)}{2\cdot 2\cdot 2\cdot 2\cdots 2}\, x = 1.2.3.4\ldots n\sqrt{(n+1)}\ .$$

D'où nous obtenons la valeur de x même

$$x = \frac{2\cdot 4\cdot 6\cdot 8\cdots 2n\cdot 2\sqrt{(n+1)}}{1\cdot 3\cdot 5\cdot 7\cdots(2n-1)\,(2n+1)}$$

et en prenant les quarrés

$$xx = \frac{2\cdot 2\cdot 4\cdot 4\cdot 6\cdot 6\cdot 8\cdot 8\cdots 2n\cdot 2n\cdot(4n+4)}{1\cdot 3\cdot 3\cdot 5\cdot 5\cdot 7\cdot 7\cdot 9\cdot\cdot(2n-1)\,(2n+1)\,(2n+1)}$$

ou

$$\frac{xx}{2} = \frac{2\cdot 2\cdot 4\cdot 4\cdot 6\cdot 6\cdot 8\cdot 8\cdots 2n\cdot 2n\cdot(2n+2)}{1\cdot 3\cdot 3\cdot 5\cdot 5\cdot 7\cdot 7\cdot 9\cdot\cdot(2n-1)\,(2n+1)\,(2n+1)}\ .$$

Laquelle formule trouvée par la valeur de $\frac{xx}{2}$ même, quand n est un nombre infiniment grand, comme nous l'avons aussi supposé, est la même que Wallis a trouvée autrefois pour la demi-circonférence d'un cercle dont le diamètre $= 1$.

Si donc la circonférence d'un cercle dont le diamètre $= 1$, indiquée par la lettre π, en sorte que $\pi = 3{,}1415926535$ etc. nous aurons cette équation

$$\frac{xx}{2} = \frac{\pi}{2}\ ,$$

par laquelle on trouve x, c'est-à-dire la valeur de

$$\int \frac{dz}{\sqrt{-lz}},$$

en posant après l'intégration $z = 1$; laquelle valeur sera

$$\int \frac{dz}{\sqrt{-lz}} = \sqrt{\pi};$$

de sorte que le tems de la descente du corps attiré au centre de forces, en raison simple réciproque des distances par l'espace a depuis le centre, est $= \frac{a\sqrt{\pi}}{\sqrt{f}}$, f dénotant la distance où la force centripète est égale à la gravité.

Que si l'on veut ramener cette formule à une mesure absolue, qu'on introduise la hauteur par laquelle un corps pesant tombe librement dans une seconde, laquelle soit g; et comme le tems de la chûte défini par les mêmes principes se trouve $2\sqrt{g}$, le tems que nous cherchons, exprimé en secondes, sera $= \frac{a\sqrt{\pi}}{2\sqrt{fg}}$.